Die Theorie, die nicht sterben wollte

Sharon Bertsch McGrayne interessiert sich für die Schnittstelle von wissenschaftlichem Fortschritt und gesellschaftlichen Rahmenbedingungen und ist Autorin mehrerer Bücher über wissenschaftliche Entdeckungen und die Menschen, die dahinter stehen – darunter *Nobel Prize Women in Science: Their Lives, Struggles, and Momentous Discoveries* und *Prometheans in the Lab: Chemistry and the Making of the Modern World.* Die Absolventin des Swarthmore College hat als Wissenschaftsjournalistin für Zeitschriften wie *Science, Scientific American, Discover* und *The Times Higher Education Supplement* geschrieben und ist mit mehreren Beiträgen in der *Encyclopaedia Britannica* vertreten. Sie lebt in Seattle im US-Bundesstaat Washington.

Website der Autorin: http://www.mcgrayne.com

Sharon Bertsch McGrayne

Die Theorie, die nicht sterben wollte

Wie der englische Pastor Thomas Bayes eine Regel entdeckte, die nach 150 Jahren voller Kontroversen heute aus Wissenschaft, Technik und Gesellschaft nicht mehr wegzudenken ist

Aus dem Englischen übersetzt von Carl Freytag

Springer Spektrum

Sharon Bertsch McGrayne
Yale University Press
New Haven
USA

ISBN 978-3-642-37769-3 ISBN 978-3-642-37770-9 (eBook)
DOI 10.1007/978-3-642-37770-9

Übersetzung der amerikanischen Originalausgabe *The Theory That Would Not Die* von Sharon Bertsch McGrayne, erschienen bei Yale University Press 2011.

Die Deutsche Nationalbibliothek verzeichnet diese Publikation in der Deutschen Nationalbibliografie; detaillierte bibliografische Daten sind im Internet über http://dnb.d-nb.de abrufbar.

Springer Spektrum

Planung und Lektorat: Frank Wigger, Bettina Saglio
Redaktion: Bernhard Gerl
Einbandentwurf: deblik, Berlin

Gedruckt auf säurefreiem und chlorfrei gebleichtem Papier

Springer Spektrum ist eine Marke von Springer DE. Springer DE ist Teil der Fachverlagsgruppe Springer Science+Business Media.
www.springer-spektrum.de

„Wenn sich die Fakten ändern, ändere ich meine Meinung.
Und Sie?“

—John Meynard Keynes

Vorwort zur englischen Taschenbuch-Ausgabe 2013

Als ich vor zehn Jahren mit der Arbeit an diesem Buch anfing, kannten nur Spezialisten das Bayes-Theorem. Ich kann mich noch gut an die Freude erinnern, als ich 2003 im Netz nach dem Begriff „bayesian" suchte und 100 000 Websites angezeigt bekam. Jetzt liefern die Suchmaschinen zehn Millionen Hinweise: eine gewaltige Steigerung. Das Interesse der Wissenschaftler und Techniker am Bayes-Theorem ist förmlich explodiert.

Seit dem Erscheinen des Buches 2011 ist aber aus dem Bayes-Theorem auch eine Metapher für die auf Daten basierende Entscheidungsfindung und das menschliche Denken geworden.

John Allen Paulos empfahl den Lesern des *New York Times Book Review:* „Wenn Sie noch nicht wie ein Bayesianer denken, sollten Sie einer werden."

Bei einem Gespräch über dieses Buch erklärte Alan Krueger, der Leiter von Präsident Obamas Council of Economic Advisers einem Reporter Folgendes: „Das Bayes-Theorem ist eine statistische Theorie, die eine lange und interessante Geschichte hat. Bayes ist bei der Entscheidungsfindung wichtig, also bei der Frage, wie lange man an seinen Ansichten kleben soll und wie schnell man sie aktualisieren sollte, wenn neue Informationen dazukommen. Wir benützen Bayes ganz intuitiv jeden Tag."

Der Begriff „Bayes" wurde über Jahrzehnte im 20. Jahrhundert so kontrovers diskutiert, dass man ihn am besten gar nicht verwendete. Das hat sich geändert, und heute kennen nicht nur Insider das Bayes-Theorem.

So hat zum Beispiel 2011, gerade als die Hardcover-Ausgabe des Buches herauskam, die französische Regierung ausdrücklich die Bayes'schen Methoden gerühmt, die nach einer zweijährigen vergeblichen Suche zur Auffindung des Wracks des Air-France-Flugs 447 führten. Die bemerkenswerte Geschichte dieser Suchaktion erzähle ich im letzten Kapitel des Buches.

Natürlich freue ich mich sehr, dass Bayes nun den Kinderschuhen entwachsen ist. Bei der Arbeit an dem Buch stieß ich zunächst auf wunderbare Geschichten von erfolgreichen Versuchen mit dem Theorem, die eine Revolution im Umgang mit Wissen darstellten. Aber das Bayes-Theorem wurde für mich sehr schnell mehr.

Es scheint, dass wir in einem Zeitalter der Dogmen leben, und Bayes sagt uns, dass es ganz in Ordnung ist, ein Vorhaben auch mit einer halbgaren Idee zu beginnen. Reverend Thomas Bayes hat selbst verkündet, man möge mit einer Vermutung beginnen. Und wenn man nichts Genaueres weiß, soll man sie mit 50 zu 50 bewerten. Dann aber fordert das Bayes-Theorem von uns, diese a priori gesetzte Vermutung zu modifizieren und zu aktualisieren, wann immer neue Informationen auftauchen. Die Forderung von Bayes, angesichts neuen Wissens unermüdlich daran zu arbeiten, unsere Vorstellungen zu ändern, hat für mich ein besonderer Reiz.

Die Rezensenten meines Buches waren überraschend begeistert. Aber viele Leser und Rezensenten hätten gern mehr mathematische Beispiele gesehen, die Bayes bei der Arbeit zeigen. Daher enthält nun die Neuausgabe, die auch die Grundlage für die vorliegende deutsche Übersetzung ist, etliche Boxen mit einigen einfachen mathematischen Fallbeispielen zur Verwendung des Bayes-Theorems: Da ist der tragische Justizirrtum im Fall von Sally Clark, die Vererbung der Bluterkrankheit, die Suche nach verschollenen Schiffen und die Macht subjektiver Apriori-Annahmen, wenn nicht genügend Daten vorliegen. Jedes der Fallbeispiele beleuchtet einen bestimmten Aspekt des Bayes-Theorems. Mein Dank für ihre Hilfe bei diesen zusätzlichen Fallbeispielen gilt John Carlin, Daniel Gianola, Ray Hill, Albert Madansky und Henry R. „Tony" Richardson.

Zum Schluss will ich noch einmal meinen Dank an alle wiederholen, die das Buch ermöglicht und es im ersten Jahr nach seiner Veröffentlichung unterstützt und gefördert haben.

Seattle
August 2012

Sharon Bertsch McGrayne

Vorwort

Anmerkungen für die Leserinnen und Leser

Es gibt ein berühmtes Beispiel für eine wissenschaftliche Entdeckung, die wieder in den Schubladen verschwand: 1912 sammelten Geologen Beweise für die Kontinentaldrift – um anschließend 50 Jahre zu argumentieren, dass sich Kontinente gar nicht bewegen können.

Der wissenschaftliche Streit um das Bayes-Theorem ist weniger gut bekannt, dauerte aber viel länger, nämlich 150 Jahre. Es ging dabei um ein Thema, das uns grundsätzlich alle angeht: Wie analysieren wir Beweisstücke und ändern unsere Meinung, wenn wir neue Informationen bekommen, und wie treffen wir angesichts von Ungewissheit rationale Entscheidungen. Dieser Streit wurde erst zu Beginn des 21. Jahrhunderts entschieden.

Oberflächlich betrachtet ist das Bayes-Theorem so simpel, dass man es in einem Satz zusammenfassen kann: Wir revidieren unsere ursprüngliche Ansicht zu irgendeinem Sachverhalt aufgrund neuer objektiver Informationen und kommen so zu besseren Ansichten. Für die Anhänger des Theorems ist das eine elegante Formulierung dafür, dass wir aus Erfahrung klüger werden. Ganze Generationen von Verfechtern der Bayes'schen Regel erinnern sich an eine geradezu religiöse Erleuchtung, als sie unter den Bann ihrer inneren Logik gerieten. Die, die das Bayes-Theorem für etwas Subjektives hielten, liefen unterdessen Amok.

Die Geschichte des Theorems begann im England der 1740er-Jahre – inmitten einer hitzig geführten religiösen Debatte darüber, ob man aus irdischen Erfahrungen rationale Schlüsse auf die Existenz Gottes ziehen kann. Der Geistliche Thomas Bayes, ein Amateurmathematiker, entdeckte das Theorem, und wir feiern ihn noch heute als den Vater der Entscheidungsfindung auf mathematischer Basis. Bayes selbst jedoch ließ seine Entdeckung in Vergessenheit geraten. Er war damals in der Welt der Wissenschaft ein unbeschriebenes Blatt, und wir wissen von seiner Arbeit nur durch seinen Freund und Herausgeber Richard Price, einen Helden der amerikanischen Revolution, der aber ebenfalls fast vergessen ist.

Es gäbe gute Gründe, das Theorem mit einem anderen Namen zu verbinden, nämlich dem des Franzosen Pierre-Simon Laplace, der einer der einflussreichsten Mathematiker und Naturwissenschaftler der Geschichte war. Beim Versuch, eine ungeahnte Flut von Daten zu bewältigen, entdeckte Laplace das Theorem 1774 wieder. Er entwickelte es in den darauf folgenden 40 Jahren zu der Form weiter, die wir heute kennen. Dass wir Laplaces Entdeckung als Bayes'sche Regel oder Bayes-Theorem bezeichnen, ist lediglich eine historische Übereinkunft. Mit seiner Methode schloss Laplace beispielsweise darauf, dass hinter der bekannten Tatsache, dass mehr Jungen als Mädchen geboren werden, mit großer Sicherheit das Ergebnis eines Naturgesetzes steht.

Nach dem Tod von Laplace erklärten Forscher und Gelehrte, die auf präzise, objektive Antworten aus waren, seine Methode für subjektiv und überholt. Zur gleichen Zeit aber stützten sich Wissenschaftler, die praktische Probleme der realen Welt zu lösen hatten, auf eben diese Methode. Sie konnten einen spektakulären Erfolg verzeichnen, als Alan Turing im Zweiten Weltkrieg mit dem Bayes-Theorem den Enigma-Geheimcode der deutschen Kriegsmarine knackte. Das half nicht nur Großbritannien, sondern trug auch zur Entwicklung moderner Computer und Software bei. Andere führende mathematische Denker wie der Russe Andrei Kolmogorov und Claude Shannon aus New York erweckten das Theorem ebenfalls zu neuem Leben, um im Krieg zu schnellen Entscheidungen zu kommen.

In den Jahren, in denen Theoretiker in ihrem Elfenbeinturm dachten, sie hätten Bayes aus der Mathematik verbannt, trug die Methode dazu bei, in den USA die Arbeiterunfallversicherung einzuführen, das Bell-Telefonsystem während der Börsenkrise von 1907 vor dem finanziellen Ruin zu bewahren, Alfred Dreyfus aus einem französischen Gefängnis zu befreien, das Artilleriefeuer der Alliierten zu lenken, deutsche U-Boote aufzuspüren und das Epizentrum von Erdbeben zu lokalisieren sowie (fälschlicherweise) zu schließen, dass der Erdkern aus geschmolzenem Eisen besteht.

Aus Sicht der Theoretiker war das Bayes-Theorem ein Tabu. Aber praktisch gesehen konnte es mit allen möglichen Daten umgehen, seien sie nun in Fülle vorhanden oder nur spärlich. Während des Kalten Krieges half Bayes den USA, eine verlorengegangene Wasserstoffbombe sowie amerikanische und sowjetische U-Boote aufzuspüren, mit Bayes wurde die Sicherheit von Kernkraftwerken untersucht, die Tragödie um die Raumfähre Challenger vorhergesagt und belegt, dass Rauchen Lungenkrebs verursacht und ein hoher Cholesterinspiegel Herzinfarkte begünstigt. Mit Bayes konnten TV-Wahlsendungen früh verkünden, wer Präsident werden würde – und vieles mehr.

Warum regten sich rational denkende Naturwissenschaftler, Mathematiker und Statistiker derart über das Theorem auf, dass ihr Streit, wie ein Beobachter es nannte, zu einem Kampf bis aufs Messer wurde? Die Antwort ist einfach. In seinem tiefsten Inneren läuft Bayes der tief verwurzelten Überzeugung der modernen Wissenschaft entgegen, dass sie Objektivität und Präzision braucht. Bayes bestimmt „nur" den Grad unseres Glaubens und besagt, dass wir sogar aus fehlenden und mangelhaften Daten, aus Näherungen und aus unserem Nichtwissen lernen können.

Aufgrund dieses philosophischen Grundsatzstreits rankt sich um das Bayes-Theorem eine Geschichte aus Fleisch und Blut, in der eine kleine Gruppe hart bedrängter Verfechter fast im ganzen 20. Jahrhundert für die Legitimität und Akzeptanz des Theorems kämpfte.

Seine enge Verbundenheit mit den Geheimnissen des Zweiten Weltkriegs und des Kalten Kriegs ist Teil dieser Geschichte. Es geht um ein Theorem, das nach Computern und Softwarepaketen verlangte und um eine Methode, die – aufgefrischt von Außenseitern in der Physik, von Computerwissenschaftlern und von Pionieren der Künstlichen Intelligenz – fast über Nacht akzeptiert wurde, nachdem sie „plötzlich" funktionierte. In einer neuen Art von Paradigmenwechsel für eine pragmatische Welt begann ein Manager von Google, der Bayes „das Crack der modernen Statistik" genannt hatte, „das verführt, süchtig macht und destruktiv ist", Bayesianer für seine Firma zu rekrutieren.

Heute sorgen Bayes'sche Spam-Filter dafür, dass pornografische oder betrügerische E-Mails in den Junk-Ordner unserer Computer verschoben werden. Sinkt ein Schiff, lokalisiert die Küstenwache mit Bayes Überlebende, die möglicherweise schon Wochen auf See treiben. Wissenschaftler erforschen mit Bayes, wie Gene kontrolliert und reguliert werden. Bayes gewinnt sogar Nobelpreise, und Bayes durchkämmt das Internet und verkauft Songs und Filme. Bayes ist in die Computerwissenschaft eingedrungen wie auch in die Künstliche Intelligenz, das maschinelle Lernen, die Wall Street, Astronomie, Physik, innere Sicherheit, Microsoft und Google. Bayes hilft Computern, Sprachen zu übersetzen und reißt damit den Jahrtausende alten Turm von Babel ein. Bayes ist zur Metapher dafür geworden, wie unser Gehirn funktioniert. Und prominente Bayesianer beraten sogar die Regierung in Fragen der Energiewirtschaft, der Erziehung und der Forschung.

Das Bayes-Theorem ist aber nicht nur mit einer undurchsichtigen wissenschaftlichen Kontroverse verbunden, die inzwischen beigelegt wurde. Es betrifft uns alle. Es liefert uns einen Ansatz, wie wir in den weiten Bereichen des Lebens weiterkommen, die in der Grauzone zwischen absoluter Wahrheit und völligem Unwissen liegen. Oft haben wir über das, was uns interessiert, nur bruchstückhafte Informationen. Aber wir alle versuchen, auf der Grundlage der Erfahrungen, die wir gemacht haben, auf die Zukunft zu schließen und ändern unsere Meinung, wenn wir neue Informationen bekommen. Nach langen schmerzhaften Jahren der leidenschaftlichen Verdammung weist Bayes heute einen Weg, rational mit der Welt umzugehen.

Dieses Buch erzählt, wie es zu diesem bemerkenswerten Durchbruch kam.

Danksagung

Für ihren wissenschaftlichen Rat, ihre Sichtweisen und für ihre Geduld mit jemandem, der eine Vielzahl von Fragen stellte, bin ich Dennis V. Lindley, Robert E. Kass und George F. Bertsch zu tiefem Dank verpflichtet. Die drei Genannten haben auch viele Entwürfe des Buches gelesen und scharfsinnige Kommentare beigesteuert. Ohne die Unterstützung meines Mannes George F. Bertsch hätte ich dieses Buch nicht schreiben können.

Für ihre kenntnisreiche Hilfe bei entscheidenden Gedankengängen in meinem Buch danke ich James O. „Jim“ Berger, David M. Blei, Bernard Bru, Andrew I. Dale, Arthur P. Dempster, Persi Diaconis, Bradley Efron, Stephen E. Fienberg, Stuart Geman, Roger Hahn, Peter Hoff, Tom J. Loredo, Albert Madansky, John W. Pratt, Henry R. „Tony“ Richardson, Christian P. Robert, Stephen M. Stigler und David L. Wallace.

Viele weitere Experten und Spezialisten haben mit mir oft ausführlich über bestimmte Bereiche, Probleme, Details und beteiligte Personen geredet. Dazu gehören Captain Frank A. Andrews, Frank Anscombe, George Apostolakis, Robert A. und Shirley Bailey, Friedrich L. Bauer, Robert T. Bell, David R. Bellhouse, Julian Besag, Alan S. Blinder, George E. P. Box, David R. Brillinger, Bruce Budowle, Hans Bühlmann, Frank Carter, Herman Chernoff, Juscelino F. Colares, Jack Copeland, Ann Cornfield, Ellen Cornfield, John Piña Craven, Lorraine Daston, Philip Dawid, Joseph H. Discenza, Ralph Erskine, Michael Fortunato, Karl Friston, Chris Frith, John „Jack“ Frost, Dennis G. Fryback, Mitchell H. Gail, Alan E. Gelfand, Andrew Gelman, Edward I. George, Edgar N. Gilbert, Paul M. Goggans, I. J. „Jack“ Good, Steven N. Goodman, Joel Greenhouse, Ulf Grenander, Gerald N. Grob, Thomas L. Hankins, Jeffrey E. Harris, W. Keith Hastings, David Heckerman, Charles C. Hewitt Jr., Ray Hilborn, David C. Hoaglin, Antje Hoering, Marvin Hoffenberg, Susan P. Holmes, David Hounshell, Ronald H. Howard, David Howie, Bobby R. Hunt, Fred C. Iklé, David R. Jardini, William H. Jefferys und Douglas M. Jesseph.

Dazu Michael I. Jordan, David Kahn, David H. Kaye, John G. King, Kenneth R. Koedinger, Daphne Koller, Tom Kratzke, James M. Landwehr, Bernard Lightman, Richard F. Link, Edward P. Loane, Michael C. Lovell,

Thomas L. Marzetta, Scott H. Mathews, John McCullough, Robert L. Mercer, Richard F. Meyer, Glenn G. Meyers, Paul J. Miranti Jr., der stellvertretende Kommandant Dewitt Moody, Konteradmiral Brad Mooney, R. Bradford Murphy, John W. Negele, Viceadmiral John „Nick" Nicholson, Peter Norvig, Stephen M. Pollock, Theodore M. Porter, Alexandre Pouget, S. James Press, Alan Rabinowitz, Adrian E. Raftery, Howard Raiffa, John J. Rehr, John T. Riedl, Douglas Rivers, Oleg Sapozhnikov, Peter Schlaifer, Arthur Schleifer Jr., Michael N. Shadlen, Edward H. „Ted" Shortliffe, Edward H. Simpson, Harold C. Sox, David J. Spiegelhalter, Robert F. Stambaugh, Lawrence D. Stone, William J. Talbott, Judith Tanur, The Center for Defense Information, Sebastian Thrun, Oakley E. „Lee" Van Slyke, Gary G. Venter, Christopher Volinsky, Paul R. Wade, Jon Wakefleld, Homer Warner, Frode Weierud, Robert B. Wilson, Wing H. Wong, Judith E. Zeh und Arnold Zellner.

Ich möchte auch zwei Gutachtern (Jim Berger und Andrew Dale) für die sorgfältige Lektüre des Manuskripts und die nützlichen Kommentare danken, die es verbessert haben.

Einige Freunde und Familienmitglieder – Ruth Ann Bertsch, Cindy Vahey Bertsch, Fred Bertsch, Jean Colley, Genevra Gerhart, James Goodman, Carolyn Keating, Timothy W. Keller, Sharon C. Rutberg, Beverly Schaefer und Audrey Jensen Weitkamp – machten wesentliche Anmerkungen. Besonders dankbar bin ich den Mitarbeitern der Mathematik-Bibliothek der University of Washington in Seattle – und meiner Agentin Susan Rabiner sowie dem Verleger William Frucht für ihre unermüdliche Unterstützung.

Für Fehler, die das Buch trotz all dieser Hilfe noch aufweisen mag, bin natürlich ich selbst verantwortlich.

Abkürzungen

JAMA	*Journal of the American Medical Association*
JASA	*Journal of the American Statistical Association*
JRSS	*Journal of the Royal Statistical Society*
OC	*Oeuvres Complètes de Laplace* (s. Laplace 1904 ff.)
PCAS	*Proceedings of the Casualty Actuarial Society*

Inhalt

Teil I

Aufklärung und anti-Bayes'sche Reaktion

1
Die Frage nach den Ursachen

Irgendwann in den 1740er-Jahren machte der englische Geistliche Thomas Bayes jene geniale Entdeckung, die heute seinen Namen trägt. Merkwürdigerweise ging er ihr dann aber nicht weiter nach. Die Entdeckung wurde später und unabhängig von Bayes von einem anderen, weit berühmteren Mann erneut gemacht: von Pierre-Simon Laplace. Er gab ihr die moderne mathematische Form und erkannte, wie man sie in der Wissenschaft anwenden kann – um sich dann jedoch anderen Verfahren zuzuwenden. Obwohl das Bayes-Theorem die Aufmerksamkeit der bedeutendsten Statistiker des 20. Jahrhunderts auf sich zog, haben einige von ihnen die Methode und ihre Anhänger verunglimpft, und sie so lange zerlegt, bis man sie für tot erklärte. Zur gleichen Zeit gelang es aber, mit ihr praktische Fragen zu lösen, für die andere Verfahren keine Antwort lieferten: Die Verteidiger von Hauptmann Dreyfus demonstrierten mit ihr dessen Unschuld, Versicherungsmathematiker berechneten mit ihr die Tarife, Alan Turing entschlüsselte mit ihr den Enigma-Code der Deutschen und trug dazu bei, eine Niederlage der Alliierten im Zweiten Weltkrieg zu verhindern. Dann fand die US-Navy mit ihr eine verloren gegangene Wasserstoffbombe und lokalisierte sowjetische U-Boote. Die RAND-Corporation schätzte mit ihr die Wahrscheinlichkeit eines atomaren Unfalls ab, und Forscher in Harvard und Chicago versuchten mit ihr, die Autoren der unter Pseudonym veröffentlichten *Federalist Papers* von 1787/88 zu identifizieren. Viele Anhänger von Bayes hatten ein fast religiöses Bekehrungserlebnis, als sie den Wert der Methode für die Wissenschaft erkannten, aber sie mussten deren Verwendung verheimlichen und vorgeben, andere Verfahren zu nutzen. Erst im 21. Jahrhundert verlor die Methode ihr Stigma und wurde weitgehend akzeptiert, ja enthusiastisch gefeiert.

Am Anfang der Geschichte stehen Thomas Bayes und ein einfaches Gedankenexperiment. Wie der Grabstein Bayes' sagt, starb er 1761 im Alter von 59 Jahren. Er lebte also in einer Zeit, in der sich England von fast 200 Jahren religiöser Kämpfe, Bürgerkriege und Königsmorde erholte. Bayes war Geistlicher der Presbyterianer, einer religiösen Vereinigung, die verfolgt wurde, weil sie der Church of England, der Staatskirche, die Gefolgschaft verweigerte. In der Generation seiner Großeltern waren 2000 Nonkonformisten in englischen Gefängnissen gestorben, und auch in Bayes sah man einen Abweichler. Zu Bayes' Zeit war die Mathematik in religiöse und politische Richtungen aufgespalten, und viele engagierte Mathematiker waren Amateure, da sie als Nonkonformisten keinen Zugang zu den englischen Universitäten hatten.[1]

Da Thomas Bayes in England keinen akademischen Grad erwerben konnte, studierte er Theologie und vermutlich Mathematik an der University of Edinburgh im presbyterianischen Schottland, wo zu seinem Glück auch das akademische Niveau weit höher lag. 1721 ging er dann nach London, dort weihte ihn sein Vater, der Priester war, zum Geistlichen und stellte ihn als Helfer ein.

Die Hetzjagd auf Andersgläubige machte viele englische Nonkonformisten zu streitlustigen Kritikern, auch Bayes engagierte sich, als er Ende 20 war, in einer heißen theologischen Debatte: Kann man die Existenz des Bösen mit der Annahme göttlicher Güte vereinbaren? 1731 schrieb er dazu eine Streitschrift – heute würde man sagen: einen Blog – mit dem Titel *Divine Benevolence* (Göttliche Güte), in der er erklärte, Gott gebe den Menschen „das Höchstmaß an Glück, zu dem sie fähig sind".

Als er 40 war, verschränkten sich Bayes' mathematische und theologische Interessen immer enger. Der irisch-anglikanische Bischof George Berkeley, nach dem die führende Universität Kaliforniens benannt ist, veröffentlichte eine flammende Schrift, in der er nonkonformistische Mathematiker sowie die Infinitesimalrechnung, die abstrakte Mathematik, Isaac Newton und alle anderen „Freidenker" und „ungläubige Mathematiker" verdammte, die der Ansicht waren, die Vernunft könne jeden Menschen erleuchten. Berkeleys Schrift war in der britischen Mathematik das aufsehenerregendste Ereignis zu Beginn des 18. Jahrhunderts.[2]

Bayes stieg nun wieder in den Krieg der Streitschriften ein und verfasste 1736 eine *Introduction to the Doctrine of Fluxions*, in der er Newtons Infinitesimalrechnung verteidigte und erklärte. Dieser Text ist Bayes' einzige mathematische Veröffentlichung, die zu seinen Lebzeiten erschien. Bald darauf, 1742, schlugen fünf Gelehrte (unter ihnen ein enger Freund Newtons) der Royal Society vor, ihn als Mitglied aufzunehmen. Die Nominierung vermied jeden Hinweis auf den Gelehrtenstreit und beschrieb Bayes als einen „Gentleman, dessen Verdienste bekannt sind, der in Geometrie und allen Teilen der mathematischen und philosophischen Gelehrsamkeit hochgebildet ist". Seinerzeit war die Royal Society nicht die professionelle Organisation, die sie heute ist, sondern eine Vereinigung von beitragzahlenden Amateuren aus Kreisen des Landadels. Sie spielte aber dennoch eine bedeutende Rolle, denn einige der größten wissenschaftlichen Durchbrüche dieser Zeit sind Amateuren zu verdanken.

In jenen Jahren tat sich Bayes mit einer weiteren Gruppe von Amateurmathematikern zusammen, die wissenschaftlich gesehen auf der Höhe der Zeit waren. Er war in eine kleine Gemeinde in Tunbridge Wells gewechselt, einem eleganten Kurort mit einer eisenhaltigen Heilquelle. Als unabhängiger, wohlhabender Junggeselle – seine Familie hatte mit der Produktion von Sheffielder Stahlbesteck ein Vermögen gemacht – mietete er sich bei einer nonkonformistischen Familie ein. Seine kirchlichen Verpflichtungen waren überschaubar: eine Messe an jedem Sonntag. Und die Gepflogenheiten in dem Kurort erlaubten es, ganz im Gegensatz zu anderen Orten, dass sich Nonkonformisten, Juden, Römisch-Katholische und sogar Ausländer unter die englische Gesellschaft mischten, zu der auch einige wohlhabende Earls gehörten.

Ein regelmäßiger Gast in Tunbridge Wells war Philip, der zweite Earl of Stanhope; er hatte schon als Kind eine Leidenschaft für Mathematik entwickelt, die sein Erzieher aber als nicht standesgemäß ablehnte. Als Stanhope 20 war und tun konnte, was er wollte, konnte ihn niemand mehr von Euklid abbringen. Elizabeth Montagu zufolge, der „Königin der Blaustrümpfe"[3] zeichnete Stanhope „ständig mathematische Skizzen in sein Notizbuch, sodass ihn die eine Hälfte der Leute für einen Hexenmeister hielt, die andere für einen Verrückten".[4] Stanhope veröffentlichte zeitlebens keine eigenen Texte – sei es wegen seiner aristokratischen Stellung, sei es, weil er so spät mit der Mathematik angefangen hatte. Aber er wurde zu Englands tonangebendem Schutzherrn der Mathematiker.

Der Earl und der tatkräftige Sekretär der Royal Society, John Canton, hatten ein informelles Netzwerk von Gelehrten geknüpft, die untereinander ihre Arbeiten zur kritischen Lektüre austauschten. Irgendwann stieß auch Bayes zu diesem Netzwerk. Eines Tages schickte Stanhope die Kopie eines Entwurfs von einem Mathematiker namens Patrick Murdoch an Bayes. Jener war mit einigen Punkten in dem Text nicht einverstanden und schickte seine Kommentare an Stanhope, der sie an Murdoch weitergab. Der antwortete wiederum über Stanhope, und so ging es hin und her. Die Beziehung des jungen Earl mit dem älteren Geistlichen Bayes schien sich zu einer Freundschaft entwickelt zu haben, denn Stanhope besuchte Bayes wenigstens einmal in Tunbridge Wells, rettete zwei Bündel mathematischer Aufzeichnungen von Bayes für seine Bibliothek und abonnierte sogar seine Reihe von Predigten.

1748 explodierte in England eine weitere brisante Mixtur aus Religion und Mathematik, als der schottische Philosoph David Hume seine *Enquiry Concerning Human Understanding* (*Untersuchung in Betreff des menschlichen Verstandes*) veröffentlichte, in der er einige der grundlegenden Schilderungen der christlichen Überlieferung angriff. Hume glaubte, man könne sich in nichts absolut sicher sein, ganz unabhängig davon, ob es auf traditionellen Glauben,

Zeugenaussagen, Gewohnheiten oder Ursache und Wirkung betrifft. Mit anderen Worten: Wir können uns allein auf unsere Erfahrung verlassen.

Da nun aber Gott als die „erste Ursache" von allem galt, war Humes Skeptizismus bezüglich Ursache und Wirkung besonders verstörend. Hume argumentierte, dass zwar bestimmte Objekte ein für alle Mal mit bestimmten anderen zusammengehören. Wenn aber Regenschirme zum Regen gehören, bedeutet das nicht, dass sie den Regen verursachen. Die Tatsache, dass die Sonne schon Tausende Male aufgegangen ist, bietet keine Garantie dafür, dass sie es auch morgen tun wird. Vor allem aber beweist die Existenz der Schöpfung nicht die Existenz eines Schöpfers oder einer allerersten Ursache. Da wir nur selten sicher sein können, dass eine bestimmte Ursache eine ganz bestimmte Wirkung hat, müssen wir schon damit zufrieden sein, *wahrscheinliche* Ursachen und Wirkungen zu finden. Mit seiner Kritik des Konzepts von Ursache und Wirkung unterminierte Hume den Kern des christlichen Glaubens.

Humes Essay hatte nichts mit Mathematik zu tun, aber er hatte tief greifende wissenschaftliche Folgen. Viele Mathematiker und Naturwissenschaftler vertraten leidenschaftlich die Ansicht, dass die Naturgesetze wirklich die Existenz Gottes bewiesen, der ihre „erste Ursache" war. Wie der berühmte Mathematiker Abraham de Moivre in seiner einflussreichen *Doctrine of Chances* schrieb,[5] würde die Berechnung von Naturereignissen schließlich den dem Universum und seiner erlesenen „Weisheit und Ordnung" zugrunde liegenden Plan enthüllen.

Die Zweifel Humes am Zusammenhang von Ursache und Wirkung lagen also in der Luft, als Bayes Wege suchte, das Problem mathematisch anzugehen. Heute wäre dafür die Wahrscheinlichkeitsrechnung als eine Mathematik der Unbestimmtheit das selbstverständliche Instrument, aber Anfang des 18. Jahrhunderts war der Begriff „Wahrscheinlichkeit" noch kaum bekannt. Nur beim Glücksspiel machte man Gebrauch von ihm – für so grundlegende Dinge wie die Chance, beim Poker vier Asse auf die Hand zu bekommen. De Moivre, der einige Jahre in französischen Gefängnissen verbracht hatte, weil er Protestant war, hatte dieses Problem bereits gelöst, indem er seinen Blick von den Ursachen auf die Wirkungen lenkte. Niemand wusste aber damals, wie man umgekehrt von den Wirkungen zurück auf die Ursachen schließen und damit die „inverse" Frage beantworten konnte: Was ist, wenn ein Pokerspieler in drei aufeinanderfolgenden Spielen vier Asse bekommt? Wie groß ist die Wahrscheinlichkeit, dass die Ursache dafür gezinkte Karten sind?

Wir wissen nicht genau, was Bayes' Interesse an diesem Problem der inversen Wahrscheinlichkeit auslöste. Er hatte de Moivres Buch gelesen, und der Earl of Stanhope war an den Anwendungen der Wahrscheinlichkeitsrechnung für das Glücksspiel interessiert. Es könnte aber auch sein, dass es die vielen offenen Fragen waren, die sich aus Newtons Gravitationstheorie ergaben. Newton, der 20 Jahre zuvor gestorben war, hatte immer wieder betont, wie wichtig Beobachtungen waren und die Gravitationstheorie entwickelt, um die Beobachtungen zu erklären. Dann konnte er mit seiner Theorie die Resultate neuer Beobachtungen vorhersagen. Aber Newton konnte die *Ursache* der Schwerkraft nicht erklären und hatte sich auch nicht damit auseinandergesetzt, ob seine Theorie richtig war oder nicht. Letztlich könnte Bayes' Interesse auch durch Humes philosophischen Essay geweckt worden sein. Auf jeden Fall lagen die Probleme von Ursache, Wirkung und Ungewissheit in der Luft, und Thomas Bayes machte sich daran, sie quantitativ zu behandeln.

Bayes arbeitete zunächst die wesentliche Frage des Problems der inversen Wahrscheinlichkeit heraus und setzte sich als Ziel, die ungefähre Wahrscheinlichkeit für das zukünftige Auftreten eines Ereignisses herauszufinden, von dem er nur wusste, wie oft es sich in der Vergangenheit ereignet hatte oder auch nicht. Um dieses Problem zu quantifizieren, brauchte er eine Zahl, und irgendwann zwischen 1746 und 1749 stieß er auf eine geniale Lösung: Er erfand einfach einen Anfangswert, den er „guess", also „Vermutung" nannte. Dieser Anfangswert konnte und sollte dann später verbessert und aktualisiert werden, wenn mehr Informationen zur Verfügung standen.

Als Nächstes entwickelte Bayes ein Gedankenexperiment, die 18tes-Jahrhundert-Version einer Computersimulation. Er reduzierte sein Problem auf das Wesentliche und stellte sich einen quadratischen Tisch vor, der so glatt und eben war, dass eine Kugel, die man darauf warf, an jeder Stelle mit der gleichen Wahrscheinlichkeit landen würde. Man könnte seine Konstruktion „Billardtisch" nennen, aber als nonkonformistischer Geistlicher missbilligte Bayes vermutlich solche Spiele. Außerdem kamen in seinem Experiment keine Kugeln vor, die miteinander oder mit den Banden zusammenstoßen. Er forderte nur, dass eine Kugel, die zufällig über den Tisch rollte, überall stehen bleiben konnte.

Wir stellen uns Bayes nun vor, wie er mit dem Rücken zu dem imaginären Tisch saß, sodass er nichts auf ihm sehen konnte. Auf einem Blatt Papier hatte er ein Quadrat gezeichnet, das die Tischplatte darstellte. Ein imaginärer Helfer warf dann eine imaginäre weiße Kugel auf den Tisch. Bayes wusste nicht, wo die Kugel landete.

Wir stellen uns weiter vor, wie er seinen imaginären Helfer bat, eine zweite, diesmal rote Kugel einzuwerfen und ihm zu sagen, ob sie rechts oder links von der weißen gelandet war. Lag die rote Kugel links von der weißen Markierungskugel, schloss Bayes, dass die erste Kugel mit größerer Wahrscheinlichkeit auf der rechten Seite des Tisches gelandet war. Dann warf der Helfer wieder eine rote Kugel. Blieb sie rechts von der weißen Markierungskugel liegen, war Bayes klar, dass die weiße Kugel nicht am äußersten rechten Rand der Tischplatte liegen konnte.

Der Helfer warf nun Kugel um Kugel. Spieler und Mathematiker wussten schon damals, dass bei Münzwürfen ihre Schlussfolgerungen umso verlässlicher wurden, je öfter sie eine Münze warfen. Bayes entdeckte bei seinem Gedankenexperiment, dass mit jeder weiteren roten Kugel die Information, die er erhielt, die imaginäre weiße Markierungskugel ein wenig hin- und herrückte, wobei ihr Spielraum immer kleiner wurde.

Im extremen Fall mit sämtlichen roten Kugeln rechts von der weißen, hätte Bayes geschlossen, dass die Markierungskugel wahrscheinlich am äußersten linken Rand der Tischplatte lag. Bayes' geniale Idee war, dass er mit der Zahl der Würfe den Spielraum der weißen Markierungskugel trotz dieser dürftigen Informationen nach Belieben einengen konnte, ohne allerdings je eine *exakte* Antwort zu erhalten. Bayes war also nicht in der Lage zu sagen, wo genau die Kugel lag, aber immer sicherer, dass sie in einem bestimmten Bereich war. Bayes' einfaches und reduziertes Verfahren ging also von realen Beobachtungen aus, und schloss daraus auf den Ursprung oder die Ursache zurück. Aus der Kenntnis der Gegenwart (die roten Kugeln relativ zur weißen Markierungskugel) schloss Bayes auf die Vergangenheit (die Position der weißen Markierungskugel). Außerdem konnte er angeben, wie zuverlässig seine Aussagen waren.

Vom Konzept her ist das Bayes'sche Verfahren sehr einfach: Wir revidieren unsere Ansichten aufgrund objektiver Informationen. Aus der anfänglichen Vermutung, wo die Markierungskugel liegen könnte, wird mit neuen objektiven Daten (ob die zuletzt geworfene rote Kugel links oder rechts der Markierungskugel liegt) eine neue und sicherere Vermutung. Für diese drei Schritte des Verfahrens wurden schließlich Begriffe geprägt: „Prior" für die Wahrscheinlichkeit der ursprünglichen Vermutung, „Likelihood" für die Wahrscheinlichkeit anderer Hypothesen mit neuen objektiven Daten und „Posterior" für die Wahrscheinlichkeit der neuen, revidierten Vermutung. Jedes Mal, wenn man das System neu durchrechnet, wird aus dem alten Posterior der Prior der neuen Rechnung. Das System entwickelt sich ständig fort: Jede neue Information bringt uns der Gewissheit näher. Kurz gesagt:

„Prior" mal „Likelihood" ist proportional zum „Posterior".

In der Fachsprache der Statistiker ist die Likelihood die Wahrscheinlichkeit konkurrierender Hypothesen für die beobachteten Daten. Andrew Dale, der südafrikanische Statistikhistoriker, vereinfachte das Ganze noch weiter und stellte fest: „Grob gesprochen ist die Likelihood das, was vom Bayes-Theorem bleibt, wenn der Prior aus der Diskussion geflogen ist."[6]

Was den speziellen Fall von Kugeln betrifft, die per Zufall auf eine Tischplatte geworfen werden, gibt es keinen Zweifel am Bayes-Theorem. Bayes wollte aber *alle* Situationen abdecken, bei denen Unbestimmtheit eine Rolle spielt, selbst Situationen, von denen wir überhaupt keine Vorgeschichte kennen, oder in seinen Worten, „von dessen Wahrscheinlichkeit vor irgendwelchen diesbezüglichen Versuchen oder Beobachtungen schlechterdings nichts bekannt ist".[7] Diese Erweiterung seines Tischplatten-Experiments auf jede Art von Unbestimmtheit war Anlass für 150 Jahre voller Missverständnisse und harter Angriffe. Diese richteten sich insbesondere gegen zwei Dinge: Bayes' subjektive erste Annahmen und die von ihm vorgeschlagene Vereinfachung, alle Möglichkeiten für die erste Annahme als gleichwertig anzusehen.

Bayes stellte eine Vermutung für seine anfängliche Annahme (die Position der weißen Markierungskugel, sein späterer Prior) auf. Wie er selbst sagte, versuchte er „einen Schluss auf die ungefähre Größe seiner Wahrscheinlichkeit (zu) ziehen und … nach den gewöhnlichen Methoden … die Wahrscheinlichkeit, dass die Vermutung richtig ist, (zu) ermitteln".[8] Die späteren Kritiker fanden die Idee zutiefst beunruhigend, dass die objektive und strenge Mathematik mit bloßen Vermutungen oder einem subjektiven Glauben kombiniert werden sollte.

Schlimmer noch: Bayes machte für den Fall, dass er nichts Genaueres über die Position der Kugeln wusste, die Annahme, dass sie überall auf dem Tisch mit gleicher Wahrscheinlichkeit zu liegen kommen konnten. Derartige gleiche Wahrscheinlichkeiten anzunehmen, war ein pragmatischer Ansatz für den Umgang mit ungewissen Umständen. Diese Praxis hatte ihre Wurzel im traditionellen Christentum und in der Verdammung des Zinswuchers durch die römisch-katholische Kirche. Auch bei unsicheren Dingen, wie es Versicherungspolicen für Seefahrer und Renten waren, mussten alle Kunden den gleichen Beitrag zahlen, und auch der Gewinn wurde gleichmäßig verteilt. Selbst prominente Mathematiker behaupteten, alle Ausgänge bei Spielen hätten die gleiche Wahrscheinlichkeit, weil sie von der bemerkenswert unrealistischen Annahme ausgingen, alle Tennisspieler oder Kampfhähne seien gleich geschickt.

Mit der Zeit fand man für diese Praxis, gleiche Wahrscheinlichkeiten anzunehmen, eine Reihe von Formulierungen wie „gleiche Prioren", „gleiche Aprioris", „gleiche Wahrscheinlichkeiten", „gleichförmige Wahrscheinlichkeitsverteilung" oder das „Gesetz vom unzureichenden Grund", das besagt, dass die Annahme *gleicher* Wahrscheinlichkeiten genügt, wenn man nicht genug Daten hat, um *bestimmte* Wahrscheinlichkeiten anzugeben. Trotz dieser altehrwürdigen Geschichte waren diese „gleichen Prioren" der Blitzableiter, in den der Vorwurf einschlug, Bayes würde das Unwissen quantifizieren.

Heute versuchen einige Historiker Bayes zu entlasten, indem sie sagen, er habe gleiche Wahrscheinlichkeiten in erster Linie für seine Daten (also die aufeinanderfolgenden Würfe der roten Kugeln) angenommen und nicht für den Apriori-Wurf der weißen Kugel. Das sind aber nur Spekulationen. Für viele Statistiker ist die Frage irrelevant, weil im eng begrenzten Fall unserer Kugeln, die auf einer sorgfältig austarierten glatten Tischplatte überall hinrollen können, die eine wie die andere Annahme zum gleichen mathematischen Ergebnis führt.

Was immer Bayes gemeint hat: Der Schaden war angerichtet. Für die folgenden Jahre war die Botschaft klar: Prioren sind zu verdammen! An dieser Stelle beendete Bayes seine Arbeit an dem Thema. Vielleicht hat er aber mit anderen über seine Entdeckung gesprochen. 1749 erwähnte jemand gegenüber dem Arzt David Hartley etwas, das verdächtig nach dem Bayes-Theorem klang. Hartley war Mitglied der Royal Society und glaubte an den Zusammenhang von Ursache und Wirkung. 1749 schrieb er: „Ein genialer Freund hat mir eine Lösung des inversen Problems mitgeteilt, … die hoffentlich zeigt, wie die Proportionen und, Schritt für Schritt, die gesamte Natur aus unbekannten Ursachen bestimmt werden können, indem wir ausreichend viele Beobachtungen ihrer Wirkungen machen."[9] Wer war dieser „geniale" Freund? Moderne Spürnasen haben Bayes oder Stanhope vermutet, und 1999 behauptete Stephen M. Stigler von der University of Chicago, Nicholas Saunderson, ein blinder Mathematiker aus Cambridge, habe die Entdeckung gemacht und nicht Bayes. Was auch immer geäußert wurde: Es ist höchst unwahrscheinlich, dass irgendjemand anderem als Bayes dieser Durchbruch gelungen war. Hartleys Terminologie ist mit der in Bayes' veröffentlichtem Essay fast identisch, und niemand, der zwischen 1764 und 1999 den Essay gelesen hat, hat je daran gezweifelt, dass Bayes der Autor war. Hätte es solche Zweifel gegeben, wäre es kaum vorstellbar, dass sein Freund Richard Price oder die Herausgeber des Essays sich nicht dazu geäußert hätten. Auch nach 30 Jahren bezeichnete Price die Arbeit als ein Produkt von Thomas Bayes.

Obwohl Bayes' Idee in den Kreisen der Royal Society diskutiert wurde, scheint er selbst nicht so recht an sie geglaubt zu haben. Statt sie bei der Royal Society zur Veröffentlichung einzureichen, begrub er seinen Entwurf unter anderen Manuskripten, wo er fast ein Jahrzehnt verborgen blieb. Wir können seinen Durchbruch aber ungefähr auf die späten 1740er-Jahre datieren, weil die Aufzeichnungen zwischen zwei Memoranden aus den Jahren 1746 und 1749 eingeordnet waren. Vielleicht machte er seine Entdeckung kurz nach 1748, dem Jahr der Veröffentlichung von Humes Essay.

Bayes fürchtete Kontroversen nicht, schließlich war er schon zweimal in einen britischen Streitschrift-Krieg verwickelt gewesen. Angst konnte also kaum der Grund dafür gewesen sein, dass er sein Theorem unter Verschluss gehalten hat. Vielleicht nahm er an, seine Entdeckung sei nutzlos? Wenn aber ein frommer Geistlicher wie Bayes der Ansicht war, seine Arbeit könne den Beweis für die Existenz Gottes liefern, hätte er sie gewiss veröffentlicht. Einige glaubten, Bayes sei zu bescheiden gewesen. Andere mutmaßten, er habe sich mit seiner Mathematik vielleicht unsicher gefühlt. Was auch immer der Grund gewesen sein mag: Bayes lieferte einen wichtigen Beitrag zu einem bedeutenden Problem – und behielt ihn für sich. Es war die erste von vielen Gelegenheiten, bei denen das Bayes-Theorem auftauchte, um sogleich wieder zu verschwinden.

Bayes' Entdeckung lag immer noch unter einer Staubschicht, als er 1761 starb und seine Familie seinen jungen Freund Richard Price bat, die hinterlassenen mathematischen Arbeiten des Verstorbenen durchzusehen.

Auch Price war ein presbyterianischer Geistlicher und Amateurmathematiker. Er erlangte später Ruhm als Anwalt für die Bürgerrechte und Anhänger der Revolutionen in Amerika und Frankreich. Zu seinen Bewunderern gehörte der amerikanische „Kontinentalkongress", der ihm nahe legte, nach Amerika auszuwandern und die Finanzverwaltung zu übernehmen. Benjamin Franklin nominierte ihn für die Royal Society. Thomas Jefferson bat ihn, für die Jugend Virginias über das Elend der Sklaverei zu schreiben. John Adams und die Feministin Mary Wollstonecraft, die auch seiner Glaubensrichtung angehörte, rühmten ihn ebenso wie der Gefängnisreformer John Howard, der sein bester Freund war, und der Entdecker des Sauerstoffs Joseph Priestley, der sagte: „Ich frage mich, ob es einen Überragenderen gab als Dr. Price."[10] Als die Yale University 1781 zwei Ehrendoktortitel vergab, erhielt George Washington den einen und Price den anderen. Ein englisches Magazin spekulierte, Price würde in einer Reihe mit Franklin, Washington, Lafayette und Paine in die amerikanische Geschichte eingehen. Heute ist Price aber vor allem dafür bekannt, dass er seinem Freund Bayes half.

Bei der Durchsicht der Papiere von Bayes fand Price „eine unvollständige Lösung von einem der schwierigsten Probleme der *Doctrine of Chances*".[11] Es handelte sich um Bayes' Essay über die Wahrscheinlichkeit der Ursachen, in dem es darum ging, von den Phänomenen in der realen Welt zurück auf ihre wahrscheinlichsten Ursachen zu schließen.

Zunächst sah Price keinen Anlass, viel Zeit auf den Essay zu verschwenden. Das Manuskript war mit mathematischen Patzern und Ungenauigkeiten gespickt und schien nicht von praktischem Nutzen zu sein. Die ständigen Wiederholungen – immer wieder das Werfen der Kugel und dabei ständige Neuberechnungen – erzeugten große Zahlen, mit denen man nur schwer umgehen konnte.

Als Price aber feststellte, dass Bayes' Essay die Antwort auf Humes Angriff auf den Zusammenhang von Ursache und Wirkung war, begann er, eine Publikation daraus zu machen. Er steckte in den nächsten zwei Jahren immer wieder „einen Haufen Arbeit" in den Essay, fügte fehlende Zitate und Quellenangaben hinzu und strich unwesentliche Hintergrunddetails in Bayes'

Herleitungen. Bedauerlicherweise strich er auch die Einleitung, die sein Freund geschrieben hatte, deshalb werden wir nie genau erfahren, inwieweit der veröffentliche Essay Bayes' eigene Denkweise widerspiegelt.

In einem Begleitbrief an die Royal Society fügte Price einen religiösen Grund an, den Essay zu veröffentlichen. Wenn der Essay mathematisch von den Beobachtungen der Natur zur ersten aller Ursachen führte, wäre das Ziel des Theorems, zu zeigen, dass „die Welt das Ergebnis der Weisheit und Macht einer intelligenten Ursache sein muss und damit aus einer letzten Ursache … die Existenz der Gottheit bestätigt".[12] Bayes selbst war da zurückhaltender. In seinem Teil des Essays ist von Gott keine Rede.

Ein Jahr später, 1763, veröffentlichte die Royal Society das Werk unter dem Titel *An Essay toward solving a Problem in the Doctrine of Chances* in ihren *Philosophical Transactions*. Der Titel vermied jede theologische Kontroverse, indem er die Anwendung der Methode für das Glücksspiel hervorhob. Als Price ein paar Jahre später Hume kritisierte, verwendete er zum ersten und einzigen Mal den Ansatz von Bayes. Soweit wir wissen, hat in den nächsten 17 Jahren niemand den Essay erwähnt, bis Price erneut das Bayes-Theorem ans Licht zerrte.

Nach heutigen Gepflogenheiten sollten wir vom Bayes-Price-Theorem sprechen. Price entdeckte Bayes' Arbeit, schätzte sie als wichtig ein, verbesserte sie, schrieb Zusätze und fand eine Anwendung. Dass man heute übereingekommen ist, nur dem Namen Bayes mit dem Theorem in Verbindung zu bringen, ist ungerecht, aber es hat sich so sehr eingebürgert, dass etwas anderes wenig Sinn macht.

Obwohl Bayes' Lösung des Problems der inversen Wahrscheinlichkeit der Ursachen über viele Jahre hinweg ignoriert wurde, war sie eine Meisterleistung. Nachdem für den Spieler vorher die Wahrscheinlichkeit ein Maß für die Häufigkeit war, wurde sie bei Bayes das Maß für einen Glauben, der auf Information beruhte: Ein Kartenspieler, der anfangs glaubt, dass sein Gegner mit einem ungezinkten Kartendeck spielt, kann seine Meinung jedes Mal revidieren, wenn neue Karten ausgeteilt werden. Am Endes kommt der Spieler zu einer besseren Einschätzung der Ehrlichkeit seines Gegners.

Bayes führte als Markenzeichen seiner Methode eine Apriori-Vermutung ein, die durch objektive neue Informationen modifiziert wird. Von den Beobachtungen der realen Welt ging er zu Abstraktionen ihrer wahrscheinlichen Ursachen über und entdeckte den lang gesuchten Gral der Wahrscheinlichkeitstheorie, den Mathematiker später die „Wahrscheinlichkeit der Ursachen", das „Prinzip der inversen Wahrscheinlichkeit", die „Bayes'sche Statistik", das „Bayes-Theorem", das „Bayes-Verfahren" oder auch nur kurz „Bayes" nannten.

Wenn man heute Bayes' Werk würdigt, sollte man auch anmerken, was Bayes *nicht* getan hat: Er war nicht der Erfinder der modernen Version des Theorems. Er benützte nicht einmal eine algebraische Gleichung, sondern Newtons altmodische geometrische Schreibweise für das Berechnen und Hinzufügen von Flächen. Er entwickelte sein Theorem auch nicht zu einer mächtigen mathematischen Methode weiter. Und nicht zuletzt erwähnte er, im Gegensatz zu Price, weder Hume noch die Religion oder Gott.

Stattdessen beschränkte er sich vorsichtig auf die Wahrscheinlichkeit von Ereignissen. Er sagte nichts darüber, wie man Hypothesen aufstellt oder Vorhersagen macht, wie man Entscheidungen fällt und handeln soll. Er schlug auch keine Anwendungen seiner Arbeit vor, weder in der Theologie noch in den Natur- oder Geisteswissenschaften. Erst folgende Generationen erweiterten Bayes' Entdeckung auf all diese Gebiete und setzten sie für die Lösung einer Unzahl praktischer Probleme ein. Bayes gab seiner bahnbrechenden Entdeckung nicht einmal einen Namen. In den nächsten 200 Jahren sprach man von der „Wahrscheinlichkeit der Ursachen" oder von der „inversen Wahrscheinlichkeit". Erst in den 1950er-Jahren wurde die Entdeckung nach Bayes benannt.

Kurz: Bayes machte die ersten Schritte. Er komponierte das Vorspiel für das, was noch kommen sollte.

In den nächsten 200 Jahren lasen nur wenige den Artikel von Bayes und Price. Letzten Endes ist es die Geschichte zweier Freunde, die beide nonkonformistische Geistliche und Amateurmathematiker waren, deren Arbeit aber fast folgenlos bleiben sollte. „Fast", denn es gab einen Forscher, der in der Lage war, etwas damit anzufangen: der große französische Mathematiker Pierre-Simon Laplace.

2
Pierre-Simon Laplace: Der Mann, der alles machte

Gegenüber von Tunbridge Wells auf der anderen Seite des Kanals feierte der Bürgermeister eines kleinen Dorfes in der Normandie ungefähr zur selben Zeit, als sich Thomas Bayes das Kugelexperiment überlegte, die Geburt seines Sohnes Pierre-Simon Laplace, der zum Einstein seines Zeitalters werden sollte.

Laplace wurde am 23. März 1749 geboren und zwei Tage später getauft. Er stammte aus einer Familie, die seit Generationen gebildete und geachtete Würdenträger hervorgebracht hatte. Die Verwandten seiner Mutter Marie-Anne waren gut situierte Bauern. Die Mutter starb, als er noch klein war und er erwähnte sie später nie. Sein Vater betrieb den Post-Gasthof im malerischen Beaumont-en-Auge und war als Bürgermeister 30 Jahre lang der führende Mann der 472-Einwohner-Gemeinde. Als Pierre-Simon ein Teenager war, schien sein Vater Pierre der einzige nahe Verwandte gewesen zu sein. In den folgenden Jahren sollte allerdings Pierre-Simons Entschluss Mathematiker zu werden ihre Beziehung fast unrettbar zerstören.[1]

Zum Glück für den Jungen gab es nie Zweifel, dass er zur Schule gehen und eine Ausbildung erhalten sollte. Es wurde damals im 18. Jahrhundert in Frankreich selbstverständlich, zur Schule zu gehen. Angetrieben wurde dies durch eine gewaltige Revolution, die von der katholischen Kirche in ihrem Kampf gegen die protestantische Irrlehre ausging, sowie von Eltern, die überzeugt waren, dass eine gute Ausbildung ihre Kinder geistig, intellektuell und finanziell bereichern würde. Die Frage war nur: Welche Art von Schulausbildung?

Jahrzehnte der Glaubenskriege zwischen Protestanten und Katholiken und einige grauenhafte Hungersnöte, die durch kaltes Wetter verursacht wurden, hatten Frankreich zu einem ausgesprochen weltlich orientierten Land gemacht, das gewillt war, seine Ressourcen zu entwickeln. Pierre-Simon hätte in einer der vielen neuen säkularen Schulen des Landes moderne Naturwissenschaft und Geometrie studieren können. Stattdessen schrieb ihn sein Vater in einer lokalen Grund- und Aufbauschule ein, in der Benediktinermönche Geistliche für die Kirche sowie Soldaten, Anwälte und Beamte für die Krone heranzogen. Dank der Schirmherrschaft des Herzogs von Orléans war für Schüler wie Pierre-Simon, die vor Ort wohnten, der Unterricht umsonst. Die Lehrpläne waren konservativ und basierten auf Latein. Im Unterricht wurde viel abgeschrieben und auswendig gelernt, aber auch Philosophie betrieben. In der Schule entwickelte Laplace ein bemerkenswertes Gedächtnis und eine schier unglaubliche Ausdauer.

Auch wenn es den Mönchen wohl nicht bewusst war, standen sie doch mit der französischen Aufklärung in Konkurrenz um die Aufmerksamkeit der Kinder. Die Zeitgenossen sprachen von einem Jahrhundert der Erleuchtung und dem Zeitalter der Wissenschaft und der Vernunft, dessen wichtigstes intellektuelles Phänomen die allgemeine Verbreitung der Naturwissenschaft war. Angesichts des beinahe schwindelerregenden Wissensdursts dieser Zeiten ist es nicht überraschend, dass Pierre-Simon kurz nach seinem zehnten Geburtstag von einer spektakulären wissenschaftlichen Prognose zutiefst beeindruckt war.[2]

Jahrzehnte zuvor hatte der englische Astronom Edmond Halley vorausgesagt, dass der langschweifige Komet, der heute seinen Namen trägt, wieder auftauchen würde. Ein Trio französischer Astronomen – Alexis-Claude Clairaut, Jérôme Lalande und Nicole-Reine Lepaute, die Frau eines berühmten Uhrmachers – lösten das schwierige Dreikörperproblem und entdeckten, dass die Anziehung durch Jupiter und Saturn die Ankunft des Halley'schen Kometen verzögern würde. Die französischen Astronomen sagten mit Mitte April 1759 (plus/minus einen Monat) die richtige Zeit voraus, in der man den Kometen bei der Rückkehr von seinem Weg um die Sonne in Europa sehen würde. Das derart exakt berechnete Wiedererscheinen des Kometen elektrisierte die Europäer. Jahre später sagte Laplace, dass es dieses Ereignis war, das seine Generation dazu brachte, außerordentliche Phänomene wie Kometen, Sonnenfinsternisse und schwere Dürren nicht dem göttlichen Zorn zuzuschreiben, sondern Naturgesetzen, die Mathematiker finden konnten.

Als Laplace 17 Jahre alt wurde, hatten sich seine außerordentlichen mathematischen Fähigkeiten vermutlich noch nicht so deutlich gezeigt. Er schrieb sich jedenfalls 1766 nicht an der Pariser Universität mit ihrer bedeutenden naturwissenschaftlichen Fakultät ein, sondern an der Universität von Caen, die näher an seinem Heimatort lag. Sie bot eine solide theologische Ausbildung, die für einen künftigen Geistlichen angemessen war.

Aber auch in Caen gab es mathematische Heißsporne, die Vorlesungen über Differenzial- und Integralrechnung für Fortgeschrittene anboten. Während sich die Engländer mit Newtons mühsamer geometrischer Version der Infinitesimalrechnung herumschlagen mussten, benützten ihre Rivalen auf dem Kontinent Gottfried Leibniz' weit geschmeidigere algebraische Variante. Mit ihr bildeten sie Gleichungen und hoben wunderbare Schätze aus verlockenden neuen Informationen über Planeten, ihre Massen und Einzelheiten ihrer Umlaufbahnen. Laplace war nach seinem Studium in Caen ein verwegener mathematischer Virtuose, der es mit der wissenschaftlichen Welt aufnehmen wollte. Zudem war er, zweifellos zum Schrecken seines Vaters, zum Skeptiker geworden, was die Religion betraf.

Nach seinem Studienabschluss sah sich Laplace in einem quälenden Dilemma: Sollte er die Priesterweihe mit Zölibat wählen oder den Titel eines „Abbé" annehmen? Die Abbés waren niederrangige Geistliche, die heiraten und Besitz haben durften, aber keinen guten Ruf hatten. Voltaire lästerte über „jenes undefinierbare Wesen, das weder Kleriker noch weltlich ist, mit einem Wort, was man Abbé nennt". Die Abbés waren „bekannt für ihre Ausschweifungen".[3] Ein Stich aus jener Zeit mit dem Titel „Was denkt der Abbé darüber?" zeigt einen dieser Geistlichen, wie er genüsslich auf den Busen einer sich ankleidenden Frau starrt.[4]

Laplaces Vater bestand noch immer darauf, dass sein Sohn Geistlicher wurde. Vielleicht hätte der Vater ihn dann finanziell unterstützt, und Laplace hätte Kirche und Wissenschaft verbinden können, denn etliche Abbés verdienten Geld als Naturwissenschaftler. Der berühmteste war Jean-Antoine Nollet, der für ein zahlendes Publikum aufsehenerregende physikalische Experimente durchführte. Zur Erbauung des Königs und der Königin von Frankreich schickte Nollet einen Stromstoß durch eine elektrische Leitung, die von 180 Soldaten gehalten wurde, worauf diese plötzlich auf komischste Weise herumhüpften. Zwei Abbés waren sogar in die angesehene königliche Académie des Sciences gewählt worden. Doch nach wie vor gestaltete sich die wissenschaftliche Arbeit der Abbés meist weder lukrativ noch intellektuell herausfordernd. Die Mehrzahl fand nur schlecht bezahlte Jobs als Erzieher reicher Adliger oder als Lehrer für die Grundlagen der Mathematik und Naturwissenschaften in weiterführenden Schulen. Anstellungen auf Universitätsniveau waren rar, da die Professoren des 18. Jahrhunderts keine eigene Forschung betrieben, sondern nur das Wissen vergangener Zeiten weitergaben.

Caen hatte Laplace aber bestärkt, etwas ganz Neues zu wagen. Er wollte eine volle Stelle als professioneller und aufgeklärter mathematischer Forscher. Und er wollte die neue Welt der Naturwissenschaft erobern, die von der Algebra geschaffen worden war und auf einer Unzahl von Daten basierte – ein Schritt, der allerdings dem ehrgeizigen Vater in der Provinz absurd erscheinen musste.

Der junge Laplace wagte diesen Schritt im Sommer 1769, kurz nachdem er sein Studium in Caen abgeschlossen hatte. Er verließ die Normandie und reiste nach Paris – mit einem Empfehlungsschreiben an Jean-Baptiste le Rond d'Alembert, den einflussreichsten Mathematiker der damaligen Zeit, der einer der eifrigsten Antikleriker Europas und Ziel unermüdlicher

Attacken der Jesuiten war. D'Alembert war der Star der Aufklärung und einer der Herausgeber der Encyclopédie, die nicht nur einen gewaltigen Vorrat des empirischen Wissens weltweit zugänglich machte, sondern auch ein von religiösen Dogmen freies wissenschaftliches Werk darstellte. Indem er ganz auf d'Alembert setzte, kappte Laplace faktisch alle Verbindungen zur katholischen Kirche. Die Reaktion seines Vaters können wir uns nur vorstellen, aber wir wissen, dass Laplace erst 20 Jahre später wieder nach Hause kam und dass er am Begräbnis seines Vaters nicht teilnahm.

In Paris angekommen, begab sich Laplace gleich zu dem großen d'Alembert und legte ihm eine vierseitige Studie über die Trägheit von Körpern vor. Noch Jahre später konnte Laplace einzelne Passagen dieses Essays auswendig aufsagen. Obwohl er von Bewerbern belagert war, zeigte sich d'Alembert so beeindruckt, dass er innerhalb weniger Tage für Laplace eine bezahlte Stelle als Mathematiklehrer an der neuen, weltlichen und stark auf Mathematik setzenden École Militaire für jüngere Söhne niedriger Adliger besorgte. Diese Militärakademie, die in Paris hinter dem Invalidendom lag, brachte Laplace ein Gehalt, das für Unterkunft, Mahlzeiten und Brennholz im Winter reichte. Laplace hatte nun allerdings genau die Anstellung, die er eigentlich nicht wollte.

Er hätte zwar wie viele mathematisch begabte junge Männer von niederem Stand versuchen können, an einer der zahlreichen Forschungseinrichtungen oder Manufakturen des Königreichs unterzukommen, um dort mit der Mathematik praktische Probleme zu lösen, aber Laplace und sein Mentor wollten höher hinaus. Laplace wollte unbedingt hauptberuflich Grundlagenforschung betreiben. Von d'Alembert wusste er, dass er dazu in die königliche Académie des Sciences aufgenommen werden musste.

Im deutlichen Gegensatz zu der von Amateuren geprägten Londoner Royal Society war die Pariser Académie des Sciences die professionellste europäische Gelehrtenvereinigung. Aristokratische Amateure konnten zwar Ehrenmitglieder werden, die oberen Ränge der Organisation waren aber durch Wissenschaftler besetzt, die forschten und aufgrund ihrer Erfolge ausgewählt wurden. Sie wurden bezahlt, um frei von dogmatischen Zwängen zu experimentieren, Fakten zu sammeln und zu erforschen, ihre Ergebnisse nach einer Begutachtung zu veröffentlichen und die Regierung in technischen Angelegenheiten, beispielsweise bei Fragen zu Patenten, zu beraten. Um ihre relativ geringen Gehälter aufzubessern, konnten die Akademiemitglieder ihren Ruf nutzen und zusätzlich mehrere Teilzeitjobs annehmen.

Da Laplace weder von der Kirche noch von seinem Vater eine finanzielle Unterstützung erhielt, hieß es, schnell ans Werk zu gehen. Die meisten Mitglieder der Académie wurden aufgrund einer langen Liste handfester Erfolge gewählt, und so musste es ihm gelingen, an einer Reihe von älteren Gelehrten vorbeizuziehen. Dazu musste er allerdings eine spektakuläre Entdeckung machen. D'Alembert, der Newtons revolutionäre Erkenntnisse zum Schwerpunkt der Arbeit der französischen Mathematiker gemacht hatte, drängte Laplace, sich auf die Astronomie zu konzentrieren. Und er hatte dabei auch schon ein ganz konkretes Problem im Kopf.

In den vorausgegangenen zwei Jahrhunderten hatte die mathematische Astronomie große Fortschritte gemacht. Nikolaus Kopernikus hatte die Erde aus dem Zentrum des Sonnensystems gerissen und auf einen zwar bescheideneren, aber dafür auf den richtigen Platz unter den Planeten versetzt; Johannes Kepler hatte einfache Gesetze für die Beziehung der Himmelskörper untereinander gefunden; und Newton hatte das Konzept der Schwerkraft eingeführt. Newton hatte aber die Bewegung der Himmelskörper nur grob beschreiben können – ohne sie zu erklären. Sein Tod 1727 ließ die Generation von Laplace mit einer gewaltigen Herausforderung zurück: Es galt zu zeigen, dass die Schwerkraft nicht nur eine Hypothese, sondern ein allgemeines Naturgesetz ist.

Die Astronomie war in jener Zeit die angesehenste aller Wissenschaften – und sie stützte sich wie keine andere auf Zahlen: Nur mit ihr konnte Newtons Gravitationstheorie daraufhin überprüft werden, ob sie die Gezeiten, die Bewegung der Planeten, der Kometen und unseres Mondes, aber auch die Form der Erde und der anderen Planeten erklären konnten. Über 40 Jahre lang waren nun Daten gesammelt worden, aber d'Alembert warnte: Schon eine einzige Ausnahme konnte das ganze Gebäude zum Einsturz bringen.

Eine brennende wissenschaftliche Frage jener Tage war, ob das Universum stabil ist. Warum kollidieren die Planeten nicht miteinander, wenn Newtons Schwerkraft überall im Universum wirkt? Warum führt sie nicht zu einem kosmischen Armageddon, wie es die Offenbarung des Johannes beschreibt? War das Ende der Welt nahe?

Die Astronomen hatten schon beunruhigende Anzeichen dafür gefunden, dass das Sonnensystem von Natur aus instabil ist. Als sie die aktuellen Orte der am längsten bekannten Planeten mit Jahrhunderte alten astronomischen Beobachtungen verglichen, stellten sie fest, dass sich Jupiter immer schneller um die Sonne bewegte, während Saturn langsamer wurde. Sie nahmen an, Jupiter werde schließlich in die Sonne stürzen und Saturn im Weltraum verschwinden. Das Problem, die Bewegungen vieler durch die Schwerkraft verbundener Körper vorauszuberechnen, ist selbst heute noch sehr komplex. Newton kam zu dem Schluss, dass das wunderbare Eingreifen Gottes den Himmel im Gleichgewicht hält. Laplace nahm die Herausforderung an und entschloss sich, die Klärung der Frage nach der Stabilität des Universums zu seiner Lebensaufgabe zu machen. Sein Instrument sollte die Mathematik sein. Er wollte sie benutzen wie der Astronom sein Fernrohr.

Kurze Zeit versuchte er, Newtons Theorie mit dem Ansatz zu modifizieren, dass sich die Schwerkraft nicht nur mit der Masse und dem Abstand eines Körpers ändert, sondern auch mit seiner Geschwindigkeit. Er zog auch vorübergehend in Erwägung, ob Kometen die Bahnen von Jupiter und Saturn stören könnten, verwarf aber diese Annahmen ziemlich schnell. Das Problem lag nicht in Newtons Theorie, problematisch waren vielmehr die Daten, auf die sich die Astronomen stützten.

Ob Newtons Gravitationstheorie richtig war, konnten nur präzise Messungen entscheiden. Die Beobachtungen der Astronomen waren aber mit Informationen überladen, die zum Teil unsicher oder ungeeignet waren. Als Laplace das Problem von Jupiter und Saturn anging, benützte er auch Beobachtungen, die chinesische Astronomen 1100 v. Chr. gemacht hatten, dann die Chaldäer 600 v. Chr., die alten Griechen 200 v. Chr., die Römer um 100 und die Araber um das Jahr 1 000. Offensichtlich waren nicht alle Daten gleich verlässlich. Es war jedem Forscher selbst überlassen, Fehler zu beheben, die, vorsichtig gesprochen, als „Abweichungen" interpretiert werden konnten.

Die Académie des Sciences ging das Problem an, indem sie die Entwicklung präziserer Fernrohre und feiner abgestimmter Instrumente zur Positionsbestimmung förderte. Zur gleichen Zeit, in der mithilfe der Algebra bessere Berechnungsmethoden entwickelt wurden, lieferten die Experimentatoren genauere quantitative Ergebnisse. Es kam in der westlichen Welt förmlich zu einer Explosion des Sammelns und Systematisierens von Daten. In gleicher Weise wie die Zahl der bekannten Tier- und Pflanzenarten im 18. Jahrhundert rapide anwuchs, nahm auch das Wissen über das physikalische Universum zu. Als Laplace 1768 in Paris ankam, schickten gerade die britische und die französische Akademie ausgebildete Beobachter mit den besten verfügbaren Instrumenten an 120 sorgfältig ausgewählte Orte rund um den Globus, um den Zeitablauf des Venusdurchgangs vor der Sonne zu registrieren. Das war auch ein entscheidender Programmpunkt von Captain James Cooks Reise in die Südsee. Durch den Vergleich all dieser Messungen wollten die französischen Mathematiker den Abstand der Erde von der Sonne bestimmen, eine grundlegende Naturkonstante, die Auskunft über die Ausmaße des Sonnensystems geben würde. Manchmal lieferten aber auch bestens ausgerüstete Expeditionen widersprüchliche Daten, beispielsweise zur Frage, ob die Erde eher wie ein amerikanischer Football oder wie ein Kürbis geformt ist.

Der Umgang mit einer Riesenmenge komplexer Daten wurde zu einem bedeutenden wissenschaftlichen Problem. Wie konnte ein Wissenschaftler aus einem Berg verfügbarer Daten die Fakten herausholen und den „richtigsten" Wert einer Größe bestimmen? Die Astronomen zogen in der Regel die drei ihrer Meinung nach „besten" Beobachtungen eines bestimmten Phänomens heran und bildeten den Mittelwert, aber dieses Verfahren war so simpel wie unbegründet. Niemand hatte jemals versucht, es empirisch oder theoretisch auf seine Gültigkeit zu untersuchen. Die mathematische Fehlertheorie steckte noch in ihren Kinderschuhen.

Die Probleme waren nun aber reif für eine Lösung, und Laplace bombardierte die Académie, deren Mitglied er werden wollte, in fünf Jahren mit 13 Arbeiten. Er reichte Hunderte von Seiten ein, die mit leistungsfähiger und origineller Mathematik gespickt waren, wie sie in der Astronomie, der Himmelsmechanik und anderen Gebieten, die damit zusammenhängen, gebraucht wurde. Scharfsinnig wie er war, reichte er die Arbeiten gerade zu solchen Zeiten ein, in denen die Académie freie Plätze besetzen wollte. Der Sekretär der Académie, Nicolas de Condorcet, schrieb, dass die Académie nie zuvor „jemand gesehen hatte, der so jung war und der in so kurzer Zeit so bedeutende Beiträge zu so vielen unterschiedlichen und schwierigen Themen einreichte".[5]

Die Akademiemitglieder erwogen sechs Mal die Mitgliedschaft von Laplace, stellten sie aber immer wieder zugunsten älterer Wissenschaftler zurück. D'Alembert beklagte sich heftig darüber, dass die Organisation sich weigerte, das Talent Laplaces anzuerkennen. Laplace überlegte bereits, nach Preußen oder Russland auszuwandern, um an den dortigen Akademien zu arbeiten.

In dieser frustrierenden Zeit nutzte Laplace seine freien Nachmittage, um sich in die mathematische Literatur zu vergraben, die in der 4000 Bände umfassenden Bibliothek der Militärakademie zu finden war. Er erkannte zusehends, dass die schwierige Analyse großer Datenmengen eine ganz neue Art von Denken erforderte. Mehr und mehr erschien ihm die Wahrscheinlichkeitsrechnung einen Weg zu bieten, mit den Ungewissheiten umzugehen, die viele Phänomene und ihre Ursachen bestimmten. Bei der Durchforstung der Bücherregale entdeckte er ein altes Buch über die Wahrscheinlichkeit beim Glücksspiel: die *Doctrine of Chances* von Abraham de Moivre. Zwischen 1718 und 1756 waren drei Auflagen dieses Buches erschienen. Laplace stand vermutlich die Auflage von 1756 zur Verfügung, während Thomas Bayes eine frühere Auflage studiert hatte.

Die Lektüre von *The Doctrine of Chances* überzeugte Laplace immer mehr, dass ihm die Wahrscheinlichkeitsrechnung helfen konnte, mit den Ungewissheiten im Sonnensystem umzugehen. „Wahrscheinlichkeit" existierte damals noch kaum als mathematischer Begriff, und die „Wahrscheinlichkeitstheorie" war noch alles andere als eine Theorie. Außer für das Glücksspiel wurde sie in rudimentärer Form für philosophische Fragen wie die nach der Existenz Gottes und bei Risiken in der Wirtschaft (wie Vertragsabschlüsse, die Versicherung von Schiffen, Lebensversicherungen, Rentenzahlungen und Geldverleih) herangezogen.

Laplaces wachsendes Interesse für die Wahrscheinlichkeitstheorie erwies sich allerdings als heikel, da d'Alembert glaubte, Wahrscheinlichkeiten seien für die Wissenschaft zu subjektiv. Trotz seiner Jugend vertraute Laplace aber auf sein mathematisches Urteil und überging die Einwände seines einflussreichen Förderers. Laplace erschienen die Bewegungen der Himmelskörper derart komplex, dass auf präzise Lösungen nicht zu hoffen war. Die Wahrscheinlichkeitstheorie würde zwar keine absoluten Antworten liefern, könnte aber zeigen, welche Daten der Wahrheit vermutlich am nächsten kamen. Er begann nun darüber nachzudenken, wie man aus den mit Fehlern behafteten Beobachtungsdaten der Astronomen die wahrscheinlichsten Ursachen der Naturvorgänge herausfinden könnte. Dabei tastete er sich zu einer umfassenderen allgemeinen Theorie vor, die auf mathematische Weise von bekannten Ereignissen zu deren wahrscheinlichsten Ursachen zurückging. Die Mathematiker auf dem Kontinent kannten damals Bayes' Entdeckung noch nicht, deshalb nannte Laplace seine Theorie „Wahrscheinlichkeit der Ursachen"[6] oder „die Wahrscheinlichkeit von Ursachen und zukünftigen Ereignissen, abgeleitet aus vergangenen Ereignissen".[7]

Als sich Laplace 1773 mit der Mathematik von Wahrscheinlichkeiten herumschlug, beschäftigte er sich auch mit deren philosophischen Hintergründen. In einer Arbeit, die er im März desselben Jahres der Académie vorlegte, verglich der frühere Abbé den unwissenden Menschen nicht etwa mit Gott, sondern mit einer imaginären Intelligenz, die in der Lage ist, alles zu wissen. Da wir Menschen niemals die volle Gewissheit haben können, sind Wahrscheinlichkeiten der mathematische Ausdruck unserer Unwissenheit: „Wir verdanken der Schwachheit des menschlichen Geistes eine der erlesensten und genialsten mathematischen Theorien, nämlich die Wissenschaft vom Zufall oder den Wahrscheinlichkeiten."[8]

Der Essay war eine großartige Verbindung von Mathematik, Metaphysik und Himmelskunde, wie sie Laplace während seines gesamten Lebens pflegte. Seine Suche nach der Wahrscheinlichkeit der Ursachen und sein Blick auf Gott waren kongenial. Laplaces Ideen waren aus einem Stück und deshalb umso großartiger. Er sagte oft, er glaube nicht an Gott, und selbst sein Biograf konnte nicht entscheiden, ob er Theist oder Atheist war. Seine Wahrscheinlichkeit der Ursachen war auf jeden Fall ein mathematischer Ausdruck für das ganze Universum. Diese Theorie und seine Theorien über Gott brachte Laplace bis zu seinem Lebensende immer wieder auf den neuesten Stand, sobald neue Erkenntnisse vorlagen.

Er schlug sich gerade mit Wahrscheinlichkeiten herum, als er eines Tages, zehn Jahre nach der Veröffentlichung von Bayes' Essay, eine astronomische Zeitschrift durchsah und schockiert feststellen musste, dass möglicherweise auch andere der gleichen heißen Spur folgten. Das war zwar nicht der Fall, aber die Gefahr einer Konkurrenz rüttelte ihn wach. Er klopfte den Staub von einem längst beiseitegelegten Manuskript und entwickelte daraus eine breit angelegte Methode, um die wahrscheinlichsten Ursachen von Ereignissen und Phänomenen zu bestimmen. Er nannte die Arbeit *Mémoire sur la probabilité des causes par les événements.*

Mit ihr stellte er die erste Version dessen vor, was wir heute „Bayes-Theorem", „Bayes'sche statistische Inferenz" oder „Bayes'sche Wahrscheinlichkeit" nennen. Laplaces Ansatz ließ aber immer noch nicht das moderne Bayes-Theorem erkennen, er bestand vielmehr aus einem einstufigen Prozess, der einen Weg in die Vergangenheit darstellte, also von der Wirkung zurück zur wahrscheinlichsten Ursache. Als Mathematiker in einer vom Glücksspiel besessenen Kultur wusste Laplace, wie man die zukünftigen Chancen in einem Spiel herausfinden konnte, wenn man deren Ursache (zum Beispiel den Würfel) kannte. Laplace wollte aber eigentlich wissenschaftliche Probleme lösen, während er sich im realen Leben nicht immer über die Chancen beim Spiel im Klaren war und oft Zweifel hatte, welche Zahlen er in seine Rechnungen einsetzen musste. Mit einem gewaltigen und geschickten Gedankensprung erkannte er aber, dass er diese Ungewissheiten in sein Denken einbauen konnte, indem er *alle* möglichen Ursachen berücksichtigte und dann unter ihnen auswählte.

Laplace hatte intuitiv ein Prinzip gefunden, das er aber nur mit Worten und nicht in Form einer Gleichung beschreiben konnte: Die Wahrscheinlichkeit einer Ursache eines gegebenen Ereignisses ist proportional zur Wahrscheinlichkeit des Ereignisses bei gegebener Ursache. Laplace übersetzte an diesem Punkt seine Theorie nicht in Algebra, aber für heutige Leser ist es hilfreich, seine Behauptung in moderner Formulierung zu sehen:

$$P(C|E) = \frac{P(E|C)}{\sum P(E|C')}$$

Dabei sind P(C|E) die Wahrscheinlichkeit einer bestimmten Ursache (bei gegebenem Ereignis) und P(E|C) die Wahrscheinlichkeit eines Ereignisses oder Ergebnisses (bei gegebener Ursache). Der Term im Nenner mit dem Newton'schen Sigma dient der Normierung und sorgt dafür, dass die Summe der Wahrscheinlichkeiten aller möglichen Ursachen 1 beträgt.

Ausgerüstet mit diesem Prinzip konnte Laplace alles tun, was auch Thomas Bayes hätte tun können (solange er die Einschränkung akzeptierte, dass all seine möglichen Ursachen oder Hypothesen gleich wahrscheinlich waren). Laplaces Ziel war jedoch weit ambitionierter als das von Bayes: Als Wissenschaftler wollte er die verschiedenen möglichen Ursachen eines Phänomens untersuchen und dann die richtige herausfinden. Er wusste jedoch noch nicht, wie das mathematisch zu lösen war. Zwei weitere große Durchbrüche und Jahrzehnte des Nachdenkens waren nötig.

Das Prinzip von Laplace, die Proportionalität zwischen wahrscheinlichen Ereignissen und ihren wahrscheinlichen Ursachen, erscheint uns heute ganz simpel. Tatsächlich war er aber der erste Mathematiker, der mit großen Datenmengen arbeitete, und diese Proportionalität von Wirkungen und Ursachen erlaubte es ihm, komplexe numerische Rechnungen allein mit Tinte und Federkiel durchzuführen.

In einem *Mémoire*, das er persönlich der Académie vortrug, wendete Laplace zum ersten Mal die Wahrscheinlichkeit der Ursachen auf zwei Spielprobleme an. In beiden Fällen verstand er zwar intuitiv, was passieren würde, fuhr sich aber fest, als er versuchte, es mathematisch zu beweisen. Im ersten Beispiel stellte sich Laplace eine Urne vor, die mit schwarzen und weißen Losen gefüllt war (seine Ursache), wobei das Verhältnis schwarz zu weiß unbekannt war. Dann zog er eine Anzahl dieser Zettel und versuchte auf der Grundlage dieser Erfahrung die Wahrscheinlichkeit herauszufinden, mit der das nächste Los weiß oder schwarz sein würde. In seinem frustrierenden Kampf, die Antwort zu beweisen, schrieb er auf vier Seiten im Quartformat (34×27 cm) nicht weniger als 45 Gleichungen auf.

Bei seinem zweiten Spielproblem ging es um Piquet, ein Spiel, bei dem man sowohl Können als auch Glück braucht. Zwei Leute fangen zu spielen an, hören aber mitten im Spiel auf und müssen nun herausfinden, wie der Pott verteilt wird. Dazu müssen sie ihr relatives Können (die Ursache) abschätzen. Wieder wusste Laplace instinktiv, wie das Problem zu lösen war, aber mathematisch gelang es ihm nicht.

Nachdem er sich mit dem von ihm wenig geschätzten Glücksspiel befasst hatte, widmete er sich voller Elan dem entscheidenden wissenschaftlichen Problem, vor dem die Astronomen standen. Wie sollten sie mit den unterschiedlichen Daten von Beobachtungen des gleichen Phänomens umgehen? Zu den drei größten Problemen dieser Zeit zählte die Wirkung der Schwerkraft auf die Bewegungen des Mondes und auf die Bahnen von Jupiter und Saturn sowie auf die Form der Erde. Selbst wenn die Astronomen ihre Messungen zur gleichen Zeit, am gleichen Ort und mit dem gleichen Instrument wiederholten, unterschieden sich die Ergebnisse immer geringfügig. Um einen Mittelwert solcher unterschiedlichen Messungen zu berechnen, beschränkte sich Laplace auf drei, brauchte aber immer noch sieben Seiten voller Gleichungen, um das Problem zu formulieren. Wissenschaftlich gesehen war ihm klar, was zu tun war, nämlich den Mittelwert von drei Werten berechnen. Es gab jedoch bis 1810 keine mathematische Rechtfertigung für diese Methode, als er – ohne dabei die Wahrscheinlichkeit der Ursachen zu verwenden – den Zentralen Grenzwertsatz fand.

Bayes hatte zwar die Wahrscheinlichkeit der Ursachen als Erster formuliert, aber Laplace entdeckte seine Version ganz unabhängig von ihm. Laplace war erst 14, als der Bayes-Price-Essay veröffentlicht wurde. Er erschien in einer englischsprachigen Zeitschrift für den britischen Adel und wurde offenbar nie mehr erwähnt. Sogar die französischen Wissenschaftler, die ausländische Zeitschriften lasen, hielten Laplace für den Ersten und gratulierten ihm wärmstens für seine Entdeckung.

Auch aus der mathematischen Vorgehensweise kann man schließen, dass Laplace das Theorem unabhängig von Bayes entwickelt hat. Bayes löste sein Spezialproblem mit dem ebenen Tisch und den Kugeln in einem zweistufigen Prozess, der eine Apriori-Annahme und neue Daten mit einbezog. Laplace wusste noch nichts von einer solchen Apriori-Annahme, setzte sich aber mit dem Problem ganz allgemein auseinander und entwickelte auf diese Weise eine Lösung für eine Vielzahl von Problemen. Bayes erklärte und illustrierte mühsam, warum gleiche Apriori-Wahrscheinlichkeiten zulässig waren – Laplace nahm das instinktiv an. Der Engländer wollte wissen, mit welcher Wahrscheinlichkeit etwas in der Zukunft passieren würde, wenn man die vorangegangenen Erfahrungen mit einbezog. Laplace ging es um mehr: Als praktisch arbeitender Forscher wollte er wissen, mit welcher Wahrscheinlichkeit bestimmte Messungen und numerische Werte eines Phänomens die Realität beschrieben. Wenn Bayes und Price angesichts der Regenpfützen, die heute auf der Straße waren, die Wahrscheinlichkeit herausfinden wollten, ob es am Vortag geregnet hatte und am folgenden Tag regnen würde, fragte Laplace, mit welcher Wahrscheinlichkeit eine bestimmte Menge Regen fallen würde und präzisierte dann die Antwort ständig, indem er neue Informationen einbezog. Laplaces Methode war außerordentlich einflussreich, während Bayes erst von den Wissenschaftlern des 20. Jahrhunderts Beachtung erfuhr.

Am meisten beeindruckt, dass Laplace schon mit 25 fest entschlossen war, seine neue Methode zu entwickeln und anwendbar zu machen. Er setzte die folgenden 40 Jahre daran, die Methode zu klären, zu vereinfachen, auszuweiten, zu verallgemeinern, zu beweisen und sie anzuwenden. Wenn aber Laplace auch zweifellos das intellektuelle Genie des Bayes-Theorems war, so spielte es doch für seine Karriere nur eine kleine Rolle. Ihm sind auch bedeutende Fortschritte in der Himmelsmechanik, der Mathematik, der Physik, der Biologie, in den Geowissenschaften und in der Statistik zu verdanken. Er jonglierte regelrecht mit Problemen, ging von einem zum anderen, um dann wieder beim Ersten anzukommen. In jedem Bereich der Wissenschaft, den es damals gab, hinterließ er Spuren. Er formte alles um, was er anfasste und mathematisierte es. Dabei war er immer wieder fasziniert, wenn er auf Beispiele für die Theorie Newtons stieß.

Obwohl Laplace sehr schnell zum führenden Wissenschaftler seiner Zeit wurde, ließ sich die Académie fünf Jahre Zeit, bevor diese weltweit führende Gelehrtengesellschaft ihn endlich aufnahm. Dies geschah am 31. März 1773 und ein paar Wochen später wurde er offiziell eingeführt. 1774 wurde sein *Mémoire sur la probabilité des causes par les événements* veröffentlicht. Endlich war Laplace Forscher von Beruf. Das jährliche Stipendium der Académie ermöglichte ihm zusammen mit seinem Gehalt an der Militärakademie, seine Forschungen über die Himmelsmechanik und die Wahrscheinlichkeit der Ursachen voranzubringen.

Laplace schlug sich 1781 immer noch mit der Wahrscheinlichkeit herum, als Richard Price Paris besuchte und Condorcet von Bayes' Entdeckung berichtete. Sofort nahm Laplace die geniale Erfindung des Engländers, nämlich das Setzen eines Apriori-Werts, auf und baute es in seine eigene frühere Version der Wahrscheinlichkeit der Ursachen ein. Genauer gesagt: Er entwickelte kein neues Gesetz, sondern fügte seinem ersten Gesetz lediglich eine Anmerkung über die gleichen Wahrscheinlichkeiten der Ursachen hinzu. Die Anmerkung bestärkte ihn darin, auf der richtigen Spur zu sein und 1774 eine korrekte Lösung gefunden zu haben, wenn die Apriori-Hypothesen alle gleich wahrscheinlich sind.[9]

Laplace konnte nun sein intuitives Erfassen einer wissenschaftlichen Situation selbstbewusst mit der Leidenschaft des 18. Jahrhunderts für neue und präzise wissenschaftliche Entdeckungen vereinen. Immer, wenn er neue Informationen erhielt, konnte er das Ergebnis der letzten Rechnung als Ausgangspunkt für eine erneute Rechnung verwenden. Und mit der Annahme, dass alle Apriori-Hypothesen gleich wahrscheinlich waren, konnte er sogar sein Theorem ableiten.

Condorcet schrieb als Sekretär der Académie ein Vorwort zu Laplaces Essay und erklärte darüber hinaus den Beitrag von Bayes. Später gestand Laplace offen ein, dass Bayes der Erste war und sprach von „einer Theorie, deren Prinzipien ich einige Jahre später dargelegt habe". Er erklärte weiter: „Bayes hat … 1763 direkt die Wahrscheinlichkeit gesucht, dass die durch (seine) schon angestellten Untersuchungen angezeigten Möglichkeiten in bestimmten Grenzen enthalten sind, und er ist auf eine subtile und sehr ingeniöse, wenn auch ein wenig schwerfällige Weise dahin gelangt."[10]

Im Verlauf des nächsten Jahrzehnts musste Laplace jedoch zu seiner Enttäuschung immer klarer erkennen, dass seine Mathematik Mängel aufwies. Sie zwang ihn, für jede seiner Apriori-Hypothesen die gleiche Wahrscheinlichkeit anzunehmen – was er als Wissenschaftler missbilligte. Sollte seine Methode jemals den wirklichen Stand der Dinge widerspiegeln, musste er dubiose Daten von vertrauenswürdigen unterscheiden können. Dass alle Ereignisse und Beobachtungen gleich wahrscheinlich sind, konnte nur als theoretischer Ansatz dienen. Ein Beispiel: Viele Würfel, die auf den ersten Blick perfekt zu sein schienen, wiesen in Wirklichkeit kleine Unregelmäßigkeiten auf. In einem Fall begann er seine Rechnungen damit, allen Spielern die gleichen Gewinnchancen zuzuschreiben. Bei jeder Runde des Spiels zeigten sich ihre jeweiligen Fähigkeiten immer deutlicher und änderten die Chancen. Er riet deshalb: „Die Wissenschaft vom Zufall verlangt nach Vorsicht bei der Anwendung und muss modifiziert werden, wenn man vom mathematischen zum physikalischen Fall übergeht."[11]

Als Pragmatiker stellte er darüber hinaus fest, dass er mit einem schwerwiegenden technischen Problem fertig werden musste. Warf man zum Beispiel Münze auf Münze oder wiederholte man eine Messung mehrmals, mussten wieder und wieder Zahlen multipliziert werden, wobei riesige Zahlen entstanden, die für jemand ohne mechanische oder elektronische Hilfsmittel sehr mühsam zu handhaben waren. (Bis 1785 hatte Laplace nicht einmal einen Assistenten, der ihm bei den Rechnungen helfen konnte.)

Laplace schreckte zwar nie vor schwierigen Rechnungen zurück, klagte aber, dass Wahrscheinlichkeitsprobleme oft unlösbar waren, weil sie schwierig und mit sehr großen Zahlen verbunden waren.[12] Er konnte Logarithmen verwenden und eine frühe erzeugende Funktion, die er aber für ungeeignet hielt. Um zu illustrieren, wie mühsam Rechnungen mit großen Zahlen sein konnten, schilderte er die Multiplikation $20\,000 \times 19\,999 \times 19\,998 \times 19\,997 \times \ldots$, deren Ergebnis durch $1 \times 2 \times 3 \times 4 \times \ldots \cdot 10\,000$ dividiert werden musste. In einem anderen Fall nahm er an einer Lotterie teil, um feststellen zu müssen, dass er deren Gewinnchancen nicht numerisch durchrechnen konnte. Bei dieser „Loterie Royale de France" wurden aus 90 Zahlen jeweils fünf gezogen, auf die man wetten konnte – auf eine, mehrere oder alle fünf, und auch auf die Reihenfolge bei der Ziehung.

Probleme mit derart großen Zahlen waren neu. Newton hatte mithilfe der Geometrie gerechnet, nicht mit Zahlen. Viele Mathematiker, so auch Bayes, benützten Gedankenexperimente, um reale Probleme von abstrakten und methodischen Fragen zu trennen. Laplace aber wollte die Mathematik verwenden, um Naturphänomene zu durchleuchten, und bestand darauf, dass auch Theorien reale Fakten zur Grundlage haben mussten. Die Wahrscheinlichkeiten trieben ihn in eine Welt, die nicht zu beherrschen war.

Laplace baute fortan auf Bayes und Price auf und beendete so den Stillstand, der ihn sieben Jahre lang – zumindest teilweise – gelähmt hatte. Bisher hatte er sich in erster Linie auf Wahrscheinlichkeiten konzentriert, um mit Fehlern behaftete astronomische Beobachtungen aufzubereiten. Nun ging er dazu über, sich auf die Suche nach den wahrscheinlichsten Ursachen von beobachteten Ereignissen zu machen. Dazu musste er eine große Fülle realer und verlässlicher Daten zur Verfügung haben. Die Astronomie lieferte aber nur selten große verlässliche Datenmengen, und die Sozialwissenschaften bezogen oft derart viele mögliche Ursachen mit ein, dass algebraische Gleichungen nutzlos waren.

Im 18. Jahrhundert gab es nur eine Sammlung wirklich glaubwürdiger Daten: die Aufzeichnungen der Pfarreien über Geburten, Taufen, Hochzeiten und Todesfälle. 1771 ordnete die französische Regierung an, dass alle Provinzbehörden die Geburts- und Todesfälle regelmäßig nach Paris melden mussten. Drei Jahre später veröffentlichte die Académie die Zahlen für die Region Paris aus den letzten 60 Jahren. Sie bestätigten, was der Engländer John Graunt schon 1662 entdeckt hatte: Es wurden etwas mehr Jungen als Mädchen geboren, wobei das Verhältnis über viele Jahre konstant blieb. Wie schon bei anderen neu entdeckten Gesetzmäßigkeiten in der Natur hatten die Wissenschaftler lange Zeit angenommen, das Verhältnis müsse das Ergebnis „göttlicher Vorsehung" sein. Laplace war anderer Meinung.

Schon bald wertete er anstelle von Spielverläufen und astronomischen Statistiken Daten über Kinderzahlen aus. Für jeden, der sich für große Zahlen interessierte, waren Babys ideal. Erstens gab es sie in nur zwei Sorten – Jungen und Mädchen –, und die Mathematiker des 18. Jahrhunderts konnten schon mit binomischen Ereignissen umgehen. Zweitens gab es Kinder in Fülle – eine Grundvoraussetzung für eine Untersuchung, wie Laplace unterstrich: „Es ist bei dieser delikaten Untersuchung angesichts der kleinen Differenz der Geburten von Jungen und Mädchen notwendig, eine ausreichend große Zahl zu benützen."[13] Als der große Naturforscher Georges-Louis de Buffon ein kleines Dorf in Burgund entdeckte, in dem während fünf aufeinanderfolgenden Jahren mehr Mädchen als Jungen geboren wurden, fragte er, ob dieses Dorf Laplaces Hypothesen widerlegte. „Überhaupt nicht", antwortete Laplace ganz sicher. Eine Studie, die auf nur wenigen Fakten beruht, kann eine viel größere nicht umstoßen.

Laplaces Rechnungen waren beeindruckend. Wenn er beispielsweise mit einem Verhältnis von 52 neugeborenen Jungen zu 48 Mädchen und einer Stichprobe von 58 000 Jungen anfing, musste er 57 999 Mal 0,52 mit sich selbst multiplizieren und danach die entsprechende Rechnung mit den Mädchen machen. In jedem Fall war das nichts, was irgendjemand per Hand ausrechnen wollte – auch nicht der unerschütterliche Laplace.

Er fing stattdessen an, wie Bayes es vorgeschlagen hatte, ganz pragmatisch für alle Apriori-Schätzungen gleiche Wahrscheinlichkeiten anzunehmen, sei es 50-50, 33-33-33 oder 25-25-25-25 %. Da die Summen jeweils 1 ergaben, gestalteten sich die Multiplikationen leichter. Gleiche Wahrscheinlichkeiten verwendete er nur provisorisch als Apriori-Werte, während seine Schlusshypothesen auf all den Beobachtungsdaten beruhten, die er hinzufügen konnte.

Als Nächstes versuchte Laplace zu bestätigen, dass Graunt mit seiner Annahme, die Geburtenrate der Jungen sei größer als 50 %, recht hatte. Dabei entwickelte er die Grundlagen der modernen Theorie zum Test statistischer Hypothesen. Beim Grübeln über Taufregister aus Paris und Geburten in London konnte er schon bald Wetten abschließen: In den nächsten 179 Jahren würde es in Paris mehr Jungen als Mädchen geben und ebenso in den nächsten 8 605 Jahren in London. „Es wäre schon ziemlich außergewöhnlich, wenn das der Effekt des Zufalls ist", schrieb er und spottete, die Leute sollten sich besser zuerst ihrer Fakten sicher sein, bevor sie Theorien darüber aufstellten.[14]

Um die Monsterzahlen der Wahrscheinlichkeitsrechnung in kleinere, handlichere Zahlen zu überführen, erfand Laplace eine Fülle mathematischer Winkelzüge und kluger Näherungen. Dazu gehörten neue erzeugende Funktionen, Transformationen und asymptotische Entwicklungen. Inzwischen haben Computer viele seiner Winkelzüge überflüssig gemacht, erzeugende Funktionen sind jedoch in der praktisch angewandten mathematischen Analyse immer noch sehr wichtig. Laplace benützte erzeugende Funktionen als eine Art mathematischen Hexenstab, um aus der einen Funktion, mit der er umgehen konnte, diejenige zu erzeugen, die er wirklich haben wollte.

Für Laplace waren diese mathematischen Kunststücke so naheliegend wie für jeden nachvollziehbar, deshalb spickte er zur Frustration der Studenten seine Arbeiten mit Formulierungen wie „Es ist leicht zu sehen", „Es ist leicht zu verstehen", „Es ist leicht anzuwenden" oder „Es ist offensichtlich".[15] Als ihn ein verwirrter Student einmal fragte, wie er intuitiv von der einen zur anderen Gleichung gelangt sei, fiel es Laplace jedoch selbst schwer, seinen Gedankengang noch einmal nachzuvollziehen.

Bald stellte Laplace sich der Frage, ob der Geburtenüberschuss von Jungen von der geografischen Region abhing. Vielleicht „erleichtert das Klima, die Ernährung oder Gewohnheiten die Geburt von Jungen" in London.[16] Mehr als 30 Jahre sammelte Laplace Geburtsraten von Neapel im Süden bis St. Petersburg im Norden und aus den französischen Provinzen in der Mitte. Er schloss, dass das Klima das Ungleichgewicht der Geburtsraten nicht erklären konnte. Aber würde es immer so sein, dass mehr Jungen geboren wurden? Mit jeder weiteren Erkenntnis festigte sich bei Laplace die Ansicht, dass sich seine Wahrscheinlichkeiten „in einem dramatisch zunehmendem Maß" immer mehr der Gewissheit annäherten.

Laplace verbesserte also seine Abschätzungen mit objektiven Daten. Er wurde zum ersten modernen Bayesianer, indem er ein mathematisches Modell des wissenschaftlichen Denkens entwickelte, nach welchem ein vernunftbegabter Mensch eine Hypothese aufstellt und sie dann im Lichte neuen Wissens überprüft. Sein Verfahren reagierte auf neue Informationen höchst empfindlich. So wie jeder neue Wurf einer Münze die Wahrscheinlichkeit der Aussage erhöhte, dass sie gezinkt war oder nicht, so engte jedes neue Geburtenverzeichnis die Spanne der Ungewissheit ein. Schließlich stellte Laplace fest, dass die größere Häufigkeit der Jungen „so sicher wie jede andere moralische Wahrheit" sei, und es nur eine extrem geringe Wahrscheinlichkeit gebe, dass die Annahme falsch sei.[17]

Indem er das Beispiel der Geburten verallgemeinerte, fand er einen Weg, um nicht nur die Wahrscheinlichkeit einfacher Ereignisse (die Geburt eines Jungen), sondern auch die Wahrscheinlichkeit zukünftiger komplizierterer Ereignisse (ein ganzes Jahr mit seinen Geburten) zu bestimmen – und das sogar, wenn die Wahrscheinlichkeit einzelner Ereignisse (ob das nächste Neugeborene männlich sein wird) ungewiss war. 1786 untersuchte er den Einfluss vergangener Ereignisse auf zukünftige und fragte, wie groß die Sätze mit den Daten Neugeborener für solche Rechnungen sein mussten. Laplace sah nun in der Wahrscheinlichkeitsrechnung den besten Weg, um die Ungewissheit zu besiegen. Er fasste seine Erkenntnisse kurz zusammen: „Die Wahrscheinlichkeit ist relativ: zum Teil bezüglich jener Ignoranz (gegenüber den Ursachen der Phänomene), zum Teil bezüglich dessen, was wir wissen. … In diesem Zustand der Unschlüssigkeit ist es unmöglich, über die Existenz (bestimmter Ereignisse) sichere Aussagen zu treffen."[18]

Jahrelang nutzte er ausdauernd die Einsichten, die in einem Bereich der Naturwissenschaft gewonnen worden waren, um Licht in andere Bereiche zu bringen. Kam er nicht weiter, erfand er zur Lösung der Probleme mathematische Techniken, um zu integrieren, anzunähern und zu verallgemeinern. Wie ein moderner Forscher arbeitete er im Team mit anderen zusammen, stand aber auch in Konkurrenz zu ihnen und veröffentlichte Arbeiten über den inzwischen erreichten Fortschritt. Vor allem aber war er hartnäckig. Noch 25 Jahre später testete er voll Eifer seine „Wahrscheinlichkeit der Ursachen" mit neuen Informationen. Er durchkämmte 65 Jahre umfassende Waisenregister, fragte Freunde in Ägypten, und Alexander von Humboldt über die Geburtenraten in Mittelamerika und Naturforscher über das Reich der Tiere aus. Nach jahrzehntelanger Arbeit kam er schließlich 1812 zu dem vorsichtigen Schluss, dass der Überschuss an Jungen anscheinend „ein allgemeines Gesetz der menschlichen Rasse" ist.[19]

Um sein Gesetz mit einem umfangreicheren Datensatz zu prüfen, beschloss Laplace 1781, die Größe der französischen Bevölkerung, ihre Gesundheit und ihren Wohlstand zu untersuchen. Ein gewissenhafter Beamter hatte in Ostfrankreich sorgfältig die Größe einiger Pfarreien festgehalten. Um die Bevölkerung der gesamten Nation abzuschätzen, multiplizierte Laplace die Zahl der jährlichen Geburten in Frankreich mit 26. Damit kam er auf 25,3 Mio. Niemand wusste aber, wie genau diese Schätzung war. Heute glauben die Demografen, dass die französische Bevölkerung sehr schnell gewachsen war und fast 28 Mio. betrug, da es weniger Hungersnöte gegeben hatte, und weil eine staatlich ausgebildete Hebamme die Provinz bereist und hygienische Maßnahmen wie die, während einer Geburt Seife und kochendes Wasser zu verwenden, verbreitet hatte.

Mit seiner Wahrscheinlichkeit der Ursachen kombinierte Laplace die Apriori-Informationen (die Prioren) über Geburten und Todesfälle in ganz Frankreich mit den neuen Informationen über die Zahl der Einwohner in Ostfrankreich. Er verbesserte also die Schätzungen der Einwohnerzahl der ganzen Nation mit den genaueren Informationen aus einer bestimmten Region. 1786 gelangte er zu einem Wert, der den modernen Schätzungen sehr nahe kommt. Zur Fehlergrenze gab er an, mit einer Wahrscheinlichkeit von 1 000 zu 1 liege sein Ergebnis um weniger als eine halbe Million von der Wahrheit entfernt. 1802 konnte er Napoleon vorschlagen, eine neue Volkszählung mit detaillierteren Angaben über eine Million Bürger in 30 repräsentativen Departements zu ergänzen, die gleichmäßig über ganz Frankreich verteilt waren.

Als er in den letzten Jahren der Monarchie an seinen Untersuchungen der Geburten und der Möglichkeiten bei Volkszählungen arbeitete, wurde er in eine Aufruhr erregende Debatte über das französische Justizsystem hineingezogen. Condorcet glaubte, die Sozialwissenschaften müssten in gleicher Weise quantifizierbar sein wie die Naturwissenschaften. Um das absolutistische Frankreich in eine konstitutionelle Monarchie nach der Art Englands zu verwandeln, wollte er Laplace dazu bringen, mithilfe der Mathematik eine ganze Reihe relevanter Themen zu untersuchen. Wie viel Vertrauen können wir in das Urteil eines Richters oder eines Gerichts setzen? Wie wahrscheinlich ist es, dass Abstimmungen einer Versammlung oder eines Gerichts zur Wahrheit führen? Laplace stimmte Condorcet zu und wendete seine neue Wahrscheinlichkeitstheorie auf Fragen wie das Wahlverfahren, die Glaubwürdigkeit von Zeugen, die Beschlussfassung von Gerichten und auf die Verfahrensregeln in Abgeordnetenversammlungen und Gerichtshöfen an.

Laplace hatte über die meisten französischen Gerichtsurteile eine schlechte Meinung. Es gab keine forensische Wissenschaft, das Justizsystem verließ sich daher in allem auf Zeugenaussagen. Laplace fragte nun nach der Wahrscheinlichkeit, mit der man einer Zeugenaussage oder einem Richter vertrauen konnte und nach der Wahrscheinlichkeit von Missverständnissen. Er schätzte die Apriori-Wahrscheinlichkeit der Schuld einer Person mit 50 zu 50 ein und die Wahrscheinlichkeit, dass ein Geschworener wahrheitsliebend war, etwas höher. Selbst wenn ein Gericht mit acht Geschworenen besetzt war, bestand bei einem mit einfacher Mehrheit gefällten Urteil die Chance 65 zu 256, dass ein Angeklagter zu Unrecht verurteilt wurde. Mehr als einer von vier Angeklagten wurde also Opfer eines Justizirrtums! Laplace vertrat daher auch – sowohl aus mathematischen wie aus religiösen Gründen – eine der radikalsten Forderungen der Aufklärung, die Todesstrafe abzuschaffen: „Die Möglichkeit, Justizirrtümer wieder gut machen zu können, bildet das stärkste Argument der Philosophen, welche die Todesstrafe abschaffen wollten."[20] Laplace wandte seine Regeln auch auf kompliziertere Fälle an, bei denen sich das Gericht zwischen widersprüchlichen Zeugenaussagen entscheiden musste oder in Fällen, in denen die Glaubwürdigkeit der Zeugenaussagen mit jeder Aussage abnahm. Für Laplace zeigten diese neuen Erkenntnisse auch, dass auf die alten biblischen Berichte der Apostel wenig Verlass ist.

Während er noch immer Babys zählte, kehrte Laplace zu seinen Untersuchungen der scheinbaren Instabilität der Umlaufbahnen von Jupiter und Saturn zurück, also zu jenem Problem, das ihn schon früh für unsichere Daten sensibilisiert hatte. Zur Lösung dieses wichtigen Problems setzte er allerdings nicht auf seine neuen Kenntnisse über die Wahrscheinlichkeit. Er stellte vielmehr zwischen 1785 und 1788 mit anderen Methoden fest, dass Jupiter und Saturn aufgrund ihrer gegenseitigen Anziehung in einem 877 Jahre[21] dauernden Zyklus auf ihren Bahnen um die Sonne leicht oszillieren, und dass ein entsprechender Zyklus des Mondes auf seiner Bahn um die Erde Millionen von Jahren dauert. Die Umlaufbahnen von Jupiter, Saturn und Mond waren somit keine Ausnahmen von Newtons Gravitationsgesetz, sondern spannende Beispiele dafür. Laplace gelang die größte Entdeckung in der physikalischen Astronomie seit Newtons Gravitationsgesetz: Das Sonnensystem war im Gleichgewicht, und die Welt stand nicht vor dem Ende.

Trotz Laplaces erstaunlicher Produktivität war seine finanzielle Lage prekär. Zum Glück gab es, wie erwähnt, die Möglichkeit, andere Tätigkeiten anzunehmen. Laplace verdreifachte sein Einkommen, indem er jedes Jahr drei oder vier Monate lang Studenten der Artillerie und der Schiffsbautechnik prüfte und als Wissenschaftler am Hof des Herzogs von Orléans diente. Seine zunehmend sicherere Stellung erlaubte ihm auch Zugang zu den Statistiken der Regierung, die er benötigte, um seine „Wahrscheinlichkeit der Ursachen" weiterzuentwickeln und zu testen.

Laplace war 39 Jahre alt und hatte eine glänzende Zukunft vor sich, als er 1788 die 18-jährige Marie-Charlotte Courty de Romanges heiratete. Das durchschnittliche Heiratsalter der Frauen lag damals in Frankreich bei 27, aber Marie-Charlotte kam aus einer wohlhabenden und gerade erst in den Adelsstand erhobenen Familie mit vielfältigen Verbindungen zur Finanzwelt und zur besseren Gesellschaft. Die kleine Straße Courty in Paris, die vom Boulevard Saint-Germain abgeht, ist nach ihrer Familie benannt. Die Laplaces hatten nur zwei Kinder: Verhütung durch Pessare oder durch Coitus interruptus waren üblich, und selbst die Kirche kämpfte damals gegen eine zu große Kinderschar, da damit das Leben der Mutter gefährdet wurde. 14

Monate nach der Hochzeit stürmte das Volk die Bastille und die Französische Revolution begann.

Nach der Revolution wurden die neuen Regierungen von den europäischen Monarchien angegriffen: Ein Jahrzehnt lang wüteten die Koalitionskriege gegen Frankreich. Sogar während der Schreckensherrschaft emigrierten nur wenige Wissenschaftler und Ingenieure. Die meisten setzten sich für die Verteidigung der Nation ein und organisierten die Einberufung von Soldaten, besorgten die Chemikalien für Schießpulver, überwachten die Munitionsfabriken, zeichneten Militärkarten und erfanden eine Geheimwaffe: Spionageballons. Auch Laplace emigrierte nicht, sondern arbeitete während des ganzen Aufstands weiter und war eine zentrale Figur innerhalb eines der wichtigsten wissenschaftlichen Projekte der Revolution, der metrischen Reform zur Standardisierung von Maßen und Gewichten. Die Bezeichnungen Meter, Zentimeter und Millimeter gehen auf Laplace zurück.

Trotzdem wurde während der 18 Monate des Terrors, in denen fast 17 000 Franzosen hingerichtet und eine halbe Million ins Gefängnis geworfen wurden, seine Stellung immer gefährdeter. Die Radikalen griffen die elitäre Académie an, und es gab Pamphlete, die Laplace als modernen Scharlatan und „Newton'schen Götzendiener" diffamierten. Einen Monat nachdem die Académie aufgelöst worden war, wurde Laplace unter dem Verdacht der Illoyalität gegenüber der Revolution verhaftet, aber Nachbarn erhoben Einspruch, und er wurde am nächsten Tag um 4 Uhr morgens wieder freigelassen. Ein paar Monate später wurde er mit der Begründung aus dem „Komitee für Maße und Gewichte" geworfen, er sei „in Hinblick auf seine republikanische Gesinnung und seinen Hass auf die Könige nicht vertrauenswürdig".[22] Sein Assistent Jean-Baptiste Delambre wurde festgenommen, als er die Strecke von Dünkirchen nach Barcelona für die Definition des Meters vermaß, dann aber wieder freigelassen. Laplace verlor den Job, Studenten der Artillerie zu prüfen, um dann die gleiche Aufgabe an der École Polytechnique zu übernehmen. Doch sieben Forscher, darunter einige der engsten Freunde und Förderer von Laplace, wurden Opfer der Schreckensherrschaft. Anders als Laplace, der sich von der radikalen Politik fernhielt, hatten sie sich mit bestimmten politischen Fraktionen identifiziert. Der berühmteste unter ihnen war Antoine Lavoisier, der 1794 unter der Guillotine starb, weil er königlicher Steuereintreiber gewesen war. Condorcet, der aus Paris fliehen wollte, starb im Kerker.

Die Revolution wandelte die Naturwissenschaft von einem beliebten Hobby zu einem vollwertigen Beruf. Laplace entkam dem Chaos als der Senior der französischen Naturwissenschaft und wurde beauftragt, neue säkulare Bildungseinrichtungen aufzubauen und die nächste Generation an Forschern heranzuziehen. Über fast 50 Jahre – von den 1780ern bis zu Laplaces Tod 1827 – war Frankreich in der Naturwissenschaft weltweit führend. 30 Jahre davon gehörte Laplace zu den einflussreichsten Naturwissenschaftlern.

Laplaces Bücher über das Himmelssystem und das Gravitationsgesetz wurden zu Bestsellern. Zwei Bände widmete er einem aufsteigenden jungen General: Napoleon Bonaparte. Laplace hatte zu Napoleons militärischer Karriere beigetragen, indem er an der Militärakademie sein Examen abnahm. Die beiden wurden zwar nie persönliche Freunde, aber Napoleon ernannte Laplace immerhin für kurze Zeit zum Innenminister und berief ihn dann in das Ehrenamt eines Senators mit einem ordentlichen Einkommen und einem großzügigen Spesenkonto, das ihn zu einem ziemlich reichen Mann machte. Madame Laplace wurde eine Hofdame von Napoleons Schwester und erhielt ihr eigenes Gehalt. Mit zusätzlichen Mitteln von Napoleon konnten Laplace und sein Freund, der Chemiker Claude-Louis Berthollet, ihre Landhäuser in Arcueil außerhalb von Paris zum weltweit einzigen Zentrum für junge Postdoc-Wissenschaftler machen.

Der Kaiser, dem es um eine Wiederannäherung an den Papst ging, führte 1802 mit Laplace bei einem Empfang in Joséphine Bonapartes Rosengarten in Malmaison eine berühmte Diskussion über Gott, die Astronomie und den Himmel.

„Und wer ist der Erfinder von all dem?", fragte Napoleon.

Laplace antwortete ganz ruhig, dass für die Konstruktion und Erhaltung des Himmelssystems eine Kette von natürlichen Ursachen verantwortlich sei.

Napoleon klagte: „Sie haben dieses gewaltige Buch über das System der Welt geschrieben, ohne ein einziges Mal den Schöpfer des Universums zu erwähnen."

„Sire", entgegnete Laplace lehrmeisterlich, „ich brauchte diese Hypothese nicht".[23]

Laplaces Antwort, die sich ganz deutlich von Prices Idee unterschied, man könne mit dem Bayes-Theorem die Existenz Gottes beweisen, wurde zum Symbol für einen jahrhundertelangen Prozess, an dessen Ende schließlich die Religion von der wissenschaftlichen Erforschung der physikalischen Phänomene ausgeschlossen wurde. Laplace hatte schon längst seine Wahrscheinlichkeit der Ursachen von religiösen Überlegungen getrennt. Jean-Baptiste Biot drückte es, ganz im Sinne von Laplace, so aus: „Das wahre Objekt der physikalischen Wissenschaften ist nicht die Suche nach den ersten Ursachen (d. h. Gott), sondern die Suche nach den Gesetzen, nach denen die Phänomene erzeugt werden."[24] Wissenschaftliche Erklärungen der Natur waren Triumphe der Zivilisation, während theologische Debatten fruchtlos waren, da sie nie aufgelöst werden konnten.

Laplace setzte seine Forschungsarbeit während aller politischen Umbrüche in Frankreich fort. 1810 formulierte er den Zentralen Grenzwertsatz, eine der größten wissenschaftlichen Entdeckungen der Statistik aller Zeiten. Nach ihm haben – mit einigen Ausnahmen – alle Mittelwerte einer großen Zahl ähnlicher Messgrößen eine „normale", glockenförmige Verteilung. Plötzlich wurde die leicht anzuwendende Glockenkurve zu einem realen mathematischen Konstrukt. Laplace war mit seiner Wahrscheinlichkeit der Ursachen auf binomische Probleme beschränkt, aber sein endgültiger Beweis des Zentralen Grenzwertsatzes ermöglichte es ihm, nun mit fast allen Arten von Daten umzugehen. Weil der Zentrale Grenzwertsatz die mathematische Begründung dafür lieferte, dass man mit dem Mittelwert einer großen Menge von Daten arbeiten darf, hatte er eine tief gehende Wirkung auf die Zukunft des Bayes-Theorems.

Mit 62 machte Laplace, der wichtigste Schöpfer und Hauptpropagandist dieses Theorems, eine bemerkenswerte Kehrtwendung. Er ging zu einem alternativen, auf Häufigkeiten beruhenden Ansatz über – dem Frequentismus – der auch von ihm stammt, und benutzte diesen von1811 bis zu seinem Tod 16 Jahre später fast nur noch, so wie die Theoretiker des 20. Jahrhunderts, sodass das Bayes-Theorem fast in Vergessenheit geriet.

Laplace machte diese Kehrtwende, weil er feststellte, dass beide Verfahren bei großen Datenmengen fast zu den gleichen Ergebnissen führten. Die Wahrscheinlichkeit der Ursachen war immer noch in besonders ungewissen Fällen nützlich, da sie leistungsfähiger als der Frequentismus war. Aber im Verlauf des Lebens von Laplace hatte sich die Naturwissenschaft weiterentwickelt. Im 19. Jahrhundert verfügten die Mathematiker über weit mehr verlässliche Daten als in seiner Jugend – und verlässliche Daten kann man besser frequentistisch behandeln. Die Mathematiker bemerkten erst in der Mitte des 20. Jahrhunderts, dass selbst bei großen Datenmengen die beiden Methoden manchmal erheblich differieren.

Als Laplace 1813 auf seine 40 Jahre dauernde Suche nach einer Theorie für die Wahrscheinlichkeit der Ursachen zurückblickte, beschrieb er sie als die grundlegende Methode, um unbekannte oder komplizierte Ursachen von Naturphänomenen zu erforschen. Er bezeichnete sie gern als seine Quelle für große Zahlen und als seine Inspiration bei der Entwicklung und Anwendung erzeugender Funktionen.

Schließlich, am Höhepunkt eines kleinen Abschnitts seiner Karriere, bewies er die elegante, allgemeine Version seines Theorems, das wir heute nach Bayes benennen. Er hatte das Prinzip des Theorems 1774 als junger Mann intuitiv erfasst. 1781 hatte er einen Weg gefunden, seine Formel für den zweistufigen Bayes-Prozess abzuleiten, indem er bestimmte einschränkende Annahmen machte. Zwischen 1810 und 1814 hatte er schließlich festgestellt, wie das allgemeine Theorem aussehen musste. Es war die Formel, von der er geträumt hatte: Sie war umfassend genug, um wahrscheinlichere Hypothesen von weniger wahrscheinlichen zu unterscheiden. Sie beschrieb, wie man aus Erfahrung klug wird; modern ausgedrückt lautet sie:

$$P(C|E) = \frac{P(E|C)P_{Prior}(C)}{\sum P(E|C')P_{Prior}(C')}$$

P(C|E) ist die Wahrscheinlichkeit einer bestimmten Hypothese (bei gegebener Information). Sie ist gleich P_{Prior} (C), der Apriori-Schätzung der Wahrscheinlichkeit dieser Hypothese, multipliziert mit P(E|C), der Wahrscheinlichkeit jeder neuen Information (bei gegebener Hypothese) und dividiert durch die Summe der Wahrscheinlichkeiten der Daten bezüglich aller möglichen Hypothesen.

Studienanfänger lernen heute Laplaces erste Version der Gleichung, bei der es um Einzelereignisse wie Geburten oder das Werfen von Münzen geht. Studenten in höheren Semestern und Forscher arbeiten mit der weiterentwickelten Gleichung, um mit Beobachtungen umgehen zu können, deren Werte kontinuierlich zwischen zwei Grenzwerten liegen, beispielsweise allen Temperaturen zwischen 32 und 33 Grad. Mit seiner Gleichung konnte Laplace abschätzen, mit welcher Wahrscheinlichkeit eine Messgröße zwischen zwei bestimmten Grenzwerten lag.

Seit 1781 gehörte das Bayes-Theorem ganz und gar Laplace – den Namen ausgenommen. Die Formel, die Methode und die meisterhafte Anwendung waren sämtlich sein Werk. Er machte aus der auf Wahrscheinlichkeiten beruhenden Statistik eine allgemein zugängliche Methode. Weil er es geschafft hatte, die Spieltheorie in praktische Mathematik zu übersetzen, dominierte sein Werk ein ganzes Jahrhundert lang die Wahrscheinlichkeitstheorie und die Statistik. Glenn Shafer von der Rutgers University Newark, New Jersey, formulierte es so: „Meiner Meinung nach geht alles auf die Arbeit von Laplace zurück. Und wir interpretieren das nur in Thomas Bayes hinein. Laplace hat es modern formuliert. In gewissem Sinne ist alles Laplace.“[25]

Wer Wert auf historische Genauigkeit legt, sollte besser vom Laplace-Theorem sprechen als vom Bayes-Theorem – oder in einer modernen Variante von BPL, was für Bayes-Price-Laplace steht. Leider sind wir gezwungen, den Namen Bayes für etwas zu verwenden, was eigentlich die Leistung von Laplace war, denn es wird seit einem halben Jahrhundert einfach so genannt.

Nachdem Laplace 1774 seine erste Fassung des Bayes-Theorems formuliert hatte, benützte er es in erster Linie, um neue mathematische Techniken zu entwickeln. Er hat es meist im Bereich der Sozialwissenschaft angewandt: in der Demografie und für die Justizreform. Erst 1815, als er schon 66 Jahre alt war, setzte er es auch für seine große Liebe ein, die Astronomie. Er hatte von seinem Assistenten Alexis Bouvard, der Direktor des Pariser Observatoriums war, einige erstaunlich präzise astronomische Tabellen erhalten. Bouvard hatte mit Laplaces Wahrscheinlichkeit der Ursachen eine Vielzahl von Beobachtungen zu den Massen von Jupiter und Saturn durchgerechnet, dabei auch jeweils die möglichen Fehler abgeschätzt und schließlich die wahrscheinlichen Massen der Planeten berechnet. Laplace war über die Tabellen so hoch erfreut, dass er trotz seiner Abneigung gegen das Glücksspiel das Bayes-Theorem verwendete, um eine berühmte Wette mit seinen Lesern abzuschließen: dass mit einer Wahrscheinlichkeit von 11 000 zu 1 Bouvards Ergebnisse für den Saturn weniger als 1 % neben dem wahren Wert lagen. Für Jupiter war das Verhältnis sogar 1 Mio. zu 1. Die Technologie des Raumfahrtzeitalters bestätigt inzwischen, dass Laplace und Bouvard beide Wetten gewonnen haben.

Laplace setzte seine Wahrscheinlichkeit der Ursachen später bei einer Vielzahl geowissenschaftlicher Rechnungen ein, so bei der Berechnung der Gezeiten und der Schwankungen des Luftdrucks. Er verwendete auch eine für Laien verständliche Version der Wahrscheinlichkeit der Ursachen, die ohne Zahlen auskam, um seine berühmte Nebularhypothese zu untermauern. Sie besagt, dass die Planeten und Monde unseres Sonnensystems aus Staubwirbeln entstanden sind. Und er verglich drei Hypothesen über die Umlaufbahnen von 100 Kometen, um zu bestätigen, was er schon wusste: dass die Kometen höchstwahrscheinlich im Einflussbereich der Sonne entstanden sind.

Nach dem Sturz Napoleons belieh Ludwig XVIII., der neue König Frankreichs, Laplace, den Sohn des Besitzers einer Dorfkneipe, mit dem erblichen Titel eines Marquis. Am 5. März 1827 starb Laplace im Alter von 78 Jahren – fast genau 100 Jahre nach seinem Idol Isaac Newton.

Die Nachrufe priesen Laplace als den Newton Frankreichs. Er hatte den Studenten, dem Staat und den Lesern seiner Arbeiten die moderne Naturwissenschaft nahegebracht und die Wahrscheinlichkeitsrechnung zu einer beeindruckenden Methode zur Erforschung der unbekannten und komplexen Ursachen von Naturphänomenen gemacht. In einem kurzen und relativ unbedeutenden Abschnitt seines wissenschaftlichen Lebens war er der Erste gewesen, der das, was wir heute Bayes-Theorem nennen, formuliert und angewandt hat. Mit dem Theorem konnte er alte Erkenntnisse mit neuen Informationen aktualisieren und Phänomene erklären, die vorangegangene Jahrhunderte dem Zufall oder Gottes Willen zugeschrieben hatten, und damit den Weg für die weitere wissenschaftliche Erforschung freimachen.

Laplace hatte seine Wahrscheinlichkeitstheorie intuitiv entwickelt. Aus seiner Sicht war „die Wahrscheinlichkeitstheorie im Grunde nur der der Berechnung unterworfene gesunde Menschenverstand. … Sie lehrt das mit Genauigkeit abschätzen, was ein gerader Verstand mit einer Art Instinkt fühlt, ohne dass er sich oft davon Rechenschaft geben kann.“[26] Bald jedoch standen die Wissenschaftler vor Situationen, die nicht so leicht intuitiv zu erklären waren. Es sollte sich erweisen, dass die Natur weit komplizierter ist, als Laplace es sich vorgestellt hatte. Kaum war der alte Mann begraben, als sich schon Kritiker über Laplaces Theorem hermachten.

3
Viele Zweifler, wenige Verteidiger

Nach dem Tod von Laplace begann für das Bayes-Theorem eine stürmische Zeit: Es wurde verachtet, umgeformt, widerwillig toleriert und schließlich durch streitlustige Theoretiker fast völlig verdrängt. Aber trotz aller Querelen ging es entschlossen seinen Weg und trug dazu bei, in den USA und in Europa praktische Probleme des Militärs, der Kommunikationstechnik, der Sozialhilfe und der Medizin zu lösen.

Der erste große Rückschlag im Drama um das Bayes-Theorem kam, als einige Vorwürfe, die das Ansehen von Laplace schädigen sollten, in Umlauf gebracht wurden, die sich erst viel später als unbegründet herausstellten. So schrieb der englische Mathematiker Augustus de Morgan 1839 in der *Penny Cyclopaedia of the Society for the Diffusion of Useful Knowledge*, Laplace habe es versäumt, das Werk anderer zu erwähnen. Diese Angriffe wurden 150 Jahre lang ohne substanzielle Beweise wiederholt, bis Stephen Stigler in einer detaillierten Untersuchung nachwies, dass sie gegenstandslos waren. In den 1880er-Jahren stellte der anti-napoleonisch und anti-monarchistisch eingestellte Franzose Maximilien Marie de Ficquelmont Laplace als reaktionären Ultraroyalisten dar, was einige englische und amerikanische Autoren unbesehen übernahmen. Die Encyclopaedia Britannica von 1912 behauptete, Laplace habe „eine Rolle als Politiker angestrebt und sich … bis zur Servilität herabgelassen, um Auszeichnungen und Titel zu erhalten."[1] In seinem reichlich fantasievollen Bestseller *Die großen Mathematiker* gab Eric Temple Bell dem Kapitel über Laplace den Titel „Vom Bauern zum Snob"[2] und beschrieb ihn als „streberisch", „rastlos ehrgeizig" und „wendig"[3] und als Vertrauten Napoleons. Bells Buch, das 1937 erschien, beeinflusste eine ganze Generation von Mathematikern und Naturwissenschaftlern. In den 1960ern schrieb die anglo-amerikanische Statistikerin Florence Nightingale David ohne Beweise anzuführen, Laplace werde „fast weltweit verdammt".[4] Charles Coulston Gillispie und seine zwei Mitarbeiter Robert Fox und Ivor Grattan-Guinness wollten in ihrer wissenschaftlichen Biografie Laplaces auch nicht so recht mit der Sprache heraus. Zuerst stellten sie kategorisch fest, „nicht ein einziges Zeugnis, das seine Kongenialität erkennen ließ", habe sich erhalten, um dann mit einer Aufzählung von Laplaces „engen persönlichen Verbindungen mit anderen französischen Naturwissenschaftlern" und der Feststellung zu schließen, er habe ein „warmes und beschauliches Familienleben" gepflegt und selbst Kritikern seiner Forschungsarbeiten geholfen.[5]

Nur langsam setzte sich die Einsicht durch, dass Laplace einer der Ersten war, der die moderne Naturwissenschaft zu seinem Beruf gemacht hatte. Der Statistiker Karl Pearson nannte – nicht gerade zartfühlend – den Autor des Artikels in der Encyclopaedia Britannica „einen der oberflächlichsten Schreiberlinge, der je die Geschichte der Naturwissenschaften vernebelt hat. … Derartige, in keiner Weise belegte Feststellungen eines Autors der einen Nation über einen der berühmtesten Männer einer zweiten Nation sind in jeder Hinsicht erbärmlich."[6] Inzwischen konnten Historiker zeigen, dass viele der abwertenden Äußerungen über Laplaces Leben und Werk falsch waren.

Jenseits solcher persönlicher Beleidigungen weckte Laplace eine Flut der Begeisterung für die Statistik, die sowohl über Bayes' ursprüngliche Fassung des Theorems als auch Laplaces Version hinwegging. Anlass war 1827 die Veröffentlichung der seinerzeit außerordentlichen Tatsache, dass die Zahl der für die Pariser Post unzustellbaren Briefe von Jahr zu Jahr in etwa konstant blieb. In einer bahnbrechenden Reihe von Statistiken über die Region Paris, die die französische Regierung veröffentlichte, zeigte sich, dass auch viele irrationale und gottlose kriminelle Aktivitäten (Diebstahl, Mord und Selbstmord eingeschlossen) konstant blieben. 1830 galten stabile statistische Verhältnisse nicht mehr als Ausdruck der göttlichen Vorsehung, und Europa wurde von einer wahren Manie für objektive Zahlen überschwemmt, weil man sie auch für gutes Regieren brauchte.

Beunruhigt von der schnellen Verstädterung und Industrialisierung sowie der aufkommenden Marktwirtschaft, wurden zu Anfang der Viktorianischen Epoche private statistische Gesellschaften gegründet, um Dreck und Schmutz, die Kriminalität und überhaupt statistische Zahlen zu untersuchen. Das reichte vom Brustumfang schottischer Soldaten über die Zahl preußischer Offiziere, die von ausschlagenden Pferden getötet wurden, bis zur Zahl von Choleraopfern. Es war leicht, solche Statistiken aufzustellen, selbst Frauen konnten das. Es war weder eine mathematische Analyse nötig, noch wurde sie erwartet. Dass die meisten Bürokraten, die solche Statistiken aufstellten, der Mathematik gleichgültig, ja feindlich gegenüberstanden, spielte keine Rolle. Fakten, Fakten, Fakten – das war die Parole des Tages.

Die Idee, fehlendes Wissen mit Wahrscheinlichkeiten zu quantifizieren, war in Vergessenheit geraten. Vergessen war auch die Suche nach den Ursachen, die Bayes, Price und Laplace betrieben hatten. Die Krankenhausreformerin Florence Nightingale wurde 1861 in einem Brief gemahnt: „Ich muss wiederholt davor warnen, die Frage nach der Ursache mit der Statistik zu vermengen. … Ein Statistiker hat nichts mit den Ursachen zu tun."[7]

Auch „subjektiv" wurde zu einem unanständigen Begriff. Die Französische Revolution und ihre Nachwirkungen hatten die Idee zunichtegemacht, dass alle vernünftigen Menschen die gleichen Überzeugungen haben. Die westliche Welt spaltete sich in Romantiker, die die Wissenschaft ablehnten, und jene, die in den Naturwissenschaften Gewissheit suchten und von der Objektivität der Zahlen begeistert waren – sei es die Anzahl der Messerstechereien oder der Eheschließungen in einem bestimmten Alter.

Im Jahrzehnt nach Laplaces Tod führten vier europäische Revisionisten die Angriffe gegen Laplace, die Wahrscheinlichkeit und die Mathematik der Ungewissheit an. John Stuart Mill verurteilte die Wahrscheinlichkeit als „wahres Opprobrium der Mathematik".[8] Man sprach von einer „Verirrung des Intellekts". Objektivität war die neue Tugend, Subjektivität eine Beleidigung, und die Suche nach der Wahrscheinlichkeit der Ursachen das Ziel skeptischer, ja feindseliger Attacken. Von neu gesammelten Daten überschwemmt, zogen es die Revisionisten vor, die Wahrscheinlichkeit eines Ereignisses danach zu bemessen, wie oft es unter vielen Beobachtungen vorkam, welche *Häufigkeit* es also hatte. Schließlich wurden die Anhänger dieser auf Häufigkeiten oder Frequenzen beruhenden Wahrscheinlichkeit als Frequentisten oder als „Daten sammelnde" Theoretiker bezeichnet.

Für die Frequentisten war Laplace das alles überragende Angriffsziel, sodass die Existenz von Thomas Bayes kaum registriert wurde. Wenn Kritiker an das Bayes-Theorem dachten, sahen sie Laplaces Theorem und attackierten ihn und seine Anhänger. Sie argumentierten, die Wahrscheinlichkeiten müssten durch die objektive Häufigkeit von Ereignissen bestimmt werden und nicht durch den subjektiven Grad des Glaubens oder der Vermutungen. Sie sahen in den zwei Ansätzen Gegensätze, während Laplace sie als im Grunde als gleichwertig angesehen hatte.

Die Revisionisten verurteilten Laplaces pragmatische Vereinfachungen als groben Missbrauch. Zwei seiner populärsten Anwendungen der Wahrscheinlichkeitsrechnung wurden in Bausch und Bogen verdammt. Laplace hatte die Frage aufgeworfen, ob die Sonne auch am nächsten Tag aufgehen würde, nachdem sie schon Tausende Male zuvor aufgegangen war. Und er hatte gefragt, ob es eine einzige Ursache für das Sonnensystem gibt, da ja alle Planeten in ähnlicher Weise um die Sonne kreisen. Laplace hatte für diese Probleme nicht einmal das Bayes-Theorem verwendet, sondern nur einfache Chancen ausgerechnet, wie sie auch beim Glücksspiel galten. Manchmal beantworteten aber er und seine Anhänger derartige Fragen, indem sie mit einer Chance 50 zu 50 begannen. Diese Vereinfachung wäre vertretbar gewesen, hätte Laplace nicht schon Kenntnisse über den Himmel gehabt: Schließlich war er einer der weltweit führenden mathematischen Astronomen und wusste besser als jeder andere, dass der Sonnenaufgang und die Nebel im All das Ergebnis der Himmelsmechanik und nicht des Glücks im Spiel waren. Er hatte auch seine Untersuchung der männlichen und weiblichen Geburtsraten mit 50 zu 50 begonnen, obwohl man schon wusste, dass die Wahrscheinlichkeit einer männlichen Geburt ungefähr 52 % und nicht 50 % betrug.

Laplace gab zu, dass er, indem er wissenschaftliche Fragen nur mit Wahrscheinlichkeiten behandelte, einseitig, aber seiner tiefsten Überzeugung entsprechend die Meinung bevorzugte, dass die physikalischen Phänomene natürliche und nicht göttliche Ursachen hatten. Er warnte seine Leser davor. Manche seiner Anhänger gaben sogar den Apriori-Annahmen ein größeres Gewicht als den Naturgesetzen und werteten Gegenbeispiele ab. Die Kritiker beharrten darauf, dass der Zufall für all die Fragen irrelevant sei. Sie identifizierten das Bayes-Theorem mit gleichen Prioren und verdammten deshalb das Theorem insgesamt. Nur wenige der Kritiker versuchten, sich andere Prioren wenigstens vorzustellen.

Jahre später untersuchte John Maynard Keynes die Kritik an Laplaces Einschätzung der Chance, dass auch in Zukunft jeden Morgen die Sonne aufgeht. Laplace hatte sich auf die letzten 5.000 Jahre berufen, in denen die Sonne „stets nach jeder Umdrehung von 24 h aufgegangen ist… daher … ist 1 826 214 gegen eins zu wetten, dass sie auch morgen aufgehen wird."[9] Keynes fasste die Stellungnahmen zu Laplaces Methode zusammen: Sie wurde „von Boole abgelehnt, weil die Annahmen, auf denen sie beruht, willkürlich sind; von Venn, weil sie mit der Erfahrung nicht übereinstimmt; von Bertrand, weil sie lächerlich ist, und ohne Zweifel auch von anderen. Allein sie fand auch Annahme in weiten Kreisen; von de Morgan, Jevons, Lotze, Czuber und Professor (Karl) Pearson, um die führenden Vertreter verschiedener Schulen und Perioden zu nennen."[10]

Inmitten all dieses Streits geriet Laplaces feines Gleichgewicht zwischen subjektivem Glauben und objektiven Beobachtungen ins Wanken. Er hatte zwei Theorien der Wahrscheinlichkeit aufgestellt und gezeigt, dass immer, wenn große Zahlen im Spiel sind, beide mehr oder weniger zum gleichen Ergebnis führen. Wenn aber die Naturwissenschaft der Weg zur sicheren Erkenntnis war, wie konnte sie dann subjektiv sein? Schon bald sahen die Wissenschaftler in den zwei Ansätzen diametrale Gegensätze. Es gab kein Experiment, das die Kontroverse endgültig auflösen konnte, und die Tatsache, dass Laplace gezeigt hatte, dass beide Methoden oft zu fast dem gleichen Ergebnis führen, machten es der kleinen Welt der Experten für Wahrscheinlichkeiten doppelt schwer, den Streit zu entscheiden.

Die Erforschung der Wahrscheinlichkeiten versandete. Schon zwei Generationen nach seinem Tod erinnerte man sich an Laplace nur noch in der Astronomie. 1850 war in den Pariser Buchläden kein einziges Exemplar seines Buches über die Wahrscheinlichkeit mehr zu finden. Der Physiker James

Clerk Maxwell las nicht bei Laplace, sondern bei Adolphe Quetelet, einem belgischen Statistiker, über die Wahrscheinlichkeit und übernahm für die statistische Mechanik und die kinetische Gastheorie frequentistische Methoden. Laplace und Condorcet hatten erwartet, dass vor allem die Sozialwissenschaftler das Bayes-Theorem anwenden würden, die aber wandten sich gegen jede Form von Wahrscheinlichkeit. Der bedeutende amerikanische Philosoph und Naturwissenschaftler Charles Sanders Peirce vertrat in den späten 1870er- und frühen 1880er-Jahren die frequentistische Wahrscheinlichkeitstheorie. 1891 verfasste schließlich der schottische Mathematiker George Chrystal einen Nachruf auf Laplaces Methode: „Die Gesetze der … inversen Wahrscheinlichkeit sind tot, sie sollten aus Pietät tief begraben werden und nicht in Lehrbüchern oder bei Prüfungen konserviert werden. … Die Unüberlegtheiten großer Männer sollten in aller Stille in Vergessenheit geraten dürfen.“[11]

Das Bayes-Theorem war also zum dritten Mal zu Grabe getragen worden. Das erste Mal hatte es Bayes selbst in die Schublade gesteckt. Ein zweites Mal hatte es Price kurz wiederbelebt, bevor es erneut vernachlässigt und vergessen wurde. Jetzt hatten es die Theoretiker begraben.

Das Begräbnis war allerdings ein wenig verfrüht. Trotz Chrystals Verdammung wurde das Bayes-Theorem weiterhin in Lehrbüchern beschrieben und in den Hörsälen gelehrt. Auch die Astronomen benützten es weiter, weil die anti-Bayes'schen Frequentisten noch keinen systematischen, praktischen Ersatz geliefert hatten. Weit entfernt von den missbilligenden Augen der Theoretiker dümpelte das Theorem in verstreuten Nischen dahin und half Praktikern, die im realen Leben standen, die Schlagkräftigkeit von Hinweisen abzuschätzen, alle möglichen Formen von Information zu kombinieren und mit Wissenslücken und Ungewissheiten umzugehen.

In diese Bresche zwischen theoretischer Missbilligung und praktischer Nützlichkeit marschierte, um im kriegerischen Bild zu bleiben, die französische Armee ein, angeführt von dem politisch einflussreichen Mathematiker Joseph Bertrand. Dieser formte das Bayes-Theorem für die Bedürfnisse der Artillerieoffiziere um, die sich ja mit einer Fülle von Unsicherheiten herumschlagen mussten: dem genauen Standort des Feindes, der Luftdichte, der Windrichtung, den technischen Unterschieden ihrer handgefertigten Kanonen und der Reichweite, Richtung und Anfangsgeschwindigkeit ihrer Geschosse. In seinen weit verbreiteten Lehrbüchern predigte Bertrand, dass Laplaces Wahrscheinlichkeit der Ursachen die einzig brauchbare Methode sei, um eine Hypothese aufgrund neuer Beobachtungen zu überprüfen. Er glaubte jedoch, dass Laplaces Anhänger zu weit gingen, wenn sie unterschiedslos mit Wahrscheinlichkeiten von 50 zu 50 für die Apriori-Annahmen begannen. Um das zu illustrieren, führte er die dummen britischen Küstenbewohner an, die bei der Suche nach Schiffswracks an ihrer Felsenküste annahmen, sie würden mit gleicher Wahrscheinlichkeit durch die Flut wie aufgrund der weit gefährlicheren Nordweststürme angeschwemmt. Bertrand argumentierte, dass gleiche Prioren nur in den seltenen Fällen verwendet werden sollten, in denen die Hypothesen wirklich gleich wahrscheinlich sind, oder wenn man absolut nichts über ihre Häufigkeit weiß.

Die Artillerieoffiziere folgten nun Bertrands strikten Vorgaben und setzten gleiche Wahrscheinlichkeiten nur für Kanonen an, die in der gleichen Fabrik und im Wesentlichen von den gleichen Arbeitern aus den gleichen Rohmaterialien und unter gleichen Bedingungen hergestellt worden waren. Zwischen den 1880er-Jahren und dem Zweiten Weltkrieg feuerte die Artillerie Frankreichs und Russlands ihre Kanonen nach Bertrands Lehrbuch ab.

Bertrands strikt Bayes'sche Reformen spielten auch beim Dreyfus-Skandal eine Rolle, der Frankreich zwischen 1894 und 1906 erschütterte. Alfred Dreyfus, ein französischer Offizier, der Jude war, wurde fälschlicherweise verdächtigt, für Deutschland spioniert zu haben und 1894 zu lebenslanger Haft verurteilt. Das nahezu einzige Indiz gegen Dreyfus war ein Brief, den er angeblich dem deutschen Militär-Attaché Maximilian von Schwartzkoppen geschrieben hatte. Alphonse Bertillon, ein Kriminalpolizist, der ein System zur Handschriftenidentifikation erfunden hatte, das auf den Körpermaßen beruhte, bestätigte mehrmals mithilfe der Wahrscheinlichkeitsrechnung, dass Dreyfus fast sicher der Verfasser des belastenden Briefes war. Bertillons Begriff von Wahrscheinlichkeit war mathematisch unsinnig, zudem entwickelte er immer fantastischere Argumente. Während die konservativen Antirepublikaner, die Katholiken und die Antisemiten Dreyfus' Verurteilung begrüßten, wurde von seiner Familie, von Antiklerikalen, Juden, links stehenden Politikern und Intellektuellen eine Kampagne zu seiner Entlastung ins Leben gerufen, die von dem Dichter Émile Zola angeführt wurde.

Beim ersten Revisionsprozess 1899 vor dem Militärtribunal berief sich sein Verteidiger auf Henri Poincaré, den damals berühmtesten französischen Mathematiker und Physiker, der an der Sorbonne zehn Jahre lang Wahrscheinlichkeitstheorie gelehrt hatte. Poincaré war Anhänger der frequentistischen Statistik, als er aber gefragt wurde, ob das von Bertillon begutachtete Dokument von Dreyfus stammte oder nicht, argumentierte er mit dem Bayes-Theorem. Poincaré sah in ihm den einzigen vernünftigen Weg, den ein Gericht gehen konnte, um eine Apriori-Hypothese mit neuen Erkenntnissen zu aktualisieren. Poincaré sah in Fälschungen ein typisches Problem, das für das Testen von Hypothesen mit dem Bayes-Theorem geeignet war.

Poincaré schickte Paul Painlevé, der sich für Dreyfus einsetzte, einen kurzen, sarkastischen Brief, den Painlevé im Gerichtssaal verlas: Bertillons „noch am ehesten nachvollziehbare Schlussfolgerung ist falsch. … Dieser gewaltige Fehler lässt alles Folgende suspekt erscheinen. … Die Rechnungen von Bernard sind exakt, die von Bertillon nicht. ... Nichts von dem (von Bertillon) hat einen wissenschaftlichen Charakter. Ich verstehe daher Ihre Besorgnis nicht. Ich weiß nicht, ob der Angeklagte verurteilt werden wird. Wird er es aber, dann nur aufgrund anderer Beweise. Solche Argumente (die Bertillons) können unvoreingenommene Männer, die eine gründliche wissenschaftliche Ausbildung genossen haben, nicht beeindrucken."[12] Als diese Stelle verlesen wurde, entstand laut Protokoll im Gerichtssaal ein „lang andauernder Aufruhr". Poincarés Gutachten war für die Anklage verheerend, denn alle Richter des Tribunals hatten Militärakademien besucht und kannten Bayes aus Bertrands Lehrbuch.

Das Gericht fand einen Kompromiss, in dem Dreyfus zwar weiterhin schuldig gesprochen wurde, aber nur noch fünf Jahre ins Gefängnis sollte. Letztendlich wurde Dreyfus begnadigt und sieben Jahre später rehabilitiert und sogar zum Ritter der Ehrenlegion ernannt.[13] Bei Reformen des Staats, die damals eingeleitet wurden, kam es zu einer strikten Trennung von Kirche und Staat. Für viele amerikanische Anwälte, die nicht bemerkt hatten, wie die Wahrscheinlichkeitstheorie mitgeholfen hatte, Dreyfus auf freien Fuß zu setzen, war der Prozess aber ein Beispiel dafür, dass Mathematiker manchmal über die Stränge schlagen, und ein Anlass, die Verwendung von Wahrscheinlichkeiten in Kriminalfällen zu begrenzen.

Aus der Praxis – Anwendungen des Bayes-Theorems: Der Fall Sally Clark[14]

Nach 1996 wurden in Großbritannien vier Mütter wegen Mordverdacht festgenommen, weil zwei oder mehr ihrer Kinder im Babyalter gestorben waren. Drei der Mütter wurden zu lebenslanger Haft verurteilt. 2006 waren alle vier wieder auf freiem Fuß und wurden für unschuldig erklärt: Die Kindsmorde hatte es nie gegeben.

Sally Clark war Rechtsanwältin. Sie verlor ihren ersten Sohn, als er elf Wochen alt war und ihren zweiten Sohn acht Wochen nach der Geburt. Sie wurde 1999 wegen Mordes verurteilt. Ein berühmter Kinderarzt, Sir Roy Meadow, begutachtete den Fall für die Staatsanwaltschaft, um herauszufinden, ob es sich um „plötzlichen Kindstod" gehandelt haben könnte. Meadow zitierte eine Regierungsstudie, nach der plötzlicher Kindstod in einer stabilen, wohlhabenden Nichtraucherfamilie wie der von Sally Clark mit einer Mutter über 26 mit einer Wahrscheinlichkeit von nur 1 zu 8500 vorkommt.

Dabei übersah Meadows die Tatsache, dass es in manchen Familien eine Veranlagung für den plötzlichen Kindstod gibt, und nahm irrtümlicherweise an, dass der Tod jedes Geschwisters unabhängig vom Tod des anderen ist. Er multiplizierte einfach 8500 mit 8500 und erhielt als Wahrscheinlichkeit, dass ein plötzlicher Kindstod beider Kinder nur 1 zu 72250000 auftritt. Die Mutter musste also ihre Kinder ermordet haben.

Erst eine Bayes'sche Analyse zeigte, dass die beiden Kinder mit großer Wahrscheinlichkeit am plötzlichen Kindstod gestorben waren.

Nach dem Bayes-Theorem kann zwar auch ein höchst unwahrscheinliches Ereignis stattfinden, es muss aber mit anderen ebenfalls höchst unwahrscheinlichen Ereignissen verglichen werden. Das Gericht musste sich also die Frage stellen, ob es wahrscheinlicher war, dass die Kinder eines natürlichen Todes gestorben waren oder dass sie ermordet wurden.

Hier folgt nun, wie die Bayes'sche Analyse aussieht.

Zunächst werfen wir einen Blick auf die natürlichen Ursachen von plötzlichem Kindstod. 1999 war die Wahrscheinlichkeit an plötzlichem Kindstod zu sterben für ein Kind in Großbritannien im Durchschnitt 1 zu 1300. Meadows „Beweis" war fehlerhaft und führte zu einer weit kleineren Wahrscheinlichkeit eines natürlichen Todes. Die Wahrscheinlichkeit, dass in einer Familie ein zweiter Fall von plötzlichem Kindstod auftritt, ist weit größer und liegt bei vielleicht 1 zu 100, da die Familienmitglieder auf gleiche Weise genetisch prädestiniert sein können oder den gleichen schädlichen Umwelteinflüssen ausgesetzt sind.

Als Zweites geht es um die Hypothese, die Babys seien ermordet worden. Soviel man weiß, wurden von jährlich 650000 Babys in Großbritannien nur 30 von ihrer Mutter ermordet. Die Zahl der Doppelmorde muss viel kleiner sein, man hat geschätzt, dass sie zehnmal kleiner ist.

Wir wählen als Hypothese H, dass beide Kinder von Sally Clark an plötzlichem Kindstod gestorben sind. Die Apriori-Wahrscheinlichkeiten, die in das Bayes-Theorem eingesetzt werden, sind $P(H)$ und für das Gegenteil $P(\not{H})$. Wie schon oben diskutiert, erhält man für $P(H)$ den Wert:

$$P(H) = \frac{1}{1\,300} \times \frac{1}{100} = 0{,}0000077$$

und für $P(\not{H})$ den Wert:

$$P(\not{H}) = 1 - P(H) = 0{,}9999923$$

Nun schauen wir uns die Daten D an, mit denen die Apriori-Hypothesen aktualisiert werden sollen. Sie besagen, dass beide Kinder plötzlich und unerwartet starben. Sie tauchen in den Wahrscheinlichkeiten $P(D|H)$ und $P(D|\not{H})$ auf. Die erste dieser Wahrscheinlichkeiten beträgt 1, denn das ist die Wahrscheinlichkeit, dass die Kinder plötzlich und unerwartet starben, wenn man von plötzlichem Kindstod ausgeht. $P(D|\not{H})$ ist die Wahrscheinlichkeit, dass ein zufällig gewähltes Geschwisterpaar plötzlich und unerwartet stirbt, aber nicht wegen plötzlichen Kindstod – was die Staatsanwaltschaft mit Mord gleichsetzen wird. Die Abschätzungen im obigen Abschnitt führen zu:

$$P(D|\not{H}) = \frac{30}{650\,000} \times \frac{1}{10} = 0{,}0000046.$$

Ziel ist es, $P(D|H)$ zu bestimmen, die Wahrscheinlichkeit, dass die Ursache der ungeklärten Todesfälle plötzlicher Kindstod war. Das Bayes-Theorem liefert uns die Formel:

$$P(H|D) = \frac{P(H)\,P(D|H)}{P(H)\,P(D|H) + P(\not{H})\,P(D|\not{H})}$$

Mit unseren Zahlen erhalten wir:

$$P(H|D) = \frac{1 \times 0,0000077}{1 \times 0,0000077 + 0,999992 \times 0,0000046} \approx 0,6$$

Es ist daher wahrscheinlicher, dass die beiden Kinder an plötzlichem Kindstod starben.

Sally Clark saß drei Jahre im Gefängnis, bevor sie aufgrund medizinischer Beweise freikam. Ein Pathologe hatte das Wissen zurückgehalten, dass ihr zweiter Sohn an einer bakteriellen Blutinfektion gelitten hatte, die als Ursache für plötzlichen Kindstod bekannt ist. Mit dieser Wende im Fall Clark kamen dann auch die anderen Mütter frei. Sally Clark war durch den Tod ihrer Kinder, die Verhaftung und den Gefängnisaufenthalt gebrochen. Sie starb ein paar Jahre später an einer akuten Alkoholvergiftung.

Noch vor dem Ersten Weltkrieg gab dann ein französischer General und Propagandist von Militärflugzeugen und Panzern, Jean-Baptiste Estienne, verbesserte Bayes-Tabellen für Artillerieoffiziere heraus, die ihnen sagten, wie zu zielen und zu feuern war. Estienne entwickelte auch eine Methode à la Bayes, um Munition zu testen. Im Laufe des Krieges wurde der Mangel an Munition so groß, dass die Franzosen die verschwenderischen frequentistischen Methoden zur Qualitätskontrolle nicht einsetzen konnten. Professoren für abstrakte Mathematik wurden zur nationalen Verteidigung einberufen und entwickelten Bayes'sche Testverfahren, nach denen man nur 20 Geschosse abfeuern musste, um 20 000 zu testen. Statt eine vorher festgelegte Zahl von Tests zu absolvieren, konnte man nun mit den Tests schon aufhören, wenn sie über die Qualität der gesamten Lieferung ausreichend Auskunft gaben. Während des Zweiten Weltkrieges entwickelten amerikanische und britische Mathematiker ähnliche Methoden, die sie *operations research* nannten – Methoden, die Furore machen sollten.

Das Bayes-Theorem wäre vermutlich weiter am Ast vertrocknet, als der Erste Weltkrieg begann und die USA mit zwei Problemen konfrontiert wurden, die der schnellen Industrialisierung zu verdanken waren. In beiden Fällen griffen statistische Autodidakten auf Bayes zurück, um auf Informationen beruhende Entscheidungen schnell treffen zu können. Das erste Problem war das der Telefonverbindungen, das zweite die Verletzungen von Arbeitern.

Das Problem mit den Telefonverbindungen entstand, als die Börsenturbulenzen von 1907 das Überleben des Bell-Telefonsystems infrage stellten, das der American Telephone and Telegraph Co. (AT&T) gehörte. Alexander Graham Bells Patente waren ein paar Jahre zuvor ausgelaufen, und die Gesellschaft war allzu stürmisch expandiert. Nur die Intervention eines Bankenkonsortiums unter The House of Morgan[15] verhinderte den finanziellen Zusammenbruch.

Zur gleichen Zeit verlangten staatliche Regulierungsbehörden den Beweis, dass Bell bessere und billigere Dienste als lokale Mitbewerber anbieten konnte. Unglücklicherweise waren die Leitungen von Bell oft am späten Vormittag und frühen Nachmittag überlastet, wenn zu viele Kunden zur gleichen Zeit telefonieren wollten. In den restlichen 80 % des Tages gab es dagegen Leerlauf. Keiner der Anbieter konnte sich jedoch die Garantie bieten, dass in den Spitzenzeiten jeder Anruf sofort „durchkam".

Edward C. Milona, ein Ingenieur aus New York, untersuchte die Ungewissheiten, die das Problem bestimmten. Molina, dessen Familie aus Portugal über Frankreich in die USA eingewandert war, wurde 1877 in New York geboren. Er machte seinen Highschool-Abschluss, hatte aber kein Geld für ein College und nahm zuerst einen Job bei der Western Electric Co. an, um dann zur Ingenieurs- und Forschungsabteilung von AT&T zu wechseln, den späteren Bell Laboratories. Man versuchte nun, die Probleme des Bell-Telefonsystems mit einem neuen mathematischen Ansatz zu lösen. Molinas Chef, George Ashley Campbell, hatte in Frankreich bei Poincaré Wahrscheinlichkeitstheorie studiert, während andere Angestellte sie aus der *Encyclopaedia Britannica* kannten. Molina brachte sich Mathematik und Physik selbst bei und wurde zum landesweit führenden Experten für Bayes'sche und Laplace'sche Wahrscheinlichkeitstheorie.

Anders als viele Kollegen stellte er damals zunächst fest, dass „eine große Konfusion herrschte, weil es viele Experten versäumt hatten, klar zwischen dem ursprünglichen Bayes'schen inversen Theorem und seiner späteren Verallgemeinerung durch Laplace zu unterschieden. Das verallgemeinerte Theorem führt sowohl die Daten aus einer Reihe von Beobachtungen wie auch alle Zusatzinformationen zusammen, die im Bezug zu den Beobachtungen stehen."[16] Wie Molina erklärte, waren anwendungsorientierte Statistiker oft gezwungen, schnelle Entscheidungen auf Grundlage nur dürftiger Beobachtungsdaten zu treffen. In diesen Fällen mussten sie sich auf indirekte Apriori-Kenntnisse stützen, die man Zusatzinformationen (engl. collateral information) nannte. Sie konnten von der Annahme nationaler oder historischer Trends bis zum Geisteszustand eines Managers reichen. Es fehlten Methoden, mit denen man sowohl die statistischen als auch die nicht statistischen Erkenntnisse nutzen konnte.

Mithilfe der Formel von Laplace kombinierte Molina die Apriori-Informationen über die wirtschaftlichen Folgen der Automatisierung des Bell-Telefonsystems mit Daten über den Telefonverkehr, die Länge der Gespräche und die Wartezeiten. Das Ergebnis war ein kosteneffizienter Weg, der Bell half, mit den Ungewissheiten der Telefonnutzung umzugehen.

Molina machte sich dann daran, das arbeitsintensive Bell-System zu automatisieren. In manchen Städten beschäftigte Bell 8 bis 20 % der weiblichen

Einwohner als Telefonistinnen, die in dem verzweigten System Leitungen umsteckten, um Anrufe an Kunden in weit entfernten Vermittlungen durchzustellen. Je nach Standpunkt bot diese Arbeit Gelegenheiten für Frauen oder sie verkörperte den unmenschlichen Druck der modernen Technik. Telefonistinnen waren knapp und fast alle wechselten in manchen Städten während eines Jahres zu 100%. Zudem verdoppelten sich die die Löhne zwischen 1915 und 1920.

Um das System zu automatisieren, erdachte Molina ein Relais, das die dezimale Telefonnummer in Befehle zur Weiterleitung übersetzte. Dann analysierte er mithilfe von Bayes in bestimmten Vermittlungen die technischen Informationen und die Wirtschaftlichkeit verschiedener Kombinationen von Schaltern, Wählelementen und Amtsleitungen. Nachdem die Frauen seit 1920 wählen durften, befürchtete Bell einen Rückschlag, wenn nun alle Telefonistinnen entlassen würden, daher entschied sich die Firma für ein Modell, das die Angestelltenzahl nur halbierte. Zwischen den Weltkriegen fiel die Zahl der Telefonistinnen je 1 000 Telefonanschlüsse von 15 auf sieben, obwohl die Zahl der Ferngespräche zunahm. Wahrscheinlichkeiten spielten eine große Rolle im Bell-System, und Bayes'sche Methoden wurden angewendet, um eine einfache Sampling-Theorie zu entwickeln.

Molina gewann renommierte Preise, aber seine Verwendung des Bayes-Theorems war unter den Mathematikern von Bell umstritten, und er klagte über Probleme bei der Veröffentlichung seiner Forschungen. Einige dieser Probleme mögen auch auf seinen schillernden Charakter zurückzuführen sein, denn er liebte Modellboote, veröffentlichte Artikel über die Rolle der Wahrscheinlichkeit bei Edgar Allan Poe, spielte hervorragend Klavier und förderte die Metropolitan Opera in New York. Den Russisch-Japanischen Krieg von 1904/1905 verfolgte er so versessen, dass seine Kollegen ihm den nicht gerade netten Spitznamen „General Molina" gaben. Als er ganz eigenständig die Poisson-Verteilung entdeckt hatte, nannte er sie Molina-Verteilung, bis er zu seiner Verlegenheit herausfand, dass Siméon Denis Poisson, ein Schützling von Laplace, schon in den 1830er-Jahren über sie geschrieben hatte. Molinas Begeisterung für die Wahrscheinlichkeit bei Bayes und Laplace übertrug sich nicht auf andere amerikanische Firmen. AT&T betrachtete seine Artikel über Bayes als Firmengeheimnisse und veröffentlichte sie erst Jahre später in internen Publikationen.

Während das Bayes-Theorem mithalf, das Bell-System zu retten, machten sich die amerikanischen Investoren daran, Eisenbahnen und Industrien aufzubauen. Es gab jedoch keine staatlichen Sicherheitsbestimmungen, und so starb zwischen 1890 und 1910 einer von 318 Industriearbeitern bei einem Arbeitsunfall, und weit mehr wurden verletzt. Die Arbeiterschaft der Staaten litt mehr unter Unfällen, Erkrankungen, Fällen von Invalidität, früher

Arbeitsunfähigkeit und Arbeitslosigkeit als Arbeiter in Europa. Anders als in den meisten europäischen Ländern gab es aber in den USA keine Versicherung für erkrankte oder bei Unfällen verletzte Arbeiter, und die meisten von ihnen hatten gerade mal einen Monatslohn in Reserve, bevor sie auf Almosen angewiesen waren. Vor Gericht konnten verletzte Arbeiter nur gehen, wenn ihre Chefs persönlich haften mussten. Ein Statistiker beim amerikanischen Arbeitsministerium stellte 1898 fest, dass die USA bei diesen sozialen Fragen mit ihren Gesetzesreformen weit hinter anderen Nationen zurücklagen.

Die Lage änderte sich, als eine wachsende Zahl von Arbeitern den Gewerkschaften beitrat und lokale Gerichte großzügige Reglungen für die Kranken und Verletzten durchsetzten. Den Arbeitgebern wurde klar, dass es billiger sein würde, die Gesundheit der Arbeiter als voraussagbare Unkosten einzukalkulieren, statt sich auf die Gerichte zu verlassen und die Arbeiter in die Hände der Gewerkschaften zu treiben. Nach einer Lawine von Gesetzen, die zwischen 1911 und 1920 erlassen wurden und die unabhängig davon galten, ob fremdes Verschulden vorlag, forderten alle Bundesstaaten außer acht von den Arbeitgebern, ihre Arbeiter sofort gegen Arbeitsunfälle und Krankheiten zu versichern. Die Arbeiterunfallversicherung war die erste (und für Jahrzehnte die einzige) Sozialversicherung in den USA.

Die Gesetze brachten die Versicherungen in eine schwierige Lage. Normalerweise spiegeln Versicherungsprämien über viele Jahre gesammelte Daten wider, zu denen Unfallraten, Arztkosten, Löhne, Trends in der Industrie und die Besonderheiten bestimmter Unternehmen gehören. Solche Daten gab es aber in den USA nicht. Auch die anderen führenden Industriestaaten hatten zu wenige Statistiken über den Gesundheitsstand der Arbeiter, um die Prämien für alle Industriesparten berechnen zu können. Daten aus anderen Ländern waren zudem selten auf die USA übertragbar. In Deutschland waren zwar schon 30 Jahre lang Daten zur Unfallstatistik gesammelt worden, aber dort waren die Sicherheitsbedingungen in der Industrie besser, und da die Daten landesweit gesammelt wurden, konnten die Prämien aufgrund von Informationen aus der gesamten Industrie berechnet werden.

In den USA wurden die Daten aber, wenn überhaupt, von den Bundesstaaten gesammelt. Die Statistik über die Schuh- und Stiefelmacher in Massachusetts war beispielsweise für die Arbeiter in den Erzgruben Nevadas mit ihren zahlreichen Todesfällen irrelevant, denn, wie ein Experte feststellte: „Erzminen sind in Massachusetts so selten wie Schlangen in Irland.“[17] Das industrielle Machtzentrum des Bundesstaates New York konnte aufgrund seiner Daten nur die Prämien für Drucker und Näher berechnen. South Carolina hatte Daten über die Baumwollspinner und -weber, St. Louis und Milwaukee über die Bierbrauer, und Nebraska 1909 nur über ganze 25 kleine Manufakturen irgendwelcher Art. Ein Versicherungsexperte fragte: „Wann wird Nebraska in der Lage sein, die Prämien für schnallenlose Hosenträger festlegen zu können oder Rhode Island die für Fleischereibedarf? Und doch müssen die Prämien für beide bestimmt werden, und noch mehr: Sie müssen angemessen und gerecht sein."[18]

Es war ein Albtraum, der alle mathematisch geübten Statistiker, von denen die USA nicht viele hatten, nächtelang wach hielt. Versicherungsexperten standen der höheren Mathematik oft ablehnend gegenüber, und ein Manager beklagte, die Prämien für Unfall- und Feuerversicherungen würden üblicherweise von unausgebildeten Angestellten festgelegt, die sich auf ihre Ansichten verließen, die sie „wohlklingend als Urteile eines Versicherungsexperten"[19] bezeichneten, statt als „weibliche Intuition .... (Ich weiß nicht, warum ich das denke, aber ich bin sicher, Recht zu haben)".[20] Die Krise wurde noch verstärkt, da die Verwaltung jedes Bundesstaates ihr eigenes Versicherungssystem in Auftrag gab.

Wie auch immer: Die Prämien *mussten* exakt berechnet werden. Sie mussten hoch genug sein, damit die Versicherungsgesellschaft während des Lebens ihrer Kunden solvent blieb, und individuell genug, um Firmen mit hohen Sicherheitsstandards zu belohnen. Isaac M. Rubinow, der als Mediziner und Statistiker für die American Medical Association arbeitete, gelang die Heldentat, „von Hand" die Daten aus Millionen von Ansprüchen an die Versicherungen (vor allem in Europa) zu analysieren, klassifizieren und tabellieren. Es war eine Notlösung für zwei oder drei Jahre, bis jeder Bundesstaat die Statistiken seiner Opfer von Arbeitsunfällen zusammengetragen hatte. „Jedes Fizzelchen an Information" muss genutzt werden, sagte er.[21]

Rubinow rief elf wissenschaftlich orientierte Versicherungsexperten zusammen und gründete 1914 die Casualty Actuarial Society. Nur sieben davon hatten einen Collegeabschluss, aber ihr Ziel war sehr anspruchsvoll: Sie wollten die Unfall- und Brandversicherungen auf eine gesunde mathematische Basis stellen. Rubinow wurde der erste Präsident der Gesellschaft, er verließ sie aber sofort wieder, nachdem sich die Versicherungsbranche und die American Medical Association gegen eine Ausweitung der Sozialversicherung auf Kranke und Alte ausgesprochen hatten. Es kamen Gerüchte in Umlauf, Rubinow, ein jüdischer Einwanderer aus Russland, habe „sozialistische Tendenzen".[22]

Albert Wurts Whitney, ein Experte für Versicherungsmathematik aus Berkeley, ersetzte Rubinow in einem Ausschuss, der für die Entschädigung der Arbeiter zuständig war. Whitney war Absolvent des Beloit College, er hatte zwar keinen akademischen Grad erworben, lehrte aber Mathematik und Physik an den Universitäten von Chicago, Nebraska und Michigan. An der University of California in Berkeley hatte er zukünftige Versicherungsexperten mit der Wahrscheinlichkeitstheorie vertraut gemacht. Wenn er auch die mathematische Originalliteratur nicht so gut wie Molina von den Bell Labs kannte, so war er doch mit den Theoremen von Bayes und Laplace vertraut und wusste, dass er eines von ihnen benützen sollte. Ihm war auch noch etwas anderes klar: Die Gleichungen waren für die gerade erst entstehende Bewegung, die für die Entschädigung der Arbeiter eintrat, zu kompliziert.

An einem Nachmittag im Frühjahr 1918 – mitten im Ersten Weltkrieg – arbeiteten Whitney und sein Ausschuss stundenlang daran, die größten mathematischen Komplikationen zu beseitigen und etwas fragwürdige Vereinfachungen einzuführen. Sie stimmten darin überein, dass es sinnvoll ist, anzunehmen, dass jede Firma eines bestimmten Industriezweigs (also zum Beispiel alle Dachdeckerbetriebe) dem gleichen Risiko ausgesetzt war; außerdem, dass jeder Versicherungsagent die gleichen Fähigkeiten habe, die Daten über Unfälle und Erkrankungen mit subjektiven Urteilen wie „nicht-statistisch" oder „externes Material" zu versehen, wozu beispielsweise auch die Trinkgewohnheiten des Firmenchefs gehörten. Das war ein Vorgehen nach dem Bayes-Theorem, wobei die industrieweiten Erfahrungen als Basis für den Prior dienten und die Unterlagen der lokalen Firmen die neuen Daten darstellten. Whitney warnte: „Wir wissen, dass die (subjektiven) Raten für einige der Klassifizierungen zuverlässiger sind als für andere. Es ist aber fraglich, ob es in der Praxis nötig ist, diese Tatsache zu berücksichtigen."[23]

Am Ende des Nachmittags hatte der Ausschuss beschlossen, die Prämie für einen Kunden fast ausschließlich auf der Grundlage seiner umfassenden Klassifizierung festzulegen. So wurde die Prämie für ein Geschäft für Maschinen aufgrund der Daten anderer, ähnlicher Unternehmen festgelegt, oder, wenn ein Unternehmen groß genug war, aufgrund der darin gemachten Erfahrungen. Die Kombination von Daten ähnlicher Unternehmen führte dazu, die Prämien in Richtung eines Mittelwerts zu ziehen und exakter zu machen. Es war ein geschickter „Schrumpfeffekt", den erst Charles Stein in den 1950er-Jahren erklären konnte. Was blieb, war eine verblüffend einfache Formel, die jeder Angestellter berechnen und jeder Versicherungsvertreter bei einem Abschluss verstehen und seinem Kunden erklären konnte. Der Ausschuss nannte seine Schöpfung stolz „Kredibilität" (Glaubwürdigkeit).

Das erste Sozialversicherungssystem der USA basierte in den folgenden 30 Jahren auf diesem vereinfachten Bayes-Theorem. Mit klassischem Understatement gab es einer der Versicherungsexperten zu: „Natürlich ist die Kredibilitätsformel $Z = P/(P+K)$ keine so große Entdeckung wie $E = mc^2$. Und sie ist auch nicht die letzte Wahrheit, aber sie hat doch das Leben von Generationen von Versicherungsvertretern viel leichter gemacht".[24] Gut 50 Jahre später sollten die Statistiker und Versicherungsexperten überrascht feststellen, dass die Kredibilität Bayes'sche Wurzeln hatte.

Als Nächstes arbeite Whitney Methoden heraus, um jede Angabe nach ihrer subjektiven Glaubwürdigkeit zu gewichten. Schon bald wagten sich die

Versicherungsexperten in „Gebiete jenseits des mathematisch Bewiesenen" vor: „Das einzige, was sie zeigen können, ist, dass das Verfahren in der Praxis funktioniert", verkündete Dudley M. Pruitt, der spätere Präsident der Casualty Actuarial Society.[25]

Skeptische Behördenvertreter und Versicherungsnehmer fragten sich manchmal, woher die seltsamen Kredibilitätszahlen stammten. Ein Beauftragter für das Versicherungswesen mahnte die Versicherer: „Sie haben alles in Ihrem Antrag mit den aktuellen Erfahrungen begründet – aber wo sind die Erfahrungen, die Ihren Kredibilitätsfaktor belegen?"[26] Die Leute von der Versicherung wechselten daraufhin schnell das Thema. Als Whitney gefragt wurde, woher die mathematischen Prinzipien stammten, die der Kredibilität zugrunde lagen, zeigte er flapsig auf die Wohnung eines Kollegen: „Sie stammen aus Michelbachers Esszimmer."

Die Kredibilitätstheorie war die praktische amerikanische Antwort auf ein ganz und gar amerikanisches Problem. Sie wurde zum Eckpfeiler für Unfall- und Eigentumsversicherungen. Später konnten die Versicherer die Exaktheit der Prämien an einer immer größer werdenden Zahl von beantragten Ansprüchen überprüfen. Ab 1922 konnten sie auf die sehr große Zahl von Daten über Beschäftigte zurückgreifen, die vom National Council for Compensation Insurance erhoben worden waren. Im Verlauf der Jahre war es für die Versicherungsexperten bei ihrer Arbeit immer weniger nötig, den Zusammenhang zwischen Kredibilität und Bayes zu verstehen.

Während die USA das Bayes-Theorem für unternehmerische Entscheidungen nutzten und in Frankreich Bayes für das Militär verwendet wurde, war es die Eugenik, die Bayes wieder zurück in sein Heimatland Großbritannien brachte. Dort hatten Karl Pearson und Ronald Fisher die Statistik, die Mathematik der Ungewissheit, zur ersten Informationswissenschaft weiterentwickelt. Im frühen 20. Jahrhundert, als die Theoretiker neue Wege zur Erforschung von Biologie und Vererbung eröffneten, änderten sie ihre Haltung gegenüber dem Bayes-Theorem: Aus lauer Duldung wurde absolute Ablehnung.

Karl Pearson (sein Vorname sollte immer genannt werden, weil auch sein Sohn Egon in der Bayes-Geschichte eine Rolle spielt) war ein eifriger Atheist, Sozialist, Feminist, Darwinist, Germanophiler und Eugeniker. Um das Britische Empire zu retten, glaubte er, die Regierung müsse die obere Mittelklasse zu eifriger Fortpflanzung ermutigen, während die Armen weniger Kinder bekommen sollten. Karl Pearson war viele Jahre der führende Mann der ungefähr 30 Theoretiker, die sich in Großbritannien mit Statistik befassten. Dabei bereitete er zwei Generationen angewandter Mathematiker auf permanente Streitereien und ein professionelles Mobbing vor, wie man es im Allgemeinen nur auf dem Schulhof kannte.

Karl Pearson war streitsüchtig, unendlich ehrgeizig, schroff und willensstark. Er hatte nur zu einigen wenigen Dingen eine eindeutige Meinung. Das Bayes-Theorem gehörte aber nicht dazu. Gleiche Prioren und die Subjektivität machten ihn nervös. Da es aber nur wenige andere Werkzeuge für Statistiker gab, urteilte er bekümmert, „dass der Praktiker die Ergebnisse der inversen Wahrscheinlichkeit nach Art von Bayes und Laplace akzeptieren wird, bis etwas Besseres kommt."[27] Auch Keynes äußerte sich 1921 in seiner *Treatise on Probability* skeptisch über die Formel von Bayes: „Sie hat für den Wissenschaftler noch den Beigeschmack der Astrologie und Alchemie."[28] Dem stimmte vier Jahre später auch der amerikanische Mathematiker Julian L. Coolidge zu: „Wir benutzen die Bayes-Formel mit einem Seufzer als die einzige, an die wir uns unter den gegebenen Umständen halten können."[29]

Ein anderer Genetiker, Ronald Aylmer Fisher, der schließlich die Vormachtstellung Karl Pearsons angreifen sollte, versetzte dem Bayes-Theorem einen fast tödlichen Schlag. Würde man die Story des Bayes-Theorems als Soap im Fernsehen zeigen, müsste es natürlich einen eindeutigen Schurken geben, und Fisher wäre vermutlich die erste Wahl.

Er sah eigentlich nicht aus, als sei er für die Rolle geeignet, denn selbst mit dicken Brillengläsern konnte er kaum einen Meter weit sehen und andere mussten aufpassen, dass er nicht von Bussen überfahren wurde. Seine Kleidung war so zerknittert, dass er der Meinung seiner Familie nach wie ein Obdachloser aussah. Er rauchte selbst beim Schwimmen Pfeife, und wenn ihn ein Gespräch langweilte, nahm er manchmal seine dritten Zähne aus dem Mund und putzte sie vor aller Augen.

Fisher sah in jeder Frage einen persönlichen Angriff, aber selbst ihm war klar, dass ihm sein hitziges Temperament zum Fluch wurde. Sein Kollege William Kruskal beschrieb Fishers Leben als „eine Folge von wissenschaftlichen Fehden auf Kongressen und in Fachzeitschriften, oft mehrere zur gleichen Zeit".[30] In einer im Grunde wohlwollenden Schilderung von Fishers Karriere sagte der Bayes'sche Theoretiker Jimmie Savage über ihn: Er „veröffentlichte manchmal Beleidigungen, die nur ein Heiliger vollständig vergeben konnte. … Fisher brannte mehr als der Rest von uns darauf, originell, wichtig und berühmt zu sein, Recht zu haben und respektiert zu werden. Und das war er alles größtenteils auch, aber es war nie genug für ihn, um ihn zur Ruhe kommen zu lassen."[31] Fishers Frustration mag zum Teil daher gerührt haben, dass er in vielen Dingen der Statistik wirklich recht hatte.

Fisher war 16, als der Betrieb seiner Familie Pleite ging. Er konnte mit einem Stipendium in Cambridge studieren und wurde zum besten Mathematikstudenten seines Jahrgangs. 1911 gründete er die Cambridge University Eugenics Society und wurde ihr Vorsitzender. Ein paar Jahre später löste er auf einer einzigen Seite ein Problem, an dem Karl Pearson jahrelang gearbeitet hatte. Pearsons Ansicht nach war Fishers Lösung Unsinn, und er lehnte es ab, sie in seiner renommierten Zeitschrift *Biometrika* zu veröffentlichen. Die beiden stritten sich ihr ganzes Leben lang. Fisher aber behob die Widersprüche in Karl Pearsons Werk und legte damit die erste umfassende, strenge Theorie der Statistik vor gleichzeitig brachte er sie auf einen streng mathematischen und Anti-Bayes-Kurs.

Die Feindschaft zwischen diesen beiden reizbaren Männern ist bemerkenswert, weil beide eifrige Eugeniker waren und glaubten, dass die sorgfältige Aufzucht britischer Supermänner und -frauen der Menschheit und dem Britischen Empire zugutekäme. Um seine Frau und die acht Kinder auf seinem Nebenerwerbsbauernhof zu unterstützen, nahm Fisher auch Geld aus einer zweifelhaften Quelle an: von Charles Darwins Sohn Leonard, der als Ehrenpräsident der Londoner Eugenics Education Society die Inhaftierung „minderwertiger Typen, … getrennt nach Geschlechtern“ befürwortete, um zu verhindern, dass sie Kinder bekamen.[32] Als Dank für die finanzielle Unterstützung schrieb Fisher von 1914 bis 1934 für die Zeitschrift *Eugenics Review* mehr als 200 Beiträge.

1919 gab es nur wenige Jobs für Statistiker oder Eugeniker, aber Fisher gelang es, eine Stelle an der Rothamsted Agricultural Experiment Station zu bekommen, wo er Dünger analysierte. Andere Pioniere der Statistik arbeiteten in Brauereien, Baumwollspinnereien, Glühlampenfabriken und der Wollindustrie. Fishers Aufgabe war, Datenberge zu analysieren, die jahrzehntelang über Pferdedünger, Kunstdünger, Fruchtwechsel, Niederschlag, Temperatur und die Profite gesammelt worden waren. Er nannte seine Arbeit „den Dreckhaufen durchwühlen“.[33] Zunächst nutzte Fisher wie Karl Pearson den Ansatz von Bayes. Bei den Nachmittagstees in Rothamsted konfrontierten ihn aber die Bodenkundler mit neuen, im wörtlichen Sinne bodenständigen Problemen. Und Fisher, der davon fasziniert war, suchte nach besseren Wegen, um Experimente zu planen.

Über die Jahre leistete er Pionierarbeit auf den Gebieten Randomisierung, Sampling-Theorie, Signifikanztests, Maximum-Likelihood-Methode, Varianzanalyse und experimentelle Auslegungsmethoden. Dank Fisher lernten die Experimentatoren, bei der Planung ihrer Experimente statistische Methoden mit einzubeziehen, von denen sie früher nichts wissen wollten. Als oberster Richter über die Statistik des 20. Jahrhunderts beendete Fisher oft lange Diskussionen mit einem einzigen Wort: „randomisieren“, also in eine zufällige Reihenfolge bringen. 1925 veröffentlichte er sein revolutionäres Handbuch mit neuen Techniken unter dem Titel *Statistical Methods for Research Workers*.[34] Diese Kochrezepte mit ideenreichen Verfahren für Nicht-Statistiker führten die Frequenz oder Häufigkeit in die praktischen statistischen Methoden ein. Von der ersten Ausgabe des Handbuches wurden 20 000

Exemplare verkauft, von seinem dritten Buch, *The Design of Experiments,* erschienen bis zu seinem Tod 1962 sieben Auflagen. Seine Varianzanalyse, die angibt, wie man beispielsweise den Erfolg verschiedener ärztlicher Behandlungen voneinander trennen kann, ist zu einem der wichtigsten Instrumente der Naturwissenschaft geworden. Fishers Signifikanztest mit seinen p-Werten sollte millionenfach verwendet werden, wenn er auch im Lauf der Jahre immer umstrittener wurde. Niemand kann heute über Statistik reden, ohne Fishers Vokabular zu verwenden. Viele seiner Ideen waren Lösungen für Rechenprobleme, die notwendig waren, weil die Möglichkeiten der Rechengeräte jener Zeit beschränkt waren. Schon bald erklang in den Statistikinstituten das Geklingel der mechanischen Rechenmaschinen, das jeden Schritt der Fisher'schen Rechnungen begleitete.

Fisher selbst wurde ein hervorragender Genetiker und beschäftigte sich mit mathematischer Statistik nur noch nebenbei. Sein Haus war bald voller Katzen, Hunde und Tausender Mäuse, mit denen er Kreuzungsexperimente durchführte. Er konnte die Abstammung von jedem Tier über Generationen dokumentieren. Anders als Bayes, Price und Laplace musste er keine ungeeigneten oder widersprüchlichen Daten mit subjektiven Urteilen oder Vermutungen ergänzen. Seine Experimente führten zu kleinen Datengruppen und -untergruppen, die jeweils streng mathematisch eine einzige Frage beantworteten. Er musste mit nur wenigen Ungewissheiten oder Datenlücken umgehen und konnte seine Experimente ganz nach Wunsch vergleichen, verändern oder wiederholen. Dank der von ihm analysierten Probleme definierte Fisher die meisten Ungewissheiten nicht aufgrund ihrer relativen Wahrscheinlichkeiten neu, sondern aufgrund ihrer relativen Häufigkeiten. Er stützte sich ganz auf Laplaces auf Frequenzen basierende Theorie, also die Methode, die Laplace selbst gegen Ende seines Lebens der Bayes'schen vorgezogen hatte.

Nach 15 Jahren in Rothamsted ging Fisher zunächst ans University College London und dann als Professor für Genetik nach Cambridge. Heute halten ihn Statistiker für einen der größten Köpfe des 20. Jahrhunderts, und eine „mythische Aura" umgibt beide, Fisher und Karl Pearson.[35] Die Aura um Fisher ist allerdings ein wenig getrübt. Er ließ seine Familie mit einer nur kargen Versorgung auf der Farm zurück. Ein Kollege charakterisierte ihn so: „Wenn nur, … wenn nur RAF ein netterer Mensch gewesen wäre, wenn er sich nur bemüht hätte, etwas klarer und weniger geheimnisvoll zu sein, wenn er nicht von Ehrgeiz und persönlicher Verbitterung so besessen gewesen wäre, wenn nur. Aber vielleicht gäbe es dann nicht Fishers großartige Errungenschaften."[36]

Fisher wetterte gegen das Bayes-Theorem und nannte es einen „undurchdringlichen Dschungel" und „einen Fehler, den vielleicht einzigen Fehler, auf den sich die mathematische Welt so mit Leib und Seele eingelassen hat".[37]

Gleiche Prioren führten Fisher zufolge zu „fantastischen Irrtümern".[38] Er erklärte: „Meine persönliche Überzeugung (ist), dass die Theorie der inversen Wahrscheinlichkeit auf einem Irrtum beruht und vollständig abgelehnt werden muss".[39] Der Wissenschaftler und Statistiker Anders Hald beklagte höflich den „arroganten Stil seiner Arbeiten".[40] Obwohl sie viele Bayes'sche Elemente enthielten, bekämpfte er Bayes jahrzehntelang, was das Theorem für Statistiker, die auf ihren Ruf achten wollten, tabu machte. Weil er immer bereit war, sich zu streiten, war es für seine Gegner schwer, mit ihm zu diskutieren. Nicht nur die Bayesianer kamen zum Schluss, dass Fisher einige seiner Positionen nur einnahm, „um nicht mit seinen Gegnern einer Meinung zu sein".[41]

Die frequentistischen Theoretiker, die sich mit dem „Sampling", der Erhebung von Stichproben befassen und dabei mit Ungewissheiten umgehen *und* Zeit und Geld sparen mussten, erlebten in den 1920er- und 1930er-Jahren ihr Goldenes Zeitalter. Fisher befreite die Statistiker: Sie mussten sich nicht mehr mit Bayes' unschönen Apriori-Abschätzungen und -Annahmen befassen, um ihre Ergebnisse zusammenzufassen und ihre Schlüsse zu ziehen. Dank seiner beharrlichen Forderung nach mathematischer Strenge wurde die Statistik zur „wahren Mathematik" oder zumindest zu einem Zweig der Mathematik, der als „Mathematik betrachtet werden (kann), die auf Beobachtungsdaten angewendet wird".[42]

Die Fehde zwischen Pearson und Fisher ging in der zweiten Generation weiter, als auch Karls Sohn Egon zum Opfer von Fishers Zorn wurde. Anders als sein Vater Karl war Egon ein bescheidener, ja zurückhaltender Gentleman. Wie sein Vater und Fisher am Anfang ihrer Karrieren benützte er häufig das Bayes-Theorem. 1925 veröffentlichte er unter dem Titel „Bayes' theorem examined in the light of experimental sampling" die ausführlichste Untersuchung der Bayes'schen Methoden in der Zeit zwischen Laplace in den 1780er-Jahren und 1964, als Mosteller und Wallace über die *Federalist*-Artikel schrieben. Er verwendete Prioren für eine Reihe scheinbar merkwürdiger Experimente wie die Bestimmung des Anteils der Londoner Taxis mit LX-Schildern, der Männer, die auf der Euston Road Pfeife rauchten, der von Pferden gezogenen Fahrzeuge in der Gower Street, der Fuchs-Fohlen, die von Fuchs-Stuten geboren wurden, und der Jagdhunde mit braun geflecktem Fell. Seine Experimente hatten jedoch einen ernsthaften Hintergrund. Er suchte nach allen möglichen binomischen Problemen, um sich „rückwärts" an den „Prior der Natur" heranzuarbeiten, einen Prior, den jeder zur Lösung eines binomischen Problems benützen konnte. Er kam zu dem Schluss, dass mehr Daten gesammelt werden mussten, aber niemand wollte das übernehmen. Stattdessen machte sich Egon Pearson selbst daran, Fishers Arbeiten mathematisch strenger zu fassen, womit er außer Fisher auch seinen Vater in Rage brachte.

Egon Pearson tat sich 1933 mit dem polnischen Mathematiker Jerzy Neyman zusammen und formulierte mit ihm die Neyman-Pearson-Theorie zum Testen von Hypothesen. Bis dahin hatten die Statistiker jeweils einzelne Theorien getestet und sie entweder akzeptiert oder verworfen, ohne Alternativen einzubeziehen. Egon Pearsons Idee war, dass man eine statistische Hypothese nur dann ablehnen konnte, wenn man eine wahrscheinlichere hatte. Er, Neyman und Fisher entwickelten eine Theorie, die zu den einflussreichsten Errungenschaften der angewandten Mathematik im 20. Jahrhundert zählt. Egon Pearson hatte jedoch Angst vor einer Konfrontation mit seinem Vater. Seine „Ängste vor KP und RAF" führten 1925 und 1926 zu einer tiefen seelischen Krise: „Ich hatte allmählich schmerzhaft erkennen müssen, dass KP unrecht haben könnte. … Und ich wurde von gegensätzlichen Emotionen zerrissen: a) ich fand es schwer, RAF zu verstehen, b) ich hasste ihn wegen seiner Angriffe auf meinen ‚Vater-Gott' und c) ich musste gleichzeitig feststellen, dass er zumindest in einigen Dingen recht hatte."[43] Um seinen Vater zu besänftigen, verzichtete Egon auf die Frau, die er liebte. Sie heirateten erst viele Jahre später. Seine Angst, Artikel bei *Biometrika,* der Zeitschrift seines Vaters, einzureichen, war so groß, dass er zusammen mit Neyman zwischen 1936 und 1938, bis zum Tod von Karl Pearson, eine eigene Zeitschrift herausgab, die *Statistical Research Memoirs.*

Im Laufe der Jahre entwickelten Fisher, Egon Pearson und Neyman eine Menge wirkungsvoller statistischer Techniken. Fisher und Neyman wurden zu leidenschaftlichen Anti-Bayesianern und beschränkten sich auf Ereignisse, die man theoretisch beliebig oft wiederholen konnte. Sie sahen in Stichproben und Testreihen die einzige zuverlässige Informationsquelle und betrachteten jeden neuen Datensatz als gesondertes Problem: Man sollte ihn nutzen, wenn er ergiebig genug war, um statistisch signifikante Schlüsse zu erlauben, man sollte ihn verwerfen, wenn das nicht der Fall war. Neyman verwarf beispielsweise Bayes' Abkürzung mit gleichen Prioren als „illegitim".[44] Als Anti-Bayesianer verbannten sie subjektive Prioren, während sie nichts gegen das Bayes-Theorem hatten, wenn die Prioren bekannt waren. Die Schwierigkeiten und Kontroversen entstanden ja erst, wenn sie unbekannt waren.

Darüber hinaus lag zwischen den beiden Methoden eine tiefe philosophische Kluft: Die Frequentisten fragten – bei voller Kenntnis der wahrscheinlichen Ursachen – nach der Wahrscheinlichkeit eines Datensatzes. Die Bayesianer fragten hingegen nach einer besseren Kenntnis der Ursachen im Lichte der Daten. Die Bayesianer konnten auch die Wahrscheinlichkeit eines einzelnen Ereignisses wie beispielsweise, ob es am nächsten Tag regnen werde, angeben. Sie konnten subjektive Informationen in die Prioren einbauen, ihre Annahmen aufgrund neuer Informationen korrigieren und jede Art von Daten einbeziehen, weil jedes Detail die Antwort ein wenig verändern konnte.

Im Laufe der Zeit zerstritten sich aber auch Fisher und Neyman und begannen eine 30 Jahre dauernde erbitterte Fehde. In deren Mittelpunkt standen die Ansichten der Kontrahenten über Testverfahren, die um Größenordnungen auseinanderliegen konnten. Neyman zufolge begannen die Auseinandersetzungen aber, als Fisher von Neyman forderte, nur auf der Grundlage von Fishers Buch zu unterrichten. Als das Neyman ablehnte, versprach Fisher, ihn „mit all seinen Möglichkeiten" zu bekämpfen.

Bei einer Diskussion auf einem Treffen der Royal Society am 28. März 1934 schrieb ein Sekretär wie üblich wortwörtlich fürs Protokoll mit. Neyman behauptete bei einem Vortrag über eine seiner Veröffentlichungen, das „lateinische Quadrat", ein Schema, das Fisher für die Planung von Experimenten erfunden hatte, führe zu verfälschten Ergebnissen. Fisher marschierte sofort zur Tafel, zeichnete ein derartiges Quadrat und zeigte mit einer einfachen Beweiskette, dass Neyman Unrecht hatte. Aber Fisher war kein Mann der Höflichkeiten. Er beklagte sarkastisch, „er habe gehofft, es gehe in Dr. Neymans Arbeit um einen Gegenstand, der dem Autor voll und ganz vertraut sei und über den er als Fachmann sprechen könne." Er schien gar nicht mehr aufhören zu wollen und fuhr fort: „Dr. Neyman war nicht sehr klug bei der Auswahl seiner Themen. … Dr. Neyman ist zu einer Lösung gekommen oder er hat das gedacht. … Von den theoretischen Defiziten abgesehen … ist er offensichtlich unfähig, die äußerst simplen Argumente zu verstehen. … Wie konnte Dr. Neyman von seiner Symbolik dazu gebracht werden, auf so eine einfache Frage hereinzufallen?" Und so weiter und so weiter.[45]

1936 erregte der Kampf zwischen dem Neyman-Lager und den Fisherianern in akademischen Kreisen viel Aufsehen. Die beiden Gruppen hatten ihre Arbeitszimmer in verschiedenen Stockwerken des gleichen Gebäudes des University Colleges in London, trafen aber nie direkt aufeinander. Neymans Gruppe traf sich zwischen 15:30 und 16:15 Uhr im Gemeinschaftsraum zum indischen Tee, Fishers Gruppe reagierte, indem sie chinesischen Tee trank. Der Kampf wurde um die kargen Möglichkeiten in dem Gebäude geführt, das über keinen Trinkwasseranschluss verfügte und so wenig Strom hatte, dass man auf den Wandtafeln nach Einbruch der Dunkelheit nichts mehr lesen konnte. Es war auch so kalt, dass man im Winter Mäntel tragen musste.

George Box, der mit beiden Gruppen zu tun hatte (er studierte bei Egon Pearson, wurde Bayesianer und heiratete eine von Fishers Töchtern), fand, dass sowohl Fisher als auch Neyman „äußerst widerlich, aber auch sehr großzügig sein konnten". Während Neyman eher entscheidungsorientiert war, ging es Fisher mehr um die wissenschaftlichen Folgen. Daher waren auch ihre Methoden und deren Anwendungen unterschiedlich. Jeder machte, was für die Lösung seiner jeweiligen Probleme am besten war, aber keine Seite bemühte sich je darum, zu verstehen, was die andere tat. Ein populärer Insider-

Witz beschrieb die Situation so: „Mit welcher Formel kann man eine Gruppe von Statistikern zusammenfassen?" – „Zank und Streit."[46]

Kurz vor Beginn des Zweiten Weltkrieges ging Neyman an die University University of California, Berkeley, und machte sie zur Hochburg des Anti-Bayesianismus. Die Testtheorie von Neyman und Egon Pearson wurde zum Markenzeichen der Berkeley-Schule und sicherte ihren Ruhm. Der Witz dabei ist, dass der Namensgeber der Universität, Bischof George Berkeley, ein Gegner der Mathematiker und ihrer Rechenkünste war.

Das Goldene Zeitalter der Wahrscheinlichkeitstheorie mündete in einen Zweifrontenkrieg, in dem sich die entzweiten Lager der Frequentisten aber in ihrer Abscheu vor dem 'Bayes-Theorem einig waren. Dieser Mahlstrom, in dem es an einer vernünftigen Auseinandersetzung zwischen den führenden Statistikern fehlte, verzögerte die Weiterentwicklung des Bayes-Theorems um Jahrzehnte und behinderte und diskreditierte es. Das Theorem musste seinen Weg allein finden.

Aber selbst als das Theorem durch die Angriffe der Frequentisten außer Gefecht gesetzt wurde, gab es hie und da in aller Stille und fast unbemerkt erste Anzeichen einer Wiederauferstehung. In bemerkenswerter Weise kamen drei Männer in drei verschiedenen Ländern unabhängig voneinander auf die gleiche Idee, was das Bayes-Theorem betraf: Wissen ist in der Tat eine äußerst subjektive Angelegenheit, wir können es aber mit einer Wette quantifizieren. Unser Wetteinsatz zeigt, wie fest wir an etwas glauben.

1924 kam der französische Mathematiker Émile Borel zum Schluss, dass der Grad des Glaubens einer Person daran gemessen werden kann, wie viel sie bei einer Wette einsetzt. Borels Argument war, dass die Anwendung der Wahrscheinlichkeitstheorie auf reale Probleme im Versicherungswesen, der Biologie, der Landwirtschaft und der Physik weit wichtiger war als das mathematische Theoretisieren. Er glaubte an das vernünftige Verhalten der Menschen und lebte auch danach. So stellte er sich auf dem Höhepunkt eines Skandals wegen einer möglichen Affäre von Marie Curie mit einem Kollegen vor sie und ihre Töchter. Der Bildungsminister drohte daraufhin, ihn als Lehrer an der École Normale Supérieur, einer führenden Schule für Mathematik und Naturwissenschaft, zu entlassen.[47]

In der Zwischenkriegszeit war Borel Mitglied der französischen Abgeordnetenkammer und Marineminister geworden und trug in dieser Rolle dazu bei, die Politik für Forschung und Bildung zu gewinnen. Während des Zweiten Weltkriegs wurde er für kurze Zeit von der NS-freundlichen Vichy-Regierung inhaftiert, später verlieh man ihm die Widerstandsmedaille.

Zwei Jahre nach Borels Idee machte der junge englische Mathematiker und Philosoph Frank P. Ramsey den gleichen Vorschlag. Bevor er mit nicht einmal 27 Jahren an den Folgen einer Hepatitisinfektion starb, fragte er, wie man angesichts von Unwissenheit Entscheidungen treffen kann. Bei einer Gesprächsrunde mit Studenten im Moral Science Club der University of Cambridge vertrat Ramsey 1926 die Auffassung, dass die Wahrscheinlichkeit auf dem persönlichen Glauben beruht, der durch eine Wette quantifiziert werden kann. Eine derart radikale Subjektivität brach entschieden mit Denkern vor ihm wie John Stuart Mill, die subjektive Wahrscheinlichkeiten als die Quantifizierung des Unverstands verdammt hatten.

Ramsey, der in seiner kurzen Karriere auch Beiträge zur Ökonomie, Logik und Philosophie lieferte, glaubte, dass das Unwissen eher mit Wahrscheinlichkeiten beschrieben werden müsse als über Tests und andere Verfahren. Er zeigte, wie man angesichts der Unwissenheit agieren konnte, indem er den Grad des Glaubens als Grundlage für das Handeln annahm, eine Nützlichkeitsfunktion einführte und eine Maximierung der zu erwartenden Nützlichkeit anstrebte. Weder Bayes noch Laplace hatten sich in das Reich der Entscheidungen und des Verhaltens gewagt. Da Ramsey in Cambridge arbeitete, wäre die Geschichte des Bayes-Theorems vielleicht ganz anders verlaufen, wenn er länger gelebt hätte.

Zur fast gleichen Zeit wie Borel und Ramsey äußerte der italienische Versicherungsmathematiker und Professor für Mathematik, Bruno de Finetti, der subjektive Glaube auf der Rennbahn könne quantifiziert werden. Er nannte das „die Kunst des Ratens".[48] De Finetti musste seine erste wichtige Arbeit in Paris vorstellen, da der mächtigste italienische Statistiker, Corrado Gini, seine Ideen für unvernünftig hielt. (Zu Ginis Ehrenrettung: de Finetti spottete gegenüber Kollegen, er sei überzeugt, Gini habe „den bösen Blick").[49] De Finetti, der als einer der größten italienischen Mathematiker des 20. Jahrhunderts gilt, arbeitete über Finanzwirtschaft und Ökonomie und ist dafür bekannt, die Bayes'sche Subjektivität auf eine solide mathematische Basis gestellt zu haben.

Aber nicht einmal Wahrscheinlichkeitsexperten registrierten, dass plötzlich eine Begeisterung für subjektive Wetten aufgekommen war. In den 1920ern und 1930ern zog das Anti-Bayes-Trio aus Fisher, Egon Pearson und Neyman die ganze Aufmerksamkeit auf sich. Borel, Ramsey und de Finetti arbeiteten außerhalb der Englisch sprechenden Kreise der Statistiker.

Es gab noch einen Außenseiter, der im Vaterschaftsrecht, einem kleinen unscheinbaren Bereich des amerikanischen Rechtssystems, eine sichere Nische für das Bayes-Theorem fand. Im Vaterschaftsrecht ist die zentrale Frage, ob *dieser* Mann der Vater *dieses* Kindes ist und was er an Unterhalt zahlen muss, wenn er es ist. 1938 führte der schwedische Professor für Genetik und Psychiatrie Erik Essen-Möller einen Wahrscheinlichkeitsindex ein, der mathematisch äquivalent zum Bayes-Theorem war. In den über 50 Jahren, in denen es noch keine DNA-Tests gab, benützten die amerikanischen Anwälte den

Essen-Möller-Index, ohne zu wissen, dass Bayes sein Vater war. Im Uniform Parentage Act der USA ging Bayes sogar in die staatliche Gesetzgebung ein. Da die Anwälte in Vaterschaftsklagen zunächst mit einer Wahrscheinlichkeit von 50 zu 50 annahmen, dass der Mann *nicht* der Vater war, bevorzugte der Index Väter, auch wenn Essen-Möller glaubte, „dass Mütter häufiger die wirklichen als die falschen Väter anklagten".[50] Das vom Bayes-Theorem geprägte Vaterschaftsgesetz wurde auch bei Einwanderungs- und Erbschaftsfällen angewandt und wenn ein Kind nach einer Vergewaltigung geboren wurde. Heute liefern DNA-Tests Wahrscheinlichkeiten für die Vaterschaft von 0,999 und mehr.

Ein weiterer Außenseiter, Lowell J. Reed, der an der Johns Hopkins University in Baltimore medizinische Forschung betrieb, wies 1936 ebenso auf die Defizite des Frequentismus und den Wert des Bayes-Theorems hin. Reed gehörte zum Fachbereich für Biostatistik und wollte die Röntgendosis bestimmen, die zwar einen Tumor vernichtet, aber den Patienten möglichst schont. Er hatte aber keine exakten Aufzeichnungen der Strahlendosen, und man wusste noch nichts über die Folgen niedriger Dosen. Reed verwendete normalerweise frequentistische Methoden und wiederholbare Tests an Fruchtfliegen, Einzellern und Bakterien. Um aber sichere Dosen für Menschen zu erhalten, hätte er für die Versuche kostspielige Säugetiere einsetzen müssen. Mithilfe des Bayes-Theorems bestimmte er die wirksamsten Dosen für Krebspatienten, indem er 27 Katzen opferte, also eine relativ kleine Zahl. Reed gehörte aber nicht zum statistischen Mainstream, verwendete Bayes nur gelegentlich und hatte nur wenig Einfluss auf die Statistik. Auch Borel, Ramsey, de Finetti und Essen-Möller musste noch Jahrzehnte warten, bevor die Bedeutung ihrer Arbeiten anerkannt wurde.

Es war Harold Jeffreys, ein Geophysiker, der fast im Alleingang während der anti-Bayes'schen Attacken der 1930er- und 1940er-Jahre Bayes am Leben erhielt. Die Studenten in Cambridge scherzten gerne, sie hätten die beiden besten Statistiker der Welt an ihrer Universität, aber der eine sei Genetiker und der andere Astronom. Fisher war der Genetiker, Jeffreys war zwar vor allem Geowissenschaftler und erforschte Erdbeben, Tsunamis und die Gezeiten, gehörte aber zum Astronomie-Department, weil, wie er selbst sagte, „die Erde ein Planet ist".[51]

Zum großen Teil dank seiner ruhigen, höflichen Art wurden er und Fisher Freunde, obwohl sie über Bayes oft unversöhnlich und lautstark stritten. Jeffreys erzählte, er habe zu Fisher einmal gesagt: „Wir stimmen in fast allem überein, und wo das nicht der Fall ist, haben wir beide Zweifel."[52] Nachdem dies geklärt war, wurden Fisher und er dicke Freunde. Jeffreys glaubte zum Beispiel, dass Fishers Maximum-Likelihood-Methode im Grunde genommen von Bayes geprägt war. Er wendete sie oft an, weil bei großen Stichproben der

Prior keine Rolle spielte und beide Methoden zu annähernd gleichen Ergebnissen führten. Die Methoden unterschieden sich jedoch, wenn es um nur wenige Daten ging. Andere haben Jahre später Fälle bearbeitet, in denen Jeffreys Verfahren und Fishers Signifikanztests zu Ergebnissen führten, die sich um eine Größenordnung unterschieden.

Von ihrer Meinung über Bayes abgesehen, hatten Jeffreys und Fisher viel gemeinsam. Beide waren aktive Wissenschaftler, die mit statistischen Daten umgingen. Keiner von ihnen war Mathematiker oder Statistiker. Und beide waren in Cambridge ausgebildet worden: Jeffreys verließ Cambridge praktisch nie und war 75 Jahre lang Fellow, länger als jeder andere Professor. Keiner der beiden war kontaktfreudig, beide waren schlechte Lehrer, deren dünne Stimmen nur in den ersten Reihen zu verstehen waren. Ein Student zählte einmal bei Jeffreys 71 „Ähs" in fünf Minuten. Beide wurden für ihr Lebenswerk zum Ritter geschlagen.

Jeffreys hatte von beiden ein erfüllteres Privatleben. Mit 49 heiratete er seine langjährige Mitarbeiterin, die Mathematikerin Bertha Swirles. Sie überarbeiteten den Text ihres umfangreichen Buches *Methods of Mathematical Physics* in nächtlichen Sitzungen, als sie im Zweiten Weltkrieg Luftschutzhelfer waren. Er liebte es, Ungereimtheiten in Kriminalromanen auszumachen, in Chören als Tenor zu singen, Pflanzen zu sammeln, spazieren zu gehen, zu reisen und fuhr bis ins Alter von 91 mit dem Fahrrad zur Arbeit.

Wie Laplace untersuchte Jeffreys die Entstehung der Erde und der anderen Planeten, um zu verstehen, wie sich das Sonnensystem gebildet hat. Er befasste sich mit Statistik, weil er herausfinden wollte, wie sich Erdbebenwellen durch den Globus ausbreiten. Ein größeres Beben erzeugt seismische Wellen, die Tausende von Kilometer entfernt registriert werden können. Jeffreys zeichnete ihr Eintreffen an verschiedenen Stationen auf und rechnete zurück, um das wahrscheinliche Epizentrum zu bestimmen und auf den vermutlichen Aufbau der Erde zu schließen. Das war ein klassisches Problem für die inverse Wahrscheinlichkeit der Ursachen. 1926 folgerte Jeffreys, der Erdkern müsse flüssig sein und bestehe vermutlich auf geschmolzenem Eisen, vielleicht vermischt mit Spuren von Nickel – eine Schlussfolgerung, die sich allerdings später als nur zum Teil richtig herausstellte.

Ein Historiker sagte dazu: „Vielleicht wurden auf keinem anderen Forschungsfeld aus so mehrdeutigen und indirekten Daten so viele bemerkenswerte Schlüsse gezogen."[53] Die Signale waren oft nur schwer zu interpretieren, und die seismografischen Messgeräte waren sehr unterschiedlich. Die Erdbeben, die weit voneinander entfernt und unter ganz verschiedenen Bedingungen entstanden, waren schwerlich wiederholbar. Jeffreys musste bei seinen Schlussfolgerungen also viel mehr Ungewissheiten einbeziehen als Fisher bei seinen wiederholbaren Züchtungsversuchen, die darauf ausgelegt waren, Antworten auf präzise Fragen zu geben. Wie Laplace aktualisierte Jeffreys sein ganzes Leben lang seine Beobachtungen mit neuen Ergebnissen. Er schrieb: „Die zweifelhaften Ansätze … stellen den interessantesten Teil der Wissenschaft dar. Jeder wissenschaftliche Fortschritt stellt einen Übergang von völligem Unwissen über ein Stadium des teilweisen, aber immer schlüssiger werdenden Wissens aufgrund von Erfahrung zum Stadium dar, in dem praktisch alles gewiss ist.“[54]

Jeffreys schrieb in seinem Arbeitszimmer, dessen Boden knietief mit Papier bedeckt war, *The Earth – Its Origin, History, and Physical Constitution,* ein Buch, das zum Standardwerk über die Struktur der Erde wurde, bis dann in den 1960er-Jahren die Plattentektonik entdeckt wurde. (Während sich Jeffreys bei der Verteidigung von Bayes als Held erwies, stellte er sich leider bis 1970, als er 78 Jahre alt wurde, gegen die Idee der Kontinentalverschiebung, weil er dachte, nach dieser Theorie müssten sich die Kontinente ihren Weg durch eine zähe Flüssigkeit bahnen).

Bei der Analyse von Erdbeben und Tsunamis entwickelte Jeffreys eine neue, objektive Form des Bayes-Theorems für wissenschaftliche Anwendungen und formale Regeln für die Auswahl der Prioren. Er sagte dazu: „Statt zu versuchen, irgendeine bessere Form der Apriori-Wahrscheinlichkeit zu finden, haben eine Reihe von Forschern die Ansicht geäußert, die Apriori-Wahrscheinlichkeit sei Unsinn, und daher sei auch das Prinzip der inversen Wahrscheinlichkeit, das ohne Prioren nicht auskommt, Unsinn.“[55]

Jeffreys hielt für jegliche Art von Unwissen Wahrscheinlichkeiten angemessen, selbst für etwas, was offensichtlich so gewiss wie ein Naturgesetz war. Die Frequentisten ließen dagegen gewöhnlich Wahrscheinlichkeiten nur für Ungewissheiten zu, die mit theoretisch wiederholbaren Daten verknüpft sind. Der Statistiker Dennis Lindley schrieb: Jeffreys „würde eine Wahrscheinlichkeit für die Existenz des Treibhauseffekts angeben, während das die meisten Frequentisten nicht tun würden. Sie würden ihre Wahrscheinlichkeiten auf die Daten über CO_2, Ozon, die Höhe des Meeresspiegels etc. beschränken.[56]

Jeffreys störte sich besonders an Fishers „p-Werten“ und Signifikanzniveaus als Maß für das Unwissen. Der p-Wert war eine Aussage über die Wahrscheinlichkeit von Daten bei vorgegebener Hypothese. Fisher hatte die p-Werte entwickelt, um mit sehr großen Mengen landwirtschaftlicher Daten umzugehen. Er brauchte ein Verfahren, um zu bestimmen, welche verworfen werden konnten, welche zu den Akten gelegt werden durften und welche unmittelbar aufeinanderfolgten. Indem er zwei Hypothesen verglich, konnte er die Spreu vom Weizen trennen. Im Prinzip sagen die p-Werte dem Experimentator, dass seine Versuchsergebnisse bezüglich seiner Hypothese signifikant sind und kein Resultat des Zufalls.

Jeffreys hielt es für sehr merkwürdig, dass ein Frequentist mögliche Resultate einbezieht, die es gar nicht gegeben hat. Er wollte herausfinden, ob seine Hypothese über das Epizentrum eines bestimmten Erdbebens richtig war, wobei er seine Informationen aus den Ankunftszeiten von Tsunamis bezog, die von dem Erdbeben verursacht worden waren. Wie konnten mögliche Resultate, die gar nicht aufgetreten waren, dazu führen, eine Hypothese zurückzuweisen? Nur wenige Forscher können ein Experiment in „randomisierter" Weise wieder und wieder durchführen. „Imaginäre Wiederholungen" nannte das ein Kritiker. Für Bayesianer waren Daten feste Beweise und nichts, was variieren konnte. Jeffreys konnte gewiss kein bestimmtes Erdbeben wiederholen. Darüber hinaus ist ein p-Wert eine Aussage über Daten, während Jeffreys wissen wollte, ob seine Hypothese bei vorgegebenen Daten stimmte. Jeffreys schlug daher vor, nur beobachtete Daten für das Bayes-Theorem zu verwenden, um die Wahrscheinlichkeit zu berechnen, ob die Hypothese richtig oder falsch ist.

Jeffreys wies darauf hin, dass Newton sein Gravitationsgesetz 100 Jahre vor der Zeit aufgestellt hatte, in der es Laplace anhand des erwähnten 877-Jahres-Zyklus von Jupiter und Saturn bewies: „In der Geschichte des Gravitationsgesetzes gab es keinen Moment, in dem moderne Signifikanztests nicht alle Gesetze verworfen hätten und uns ganz ohne Gesetz zurückgelassen hätten."[57] Hingegen machte es Bayes „möglich, ein Gesetz zu modifizieren, das Jahrhunderte der Kritik überstanden hat, ohne dass man annehmen musste, sein Schöpfer und seine Anhänger seien nutzlose Tölpel gewesen."[58]

Jeffreys kam zu dem Schluss, dass die p-Werte zu wesentlichen Verzerrungen in den Naturwissenschaften führten. Er beklagte, dass die Frequentisten „Beobachtungen anscheinend als Grundlage sehen, Hypothesen möglicherweise zurückzuweisen, aber in keinem Fall als Beweise, die sie unterstützen".[59] Es bestand also die Gefahr, dass zumindest einige der Hypothesen, die Fisher zurückwies, wirklich richtig waren oder es wert gewesen wären, erforscht zu werden.

Ein Frequentist, der eine präzise Hypothese testet und beispielsweise den p-Wert 0,04 erhält, kann das als signifikanten Beweis gegen die Hypothese werten. Bayesianer sagen hingegen selbst bei einem p-Wert 0,01 (den viele Frequentisten als außerordentlich starken Beweis gegen die Hypothese sehen würden) immer noch, dass die Chance für ihre Gültigkeit zwar „nicht weltbewegend" ist, aber immerhin 1 zu 9 oder 10, wie Jim Berger, ein Bayes'scher Theoretiker an der Duke University in Durham, North Carolina, erläuterte. Die p-Werte verunsichern die Bayesianer immer noch. Steven N. Goodman, ein bedeutender Bayes'scher Biostatistiker an der Johns Hopkins Medical

School klagte 1999: „Der p-Wert ist nicht gerade das Klügste, was man sich vorstellen kann. Ich rate Studenten davon ab, es mit ihm zu versuchen.“[60]

Jeffreys bereitete Laplaces Wahrscheinlichkeit der Ursachen für den Gebrauch durch praktisch arbeitende Statistiker auf, so wie es Fisher für die auf Häufigkeiten beruhender Methode von Laplace gemacht hatte. Der Unterschied war, dass Fisher das Wort „Bayes“ als Schimpfwort verwendete, während das Bayes-Theorem für Jeffreys der „Satz des Pythagoras“ der Wahrscheinlichkeitstheorie war. Als Erster, der nach Laplace die Bayes-Theorie auf eine Vielzahl wichtiger wissenschaftlicher Problemen anwandte, wurde Jeffreys zum Begründer der modernen Bayes'schen Statistik.

Was die Statistik betraf, waren nun die Fronten klar. Jeffreys und Fisher, die zwei Professoren aus Cambridge, die sonst freundlich miteinander umgingen, entfachten in den *Proceedings* der Royal Society eine zwei Jahre dauernde Debatte. Jeffreys mag scheu und wenig kommunikativ gewesen sein, aber wenn er seiner selbst sicher war, schlug er ruhig, aber unerbittlich zu. Fisher war wie immer „aufbrausend und paranoid“.[61] Beide Männer waren großartige Wissenschaftler, sie waren die weltweit führenden Statistiker, und jeder benützte die Methode, die für sein jeweiliges Arbeitsfeld am besten geeignet war. Aber keiner von beiden hatte einen Blick für Sichtweise des anderen. Wie antike Gladiatoren schleuderten sie sich leidenschaftliche Artikel um die Ohren, kritisierten einander und veröffentlichten formelle Gegendarstellungen, führten Gegenbeweise an und lieferten brillante Klarstellungen – bis schließlich die Herausgeber bei der Royal Society verzweifelt die Hände über dem Kopf zusammenschlugen und die Kontrahenten aufforderten, die Schlacht zu beenden und Ruhe zu geben.

Nach der großen Debatte schrieb Jeffreys seine monumentale *Theory of Probability,* ein Werk, das über Jahre die einzige systematische Darstellung der praktischen Anwendung des Bayes-Theorems für wissenschaftliche Probleme blieb. Fisher klagte Jeffreys öffentlich an, er habe gleich „auf der ersten Seite einen logischen Fehler gemacht, der alle 395 Formeln in dem Buch falsch werden lässt“.[62] Der Fehler war nach Fishers Ansicht natürlich, das Bayes-Theorem zu benützen. Lindley stellte zusammenfassend über Jeffreys Buch fest: „De Finetti ist ein Meister der Theorie, Fisher ist ein Meister der Praxis, aber Jeffreys ist auf beiden Gebieten brillant.“[63]

Die Fisher-Jeffreys-Debatte endete ergebnislos. Praktisch gesehen verlor aber Jeffreys. Im nächsten Jahrzehnt drängten die Frequentisten aus einer Vielzahl von Gründen das Bayes-Theorem und die inverse Wahrscheinlichkeit der Ursachen völlig in den Hintergrund.

Erstens kam Fisher in der Öffentlichkeit gut an, während man das von dem sanftmütigen Jeffreys nicht behaupten kann. Die Leute sagten im Scherz,

Fisher würde eine Diskussion auch gewinnen, wenn eigentlich Jeffreys Recht hätte. Ein weiterer Faktor war, dass die Sozialwissenschaftler und -statistiker objektive Methoden brauchten, um sich in den 1930er-Jahren als akademisch glaubwürdig zu etablieren. Insbesondere verwendeten die Physiker, die die Quantentheorie entwickelten, bei ihren Versuchen Häufigkeiten, um die Aufenthaltswahrscheinlichkeit von Elektronen in Atomen zu bestimmen. Die Quantentheorie war neu und chic, Bayes nicht.

Dazu kam, dass Fishers Techniken verständlich beschrieben werden konnten und mit nur wenig Mathematik auskamen. Sie waren daher leichter anzuwenden als die Jeffreys. Ein Biologe oder Psychologe konnte mit Fishers Handbuch ohne Mühe herausfinden, welche seiner Resultate signifikant waren oder nicht. Um Jeffreys ziemlich obskuren und höchst mathematischen Ansatz anzuwenden, musste ein Forscher unter fünf abgestuften Kategorien wählen: Der Einwand gegen eine Hypothese ist „kaum der Rede wert", er ist substanziell, stark, sehr stark oder entscheidend.[64] Es war bezeichnend, dass Jeffreys diese fünf Kategorien in den Anhang B seines Buches packte.

Am wichtigsten war schließlich, dass Jeffreys aus wissenschaftlichen Beweisen Schlüsse ziehen wollte und nicht darauf aus war, die Statistik als Wegweiser für das künftige Handeln zu verwenden. Die Entscheidungsfindung, die für den Aufstieg der mathematischen Statistik während des Zweiten Weltkrieges und des Kalten Krieges so wichtig werden sollte, war für Jeffreys irrelevant. Auch andere unterschieden sich in diesem Punkt: Die Entscheidungstheorie zählte auch zu den wichtigen Gründen für die Fehde zwischen Fisher und Neyman.

All diese Faktoren führten dazu, dass Jeffreys von den Statistik-Theoretikern fast völlig isoliert war. Seine Verbindung zu Fisher war ihr gemeinsames Interesse, Statistik in der Wissenschaft anzuwenden. Jeffreys kannte Ramsey und besuchte ihn am Sterbebett in der Klinik, ohne aber wahrzunehmen, dass dieser an der Wahrscheinlichkeitstheorie und der Theorie der Entscheidungsfindung gearbeitet hatte. Jeffreys und de Finetti arbeiteten während der 1930er-Jahre an ähnlichen Themen der Wahrscheinlichkeitstheorie, aber Jeffreys kannte ein halbes Jahrhundert lang nicht einmal den Namen des Italieners und hätte auch de Finettis Subjektivität ganz und gar abgelehnt. Die meisten Statistiker ignorierten Jeffreys Buch über die Wahrscheinlichkeitstheorie jahrelang. Er sagte: „Sie waren vollkommen mit den frequentistischen Theorien zufrieden."[65] Jeffreys nahm zwar eine Ehrenmedaille der Royal Society an, erschien aber zu keinem ihrer Treffen. Die Geophysiker wussten nichts von seinen Arbeiten über die Wahrscheinlichkeit, ein überraschter Geologe fragte einmal Lindley: „Sie meinen, Ihr Jeffreys sei der gleiche wie meiner?"[66]

1930 war Jeffreys ein einsamer Rufer in der Wüste. Die meisten Statistiker verwendeten die Ideen, die von dem anti-Bayes'schen Trio veröffentlicht worden waren. Jeffreys' großes Buch wurde in einer Reihe von Physik-Büchern veröffentlicht, nicht als Statistik-Buch. Zudem erschien es 1939, also im letzten Friedensjahr kurz vor Beginn des Zweiten Weltkrieges, der, wie wir sehen werden, dem Bayes-Theorem eine neue Chance bieten sollte.

Teil II

Die Zeit des Zweiten Weltkriegs

4
Bayes zieht in den Krieg

1939 war das Bayes-Theorem für alle, die zur Statistikerszene gehörten, so gut wie tabu, ja tot und begraben. Es gab jedoch eine beunruhigende Frage: Wie konnten die Militärs im Krieg schnelle Entscheidungen – möglicherweise über Leben und Tod – treffen, ohne erst auf vollständige Informationen warten zu müssen? Unter strenger Geheimhaltung trugen einige der größten Mathematiker des Jahrhunderts dazu bei, die Rolle des Bayes-Theorems für die kommenden unsicheren Jahre neu zu überdenken.

Winston Churchill bekannte in seinen Erinnerungen an den Zweiten Weltkrieg, die Bedrohung durch die deutschen U-Boote sei das Einzige gewesen, was er wirklich gefürchtet habe. Kohle ausgenommen, konnte sich Großbritannien kaum selbst versorgen. Was angebaut wurde, reichte nur für einen von drei Einwohnern. Nach der Niederlage Frankreichs 1940 herrschte aber das Deutsche Reich über die Fabriken und Bauernhöfe auf dem Kontinent, und zivile Frachtschiffe mussten Großbritannien mit 30 Mio. Tonnen an Nahrungsmitteln und strategischen Gütern aus den USA, Kanada, Afrika und am Ende sogar aus der Sowjetunion beliefern. Während der Atlantikschlacht, wie der Kampf Großbritanniens um seine Versorgung genannt wurde, versenkten deutsche U-Boote an die 2780 alliierte Schiffe, wobei mehr als 50 000 Seeleute ums Leben kamen. Für den britischen Premierminister war die Ernährung der Bevölkerung und die Versorgung des Landes während des Krieges die beherrschende Aufgabe.

Hitler hatte geäußert, „die U-Boote werden den Krieg gewinnen".[1] Die U-Boot-Operationen wurden von deutschen Kommandozentralen im besetzten Frankreich aus straff geführt. Die U-Boote legten ohne Auftrag ab und erhielten ihre Order erst weit draußen im Atlantik per Funk. Das hatte zur Folge, dass eine wahre Flut verschlüsselter Funksprüche zwischen den U-Booten und Frankreich hin und her ging – mehr als 49 000 liegen heute noch in den Archiven. Die Briten waren händeringend auf Informationen aus, wo sich die U-Boote befanden, konnten aber die Funksprüche nicht entziffern. Sie waren mit Chiffriermaschinen verschlüsselt, und niemand in Großbritannien oder im Deutschen Reich dachte, dass der Code geknackt werden könnte.

Seltsamerweise waren es zuerst die Polen, die das anders sahen. Ein paar Geheimdienstoffiziere in Polen, das zwischen der Sowjetunion und Deutschland eingezwängt war, hatten schon ein ganzes Jahrzehnt vor Kriegsbeginn herausgefunden, dass man mithilfe der Mathematik aus den abgehörten Funksprüchen der angriffslustigen Nachbarn nützliche Informationen gewinnen konnte. Der Erste Weltkrieg hatte auf schmerzliche Weise klar gemacht, dass man zum Verschlüsseln von Funksprüchen Maschinen brauchte. Als 1923 auf einer Messe eine Verschlüsselungsmaschine vorgestellt wurde, kaufte die Reichswehr einige der Geräte und machte sie noch komplexer, um ihre Geheimcodes sicherer zu machen. Die Geräte hießen „Enigma", also „Rätsel".

Und Rätsel stellten sie auch dar. Die Polen versuchten drei Jahre lang ohne Erfolg, die deutschen Botschaften zu knacken, bis sie merkten, dass automatische Chiffriermaschinen die Kryptografie verändert hatten. Die Wissenschaft vom Ver- und Entschlüsseln geheimer Nachrichten war zu einem Spielzeug der Mathematiker geworden. Als der polnische Geheimdienst einen streng geheimen Kryptografiekurs für Deutsch sprechende Mathematikstudenten einrichtete, war sein Star ein Versicherungsmathematiker namens Marián Rejewski. Er versuchte es mit spekulativem Raten und der Gruppentheorie (der neuen Mathematik der Transformationen) und machte eine großartige Entdeckung. Er fand heraus, wie die Walzen der Enigma verdrahtet waren. Anfang 1938 konnten die Polen 75 % der Nachrichten von Heer und Luftwaffe des Deutschen Reiches lesen. Kurz vor dem Einmarsch der Deutschen 1939 luden die Polen französische und britische Geheimagenten in ein abgesichertes Gebäude im Pyry-Wald vor Warschau ein, erklärten ihre Verfahren und schickten eine aufgerüstete Enigma-Maschine nach London.

Die Enigma glich einer komplizierten Schreibmaschine mit einer klassischen Tastatur mit 26 Buchstabentasten und zusätzlich einem Lampenfeld mit 26 beleuchteten Buchstaben. Immer wenn eine Buchstabentaste gedrückt wurde, lief elektrischer Strom durch eine Anordnung von drei Walzen und rückte eine von ihnen eine Einkerbung weiter. Der verschlüsselte Buchstabe leuchtete auf, und ein Helfer des Schreibers gab diesen an einen Dritten weiter, der ihn per Funk als Morsezeichen verschickte. An seinem Bestimmungsort lief der Prozess in umgekehrter Reihenfolge ab. Der Empfänger tippte den verschlüsselten Buchstaben in seine Enigma, und der ursprüngliche Buchstabe leuchtete auf. Durch das Verändern der Verdrahtung, der Walzen, der Anfangseinstellung und anderer Merkmale konnte man bei der Enigma unter Abermillionen von Permutationen zur Verschlüsselung wählen.

Die Deutschen standardisierten ihren militärischen Funkverkehr mit immer komplexeren Versionen der Enigma. In der deutschen Wehrmacht und den anderen Kampfverbänden der Nazis sowie bei spanischen und italienischen Einsatzkräften und bei der italienischen Marine waren an die 40 000 militärische Enigmas im Einsatz. Als die deutschen Truppen am 1. September 1939 in Polen einfielen, waren batteriebetriebene Enigmas der Schlüssel für den Erfolg des Blitzkriegs, da Offiziere wie noch nie zuvor in Kommandofahrzeugen mit Enigmas Artilleriesperrfeuer, Sturzkampfbomber und Panzer koordinieren konnten. Die meisten deutschen Kriegsschiffe, insbesondere die Kreuzer, Minensucher, Versorgungsschiffe, Wetterbeobachtungsschiffe und vor allem die U-Boote waren mit Enigmas ausgerüstet.

Anders als die Polen klammerte sich die britische Stelle, die mit dem Knacken der deutschen Geheimcodes und Chiffrierungen beauftragt war, an die alte Tradition, dass das Dechiffrieren ein Job für Spezialisten mit linguistischen Fähigkeiten ist. Statt Mathematiker anzuheuern, beschäftigte die Government Code and Cypher School (GC&CS) Kunsthistoriker, Kenner des Altgriechischen und Mittelhochdeutschen, Kreuzworträtselexperten und Schachspieler. Mathematiker galten dagegen als „seltsame Vögel".[2]

Für die britische Regierung und das staatliche Bildungssystem waren Statistik und angewandte Mathematik zur Lösung praktischer Probleme weitgehend irrelevant. Die gut situierten Zöglinge an englischen Privatschulen lernten Griechisch und Latein, während die Natur- oder Ingenieurswissenschaften eine Angelegenheit der unteren Klassen waren. Dementsprechend gab es in Großbritannien auch keine Elite-Ingenieursschule wie das amerikanische MIT oder die französische École Polytechnique. Als zwei Jahre nach Kriegsbeginn Regierungsvertreter in Oxford eintrafen, um Leute anzuwerben, die auf beiden Gebieten – der Mathematik und den modernen Sprachen – kompetent waren, fanden sie nur einen halb fertigen Mathematiker, der sich gerade die Anfangsgründe der deutschen Sprache beibrachte. Die Regierung hatte nicht einmal vor, Mathematiker vom Dienst an der Front freizustellen. Da diese aber wussten, dass ihre Fähigkeiten schließlich doch gebraucht werden würden, versuchten sie, sich als Physiker registrieren zu lassen, da zumindest diese als überlebenswichtig für die nationale Verteidigung angesehen wurden.

Die Not wurde noch durch die Tatsache verstärkt, dass die Regierung statistische Daten als lästige Details ansah. Einige Monate bevor 1939 der Krieg ausbrach, bat man den Earl of Woolton, der zur Führung einer großen Kaufhauskette gehörte, die Einkleidung der britischen Soldaten zu organisieren. Er musste zu seinem Erschrecken feststellen: „Das Kriegsministerium hatte keinerlei statistische Erkenntnisse, die mir helfen konnten. … Ich hatte die größte Mühe, um irgendwelche Zahlen zu finden, die mir sagten, wie viele Uniformen und Stiefel man brauchte."[3] Das Landwirtschaftsministerium wiederum ignorierte eine Untersuchung des Bedarfs an Kunstdünger für die Erhöhung der britischen Nahrungsmittel- und Holzproduktion, weil es dachte, im Krieg werde die Wissenschaft keine Rolle spielen und man benötige daher auch keine weiteren Daten. Die Regierungsvertreter schienen auch anzunehmen, dass die Anwendung der Mathematik auf das reale Leben ein Kinderspiel war. Als das für den Nachschub zuständige Ministerium neue Raketen anschaffen musste, gab man einem Angestellten eine Woche Zeit, um „Statistik zu lernen".[4]

Wahrscheinlichkeitsexperten waren rar. Für eine kleine Elite von Statistikern waren die 1930er das Goldene Zeitalter ihrer Sprache, der Wahrscheinlichkeitstheorie, gewesen. Die Mehrheit der Mathematiker hielt dagegen die Wahrscheinlichkeitsrechnung für eine Methode der Sozialwissenschaftler. Selbst Cambridge, das Zentrum der britischen Mathematik, war rückständig, was die Wahrscheinlichkeitstheorie betraf. Und auch Deutschland, das in der modernen Mathematik und der Quantentheorie führend war, brachte nur wenige Statistiker hervor. Einer der größten Denker des 20. Jahrhunderts auf diesem Gebiet, Wolfgang Döblin, kämpfte als 25-jähriger französischer Soldat um sein Leben, als Frankreich im Juni 1940 von den Deutschen überrannt wurde. Die Gestapo machte Jagd auf seinen Vater,[5] und Döblin, der umzingelt war und keinen Ausweg sah, nahm sich das Leben, um seinen Vater nicht zu gefährden. Döblins Arbeiten sollten später von großer Wichtigkeit für die Chaostheorie und Random-Mapping-Transformationen werden.

Dummerweise waren die drei Top-Statistiker der Alliierten kaltgestellt und saßen weitab vom Schuss. Harold Jeffreys wurde ignoriert – vielleicht weil er Erdbebenexperte und Professor für Astronomie war. Der britische Geheimdienst hielt offensichtlich Ronald Fisher, den anti-Bayes'schen Genetiker, für politisch unzuverlässig, weil er mit einem deutschen Kollegen korrespondiert hatte. Fishers Angebot, dabei zu helfen, die Kriegsführung effizienter zu machen, wurde ignoriert, sein Antrag auf ein Visum für die USA ohne Erklärung abgelehnt. Ein Chemiker, der die Gefahren von Giftgas untersuchte, konnte Fisher nur besuchen, weil er angeblich in der Gegend ein Pferd abholen musste. Und was Jerzy Neyman betrifft, blieb der dabei, rein theoretische Untersuchungen anzustellen, die zu einem mathematisch „sauberen" neuen Theorem führen sollten, während das Militär verzweifelt nach schnellem Rat verlangte und auch „schmutzige" Lösungen angenommen hätte. Für einen Teil von Neymans Forschungsprojekten wurden denn auch die Fördermittel gestrichen.

Da angewandte Mathematiker und Statistiker rar waren, wurden Daten im Krieg oft nicht von Statistikern, sondern von Versicherungsexperten, Biologen, Physikern und reinen Mathematikern analysiert, von denen nur wenige wussten, dass das Bayes-Theorem für die „anspruchsvolle" Statistik als unwissenschaftlich galt. Ihr Unwissen erwies sich als glückliche Fügung.

Trotz des seltsamen Rufs, den die britischen Mathematiker hatten, bereitete sich die Leitung der GC&CS auf den Krieg vor, indem sie in aller Stille einige Nicht-Sprachkundler einstellte, Männer von der „Art eines Professors"[6] aus Oxford oder Cambridge. Zu dieser Handvoll Männer gehörte Alan Mathison Turing, der zum Vater des modernen Computers, der Computerwissenschaft, der Software, der Künstlichen Intelligenz, der Turing-Maschine und des Turing-Tests werden sollte – und der modernen Wiederbelebung des Bayesianismus.

Turing hatte in Cambridge und Princeton reine Mathematik studiert, seine Leidenschaft galt aber der Kluft zwischen der abstrakten Logik und der konkreten Welt. Turing war ein wahres Genie und verfügte über die Vorstellungskraft eines visionären Denkers. Er interessierte sich für unglaublich viele Themenbereiche, dazu gehörte die abstrakte Mathematik der Topologie und die Logik ebenso wie die angewandte Mathematik der Wahrscheinlichkeiten, die experimentelle Ableitung physikalischer Grundprinzipien, die Konstruktion von Maschinen, die denken können – und Verschlüsselungen und Chiffrierungen. Turing, der eine ziemlich schrille Stimme hatte und etwas stotterte, hatte schon in den USA Stunden damit verbracht, mit dem kanadischen Physiker Malcolm MacPhail die Möglichkeiten der Kryptografie zu diskutieren.

Nachdem Turing im Frühjahr 1939 nach England zurückgekehrt war, wurde sein Name unter der Hand einer kurzen „Notfall-Liste" hinzugefügt, auf der Leute standen, die sich im Kriegsfall sofort der GC&CS zur Verfügung stellen mussten. Er arbeitete in diesem Sommer allein und beschäftigte sich mit der Wahrscheinlichkeitstheorie und Enigma-Codes. Gelegentlich schaute er bei der GC&CS vorbei und sprach mit dem Kryptoanalytiker Dillwyn Knox, der bereits einen relativ einfachen Enigma-Code geknackt hatte, wie ihn die italienische Marine verwendete. Als Deutschland in Polen einfiel, wussten Knox und Turing wahrscheinlich mehr über die militärischen Enigma-Maschinen als jeder andere in England.

Am 4. September 1939, dem Tag nach der britisch-französischen Kriegserklärung an Deutschland, setzte sich Turing in den Zug und fuhr zum Forschungszentrum der GC&CS in Bletchley Park, einer kleinen Stadt im Norden von London. Er war 27, wirkte aber wie 16. Er sah gut aus, war athletisch, scheu und nervös – und hatte sich in Cambridge offen zu seiner Homosexualität bekannt. Auf seine Erscheinung gab er wenig. Er trug abgewetzte Sakkos, hatte dreckige Fingernägel und immer Bartstoppel. Die nächsten sechs Jahre widmete er sich ganz der Enigma und anderen Ver- und Entschlüsselungsprojekten.

Nach seiner Ankunft in Bletchley Park teilten die GC&CS-Analysten die vorhandenen Enigma-Maschinen auf, und Turing arbeitete eine Zeit lang an Heerescodes. Im Januar 1940 konnten die Engländer deutsche Luftwaffen-Nachrichten lesen. In den ersten Kriegswochen konstruierte Turing auch die „Bombe". Das war keine Waffe im traditionellen Sinn, sondern eine superschnelle elektromechanische Maschine zum Test aller denkbaren Walzenanordnungen einer Enigma. Turings Bombe, eine grundlegende Neukonstruktion und Verbesserung des Geräts, das die Polen erfunden hatten, machte Bletchley Park zu einer Fabrik zum Knacken von Codes.

Turing verfeinerte seine Bombe mithilfe des Mathematikers Gordon Welchman und des Ingenieurs Harold „Doc" Keen. Ihren Prototyp, einen Metallschrank von 1,8 mal 2,1 mal 0,75 m stellten sie im März 1940 in Bletchley Park auf. Einige glauben, die Konstruktion der Bombe sei Turings größter Beitrag zum Knacken der Enigmas gewesen.

Trotz des Fortschritts beim Entziffern der deutschen Luftwaffen- und Heerescodes wagte sich niemand in Bletchley Park an die Marinecodes, die doch eigentlich entscheidend für den Sieg im U-Boot-Krieg im Atlantik waren. Von allen Teilstreitkräften der Achsenmächte betrieb die deutsche Marine die komplexesten Enigma-Maschinen und Sicherheitsverfahren. Gegen Ende des Krieges konnte eine Enigma der Marine auf eine geradezu astronomische Zahl von Arten eingestellt werden. Laut einem Entschlüssler von Bletchley Park konnten „alle chinesischen Kulis monatelang experimentieren, ohne eine einzige Nachricht lesen zu können."[7] Bei jedem Einsatz konnte eine Enigma eine von vier Umkehrwalzen-Kombinationen benützen, die jeweils auf 26 Arten eingestellt werden konnten, sodann drei von acht Walzen (was bis zu 336 Permutationen ergab), mehr als 150 Mrd. Kombinationen des Steckerbretts und 17 000 Anfangspositionen (eine halbe Million in den Maschinen mit vier Walzen). Viele dieser Einstellungen wurden alle zwei Tage geändert, manchmal sogar alle acht oder 24 h.

Frank Birch, der Chef der Marinespionage der GC&CS berichtete, er habe von höheren Offizieren deprimierende Informationen: Die „deutschen Codes sind nicht zu entschlüsseln. Man sagte mir, es sei die Mühe nicht wert, Experten auf sie anzusetzen." Er schrieb weiter: „... Defätismus zu Beginn des Krieges spielte meiner Meinung nach eine große Rolle bei der Verzögerung des Entschlüsselns der Codes."[8] Die Entschlüsselung der Marinecodes wurden nur einem einzigen Offizier und einem Angestellten übertragen, kein einziger Kryptoanalyst war beteiligt. Birch dachte jedoch, dass der Code der Marine-Enigmas geknackt werden *konnte*, weil er geknackt werden *musste*. Die U-Boote setzten Großbritanniens Existenz aufs Spiel.

Turing hatte damals noch die Einstellung, dass die Marinecodes doppelt attraktiv waren, weil sich niemand darum kümmerte. Ein enger Freund nannte Turing „einen überzeugten Einzelgänger".[9] Die Isolation reizte ihn. Turing beschloss also den Angriff auf den deutschen Marinecode, da „niemand etwas damit machte", sodass er ihn für sich allein haben konnte.[10] Er fing mit zwei „girls" und Peter Twinn an, einem Mathematiker und Physiker aus Oxford.[11] Turing dachte, der Code „könne geknackt werden, weil es so interessant ist, ihn zu knacken."[12]

Eine der ersten Aufgaben Turings war, die Zahl der Tests zu reduzieren, die eine Bombe durchführen musste. Obwohl sie schnell war, brauchte sie 18 min, um eine der 336 möglichen Walzeneinstellungen der Enigma zu testen. Im schlimmsten Fall dauerte das insgesamt vier Tage. Bis mehr Bomben gebaut waren, musste ihre Aufgabenlast drastisch reduziert werden.

An einem späten Abend in Bletchley Park stieß Turing auf eine Methode, die Aufgaben der Bombe „per Hand“ zu erleichtern. Es handelte sich um eine höchst arbeitsintensive Bayes'sche Methode, der er nach der nahen Stadt Banbury, wo eine Druckerei die nötigen Materialien herstellte, den Spitznamen „Banburismus“ gab.

„Ich war nicht sicher, ob sie in der Praxis funktionieren würde“, sagte Turing.[13] Aber wenn ja, würde sie ihm erlauben, eine Buchstabenanordnung aus einer Enigma-Nachricht herauszunehmen, zu raten, was sie bedeutete, den Glauben an die Stichhaltigkeit des Erratenen mit Bayes'schen Methoden zur Bestimmung von Wahrscheinlichkeiten zu quantifizieren und dann weitere Hinweise hinzuzufügen, sobald sie vorlagen. Wenn es gut lief, könnten die Einstellungen von zwei der drei Enigma-Walzen entschlüsselt werden, und die Zahl der von der Bombe zu testenden Walzenanordnungen würde sich von 336 auf nur 18 reduzieren. In Zeiten, in denen jede Stunde zählte, konnte eine solche Differenz Leben retten.

Turing fing mit seiner allmählich wachsenden Arbeitsgruppe an, Spionageberichte nach „Cribs“, also „Spickzetteln“ zu durchkämmen. Cribs waren in der Ausdrucksweise der Leute in Bletchley Park deutsche Wörter, die man in der unverschlüsselten Originalnachricht vermutete. Die ersten Cribs waren Wörter aus den deutschen Wettermeldungen, da diese standardisiert waren und oft Phrasen wie „Wetter am Abend“ oder „Situation im östlichen Kanal“ wiederholten und, wie ein selten dummer Soldat allabendlich funkte, „Leuchtfeuer laut Befehl“. Die Wetterberichte der britischen Meteorologen für den Kanal lieferten Material für weitere Vermutungen. Hilfreich war auch, die häufigsten Buchstabenverbindungen in deutschen Wörtern zu kennen. Nachdem ein Kriegsgefangener mitgeteilt hatte, die deutsche Marine würde die Zahlen voll ausschreiben, stellte Turing fest, dass das Wort „ein“ in 90 % der Enigma-Nachrichten vorkam. Die Angestellten von Bletchley Park katalogisierten per Hand 17 000 Möglichkeiten, wie „ein“ verschlüsselt sein konnte, und man baute ein spezielles Gerät, das danach suchte. Um die Walzenanordnung zu finden, die aus dem Crib seine verschlüsselte Version erzeugt hatte, schloss man nach und nach alle Walzenanordnungen aus, die sie *nicht* erzeugen konnten.

Turing gelang ein Durchbruch, als ihm klar wurde, dass er seine Vermutungen nicht systematisieren und ihre Wahrscheinlichkeiten nicht vergleichen konnte, ohne eine Maßeinheit zu haben. Er nannte sie „Ban“ nach „Banburismus" und definierte sie als „die kleinste Änderung in der Bedeutung von Hinweisen, die von der menschlichen Intuition direkt wahrgenommen werden kann."[14] 1 Ban entsprach einer Chance von 10 zu 1, aber Turing ging meist mit weit kleineren Werten um wie Deziban und sogar Zentiban. Ein Ban war im Grunde das Gleiche wie ein Bit, das Maß für Information, das Claude Shannon entdeckt hatte, als er zu fast der gleichen Zeit in den Bell Labs mit dem Bayes-Theorem arbeitete. Turings Maß für den Glauben, das Ban, und der zugehörige mathematische Rahmen wurden als sein größter intellektueller Beitrag zur Verteidigung Großbritanniens bezeichnet.

Das Ban war das Maß der Wahrscheinlichkeit, richtig geraten zu haben, wenn stückchenweise neue Informationen eintrafen. Es markierte also den Unterschied zwischen aufeinanderfolgenden sequenziellen Hypothesen und gab an, wie viel Information zur Lösung eines bestimmten Problems nötig war. Turing war einer der Ersten, der eine solche sequenzielle Analyse entwickelte. Mit ihr musste man nicht wie die Frequentisten zu Anfang *festlegen*, wie viele Beobachtungen nötig waren, sondern nur vorgeben, wie stark die Beweise sein mussten, um sagen zu können, dass das Ziel erreicht war.

Die Bans wurden mit Papier und Bleistift berechnet, einer Methode, die von heutigen Bayes'schen, auf Computer gestützten Rechnungen weit entfernt war. Mit ihnen wurde die subjektive Raterei automatisiert, die Émile Borel, Frank Ramsey und Bruno de Finetti während der anti-Bayes'schen Schlacht in den 1920ern und 1930ern einzuführen versucht hatten. Mit dem Bayes-Theorem und den Bans begann Turing, die Kredibilität der verschiedensten Annahmen zu berechnen und für Techniker Referenztabellen zusammenzustellen. Es war eine Technik, die auf Statistik beruhte und daher keine absoluten Gewissheiten produzierte, aber wenn die Wahrscheinlichkeit einer Hypothese auf 50 zu 1 stieg, konnten die Kryptoanalysten fast sicher sein, richtig zu liegen. Jeder zusätzliche Ban machte eine Hypothese zehnmal wahrscheinlicher.

Ein heutiger Top-Kryptograf erklärte Turings Denkweise so: „Wenn Du Tag für Tag und Jahr für Jahr arbeitest, musst Du möglichst gut raten, was mit dem am wahrscheinlichsten geknackt werden kann, was Du in der Hand hast. Gibt es zu viele Wahlmöglichkeiten, such die heraus, die am besten überprüfbar sind. Mit jedem Schritt wird die Wette abgesicherter. … Manchmal hast Du nur Näherungen, und manchmal hast Du ganz korrekte Zahlen und die richtige Formel, die richtigen Zahlen für die Dezibans."[15]

In der Praxis benötigte man für das Banburismus-Verfahren 1,50 bis 1,80 m lange Kartonstreifen, die in Banbury gedruckt wurden. Entschlüssler suchen nach Wiederholungen und Koinzidenzen, wozu „Wrens", das waren Technikerinnen vom Women's Royal Naval Service, jede aufgefangene Nachricht Zeichen für Zeichen von Hand in den Banbury-Streifen lochten. Dann wurden zwei Streifen aufeinandergelegt und Schritt für Schritt verschoben. Wenn das Licht durch ausreichend viele Einzellöcher (oder gar Paare oder Tripletts) in beiden Streifen schien, wurde die Zahl der Verschiebungen notiert.

Patrick Mahon, der während des Krieges mit dem Banburismus-Verfahren arbeitete, schrieb in seiner Geheimgeschichte von Bletchley Park: „Wenn durch irgendeinen Zufall die zwei Nachrichten in vier, sechs oder acht Buchstaben übereinstimmten, … zählte eine solche Koinzidenz bei verschlüsselten Texten als Treffer."

„Das Banburismus-Spiel bedeutete, einen großen Berg aus Wahrscheinlichkeitsinformationen anzuhäufen, etwa wie wenn man DNA-Sequenzen rekonstruiert", erklärte Turings statistischer Assistent I. J. „Jack" Good später.[16] Good, der Sohn eines jüdischen Uhrmachers aus dem zaristischen Russland, hatte in Cambridge reine Mathematik studiert und ein Jahr auf einen Posten in der Landesverteidigung gewartet, bevor er aufgrund seines hervorragenden Schachspiels angenommen wurde. Good fand, dass „das Banburismus-Spiel Spaß machte – nicht zu leicht, um trivial zu sein, aber nicht zu schwierig, um zum Nervenzusammenbruch zu führen."[17] Das Bayes-Theorem erwies sich als wie gemacht für die Kryptografie, um die Apriori-Annahmen einzuengen, und um Entscheidungen mit einem Minimum an Zeit und Kosten zu treffen.

Turing entwickelte ein hausgemachtes Bayes'sches Verfahren. Die Enigma-Einstellungen herauszufinden, mit denen eine bestimmte Nachricht verschlüsselt worden war, stellte ein klassisches Problem der inversen Wahrscheinlichkeit der Ursachen dar. Niemand weiß genau, wo Turing die Theorie von Bayes gefunden hat. Man weiß weder, ob er Bayes unabhängig neu entdeckte oder das Theorem zufällig bei Jeffreys, vor dem Krieg dessen einziger Verteidiger in Cambridge, aufgeschnappt hatte. Sicher ist nur, dass weder Turing noch Good mit anti-Bayes'scher Haltung infiziert waren, da beide reine Mathematik und nicht Statistik studiert hatten.

Jedenfalls sprach Turing in Bletchley Park über Bans und nicht über Bayes. Einmal fragte Good: „Verwenden Sie im Grunde genommen nicht das Bayes-Theorem?"[18] Turing antwortete: „Ich vermute es." Good schloss, dass Turing von der Existenz des Theorems wusste. Aber Turing und Good mögen vielleicht die Einzigen in Bletchley Park gewesen sein, die merkten, dass Banburismus und Bayesianismus das Gleiche waren.

Als Good eines Tages einen Freund, George A. Barnard, in London traf, vertraute er ihm – entgegen allen Geheimdienstregeln – an: „…, dass wir die Bayes'schen Faktoren und ihre Logarithmen sequenziell benützen, um zwischen zwei Hypothesen zu unterscheiden, aber natürlich erwähnte ich nicht, wofür wir das Theorem einsetzten. Barnard sagte, dass seltsamerweise eine ähnliche Methode für die Qualitätskontrolle im Versorgungsministerium verwendet werde – nicht um Hypothesen zu testen, sondern um die Lieferungen zu begutachten. Es war wirklich die gleiche Methode, denn die Auswahl einer Lieferung kann wie die Annahme einer Hypothese behandelt werden."[19] Die sequenzielle Analyse unterschied sich von den Tests der Frequentisten, bei denen die Zahl der zu testenden Proben von Anbeginn an festlag. Ein Beispiel ist die Qualität von Maschinengewehrmunition. Wenn bei der sequenziellen Analyse ein paar Tests eine bestimmte Vorgabe klar bestätigen, kann man zur Prüfung der nächsten Kiste übergehen. Das halbiert die Zahl der nötigen Tests, außerdem vereinfacht die Verwendung von Logarithmen die Rechnungen stark, weil Multiplikationen durch Additionen ersetzt werden. Abraham Wald von der Columbia University wird meist als der genannt, der während des letzten Krieges die sequenzielle Analyse für den Test von Munition in den USA eingeführt hat. Good meinte aber, dass Turing der Erste war, und dass alle, Turing, Wald und Barnard, dafür gerühmt werden müssten, sie entdeckt und angewandt zu haben. Seltsam ist aber, dass nach dem Krieg aus Barnard ein prominenter Anti-Bayesianer. wurde.

Turing machte Fortschritte, bis im Mai 1940 die Arbeit ins Stocken geriet. Er hatte beides: die Theorie und die Methode, um die Enigma-Codes zu entschlüsseln, aber er konnte immer noch keine U-Boot-Nachrichten lesen. Die Deutschen bauten immer mehr U-Boote und Admiral Karl Dönitz, der „Befehlshaber der U-Boote", hatte sogenannte Rudel von ihnen über den Nordatlantik verteilt aufgereiht. Spürte eines der Boote einen Konvoi auf, verständigte es die anderen per Funk. Während der ersten 40 Kriegsmonate versenkten die U-Boote 2 177 Handelsschiffe mit mehr als 1 Mio. BRT – weit mehr, als die deutsche Luftwaffe, Minen, Kriegsschiffe und andere Kampfmittel vernichteten.

Damit die Briten ihre Versorgungskonvois um die deutschen U-Boote herumlenken konnten, musste Turing mehr Informationen haben. Vor allem musste er eines der Codebücher in die Hand bekommen, die von den Enigma-Funkern im U-Boot benützt wurden, wenn sie eine verschlüsselte Nachricht absetzten. Einer der Faktoren, die das Knacken des Enigma-Codes so schwierig machten, bestand darin, dass der Funker drei Kennbuchstaben *doppelt* verschlüsselte, die jeweils im Kopf jeder Nachricht standen und die Startpositionen der drei Enigma-Walzen angaben. Der Funker verschlüsselte diese drei Zeichen einmal mechanisch mit der Enigma-Maschine und dann von Hand, indem er eine von neun Gruppen von Tabellen auswählte, die in einem Codebuch standen, das jedes U-Boot an Bord hatte. Der Funker wusste aus einem Kalender, welche Tabellen er gerade benützen musste. Wurde ein U-Boot angegriffen, hatte die Besatzung den strikten Befehl, die Tabellen zu zerstören, bevor sie das Boot aufgab oder bevor der Feind an Bord zu kommen drohte.

Mit einer brillanten Reihe von Schlussfolgerungen fand Turing schon kurz nach Kriegsbeginn heraus, wie dieses doppelte Verschlüsselungssystem arbeitet. Dennoch benötigte er eines der Codebücher, damit der „Banburismus" funktioniert. Die Enigmas boten so viele Varianten, dass bloßes Herumprobieren keinen Sinn machte. Turing verkündete, ein Codebuch müsse „besorgt" werden. Das Warten auf diese Beute erstreckte sich über zehn nervenaufreibende Monate.

Unterdessen sank die Moral bei der GC&CS. Alastair G. Denniston, deren Chef, teilte Birch mit: „Sie wissen es, die Deutschen wollen nicht, dass Sie deren Zeug lesen. Und ich glaube nicht, dass Sie es jemals tun werden."[20]

Es begannen erbitterte Debatten darüber, ob mehr Bomben gebaut werden mussten, und wenn, dann wie viele. Im August 1940 schrieb Birch: „Turing und Twinn sind wie Leute, die auf ein Wunder warten, ohne an Wunder zu glauben. … Turing behauptete kategorisch, dass er mit zehn Bomben Enigma ganz bestimmt und für immer knacken könne. Okay, können wir nicht zehn Bomben haben?"[21]

Eine zweite Bombe, in der Welchmans Verbesserungen berücksichtigt waren, kam Ende des Monats in Bletchley an, aber der Kampf um mehr Bomben ging das ganze Jahr 1940 weiter. Birch klagte, die britische Navy habe nicht den ihr zustehenden Anteil an Bomben bekommen – „… und es war auch nicht zu erwarten, dass noch etwas kam. Man hatte argumentiert, eine große Zahl Bomben würde einen Haufen Geld kosten, man brauche viele fähige Arbeiter, um sie zu bauen und zu betreiben. Außerdem sei mehr elektrischer Strom nötig, als man habe. Ok, das Ganze ist einfach: Man muss die Schwierigkeiten aufaddieren und sie gegen den Wert für die Nation aufrechnen, die aktuellen Enigma-Nachrichten lesen zu können."[22]

Um ein Codebuch zu erbeuten, heckte Kapitänleutnant Ian Fleming, der spätere Schöpfer von James Bond, der zu dieser Zeit Adjutant beim Chef des britischen Marinegeheimdienstes war, die „Operation Ruthless" aus. Es war ein Plan, der seinem Nachkriegsspion gut angestanden hätte. Die Briten wollten ein erbeutetes deutsches Flugzeug mit einer Crew besetzen, zu der ein perfekt deutsch sprechender Soldat gehörte – nämlich Fleming selbst, der als junger Mann in Österreich Deutsch gelernt hatte.[23] Nachdem der Flieger einen Absturz im Kanal vorgetäuscht hatte und die Crew von einem deutschen Schiff gerettet worden war, sollten die Briten dieses Schiff kapern und es samt seiner Enigma-Ausrüstung zu Turing bringen. Das Abenteuer war sorgfältig geplant, wurde aber abgesagt. Turing und Twinn eilten zu Birch. Sie sahen wie „Bestatter aus, die um eine schöne Leiche betrogen wurden …, und alle waren in großer Aufregung."[24] Stattdessen wurden nun Dokumente und Papiere – Hinweise und Schlüssel zum Inhalt der so wichtigen Codebücher – auf zwei Wetterschiffen sichergestellt, die vor Island gekapert wurden, und auf einem bewaffneten deutschen Trawler, der in einem Kommandounternehmen speziell zur Unterstützung Turings vor Norwegen aufgebracht wurde. Mit diesen Hinweisen begann Turing, auf den Inhalt der außerordentlich wichtigen Codebücher zu schließen.

Die Gruppe um Turing begann an jenem ruhmreichen 27. Mai 1941 den deutschen Marinecode zu entschlüsseln, als die Briten die *Bismarck* versenkten, das damals größte Kriegsschiff der Welt. Im Juni 1941 war es Turing gelungen, mithilfe verschiedener Hinweise die Codebücher zu entschlüsseln. Bletchley Park konnte nun zum ersten Mal die Nachrichten der U-Boot-Rudel eine Stunde, nachdem sie aufgefangen wurden, lesen. Endlich waren die Briten in der Lage, ihre Konvois sicher um die U-Boote herumzuleiten. 23 glückliche Tage im Juni 1941, in einer Zeit, als die Briten noch allein kämpften, wurde kein Konvoi im Atlantik angegriffen.

Bis dahin hatte Bletchley Park Turing liebevoll als sein exzentrisches Genie betrachtet, wobei einiges an seinem unkonventionellen Verhalten praktischen Sinn machte. Er trug während der Heuschnupfensaison im Juni immer eine Gasmaske, wenn er zur Arbeit radelte. Und er kam mit der halb gerissenen Kette seines Fahrrads klar, indem er seine Pedaltritte zählte und nach jeweils 17 Umdrehungen ein bestimmtes Manöver ausführte. Fahrradteile waren knapp, und Turing liebte schon von seiner Arbeit her bestimmte sich wiederholende Muster.

Im Herbst 1941 kam der Banburismus erneut in eine Krise, weil Schreibkräfte und junge Angestellte, die man als „girl power" zusammenfasste, bedenklich knapp wurden. Turing und drei andere Entschlüssler gingen das Problem auf unorthodoxe Weise an, indem sie am 21. Oktober direkt an Churchill schrieben: „Ohne Ihre Intervention müssen wir verzweifeln, was schnelle Fortschritte betrifft." Den Entwurf des Briefes schrieb vermutlich Welchman, aber Turing unterzeichnete ihn an erster Stelle, gefolgt von Welchman und ihren Kollegen Hugh Alexander und P. Stuart Milner-Barry, einem Mathematiker aus Cambridge, der Schach-Korrespondenten der *Times* war. Milner-Barry nahm den Zug nach London, rief ein Taxi und „bat den Fahrer voll Skepsis (konnte das wirklich funktionieren?), ihn in die Downing Street No. 10 zu bringen." Dort überredete er einen Brigadegeneral, den Brief Churchill persönlich zu überbringen und auf die Dringlichkeit hinzuweisen.

Churchill, der Bletchley Park besucht hatte, war längst darüber informiert, dass für Großbritannien die Nahrungs- und Rüstungsgüter zur Neige gingen. Er schickte sofort eine kurze Mitteilung an seinen Stabschef: „Aktion heute: Stellen Sie sicher, dass sie mit höchster Priorität alles bekommen, was sie brauchen, und berichten Sie mir, dass das erledigt ist."[25] Turing und seine Mitarbeiter erfuhren von der Reaktion Churchills nicht direkt, merkten aber, dass die Arbeit nun glatter voranging, dass die Bomben schneller gebaut wurden und das Personal früher eintraf.

Als Bletchley Park anfing, den Code der Marine-Enigmas zu knacken, griff Hitler mit zwei Dritteln der Wehrmacht die Sowjetunion an und bombardierte Moskau gnadenlos. Schon bald nach Beginn des Krieges wurde der größte sowjetische Mathematiker, Andrei Kolmogorov, zusammen mit dem Rest der Russischen Akademie der Wissenschaften nach Kazan weiter im Osten in Sicherheit gebracht. Kurz danach bat aber das russische Artilleriekommando, das durch die massiven deutschen Bombenangriffe in Bedrängnis geriet, Kolmogorov zur Beratung zurück in die Hauptstadt. Mitten im Chaos musste er dort vorübergehend auf einem Sofa schlafen.

In einem Land, das seine „Intelligenzler" vergötterte, war Kolmogorov ein berühmter Mann. Als einmal eine Professorengattin hörte, dass er als Besuch kommen werde, fing sie wie wild zu putzen und zu kochen an. Als ein Dienstmädchen fragte, warum sie das tue, antwortete sie: „Wie kann ich Dir das erklären? Stell Dir vor, Du bekämst Besuch vom Zar höchstpersönlich."[26] Die Legenden um Kolmogorov begannen mit seiner Mutter, einer unabhängigen Frau mit „hohen sozialen Idealen", die nie heiratete und im Kindbett starb. Andrei wurde von ihren zwei Schwestern aufgezogen, die für ihn und seine Freunde eine kleine Schule betrieben und eine Art „Newsletter" veröffentlichten, in dem Andrei kleine Probleme wie „Auf wie viele Arten kann man einen Knopf mit vier Löchern annähen?" formulierte.[27] Mit 19 schloss er sein Studium an der staatlichen Moskauer Universität ab. Er ersparte sich die Abschlussprüfungen seiner 14 Kurse, indem er 14 Erstveröffentlichungen dazu publizierte. Er war stolzer darauf, sich während des Studiums mit Schulunterricht seinen Lebensunterhalt gesichert zu haben als auf seine vielen Auszeichnungen. Später in seinem Leben arbeitete er ehrenamtlich in einer Schule für hochbegabte Kinder und führte sie in die Literatur, die Musik und die Naturwissenschaften ein.

Kolmogorov wurde zur weltweit anerkannten Autorität der Wahrscheinlichkeitstheorie. 1933 zeigte er, dass sie wirklich ein Teil der Mathematik war und sich, weit entfernt von ihrer wenig schicklichen Herkunft aus dem Glücksspiel, auf solide Axiome gründete. Kolmogorovs Ansatz war so fundamental, dass jeder Mathematiker, sei er Bayesianer oder Frequentist, nun legitimer Weise Wahrscheinlichkeiten verwenden konnte. Kolmogorov selbst verfocht den Ansatz der Frequentisten.

Nun fragten ihn die Generäle, ob man mit dem Bayes-Theorem etwas gegen das deutsche Sperrfeuer ausrichten konnte. Die russische Artillerie hatte, wie die französische, schon seit Jahren die Bayes'schen Schusstafeln verwendet, aber die Generäle waren sich über eine Spitzfindigkeit beim Zielen nicht einig und wollten deshalb Kolmogorovs Meinung wissen.

Er erklärte den Generälen, genau genommen sei mit Bayes' 50 zu 50-Prioren zu beginnen, „nicht nur willkürlich, sondern sicher falsch, weil es den Hauptforderungen der Wahrscheinlichkeitstheorie widerspreche".[28] Aber da die Deutschen schon vor den Toren Moskaus standen, spürte Kolmogorov, dass er keine andere Wahl hatte, als mit gleichen Prioren zu starten. Er konnte in diesem Fall die von Joseph Bertrand penibel verbesserte Version des Bayes-Theorems akzeptieren und erklärte den Generälen, sie sollen doch mit 50 zu 50 beginnen, wann immer sie ein nur kleines Gebiet wiederholt beschießen wollen. Da es manchmal besser war, per Zufall zu schießen als präzise zu zielen, sollten die Kanonen einer Batterie etwas gestreut schießen, etwa wie ein Jäger, der auf fliegende Vögel eine breite Salve von Schrotkugeln abfeuert.[29]

Im gleichen Herbst 1941 gab Kolmogorov an der Moskauer Universität ein Seminar über seine Theorie der Streuung des Artilleriefeuers. Es war eine Pflichtveranstaltung für Studenten mit Hauptfach Wahrscheinlichkeitstheorie. Zu aller Überraschung reichte Kolmogorov am 15. September 1941, drei Monate nach dem deutschen Einfall in die Sowjetunion, seine Theorie des Feuerns der Artillerie bei einer Zeitschrift zur Veröffentlichung ein. Der Aufsatz war so mathematisch und theoretisch, dass die sowjetischen Zensoren nicht auf die Idee kamen, dass er sowohl den Sowjets wie den Deutschen helfen konnte. 1942 erteilten sie die Erlaubnis zum Druck. Zum Glück verstand der Feind die Theorie nicht besser als die Zensoren. Nach dem Krieg veröffentlichte Kolmogorov zwei weitere praktische Probleme einer Bayes'schen Artillerie, die auch heute noch in Englisch den Militärs zum Studium vorliegen. Jahre später erinnerte sich ein sowjetischer Artilleriegeneral, dass Kolmogorov nicht nur für die sowjetische Mathematik, sondern auch für die Landesverteidigung „eine Reihe nützliche Dinge vollbracht hat. Wir erinnern uns gut und würdigen ihn dafür".[30]

Kurz nach dem Angriff Deutschlands auf die Sowjetunion empfingen britische Abhörposten eine neue Art deutscher Armeefunksprüche. Die Analysten von Bletchley Park vermuteten ganz richtig, sie kämen von einem Fernschreiber. Die Deutschen ver- und entschlüsselten inzwischen ihre Nachrichten während der Eingabe. Die neuen Lorenz-Maschinen und die zu ihnen gehörenden höchst geheimen Codes waren technisch viel weiter entwickelt als die Enigmas, die ja in den 1920er-Jahren zu kommerziellen Zwecken entwickelt wurden. Das Oberkommando der Wehrmacht in Berlin vertraute auf die neuen Codes und verschlüsselte mit ihnen die Kommunikation auf höchster strategischer Ebene zwischen den Kommandeuren der Heeresgruppen überall in Europa. Diese Nachrichten waren so wichtig, dass einige von Hitler selbst abgezeichnet wurden.

Der Codename für die neuen Lorenz-Maschinen war „Tunny" für Thunfisch. Für eine Gruppe führender britischer Mathematiker begann ein Jahr der verzweifelten Mühen. Man versuchte es mit dem Bayes-Theorem, mit Logik und Statistik, der Boole'schen Algebra und mit Elektronik. Dann fing man an, die erste von zehn Maschinen namens „Colossus" zu konstruieren und zu bauen – und damit den weltweit ersten großen digitalen elektronischen Rechner.

Als Good und andere mit der Arbeit an den Tunny-Lorenz-Codes anfingen, nutzten sie auch Turings Bayes'sches Bewertungsverfahren mit seinen Grundeinheiten Ban, Deziban und Zentiban. Sie verwendeten das Bayes-Theorem und ein breites Spektrum von Prioren: vertrauenswürdige und ungeeignete, Prioren, die für etwas standen, was man wusste – oder manchmal auch nicht. An verschiedenen Stellen setzten sie Bayes' gleiche und Laplaces ungleiche Prioren ein. Um die Anordnung der Nocken herauszufinden, die die Walzen der Tunny-Lorenz-Maschinen umgaben, erfand Turing im Juli 1942 eine höchst Bayes'sche Methode, die unter „Turingery" oder „Turingismus" lief. „Turingery" arbeitete mit Papier und Bleistift, die Methode war „mehr künstlerisch als mathematisch. Man musste sich auf sein Bauchgefühl verlassen", schrieb der Turingery-Spieler William T. Tutte.[31] Der erste Schritt war, zu raten und eine Annahme zu machen, die entsprechend des Vorschlags von Bayes zu 50 % wahr sein sollte. Dann kamen immer mehr Hinweise hinzu, mal gute, mal unbrauchbare, und „mit Geduld, Glück und viel Ausradieren und vielem Vor- und Zurückrudern" kam man auf den unverschlüsselten Test. Wenn die Wahrscheinlichkeit, dass er korrekt war, 50 zu 1 erreichte, wurde eine Kombination von Walzenstellungen als richtig erkannt markiert.[32]

Während die Analysten von Bletchley Park an den Walzenstellungen von Tunny arbeiteten und die Sowjetunion dem deutschen Angriff widerstand, griff am 7. Dezember 1941 Japan die USA in Pearl Harbor an. Nun wurde es noch schwieriger, Großbritannien mit Waren zu versorgen, da amerikanische Schiffe, die zuvor die Versorgungskonvois für die Briten geschützt hatten, schnell in den Pazifik verlegt wurden. 15 deutsche U-Boote nahmen daraufhin Positionen an den Schiffsrouten längs der amerikanischen Ostküste ein. Wenn die Konvois mit argentinischem Rindfleisch und Öl aus der Karibik nahe der Küste entlangfuhren, zeichneten sich in der Nacht ihre Silhouetten vor den Lichtern der Küstenorte ab, die vom Tourismus abhingen und sich daher weigerten, ihre Häuser zu verdunkeln. So leuchteten beispielsweise die Neon-Reklamen von Miami tödliche zehn Kilometer aufs Meer hinaus. Die U-Boote, die mit ihren ausgefahrenen Periskopen auf Lauer lagen, richteten drei Monate lang Verheerungen an, bis das US-Militär anordnete, dass an der Küste bei Einbruch der Dämmerung verdunkelt werden müsse.

Die Lage verschlimmerte sich weiter, als an den Enigmas der U-Boote im Atlantik eine vierte Walze angebracht wurde, womit die Turing-Welchman-Bomben lahmgelegt waren. Fast das ganze Jahr 1942 konnten Turing und seine Mitarbeiter keine einzige Nachricht lesen, die von und zu den U-Booten ging. Bletchley Park nannte das den „großen Blackout". Vier Monate lang konnten sich die U-Boote weitgehend ungehindert im Atlantik austoben. Allein im August und September versenkten sie 43 Schiffe. Im Durchschnitt fuhr ein US-Schiff dreimal über den Atlantik und zurück, bevor es bei der vierten Fahrt versenkt wurde.

Schließlich schwammen im Dezember 1942 drei junge britische Seeleute – Leutnant Anthony Fasson, der Gefreite Colin Grazier und Tommy Brown – von ihrem Schiff zu einem vor Ägypten versinkenden deutschen U-Boot, um das lebenswichtige Codebuch zur Entschlüsselung zu erbeuten. Fasson und Grazier ertranken bei dem Versuch, während der 16 Jahre alte Smutje Brown überlebte und die Tabellen rettete. Sie wurden in aller Eile nach Bletchley Park gebracht, und die Kryptoanalysten konnten nun die U-Boot-Nachrichten vom Atlantik innerhalb von Stunden entziffern und die Konvois umleiten.

Der Monat zuvor war für den Schiffsverkehr der Alliierten der gefährlichste Monat überhaupt – und in ihm reiste Turing auf der *Queen Elizabeth,* einem schnellen Schiff, das nicht im Konvoi fuhr, in die USA. Das Weiße Haus hatte einer Partnerschaft zwischen Bletchley Park und der US-Navy zugestimmt. Die Briten hatten die Amerikaner schon vor Pearl Harbor über die Enigmas grob in Kenntnis gesetzt. Jetzt sollte Turing den US-Vertretern alles berichten, was er inzwischen herausgefunden hatte, und die USA sollten die Produktion von Bomben beschleunigen. Erstaunlicherweise hatten die Briten Turings Reise ziemlich schlampig vorbereitet. Er kam ohne ausreichende Ausweispapiere an, sodass ihn die Einreisebehörde fast auf Ellis Island eingesperrt hätte. Darüber hinaus hatte er keine Anweisungen, inwieweit er mit den Amerikanern über das Knacken des Tunny-Codes reden durfte, und den Amerikanern war nicht klar, dass er eigentlich den vollen Zugang zu ihrer Forschung über Sprachverschlüsselung erhalten wollte. Trotz dieser Pannen gab es während Turings Aufenthalts in Dayton, Washington und New York Gespräche auf höchster Ebene.

Turing war mindestens einen Nachmittag in Dayton, Ohio, wo die National Cash Register Co. die Herstellung von 336 Bomben plante. Zu seiner Bestürzung interessierte sich die US-Navy nicht für den „Banburismus", obwohl sie mit dem Verfahren die Bomben viel ökonomischer hätten verwenden können. Doch das wollten die Amerikaner gar nicht. Sie schienen ihre Verpflichtungen mit dem Bau der Enigma-Bomben als erfüllt anzusehen.

In Washington diskutierte Turing die Methoden und Bomben von Bletchley Park mit Kryptografen der US-Navy. Einer zuvor getroffenen Übereinkunft folgend konzentrierten sich die Amerikaner auf japanische Marinecodes und die Briten auf Enigmacodes. Bletchley Park hatte schon einen detaillierten technischen Bericht an die Amerikaner geschickt, der aber bei Agnes Meyer-Driscoll, einer zivilen Kryptografin der Navy gelandet war. Sie hatte vor dem Krieg viele japanische Codes entschlüsselt und hatte ihre eigenen, aber leider falschen Vorstellungen, wie man die Enigmas der deutschen Marine knacken könnte. Es mag auch sein, dass Turings Mathematik für die Amerikaner zu fachspezifisch war. Turing war zuerst beunruhigt, weil niemand „mit Papier und Bleistift“ mathematisch zu arbeiteten schien. Er versuchte vergeblich, das allgemeine Prinzip zu erklären, dass die Bestätigung von Schlüssen, die auf einer Hypothese beruhen, auch die Hypothese selbst wahrscheinlicher macht.[33] Später war er dann erleichtert, auch amerikanische Mathematiker zu treffen, die Kryptografie betrieben.

Von Washington reiste Turing nach New York zu den Bell Labs, wo er sich regelmäßig jeden Nachmittag mit Claude Shannon zum Tee traf. Shannon war wie Kolmogorov und Turing ein großer Mathematiker und kreativer Denker – und er verwendete für die Projekte während des Krieges das Bayes-Theorem. Turing und Shannon hatten aber mehr als nur Bayes gemeinsam. Beide waren scheue, unkonventionelle Männer mit einem tiefen Interesse an Kryptografie und an Maschinen, die denken konnten. Beide hatten als junge Männer wichtige Arbeiten über den Bezug von Maschinen zur Mathematik geschrieben. Shannon hatte in seiner Master-Arbeit am MIT gezeigt, dass Molinas Relaisschaltungen mithilfe der Boole'schen Algebra analysiert werden konnten. Sowohl Turing als auch Shannon liebten das Fahrradfahren. Turings Fahrrad diente dem Transport und der Ertüchtigung. Um nicht mit Kollegen plaudern zu müssen, benützte Shannon ein Einrad, mit dem er durch die Gänge der Bell Labs fuhr, wobei er manchmal mit Bällen jonglierte. Beide Männer liebten die Konstruktion von Geräten. Bei Shannon waren es skurrile Maschinen, wie eine Robotermaus, die ein Labyrinth bewältigen sollte oder ein Computer für römische Zahlen. Seine Garage war voller Schach-Automaten. Anders als Turing hatte Shannon aber ein ausgefülltes Familienleben. Sein Vater war ein Geschäftsmann, seine Mutter Leiterin einer Highschool, seine Schwester Professorin für Mathematik, und er und seine Frau hatten drei Kinder.

Als Turing die Bell Labs besuchte, war die Sprachverschlüsselung die neue Front der Kryptografie. Großbritannien und die Staaten wollten, dass ihre besten Experten, Turing und Shannon, daran arbeiteten. Shannon entwickelte bereits den SigSaly-Stimmverschlüssler. SigSaly klang nach einem unsinnigen Kindergartenreim, aber bei Kriegsende konnten Franklin D. Roosevelt, Churchill und die obersten Generäle an acht Plätzen rund um den Globus miteinander unter völliger Geheimhaltung reden. Vielleicht diskutierten Turing und Shannon SigSaly, wenn sie sich zum Tee trafen. Nachdem die Marine-Enigmas inzwischen nur noch ein verwaltungstechnisches Problem waren, packte Turing nach seiner Rückkehr die Geheimhaltung sprachlicher Kommunikation an.

Shannon arbeitete auch an einer Kommunikations- und Informationstheorie und ihrer Anwendung auf die Kryptografie. Er hatte die brillante Idee, dass verrauschte Telefonverbindungen und verschlüsselte Nachrichten mit der gleichen Mathematik analysiert werden konnten. Die beiden Probleme waren komplementär: Der Zweck von Information ist, die Ungewissheit zu reduzieren, während der Zweck der Verschlüsselung ist, sie zu vergrößern. Shannon benützte für beide Probleme den Bayes'schen Ansatz: „Die Bell Labs arbeiteten an Geheimhaltungssystemen. Ich arbeitete an Kommunikationssystemen und war bei einer der Arbeitsgruppen, die kryptoanalytische Techniken untersuchten. Die Arbeit an beidem, der mathematischen Kommunikationstheorie und der Kryptografie, ging ab etwa 1941 gleichzeitig voran. Ich hatte Ideen für das eine, während ich am anderen arbeitete. Ich würde nicht sagen, dass das eine zuerst kam – beides gehörte eng zusammen, man konnte es nicht trennen."[34]

Shannon vereinte die Kommunikation mit Telegraf, Telefon, Radio und Fernsehen in einer einzigen mathematischen Informationstheorie. Ihre Kurzfassung ist, dass man etwas dazu gelernt hat, wenn in der Bayes'schen Gleichung der Posterior deutlich anders als der Prior ist. Dagegen ist der Informationsgehalt gering, wenn Prior und Posterior im Grunde gleich sind.

Kommunikation und Kryptografie waren in diesem Sinn jeweils die Kehrseiten voneinander. Shannon nannte seine logarithmischen Einheiten zur Messung der Information „binary digits" oder Bits – ein Wort, das John W. Tukey von den Bell Labs und der Princeton University vorgeschlagen hatte. In einem vertraulichen Bericht aus dem Jahre 1949 zeigte Shannon mit dem Bayes-Theorem und Kolmogorovs Wahrscheinlichkeitstheorie von 1933, dass man in einem perfekt geheimen System nichts dazulernen kann, da Prior und Posterior des Bayes-Theorems exakt gleich sind. Die Kommunikationstheoretiker von Bell arbeiteten auch 2007 noch an der Erweiterung von Shannons Theorie und benützten dabei ausgiebig Bayes'sche Techniken.

Am 23. März 1943 ging Turing in New York an Bord der *Empress of Scotland,* um seine Heimreise anzutreten. Während des Krieges war New York der größte Hafen der Welt, den täglich mehr als 50 Schiffe ansteuerten und verließen. Turing reiste im zweitgefährlichsten Monat für die Schiffe der Alliierten. Im März 1943 erreichte die U-Boot-Offensive ihren Höhepunkt mit der Versenkung von 108 alliierten Schiffen bei einem Verlust von nur 14 deutschen U-Booten. Die Deutschen hatten die Verschlüsselung der Konvoi-Routen geknackt, und durch die Aufrüstung der Enigmas der U-Boote mit vier Walzen waren die Kryptografen von Bletchley Park mattgesetzt. Im Frühjahr 1943 waren jeden Tag ungefähr 1350 meist unbewaffnete Handelsschiffe unterwegs. Sie folgten einer weiten Route, die sich von Brasilien längs der Küsten bis zur Mündung des St.-Lorenz-Stroms erstreckte, wo die Schiffe dann Konvois bildeten, um den Atlantik zu überqueren. Die alliierten Begleitschiffe konzentrierten sich jedoch auf die Konvois, die für die Invasion Truppen nach England brachten, deshalb war Turings Schiff eines der 120 schnellen Schiffe, die ohne Begleitschutz unterwegs waren. Aber Geschwindigkeit war kein Garant für Sicherheit, so war das Schwesterschiff der *Empress of Scotland* gerade in der Woche zuvor von einem U-Boot versenkt worden. Trotz der Gefahr kam Turin unbeschadet nach England zurück.

Es war klar, dass es nicht genügte, wenn die Alliierten die U-Boote umgingen: Sie mussten lokalisiert und versenkt werden, da sie Tausende von alliierten Schiffen, Flugzeugen und Soldaten banden, die eigentlich für die Versorgung Großbritanniens und die Invasion gebraucht wurden.

Die Jagd auf die U-Boote führte dazu, dass das Bayes-Theorem auch noch bei anderen Aufgaben im Rahmen der Atlantikschlacht eine Rolle spielte. Um die Kampagne gegen die U-Boote wissenschaftlich zu unterstützen, stellte das britische Luftwaffen-Ministerium eine kleine Gruppe von Experten zusammen, die die Effizienz des britischen Einsatzes verbessern sollte. Diese oben schon erwähnte neue Idee wurde von den Briten „Operational Research" oder „Operations Research" (kurz O. R.) genannt. Die Statistik dieser „Ablaufs- und Planungsforschung" war ziemlich simpel, aber von Bayes'schen Ideen durchtränkt.

Operations Research sollte vor allem die Effizienz der Torpedo-Angriffe, der Flugzeugnavigation und der Formationsflüge von Kampfflugzeugen erhöhen, die nach U-Booten suchten. Bayes' „Apriori-Methode" spielte „in der Operations Research eine große Rolle", insbesondere, wenn relativ wenige Variable mit einbezogen wurden, berichtete der Operations-Research-Chef, der spätere Entwicklungsbiologe Conrad H. Waddington.[35]

Typischerweise verwendete Operations Research den Bayes'schen Ansatz für einzelne kleine Teile großer Probleme wie etwa die Frage, wie viele Flugzeuge man brauchte, um einen Konvoi zu schützen, wie lang der Einsatz einer Crew dauern sollte und ob die Flugzeuge einer Patrouille von ihrer regulären Route abweichen sollten. Als Admiral Ernest King, der Kommandeur der amerikanischen Flotte, den Erfolg der britischen Operations Research sah, berief er 40 zivile Physiker, Chemiker, Mathematiker und Versicherungsexperten in seinen Stab. Diese Anti-Submarine Warfare Operations Research Group wurde von Philip M. Morse, einem Physiker vom MIT, und dem Chemiker George E. Kimball von der Columbia-Universität geleitet.

Die Alliierten hatten um den Atlantik herum eine Kette von Stationen verteilt, die die Richtung von Hochfrequenzsendern bestimmen konnten. Ein großer Teil des Systems diente dazu, verschlüsselte Funksprüche abzuhören und an Entschlüssler in den USA und in Bletchley Park weiterzuschicken. Fingen sechs oder sieben der Lauschposten den gleichen Funkspruch von einem bestimmten U-Boot auf, konnte ein Rechteck von 25 600 Quadratkilometer berechnet werden, in dem sich das U-Boot befand. Das gab den Patrouillenflugzeugen einen guten Hinweis, wo sie suchen mussten, aber das Gebiet hatte doch noch Seitenlängen von 80 × 320 km. Die Alliierten brauchten eine wirkungsvollere Methode, mit der das Suchgebiet enger eingegrenzt werden konnte.

Die Suche nach Zielen auf offener See ist in jeder Hinsicht voller Ungewissheiten und weitgehend auf Wahrscheinlichkeiten angewiesen. Der Mathematiker Bernard Koopman von der Columbia University erhielt den Auftrag, eine brauchbare Methode zu finden. Koopman, ein mürrischer Bursche mit einer fast groben Offenheit und einem beißenden Witz, hatte 1922 sein Studium in Harvard abgeschlossen, war später zum Studium der Wahrscheinlichkeitstheorie nach Paris gegangen und hatte an der Columbia seinen Doktor gemacht. Bei seinem neuen Job ging er davon aus, dass im Mittelpunkt seiner Arbeit Wahrscheinlichkeiten stehen würden: „Jede Operation, die mit einer Suche zu tun hat, schließt Ungewissheiten ein. Sie können quantitativ nur über Wahrscheinlichkeiten beschrieben werden. Das mag jetzt als Binsenweisheit gelten, aber erst über die Entwicklungen in der Operations Research im Zweiten Weltkrieg scheinen die praktischen Auswirkungen dieser Erkenntnis klar geworden zu sein.“[36] Koopman sah keinen Grund, gegenüber Bayes und den Bayes'schen Prioren schamhafte Zurückhaltung zu üben. Sein Traum war, die Lücke zwischen Bayes' „intuitiver Wahrscheinlichkeit … mit ihrer subjektiven Natur“ und der „rein objektiven“ auf Häufigkeiten beruhenden Wahrscheinlichkeit zu schließen, die in der Quantentheorie und der statistischen Mechanik verwendet wurde.[37]

Wenn Koopman ein U-Boot auf hoher See suchen sollte, fragte er zunächst, auf welchem Weg es vermutlich war. Das war für ihn das klassische bayesianische Problem der „Wahrscheinlichkeit der Ursachen“. Man benötigte offensichtlich Prioren. Koopman war sich sicher: „Kein rational denkender Prospektor würde in einem bestimmten Gebiet nach Erzen suchen, wenn es nicht eine geologische Studie oder die Erfahrungen seiner Vorgänger geben würde, wonach mit einer hohen Wahrscheinlichkeit etwas zu finden ist. … Die Polizei geht in Vierteln Streife, in denen die Kriminalitätsrate groß ist. Die Gesundheitsbehörden haben bei Seuchen bereits Vorstellungen von den Quellen der Infektion und werden diese zuerst untersuchen.“[38]

Koopman startete mit einer Bayes'schen 50-zu-50-Wahrscheinlichkeit für die Anwesenheit des gesuchten U-Boots innerhalb des Gebiets von 25 600 Quadratkilometern Fläche. Dann fügte er möglichst objektive Informationen hinzu, wie es Jeffreys geraten hatte. Anders als Turing hatte Koopman Zugriff auf riesige detaillierte Datenmengen, die vom Militär über den U-Boot-Krieg gesammelt worden waren.

Leider konnte ein U-Boot einen Zerstörer schon lange entdecken, bevor das Sonar des Zerstörers das U-Boot erfasste. Viele US-Kampfflugzeuge verfügten über keine Scheibenwischer, sodass die Crew durch zerkratzte und verdreckte Scheiben schauen musste. „Die Notwendigkeit, die Scheiben sauber zu halten, kann gar nicht genug betont werden", mahnte Koopman. Wenn die Crew Glück hatte und über Fernrohre verfügte, waren es in der Regel die 7×50-Standardgläser der Navy, die nur unscharfe Bilder lieferten. Die Crewmitglieder mussten ständig ihre Plätze wechseln, weil die Monotonie ihre Konzentrationsfähigkeit beeinträchtigte. Der beste Beobachtungswinkel war drei oder vier Grad unter dem Horizont. Um „diesen Bereich zu finden, gab es die Faustregel, den Arm auszustrecken und zwei, drei Fingerbreit unter dem Horizont zu suchen".[39] Koopman fand heraus, dass die Effizienz der meisten Crews nur ein Viertel dessen betrug, was Beobachter unter Laborbedingungen erreichten.

Koopman untersuchte das praktische Problem, wie ein Marineoffizier ein U-Boot in einem Radius von etwa 90 km finden konnte, wenn er vier Flugzeuge zur Verfügung hatte, von denen jedes fünf Stunden mit gut 200 km/h fünf Suchrouten befliegen konnte, die je acht Kilometer breit waren. Nur wenige Operations-Research-Untersuchungen benötigten eine derart komplexe Mathematik, aber Koopman fand einen Weg, seine Fragen mithilfe logarithmischer Funktionen mathematisch zu beantworten. Er wusste, dass drei der fünf Routen eine nur zehnprozentige Erfolgschance boten, dass eine auf 30 % kam und die fünfte auf 40 %. Mit diesen Zahlen stieg Koopman in die Bayes'sche Mathematik ein. Das Ergebnis: Der Leitoffizier sollte je zwei Flugzeuge auf die 40-Prozent-Route und auf die 30-Prozent-Route schicken und die drei anderen Routen ignorieren. Koopman rechnete das von Hand aus. Sein Problem war nicht die Rechnerei. Er sagte später, Computer wären nicht relevant gewesen. Problematisch war es vielmehr, an geeignete Beobachtungsdaten zu kommen.

Mit seinen Theorien füllte Koopman ein dickes Handbuch mit durchgerechneten Rezepten zum Auffinden von U-Booten. Der Aufwand, der in jedem Suchgebiet nötig war, entsprach dem Logarithmus der Wahrscheinlichkeit, dass sich das Zielobjekt dort aufhielt. Die Suchgebiete mussten dabei weder Vierecke noch Kreise sein, sie konnten auch verschnörkelte, unregelmäßige Grenzen haben. Mit seinen Formeln konnte er dem Einsatzoffizier sagen, wie viele Stunden er in jedem der Gebiete – von welcher Form auch immer – suchen musste.

Mit Koopmans Kochrezepten konnte der zuständige Offizier entsprechend seinen beschränkten Möglichkeiten die vermutlich benötigte Zeit abschätzen, um das Zielobjekt zu finden, und die Grenzen festlegen, jenseits derer *nicht* gesucht werden sollte. So konnte der Offizier einen Achtstundentag planen und schon in den ersten vier Stunden mit einer optimalen Suche beginnen. Wenn dann noch kein U-Boot gefunden war, konnte er mithilfe des Bayes-Theorems den wahrscheinlichen Ort des Ziels einengen und alle zwei Stunden einen neuen Plan entwerfen, um seine Chancen, das Ziel zu finden, zu verbessern.

Die gesamte Planung für die Suche in Zwei-Stunden-Schichten konnte der Offizier schon im Voraus im Lageraum vorbereiten. Koopman nannte das Verfahren eine „kontinuierliche Verteilung der Anstrengungen". Seine U-Boot-Suche ähnelte theoretisch Kolmogorovs Problem mit der Artillerie. Koopman suchte nach einem unbekannten U-Boot und musste die Suche in optimaler Weise über eine Fläche verteilen, so wie Kolmogorov die optimale Streuung suchte, um die deutschen Kanonen zu zerstören. Koopmans Techniken wurden dann auch von Minensuchschiffen übernommen, die vor ähnlichen Problemen standen.

Es gab in Europa 1943 drei entscheidende Wendepunkte im Krieg, von denen zwei streng geheim waren. Der erste war, dass die Sowjets im „Großen Patriotischen Krieg" die Deutschen an der Ostfront schlugen, was sie 27 Mio. Tote kostete. Zweitens begann sich das Kriegsglück gegen die deutschen U-Boote zu wenden. Im Mai versenkten sie zwar noch eine viertel Million Tonnen, dabei gingen aber 41 Boote verloren. Drittens wurde Bletchley Park zu einer gigantischen Fabrik, in der fast 9 000 Menschen arbeiteten. Je mehr Dechiffrierbomben eingesetzt wurden, umso mehr wurden die arbeitsintensiven Banburismus-Lochkarten ausgemustert. Von unvorhergesehenen Änderungen in der deutschen Kryptografie abgesehen, hatte man das Dechiffrieren der Marine-Enigmas voll im Griff.

Nachdem Turing wieder zu Hause war und keine Verantwortung mehr für die Codes von Enigma und Tunny-Lorenz trug, konnte der große Theoretiker seinen Träumen nachgehen. Auf langen Spaziergängen in der Umgebung von Bletchley Park diskutierten Turing und Good mit Donald Michie, dem Pionier der Künstlichen Intelligenz, über Geräte, die Gedanken austauschen konnten. Michie war mit 18 nach Bletchley Park gekommen und beschrieb das Trio als „eine intellektuelle Geheimverbindung, die besessen von denkenden Maschinen und insbesondere vom maschinellen Lernen war, dem einzig vorstellbaren Weg, zu solchen Maschinen zu kommen." Sie sprachen über „verschiedene Ansätze, Hypothesen und Argumente für das, was wir heute Künstliche Intelligenz nennen."[40]

Max Newman, bei dem Turing in Cambridge Mathematik studiert hatte, wollte den britischen Angriff auf die Tunny-Lorenz-Codes automatisieren und arbeitete mit Michie und Good an neuen Geräten, die das leisten sollten.

Michie hatte den Turingismus weiterentwickelt, es wurde aber schnell klar, dass mechanische Schalter bei Weitem zu langsam waren. Der Prozess musste also elektronisch ablaufen. Der Ingenieur Thomas H. Flowers schlug vor, Vakuumröhren zu verwenden, da diese den Strom viel schneller ein- und ausschalten konnten. Mit der Unterstützung von Newman baute Flowers in der Forschungsstation der britischen Post, die auch das britische Telefonsystem betrieb, den ersten „Colossus". Die Maschine wurde in Bletchley Park aufgebaut und entschlüsselte am 5. Februar 1944 ihre erste Nachricht. An diesem Tag brach zwar Flowers Auto zusammen, aber nicht sein Colossus.

Ohne Nennung von Gründen hatte Flowers die strikte Anweisung erhalten, bis zum 1. Juni einen zweiten, weiterentwickelten Colossus zum Laufen zu bringen. Flowers und sein Team arbeiteten bis zum Umfallen und stellten Colossus II nach Plan fertig.

Fast zur gleichen Zeit, als Colossus II zu arbeiten begann, schickte Hitler ein verschlüsseltes Fernschreiben an Feldmarschall Erwin Rommel, den Kommandeur der Heeresgruppe B in der Normandie. Er befahl Rommel, seine Truppen im Falle einer Invasion der Normandie fünf Tage lang nicht zu bewegen, weil er davon ausging, dass die Invasion nur ein Scheinmanöver sein würde, um die deutschen Truppen von den Häfen am Kanal wegzulocken. Die *eigentliche* Invasion würde nach dieser Vermutung erst fünf Tage später beginnen. Colossus II entschlüsselte die Nachricht, und sie gelangte von Bletchley Park auf direktem Weg zu Dwight D. Eisenhower. „Ike" und sein Stab waren gerade im Begriff zu entscheiden, wann die Invasion der Normandie beginnen sollte, als er von Hitlers Befehl erfuhr. Da Eisenhower seinem Stab nichts über Bletchley Park sagen durfte, kündigte er ohne Umschweife an: „Wir starten morgen" – am Morgen des 6. Juni 1944.[41] Er schätzte später ab, dass die Entschlüssler von Bletchley Park den Krieg in Europa um mindestens zwei Jahre abgekürzt hatten.

Die Colossus-Maschinen waren die weltweit ersten großen digitalen elektronischen Computer. Sie waren für einen bestimmten Zweck gebaut worden, konnten aber auch andere Rechnungen durchführen. Flowers baute während des Krieges noch zehn weitere Exemplare. Nachdem die Deutschen die manuelle Entschlüsselung durch den Einbau neuer Hürden unmöglich gemacht hatten, ersetzten im August 1944 die Colossus-Maschinen Papier und Bleistift der „Turingerei". Wie Michie berichtete, begann Turings Bayes'sches Bewertungssystem mit seinen Bans „zunächst als kleine geistige Hilfe bei den verschiedensten Aufgaben", wurde dann aber zu „einer großen Hilfe beim Entschlüsseln der Walzenanordnungen durch Colossus".[42] Turings Methode wirkte sich auch darauf aus, wie geschickt die Colossus-Rechner eingesetzt wurden, und führte zu Prozeduren, die die Maschinen viel effizienter machten. Jeder neue Colossus stellte gegenüber dem Vorgänger eine Verbesserung dar, und Michie glaubte, der elfte „habe die Konzeption in Richtung einer ‚Programmierbarkeit' im modernen Sinne eingeleitet."[43]

1945 ging Turing nach Hanslope Park, einer nahegelegenen militärischen Einrichtung, um sich dort der Sprachverschlüsselung zu widmen. Andere in Bletchley Park, die nichts über Turings Arbeit an Enigma wussten, versuchten mit Bayes'schen Methoden den Marinecode der Japaner im Pazifik zu entschlüsseln. Der Hauptschlüssel der japanischen Marine, JN-25, wurde immer komplexer und Bletchley Park begann mit der Arbeit an einigen besonders schwierigen Versionen kurz nach September 1943.

Ein Trio britischer Mathematiker sollte mit Washington zusammenzuarbeiten. Die drei waren Ian Cassels, der später Professor in Cambridge wurde, Jimmy Whitworth und Edward H. Simpson, der 1942 nach Bletchley Park gekommen war, kurz nachdem er an der Queen's University in Belfast mit 19 seinen Abschluss in Mathematik gemacht hatte. Simpson hatte in Bletchley Park zunächst an italienischen Codes gearbeitet, war nach der Kapitulation Italiens aber zu JN-25 gewechselt.

„Der unglaublich strenge Sicherheitsethos" von Bletchley Park verhinderte, dass die Gruppe Rat von Turing oder Good bekam, erklärte Simpson 2009, nachdem bekannt geworden war, was er im Krieg gearbeitet hatte.[44] Das Resultat war, dass die drei das Bayes'sche Verfahren allein anpassen und entwickeln mussten. Es dauerte ein ganzes Jahr, bis sie mit Turings Kollegen Alexander reden konnten, der inzwischen auch begonnen hatte, an den japanischen Marinecodes zu arbeiten.

Die japanischen Verschlüssler, die den Hauptcode JN-25 benützten, übertrugen ihre Nachrichten in Fünfergruppen. Die britischen Mathematiker wussten, dass jede Gruppe das Resultat einer Addition einer zufälligen Fünfergruppe („Additiv" genannt) mit einer Fünfergruppe aus dem JN-25-Codebuch war. Die britischen Kryptoanalysten mussten den umgekehrten Prozess durchführen, ohne aber über den JN-Code und das Additiv zu verfügen. Zunächst identifizierten sie Gruppen, die Additive sein konnten. Dann musste ein Team, das aus Zivilisten und Armeehelferinnen bestand, die alle Neulinge in Kryptografie waren, möglichst schnell, objektiv und in standardisierter Weise die wahrscheinlichsten Additive herausfinden. Sie konnten die Plausibilität eines Additivs aus der Plausibilität oder Wahrscheinlichkeit der entzifferten Codegruppe abschätzen, die von dem Additiv erzeugt wurde. Als Maß für ihre Überzeugung ordneten die Teammitglieder jeder fraglichen Codegruppe eine Bayes'sche Wahrscheinlichkeit zu, die der Häufigkeit entsprach, mit der sie in früheren Nachrichten aufgetaucht war. Die wahrscheinlichsten Gruppen sowie Grenzfälle und besonders wichtige Fälle wurden weiter untersucht.

„Für praktische Zwecke war es nicht nötig, sich mit den Apriori-Wahrscheinlichkeiten herumzuschlagen, die man der Hypothese zuordnete, das Additiv sei wahr", erklärte Simpson. „Die entscheidende Aussage, die gemacht werden musste, war vielmehr, ob das Gewicht der zusammengefassten Nachweise … genügend überzeugend war, um sie als wahr einzuordnen. Wie immer in der Kryptoanalyse konnte eine geniale Annahme, die auf Erfahrung beruhte, manchmal den wichtigsten Beitrag liefern."[45]

Nach Oktober 1944 entwickelte Alexander, der beste Banburismus-Entschlüssler von Bletchley Park, eine ausgefeilte Anwendung des Bayes'schen Theorems und der Turing'schen Dezibans für die japanischen Codes.

1945 tauschten sich die US-Kryptoanalysten untereinander schriftlich über das Bayes-Theorem aus. Man weiß nicht, ob die Amerikaner von Bayes aus Bletchley Park erfahren haben oder seine Nützlichkeit selbst entdeckten. Selbst 65 Jahre nach dem Krieg weigert sich die britische Regierung noch immer, viele Dokumente über die Kryptografie im Krieg freizugeben. Andrew Gleason, ein junger Amerikaner, der über japanische Marinecodes arbeitete und sich um Turing gekümmert hatte, als er in Washington war, wusste im Krieg mit ziemlicher Sicherheit etwas von Bayes. Er, Good und Alexander arbeiteten noch ein paar Jahrzehnte nach dem Krieg an streng geheimer Kryptografie weiter. Gleason half dabei, ein Nachkriegs-Ausbildungsprogramm für Kryptoanalysten der National Security Agency (NSA) zu entwickeln, unterrichtete Mathematik in Harvard und bei der NSA und veröffentlichte ein Lehrbuch über Wahrscheinlichkeit, das einer ganzen Generation von NSA-Kryptonalysten diente, den Gebrauch des Bayes-Theorems, Turings Dezi- und Zentibans, das Bayes'sche Schlussfolgern und das Testen von Hypothesen zu erlernen. An die zwanzig seiner Studenten halfen maßgeblich bei der Entschlüsselung der sowjetischen Codes in den 1960ern und 1970ern mit. Gleason kannte sich mit Bayes sehr gut aus, ging damit aber pragmatisch um. Sein Lehrbuch diskutierte auch Methoden des Erz-Anti-Bayesianers Neyman.

Im Mai 1945, ein paar Tage nach der deutschen Kapitulation, erhielt Bletchley Park ganz überraschend einen schockierenden Befehl: Die Kryptografie, Bletchley Park, Turing, das Bayes-Theorem und die Colossus-Maschinen, die zum Sieg beigetragen hatten, sollten auch nach Kriegsende und auch später während des Kalten Krieges der strikten Geheimhaltung unterliegen. Turings Assistent Good beklagte später, dass dazu auch die Geschichte der Entschlüsselung und des U-Boot-Krieges gehören sollte, „von den Lochkarten, der sequenziellen Statistik, dem empirischen Bayes-Theorem, den Markov-Ketten und der Entscheidungstheorie bis zum elektronischen Computer".[46] Die meisten Colossus-Maschinen wurden demontiert und in nicht identifizierbare Teile zerlegt. Alle, die an ihrem Bau und am Knacken von Tunny mitgewirkt hatten, erhielten durch die britischen Official Secrets Acts und den Kalten Krieg einen Maulkorb. Sie durften nicht einmal sagen, dass es Colossus gegeben hatte. Bücher von britischen oder amerikanischen Teilnehmern am U-Boot-Krieg wurden sofort als geheim eingestuft und waren nur höheren Militärdienstgraden zugänglich. Sie durften über Jahre, ja Jahrzehnte nicht veröffentlicht werden. Selbst in vertraulich eingestuften historischen Arbeiten über den Krieg wurde die Entschlüsselungsaktion gegen die U-Boote ausgespart. Erst nach 1973 kam die Geschichte von Bayes, Bletchley Park und Turings Anstrengungen, die Nation zu retten, ans Licht.

Warum wurde die Geschichte so lange verheimlicht? Die Antwort scheint zu sein, dass die Briten die Sowjets nicht wissen lassen wollten, wie gut sie die Tunny-Lorenz-Codes entschlüsseln konnten. Die Sowjets hatten nämlich eine Anzahl Lorenz-Geräte erbeutet, und die Briten benützten mindestens zwei überlebende Colossus-Maschinen, um im Kalten Krieg sowjetische Codes zu knacken. Erst als die Sowjets ihre Lorenz-Geräte durch neue Verschlüsselungssysteme ersetzten, wurde die Bletchley-Park-Geschichte veröffentlicht.

Diese Geheimhaltung hatte tragische Folgen. Die Familienmitglieder und Freunde von Bletchley-Park-Angestellten gingen zu den Gräbern ihrer Lieben, ohne zu wissen, was diese während des Krieges für ihr Land geleistet hatten. Die Personen, die mit Colossus verbunden waren, dem Inbegriff der britischen Entschlüsselungsanstrengungen, erhielten nur wenig oder überhaupt keine Anerkennung. Turing wurde der *Order of the British Empire* verliehen, die Routineanerkennung für höhere Zivilangestellte. Newman war über das „lächerliche“ Ausbleiben der Anerkennung für Turing so verärgert, dass er selbst die Annahme dieses Ordens verweigerte.

Verlierer waren auch die britische Wissenschaft, Technologie und Wirtschaft. Die Colossus-Maschinen waren Jahre vor der ENIAC in Pennsylvania und vor John von Neumanns Computer am Institute for Advanced Study in Princeton gebaut und betrieben worden – aber das nächste halbe Jahrhundert lang nahm die Welt an, die amerikanischen Computer seien die ersten gewesen.

Die Beseitigung aller Informationen über die Entschlüsselungskampagne verzerrte auch noch während des Kalten Krieges die Meinungen über den Wert der Kryptoanalyse und über den U-Boot-Krieg. Offiziell wurden im Kalten Krieg weiter die Heldentaten der Soldaten und der Spione verherrlicht. Dabei wurde bewusst verheimlicht, wie sehr im Zweiten Weltkrieg menschliche Spione durch Maschinen ersetzt worden waren. Die Entschlüsselung ging schneller als Spionage und sorgte zeitgleich für ungefilterte Erkenntnisse über das Denken des Feindes.

Auch für Turing selbst waren die Folgen der Geheimhaltung katastrophal. Am Ende des Krieges hatte er angekündigt, er wolle „ein Gehirn bauen“.[47] Dazu verzichtete er auf eine Dozentenstelle an der University of Cambridge und ging zum National Physical Laboratory in London. Aufgrund des Official Secrets Act kam er dort als Nobody an. Wäre er zum Ritter geschlagen oder sonst wie geehrt worden, hätte er es sicher leichter gehabt und mehr als nur zwei Ingenieure zu seiner Unterstützung bekommen. Der Direktor des Instituts, Charles Galton Darwin, ein Enkel von Charles Darwin und Neffe von Leonard Darwin, hatte keine Ahnung von Turings Leistungen und rügte ihn regelmäßig, wenn er morgens zu spät kam, nachdem er am Tag zuvor bis spät in die Nacht gearbeitet hatte. Als sich einmal eine Besprechung mit Darwin ewig hinzog, stand Turing exakt um 17:30 Uhr auf und erklärte zu Darwin gewandt, er gehe jetzt, und zwar „pünktlich".[48]

1945 konstruierte Turing in dem Institut den ersten relativ vollständigen elektronischen digitalen Computer zur Entschlüsselung von Codes, der ein eingespeichertes Programm hatte. Darwin hielt das Ziel jedoch für zu hoch gesteckt, und nach ein paar Jahren verließ Turing voll Überdruss das Institut. Als dort schließlich 1950 das Gerät nach Turings Entwurf gebaut wurde, war es der schnellste Computer der Welt, der erstaunlicherweise die Speicherkapazität eines Macintosh hatte, wie er erst drei Jahrzehnte später auf den Markt kam.

Turing ging an die University of Manchester, wo Newman für Großbritanniens Atombombe seinen ersten programmierbaren Computer baute. In Manchester entwickelte Turing die erste Computersoftware, hielt die erste Vorlesung über Computerintelligenz und stellte den berühmten Turing-Test vor: Ein Computer kann denken, wenn man nach fünf Minuten Befragung die Antworten eines Menschen im Nebenraum nicht von denen des Computers unterscheiden kann. Später interessierte sieh Turing für physikalische Chemie und dafür, wie biologische Riesenmoleküle von sich aus symmetrische Formen ausbilden.

Eine Reihe aufsehenerregender internationaler Ereignisse in den Jahren 1949 und 1950 beendeten diese produktive Zeit und stürzten Turing in eine tiefe persönliche Krise: Die Sowjets überraschten den Westen mit dem Test einer Atombombe; die Kommunisten erlangten die Kontrolle über das chinesische Festland; Alger Hiss, Klaus Fuchs und Julius und Ethel Rosenberg wurden wegen Spionage verhaftet, und Senator Joseph McCarthy aus Wisconsin begann, mit seiner auf bloßen Gerüchten beruhenden Liste angeblicher Kommunisten im State Department Ärger zu machen.

Noch schlimmer war, dass sich 1950 zwei englische Spione aus besseren Kreisen – Guy Burgess, der wegen häufig wechselnder Beziehungen, übermäßigem Alkoholgenuss und Homosexualität bekannt war, und sein Freund aus den Studententagen in Cambridge, Donald Maclean – der Verhaftung entzogen und in die Sowjetunion absetzten. Die USA teilten dem britischen Geheimdienst mit, die beiden seien von Anthony Blunt gewarnt worden, einem weiteren homosexuellen Akademiker aus Cambridge, der ein führender Kunsthistoriker und Sachverständiger für die Gemäldesammlungen der Queen war.[49] Sowohl die britische wie die amerikanische Regierung gerieten angesichts der Vorstellung eines Skandals mit homosexuellen Spionen in Panik, und die Zahl der Briten, die wegen Homosexualität verhaftet wurden, ging steil nach oben. Am 7. Februar 1952, dem ersten Tag der Regentschaft von Elizabeth II., wurde Turing wegen homosexueller Aktivitäten verhaftet, die zu Hause mit einem Erwachsenen mit dessen Einverständnis stattgefunden hatten. Good drückte seine Empörung später so aus: Die „Leiter von Bletchley Park haben zum Glück nicht geahnt, dass Turing homosexuell war. Sonst hätten wir vielleicht den Krieg verloren."[50]

Bei all der Aufregung über Burgess und Maclean wurde Turing nicht als britischer Held eingeordnet, sondern als ein weiterer Schwuler aus Cambridge, der in die am besten geschützten Staatsgeheimnisse eingeweiht war. Er hatte ja sogar an dem Computer mitgearbeitet, der bei den britischen Atombombentests eingesetzt wurde. Als Folge der Verhaftung verlor Großbritanniens führender Kryptoanalyst seinen Zugang zu Geheimmaterial und hatte keine Chance mehr, mit der Entschlüsselungsarbeit weiterzumachen. Dazu kam, dass der US-Kongress gerade beschlossen hatte, Schwulen die Einreise zu verweigern. So erhielt Turing auch kein Visum, um in die Staaten zu reisen oder dort zu arbeiten.

Die Welt vergötterte die Physiker, die am Manhattan-Projekt mitgewirkt und die Atom- und Wasserstoffbomben gebaut hatten. Naziverbrecher wurden freigelassen, und gerade als die USA deutsche Raketenexperten einstellten, wurde Turing schuldig gesprochen. Knapp ein Jahrzehnt, nachdem England Krieg gegen die Nazis geführt hatte, die medizinische Experimente mit ihren Häftlingen angestellt und Homosexuelle ins KZ gesteckt hatten, zwang ein englischer Richter Turing, zwischen Gefängnis und chemischer Kastration zu wählen. Er entschied sich für Östrogen-Spritzen. In den nächsten Jahren wuchsen ihm Brüste, und am 7. Juni 1954, dem Tag nach dem zehnten Jahrestag der Invasion in der Normandie, die er mit ermöglicht hatte, beging Alan Turing Selbstmord. Zwei Jahre später wurde Antony Blunt zum Ritter geschlagen, jener Spion, der später zugab, seine Freunde Burgess und Maclean gewarnt zu haben und – unabsichtlich – die Hexenjagd gegen Homosexuelle losgetreten hatte.[51] Selbst heute ist es noch bedrückend, etwas über Turings Ende zu lesen oder darüber zu schreiben. Erst 2009, 55 Jahre nach Turings Tod, entschuldigte sich endlich ein britischer Premierminister – Gordon Brown – für den damaligen Umgang mit Turing.[52]

Turings Bayes'sches Werk lebt in der Kryptografie weiter. Jahrzehntelang blieb geheim, dass ein amerikanischer Kollege Turings den Kryptografen der NSA Bayes beibrachte. Mit dem Segen Turings entwickelte Good die

Bayes'schen Methoden und die Theorie weiter. Er wurde zu einem der weltweit führenden Kryptoanalysten und einer der der drei führenden Köpfe in der Bayes-Renaissance der 1950er- und 1960er-Jahre. Er schrieb an die 900 Artikel über das Bayes-Theorem, die zum großen Teil veröffentlicht wurden.

Außerhalb der Kryptografie wusste jedoch fast niemand, dass einige der brillantesten Denker in der Mitte des 20. Jahrhunderts das Bayes-Theorem verwendet hatten, um ihre Länder im Zweiten Weltkrieg zu verteidigen. Das Theorem wurde nach dem Krieg genauso diffamiert wie zuvor.

5
Noch einmal tot und begraben

Nachdem die Erfolge, die das Bayes-Theorem im Krieg hatte, der Geheimhaltung zum Opfer gefallen waren, wurde es nach 1945 als fast noch fragwürdiger eingeschätzt als zuvor. Statistiklehrbücher und Fachveröffentlichungen betonten immer wieder selbstgerecht, das Theorem *nicht* zu benutzen. Als Jack Good vor der Royal Statistic Society die Methode diskutierte, eröffnete der nächste Redner seinen Vortrag mit: „Nach diesem Unsinn ...“.[1]

„Bayes“ wurde immer noch mit „gleichen Prioren“ gleichgesetzt und nicht mit Schlüssen aus der Vergangenheit auf der Grundlage aufgewerteter Beobachtungsdaten. Das National Bureau of Standards hielt in den 1950er-Jahren einen Bericht an den Aberdeen Proving Ground, das Waffentestzentrum der US-Army zurück, weil in ihm subjektive Bayes'sche Methoden verwendet wurden. Während Senator McCarthys Kampagne gegen Kommunisten und unamerikanische Umtriebe nannte ein Statistiker einen Kollegen halb im Scherz „un-amerikanisch, weil er Bayesianer ist und ... die US-Regierung untergräbt“.[2] Professoren der Harvard Business School nannten ihre Bayes'schen Kollegen „Sozialisten und sogenannte Wissenschaftler.“[3]

„An einigen Stellen klingt immer noch die Idee nach, dass um das ganze Konzept der inversen Wahrscheinlichkeit etwas Unschönes und Krankes ist“, schrieb ein prominenter Statistiker.[4] Wenn es nicht ausdrücklich anders gesagt wurde, ging man davon aus, dass ein Statistiker Frequentist war.

Die Gruppe der Bayesianer war klein und isoliert, und ihre Veröffentlichungen wurden kaum wahrgenommen. Die Theoriebeiträge von Frank Ramsey, Harold Jeffreys und Bruno de Finetti aus der Zeit vor dem Krieg lagen ungelesen herum. Fast alle Arbeiten, die in den *Annals of Mathematical Statistics* veröffentlicht wurden, behandelten Themen im Rahmen von Jerzy Neymans frequentistischem Werk aus den 1930er-Jahren. Dank Ronald Fishers genetischer Forschung und der mächtigen anti-Bayes'schen Stellung des Statistikers Oscar Kempthorne von der Iowa State University beruhten die Agrarstudien in den meisten landwirtschaftlich geprägten Hochschulen[5] auf dem Frequentismus. Als Gertrude Cox, die 1956 Präsidentin der American Statistical Society war, einmal über die Zukunft der Statistik sprach, erwähnte sie Bayes nur am Rande. Der erste praxisnahe Artikel, der Wissenschaftlern sagte, wie man die Bayes'sche Analyse anwendet, erschien erst 1963.

Nicht einmal zivile Forscher, die für das Militär arbeiteten, wussten 1950 viel über Bayes. Als ein Wirtschaftswissenschaftler für die US-Air Force ein Forschungsprogramm vorbereitete, das bei RAND, der Denkfabrik der Air Force, durchgeführt werden sollte, fragte er den Statistiker David Blackwell, der als Gastforscher zu Besuch war, wie man die Wahrscheinlichkeit bestimmen könne, mit der in den nächsten fünf Jahren ein großer Krieg beginnen werde. Blackwell, der damals noch kein Bayesianer war, antwortete: „Oh, die Frage macht keinen Sinn. Wahrscheinlichkeit gehört zu einer langen Reihe wiederholbarer Ereignisse, und das hier ist zweifellos eine einmalige Situation. Die Wahrscheinlichkeit ist entweder 0 oder 1, aber das werden wir erst wissen, wenn die fünf Jahre vergangen sind." Der Wirtschaftswirtschaftler nickte und sagte: „Das habe ich befürchtet. Ich habe mit einigen anderen Statistikern gesprochen, und sie haben mir alle das Gleiche gesagt."[6]

Der Bayes'sche Theoretiker Dennis V. Lindley schloss: „Der Neustart der Bayes'schen Bewegung ist an seine Grenzen gekommen, zum großen Teil, indem er ignoriert wurde."[7] Ein anderer Statistiker erinnerte sich: „Viele von uns dachten, Bayes sei tot und begraben."[8]

Teil III

Die grandiose Wiedergeburt

6
Arthur Bailey: Bayes und die Versicherungen

Nach dem Zweiten Weltkrieg kam die erste Kampfansage an den anti-Bayes'schen Status quo nicht vom Militär oder den Mathematikern und Statistikern der Universitäten, sondern von einem Manager namens Arthur L. Bailey, der gern die Bibel zitierte.

Baileys Vater war gefeuert worden und stand auf der schwarzen Liste aller Bostoner Banken, weil er seinen Arbeitgebern geraten hatte, sie sollten den Lokalpolitikern keine großen Summen leihen. Die Familie wurde derart geächtet, dass sogar Arthurs Schulkameraden ihn und seine Schwester nicht mehr zu Partys einluden. Er kehrte dem Establishment von New England den Rücken und schrieb sich an der University of Michigan in Ann Arbor ein. Dort studierte er am Mathematik-Department Versicherungsmathematik, erwarb 1928 seinen Bachelor-Titel und lernte seine Frau Helen kennen, die als Versicherungsagentin bis zur Geburt ihres Kindes bei Hancock Mutual Life arbeitete.[1]

Baileys erster Job war, wie er gern sagte, bei den „Bananen", nämlich in der Statistikabteilung der Zentrale der United Fruit Co. in Boston. Als die Abteilung während der Depression geschlossen wurde, wurde er Fahrer eines Obstlasters und fing in den Straßen Bostons entkommene Taranteln ein. Er war glücklich, den Job zu haben, und seiner Familie fehlte es nie an Bananen und Orangen.

1937, nach neun Jahren bei den „Bananen", fand Bailey in New York Arbeit in einem ganz anderen Bereich: dem der Versicherungen. Seine Aufgabe war es, für die American Mutual Alliance, ein Konsortium von Versicherungen auf Gegenseitigkeit, die Prämien für Risiken festzulegen, die in Zusammenhang mit Autos, Flugzeugen, der Arbeit, Einbruch und Diebstahl standen.

Er blieb seinen Verbindungen zur Kirche und Gemeinde und den Freunden aus den schönen Jahren seiner Kindheit treu und verbarg seinen beruflichen Aufstieg, indem er in bescheidenen New Yorker Vororten wohnte. Er erholte sich bei der Gartenarbeit, beim Wandern mit den vier Kindern und indem er ein Exemplar von *Gray's Manual of Botany* mit Anmerkungen über die Fundorte seiner wilden Lieblingsorchideen versah. Sein Motto war: „Einige Leute leben in der Vergangenheit, einige in der Zukunft, aber die klügsten leben in der Gegenwart."

Als er sich in seien neue Tätigkeit einarbeitete, war er erschrocken, wie die „hartgesottenen Versicherungsleute" den halb-empirischen „Vorschlaghammer" der Bayes'schen Methoden führten, der 1918 für die Arbeiterunfallversicherung entwickelt worden war.[2] Die Universitätsstatistiker hatten diese Methoden schon lange aufgegeben, aber als Männer der Praxis weigerten sich die Versicherungsleute, das vorhandene Wissen auf den Müll zu werfen und blieben dabei, ihre alten Daten immer wieder zu aktualisieren. Die Prämien des nächsten Jahres beruhten auf denen des laufenden – verbessert und mit den Informationen über neue Schadensansprüche modifiziert. Die Frage war also nicht, wie die neuen Prämien aussehen sollten, sondern „inwieweit die aktuellen Prämien geändert werden mussten". Ein Bayesianer, der wissen will, wie viel Eis jemand im kommenden Jahr essen wird, würde beispielsweise Daten über den Eiskonsum der Person im vergangenen Jahr mit anderen Informationen kombinieren, wie etwa den landesweiten Nachtischtrends.

Als ein moderner, statistisch gebildeter Mensch war Bailey empört. Seine Professoren, die von Ronald Fisher und Jerzy Neyman beeinflusst waren, hatten gelehrt, dass die Bayes'schen Prioren „grauenvoller als Spucke" waren, wie es ein besonders höflicher Versicherungsexperte ausdrückte.[3] Statistiker durften keine voreingenommenen Meinungen bezüglich ihrer nächsten Experimente und Beobachtungen haben. Sie durften nur direkt relevante Beobachtungen einbeziehen, während sie nicht-statistische oder nebensächliche Informationen ausschließen mussten. Um die Plausibilität der Apriori-Annahmen (zum Beispiel die früheren Prämien) abzuschätzen oder sie mit zusätzlichen statistischen Informationen in Beziehung zu setzen, gab es keine Standardmethoden.

Bailey brachte sein erstes Jahr in New York damit zu, sich selbst zu beweisen, dass „all die ausgefallenen Bayes'schen Versicherungsmethoden des Unfallgeschäfts mathematisch unsolide waren".[4] Nach einem Jahr intensiver Denkakrobatik stellte er jedoch zu seiner Verblüffung fest, dass der „Vorschlaghammer" den Versicherungen gute Dienste geleistet hatte. Er zog ihn sogar der Eleganz des Frequentismus vor, und er lernte Gesetze zu schätzen, die „tatsächliche Daten" beschrieben: „Ich merkte, dass die hartgesottenen Versicherer bestimmte Fakten des wirklichen Lebens einbezogen, die von der statistischen Theorie vernachlässigt wurden."[5] Er wollte großen Datenmengen mehr Gewicht verleihen als den kleinen Datensätzen der Frequentisten. Das sah überraschend „logisch und vernünftig" aus. Er schloss, dass nur ein Versicherer, der Selbstmord begehen wollte, Fishers Maximum-Likelihood-Methode anwenden würde, die für Nicht-Ereignisse die Wahrscheinlichkeit null annahm.[6] Da viele Unternehmen überhaupt keine Schadensfälle meldeten, würden mit Fishers Methode viel zu niedrige Prämien festgesetzt werden, die künftigen Ansprüchen nicht gerecht werden könnten.

Bailey vergaß sein anfängliches Misstrauen gegen das Bayes-Theorem und verbrachte den Zweiten Weltkrieg damit, das Problem zu untersuchen. Er arbeitete allein und isoliert von den akademischen Denkern, und Baileys Kollegen aus dem Versicherungsgewerbe machten wegen seines Scharfsinns auch nur große Augen.

1947 wurde Bailey oberster Versicherungsexperte beim New York State Insurance Department, einer Regulierungsbehörde. Ein Versicherungsmanager nannte ihn den „Hüter unseres Gewissens". Während sich seine Kollegen bei Konferenzen in den Hotelbars volllaufen ließen, nippte Bailey an Softdrinks und zitierte gelegentlich aus der Bibel, in der er in Pausen gern las. Einige aus der Versicherungsbranche sagten „alle möglichen gemeinen Dinge über ihn", fuhr der Manager fort, „aber wir respektierten mehr und mehr seine Integrität und sein Format, weil wir wussten, wie er nach Feierabend war."[7]

Bailey schrieb einen Artikel, in dem er den stürmischen Wechsel seiner Haltung gegenüber dem Bayes-Theorem erklärte. Seine mathematischen Notationen waren nicht mehr auf der Höhe der Zeit und deshalb schwer zu verstehen, doch er formulierte die mathematischen Grundlagen, die rechtfertigten, warum die aktuellen Prämien als Prioren im Bayes-Theorem verwendet werden dürfen. Er begann seinen Artikel mit einem Zitat aus dem Markus-Evangelium: „Alle Dinge sind möglich dem, der da glaubt."[8] Für ihn war das die Rechtfertigung, dass man bestehende Annahmen verwenden darf. Albert Whitneys *Mathematik für die Arbeiterunfallversicherung* bestätigte ihm, dass die vor Jahren aufgestellte Kredibilitätstheorie Bayes'sche Wurzeln hatte. Kredibilität war ein zentraler Begriff im Denken von Versicherungsleuten, wobei neben den relativen Frequenzen auch andere Arten von Information als relevant betrachtet wurden. Bailey arbeitete mathematische Methoden heraus, um jeden Informationsschnipsel, den man auftreiben konnte, zur ursprünglichen Datenmenge hinzuzufügen. Er versuchte vor allem zu verstehen, wie man zusätzlichen Erkenntnissen ein bestimmtes Gewicht zuweisen konnte, das ihrer Kredibilität, also ihrer subjektiven Glaubwürdigkeit entsprach. Seine mathematischen Techniken halfen den Versicherungsleuten, Tausende alter und neuer Prämien für alle Arten von Arbeitgebern, Arbeiten und Regionen systematisch und konsequent in ihr Kalkül einzubeziehen. In Baileys Bibliothek stand auch ein Reprint des Artikels von Bayes und Price mit einem Vorwort von Edward Molina von Bell Telephone.[9] Wie Molina benützte auch Bailey anstelle des Theorems von Bayes das komplexere und präzisere Verfahren von Laplace.

1950 wurde Bailey Vizepräsident der Kemper Insurance Group in Chicago und häufiger Redner bei feinen Banketten der Casualty Actuarial Society. Seine berühmteste Rede hielt er am 22. Mai 1950. Ihr Titel sagte schon einiges: „Kredibilitätsprozeduren: Laplaces Verallgemeinerung des Bayes-Theorems und die Kombination von kollateralem (d. i. a priori vorhandenem) Wissen mit Beobachtungsdaten."

Für Versicherungsleute, die sich nach einem schweren (und zweifellos alkoholreichen) Mahl noch auf einen langen, akademischen Vortrag konzentrieren konnten, war Bailey Botschaft sicherlich ergreifend. Zuerst rühmte er an seinen Kollegen, dass sie fast allein gegen das statistische Establishment standen und die einzige organisierte Revolte gegen die frequentistische Sampling-Philosophie anführten. Die Versicherungsstatistiker waren den anderen „einen Schritt voraus". Die Praxis der Versicherer war ein tiefes, undurchsichtiges Geheimnis und stand „jenseits von allem, was mathematisch bewiesen ist". Doch er erklärte triumphierend: „Aber es funktioniert! … Es wurde viele Male gezeigt. Es funktioniert!"[10]

Bailey verkündete die überraschende Neuigkeit, dass ihr geliebtes Kredibilitätsgesetz aus dem Bayes-Theorem abgeleitet wurde. Die Versicherungspraktiker hatten in Bayes eine abstrakte, vorläufige Lösung gesehen, eine Abfolge von Prioren und Posterioren. Aber Bailey erinnerte seine Kollegen daran, dass Bayes' Freund und Herausgeber Richard Price heute für einen Versicherungsexperten gehalten werde. Und er führte mit Bayes' imaginärem Tisch und seinen Kugeln einen Frontalangriff auf die Frequentisten und den streitsüchtigen Fisher. Er schloss mit einem mitreißenden Aufruf, dem Apriori-Wissen, das in den Prioren steckt, wieder seinen Platz in der statistischen Theorie einzuräumen. Seine Kampfansage sollte die akademischen Theoretiker auf Jahre beschäftigen. Als sie der Harvard-Professor Richard von Mises später las, rühmte er sie rückhaltlos und schrieb Bailey, er hoffe, seine Rede würde die „ungerechtfertigten und grundlosen Attacken auf die Bayes'sche Theorie, die von R. A. Fisher ausgingen, langsam aus dem Blickfeld verschwinden lassen."[11]

Leider lebte Bailey nicht mehr lange, um für das Bayes-Theorem kämpfen zu können. Vier Jahre nach seiner wichtigsten Rede erlitt er mit nur 49 einen Herzinfarkt und starb am 12. August 1954. Sein Sohn machte dafür die Tatsache verantwortlich, dass Bailey im College zu rauchen angefangen hatte und unfähig war, es aufzugeben.

Einige Versicherungspraktiker aber hatten Baileys Botschaft verstanden. Im Jahr von dessen Tod schlürfte einer seiner Bewunderer auf einer Weihnachtsfeier der Insurance Co. of North America seinen Martini, als der Chefmanager der INA als Santa Claus verkleidet eine eigentlich undenkbare Frage stellte:

Kann irgendwer die Wahrscheinlichkeit voraussagen, mit der zwei Flugzeuge mitten in der Luft zusammenstoßen?

Santa Claus bat seinen leitenden Versicherungsstatistiker, Laurence H. Longley-Cook, eine Vorhersage zu machen, ohne dass es irgendwelche Erfahrungen gab, da es ja noch nie einen solchen Zusammenstoß gegeben hatte. Ohne eine solche Erfahrung und ohne die Möglichkeit, wiederholte Versuche zu machen, würde jeder orthodoxe Statistiker die Frage von Santa Claus mit einem deutlichen Nein beantworten. Aber Longley-Cook, der sehr „britisch" war, spielte auf Zeit: „Ich mag solche Dinge nicht mit Martinis vermischen", antwortete er mit schleppender Stimme. Aber die Frage nagte in ihm weiter. Noch ein Jahr, und die Amerikaner würden mehr mit dem Flugzeug als mit der Bahn reisen.

In der Zwischenzeit hatten sich auch schon einige Statistiker die Frage gestellt, ob sie die derart umstrittenen subjektiven Prioren nicht umgehen konnten, indem sie Vorhersagen ganz ohne Apriori-Informationen machten. Longley-Cook überdachte das Problem über die Feiertage und schickte am 6. Januar 1955 seinem Chef eine Warnung für die Zukunft. Trotz der hohen Sicherheitsstandards der Flugzeugindustrie deuteten die verfügbaren Daten über Flugunfälle ganz allgemein darauf hin, dass „in den nächsten zehn Jahren zwischen keinem und vier Zusammenstöße zweier Flugzeuge in der Luft zu erwarten sind". Kurz: Die Gesellschaft sollte sich auf eine kostspielige Katastrophe vorbereiten, indem sie die Prämien für Fluggesellschaften erhöhte und eine Rückversicherung abschloss. Zwei Jahre später erwies sich die Prognose als korrekt: Eine DC-7 und eine Constellation stießen über dem Grand Canyon zusammen. Es war der bis dahin schwerste Unfall der zivilen Luftfahrt. Er kostete 128 Insassen das Leben. Vier Jahre später kollidierte eine DC-8 mit einer Constellation über New York. 133 Menschen starben in den Flugzeugen und an der Absturzstelle.[12]

Später verwendete Arthur Baileys Sohn Robert die Bayes'schen Techniken, um ermäßigte Prämien für gute Autofahrer zu rechtfertigen. In den 1960er-Jahren stieg die Zahl der Autounfälle so stark an, dass in dieser Zeit jeder vierte Amerikaner damit rechnen musste, während seines Lebens bei einem Autounfall verletzt zu werden. Die Amerikaner kauften immer mehr Autos und fuhren immer mehr Meilen, aber die Gesetze hatten nicht Schritt gehalten. Es gab keine einheitlichen Verkehrszeichen, die meisten Fahrer und Autos wurden – wenn überhaupt – nur ein einziges Mal in ihrem Leben geprüft, die Strafen für Trunkenheitsfahrten waren niedrig, und Autos wurden ohne Berücksichtigung der Sicherheit gebaut. Die Versicherer steckten hohe Verluste ein. Man brauchte ein offensives System, um gute Fahrer zu belohnen, aber solche Belohnungen galten als unvernünftig, weil man einem einzelnen Auto keine Kredibilität zuordnen konnte. Robert Bailey und Leroy J. Simon zeigten mithilfe des Bayes-Theorems, dass man mit relevanten Daten des kanadischen Systems der Ermäßigung für sichere Fahrer die vorhandene US-Statistik auf den neuesten Stand bringen konnte.

Robert Bailey verwendete Bayes'sche Verfahren auch, um die Versicherer selbst zu beurteilen, indem er nicht statistische, subjektive Informationen mit einbezog, wie etwa die Meinung über die Inhaber der Gesellschaft, die Fähigkeiten und Trinkgewohnheiten der Manager eingeschlossen. Im Laufe der Zeit sammelten die Versicherer eine derart große Menge von Daten, dass das Bayes-Theorem – ähnlich dem Rechenschieber – überflüssig wurde.

Für die wenigen Versicherungsexperten, die Arthur Baileys Arbeit verstanden, war er ein da Vinci oder Michelangelo: Er hatte ihr Gewerbe aus der dunklen Zeit des Mittelalters ans Licht geführt.[13] Die Nachricht von seinen Leistungen sickerte langsam, mehr oder weniger zufällig, ins Reich der Theoretiker an den Universitäten ein. In den frühen 1960er-Jahren schrieb ein Professor für Versicherungswesen an der University of Michigan, Allen L. Mayerson, über Baileys bahnbrechende Rolle für die Kredibilitätstheorie. Der Statistik-Professor Jimmie Savage, der gerade erst zum Bayesianer geworden war, arbeitete zu dieser Zeit in Ann Arbor und besuchte später Bruno de Finetti, den Bayes'schen Professor für Versicherungswesen, auf seiner Ferieninsel vor Italien. Beide nahmen an einer Konferenz in Triest teil, wo der Italiener die Botschaften von Bailey und der Bayes'schen Quelle der Kredibilität verbreitete. Es war für die meisten Statistiker das erste Mal, dass sie von Bailey hörten.

Hans Bühlmann, der später Mathematik-Professor und Präsident der ETH Zürich wurde, erinnerte sich an die Aufregung auf dieser Konferenz. Er war in den 1950ern zu einem Studienaufenthalt in Neymans Statistik-Department in Berkeley, wo es „irgendwie gefährlich war, die Bayes'sche Sicht der Dinge zu vertreten". Bühlmann nahm Baileys Herausforderung an und entwarf eine allgemeine Bayes'sche Kredibilitätstheorie, die die Statistiker weit über die Grenzen der Versicherungswelt hinausführte. Er gab dem Prior behutsam einen neuen Namen und nannte ihn „Strukturfunktion". Bühlmann glaubte, er könne das kontinentale Europa aus einigen der Religionskriege heraushalten, die um das Bayes-Theorem geführt wurden und die den Anglo-Amerikanern noch bevorstanden.[14]

7
Vom statistischen Werkzeug zur Glaubensfrage

Während Arthur Bailey für die Versicherungsbranche den „Vorschlaghammer" der Kredibilität in das Bayes-Theorem übersetzte, führte der Statistikboom nach dem Krieg dazu, dass der schlechte Ruf der Methode besser wurde: Aus einem mausgrauen Werkzeug, das nur zur Lösung praktischer Probleme diente, wurde eine alles umfassende Philosophie in grandiosem Technicolor, wenn nicht gar eine Religion.

Der Zweite Weltkrieg hatte die Stellung, die finanziellen Chancen und die Karrieremöglichkeiten für angewandte Mathematiker in den USA drastisch verbessert. Das Militär war zutiefst von seiner Erfahrung mit Statistik und Operations Research während des Krieges beeindruckt, und in den späten 1940ern steckte der Staat viel Geld in die Naturwissenschaften und die Statistik. Militärs, die über Fördermittel verfügten, strichen durch die Flure der Universitäten, um oft widerwillige Statistiker davon zu überzeugen, Anträge dafür zu stellen. Die Marineführung war überzeugt, die Nachkriegsforschung müsse in Schwung gebracht werden, um einen Technologieschub anzustoßen, und gründete dazu das Office of Naval Research, die erste staatliche Einrichtung, die ausdrücklich dazu diente, die Forschung zu finanzieren. Bis 1950, als die National Science Foundation gegründet wurde, förderte die Navy einen Großteil der mathematischen und statistischen Forschung aller Art: geheim oder nicht, Grundlagenforschung oder angewandte Forschung. Andere Fördergelder kamen von der Army, der Air Force und der Gesundheitsbehörde, den National Institutes of Health (NIH).

Eine Generation von reinen Mathematikern, die im Krieg aufregende Entscheidungen treffen mussten, bei denen es oft um Leben und Tod ging, wechselte bald zur angewandten Mathematik und Statistik. Als sich das Zentrum der Statistik von Großbritannien in die USA verlagerte, explodierte das Arbeitsgebiet förmlich. Im Rahmen dieses spektakulären Anwachsens verhundertfachte sich die Zahl der theoretisch arbeitenden Statistiker. In ihren Mathematik-Fachbereichen erfanden sie neue Begriffe wie „mathematische Statistik" und „theoretische Statistik".

Während dieses Booms konnten sogar Bayesianer gute Jobs in der Elite-Forschung bekommen. Am einen Ende des Bayes'schen Spektrums stand eine kleine Gruppe von begeisterten Reinheitsaposteln, die fest entschlossen war, ihren Theorien zu mathematischem und akademischem Ansehen zu verhelfen. Am anderen Ende standen die Praktiker, die eine Schlüsselrolle in der Naturwissenschaft einnehmen wollten, statt sich mit formalistischen mathematischen Aufgaben zu beschäftigen.

Angesichts dieser umwälzenden Veränderungen und der neuen Ansichten zerfiel die im Krieg geschlossene Vernunftehe zwischen der abstrakten und angewandten Mathematik. Die Statistiker klagten, die reinen Mathematiker würden nutzbringende Forschung als „etwas für dumme Ignoranten" einordnen, gleichgesetzt mit Tellerwaschen oder Straßenfegen.[1] Jack Good behauptete, die Mathematiker an der Virginia Tech, wo in den 1960er-Jahren die drittgrößte Statistik-Fakultät der Staaten beheimatet war, seien verabscheuenswürdige Problemlöser.[2]

Durch staatliche Gelder ermuntert, verließen Statistiker und Datenanalysten die Mathematik-Fakultäten und schufen sich ihre eigenen Enklaven. Aber auch dort lag noch die knisternde Spannung zwischen der abstrakten Theoretisierung und der wissenschaftlichen Anwendung in der Luft, auch wenn die Fehden nun korrekt und hinter verschlossenen Türen ausgetragen wurden. Die Reihe der Spaltungen ist auch heute noch sichtbar, wenn angewandte Mathematiker je nach Universität die Fakultät für Mathematik, angewandte Mathematik, Statistik, Biostatistik und Computerwissenschaft für sich besetzen.

Jerzy Neymans Institut in Berkeley, das damals weltweit größte und wichtigste Zentrum für Statistik, entwickelte grundlegende Sampling-Theorien und war in diesem Bereich über viele Nachkriegsjahre führend. Aber auch in Neymans Institut kam es zu Spaltungen. Das Institut war nicht in der Lage, mit dem wachsenden Bedarf an Statistikern mitzuhalten und igelte sich ein: Es warb seine eigenen Studenten an und bildete sie in seinem Sinne aus. Wenn ein Student versuchte, ein Problem an der Tafel unkonventionell zu lösen, nahm Neyman seine Hand und zwang ihn, die Antwort auf *seine* Weise hinzuschreiben. Über 40 Jahre waren die meisten seiner Angestellten Frequentisten. Außenstehende nannten die Gruppe „Jesus und seine Jünger".[3] Neyman leitete sein Institut bis er über 80 war.

Glaubenskriege der Statistiker: Der Doktor sieht das Licht …
***Michael J. Campbell*[4]**

Wenn man älter wird, richten sich die Gedanken naturgemäß auf die Religion, und ich habe über religiöse Metaphern in der Statistik nachgedacht. Die Frequentisten sind ganz klar im übertragenen Sinne Katholiken: Sie unterscheiden ihre Ergebnisse nach „signifikant" und „nicht signifikant", so wie sie die Sünden in (signifikante) „Todsünden" und (nicht signifikante) „lässliche Sünden" aufteilen. Die Randomisierung ist die Gnade, durch die die Welt gerettet wird. Bei der Beichte ist der Priester an der Frequenz oder Häufigkeit einer Sünde interessiert. Statt dem Priester die Sünden herunterzubeten, könnte man ihm ein höchst informatives Balkendiagramm übergeben, das angibt, wie oft man in der letzten Woche geflucht hat, lieblos war etc. Nach der Beichte wird den Frequentisten/Katholiken vergeben. Wenn sie eine Null-Hypothese bei $p<0{,}05$ verworfen haben, dürfen sie, nachdem sie das bekannt haben, 0,05 wieder als Grenze verwenden. Das Gebet der Frequentisten ist „Unser Fisher, der Du bist im Himmel". Heilige sind Pearson und Neyman. Himmel und Hölle sind die Null-Hypothese und die alternativen Hypothesen. Und zum Taufbekenntnis gehört statt „Widersagt ihr dem Satan?" nun „Widersagt Ihr der Null-Hypothese?"

Die Bayesianer sind hingegen wiedergeborene Fundamentalisten. Man muss zu den „Gläubigen" zählen, und Bayesianer können oft genau den Tag nennen, an dem „ER" (oder „ES"), Bayes, in ihr Leben trat, den Tag, an dem sie jenen kindischen frequentistischen Glauben hinter sich ließen oder ihr „Coming Out" hatten, den Tag, an dem sie „das Licht gesehen" haben.[5] Natürlich ist Reverend Thomas Bayes ihr geistlicher Führer. Er gleicht dem Gott der Christen, der schließlich auch seine Lehre zu Lebzeiten schriftlich nicht veröffentlicht hat. (Allerdings habe ich von Nicht-Bayesianern gehört, dass sie den Wunsch haben, einige der Jünger von Bayes hätten es besser auch so gehalten.) Die Bayesianer teilen die Welt in Gläubige und Ungläubige ein und fragen wildfremde Menschen auf Konferenzen „Sind Sie Bayesianer?" – als wäre das ein wichtiges Charaktermerkmal. Treffen sie auf einen Nicht-Bayesianer, zeigen sie Verwunderung über die merkwürdigen Dinge, die der Ungläubige tut. Sie verweisen auf die Gewissheiten ihres Glaubens und versuchen, den ungläubigen Nicht-Bayesianer zu bekehren.

Dann gibt es noch alle möglichen Sekten. Die „Agnostiker" denken, die nichtparametrische Statistik liefere die Antwort auf alle Fragen. Ganz ähnlich können die Anhänger des „Bootstrapping" nicht begreifen, warum es nötig ist, überall „Gott" ins Spiel zu bringen. Dann gibt es den „Kult der Glockenkurve". Seine Anhänger denken, dass man alles in Bezug zur Normalverteilung erklären kann. Und schließlich denken die „Simulatoren", dass Gott nur eine Erfindung der Menschen ist.

Wo stecke ich selbst? Okay, in einem guten alten englischen Tweedanzug. Ich betrachte mich als Anglikaner und glaube, dass die Statistik ein Weg zum Finden der Wahrheit ist. Ich verwende alles, was mich zur Wahrheit führt. Ich sehe im Extremismus jeglicher Richtung Gefahren und versuche daher, einen „Mittelweg" zu gehen. Ich verwende immer noch p-Werte und Konfidenzbereiche, aber ich mildere sie mit meinem a priori gefundenen Glauben ab. Mir gefällt die Idee eines „empirischen Bayes", bei dem man frühere Untersuchungen einbeziehen kann, um diesen Urglauben zu beseelen. Ich sehe die Vorteile der Bayes'schen Methode beim Modellieren komplexer Systeme und bei der Zuordnung von Ungewissheit zu Parametern, und ich denke, dass der „empirische Bayes" das wissenschaftliche Schlussfolgern besser als alle anderen Verfahren widerspiegelt. Ich ziehe es aber vor, mich einfach einen Gläubigen zu nennen, ohne dass ich meinen Glauben mit Schildern und Parolen kundtun muss.

Wenn ich über Religion rede, erinnert mich das an ein paar Comiczeichnungen von Bayesianern, die ich vor einiger Zeit entdeckt habe. Es ist eine Reihe Mönche zu sehen.[6] Einer sieht verloren aus, einer steckt in einer Uniform, einer hält einen Reiseführer in der Hand, und einer streckt die Zunge heraus. Was stellen sie dar? Es sind Prioren: ein unbestimmter, ein einheitlicher, ein informativer und, natürlich, ein ungeeigneter.

Fisher und Neyman waren erbitterte Anti-Bayesianer, sie bekämpften sich aber auch gegenseitig ohne Ende. Keiner war bereit anzuerkennen, dass der andere vielleicht Techniken benutzte, die für seine Bedürfnisse am besten geeignet waren. Für Fisher lag die Messlatte hoch: „Wir laufen Gefahr, bestens ausgebildete und intelligente junge Männer in die Welt zu entlassen, die unter den Armen Tabellen mit falschen Zahlen tragen und bei denen dort, wo das Gehirn sein müsste, dichter Nebel liegt. Sie werden in diesem Jahrhundert natürlich an Lenkflugkörpern arbeiten und Ärzte beraten, wenn es um die Kontrolle von Seuchen geht. Es gibt keine Grenzen dafür, wie sehr sie jede Art von nationaler Anstrengung hemmen könnten."[7] Für Fisher war Neyman „einige hundert Jahre hinter der Zeit zurück, … und durch seine verschrobene Denkweise zum Teil unfähig."[8] Neyman wiederum nannte Fishers Forschungsarbeit „hinterhältig, da sie in geschickter Weise eine Priorität beansprucht, die gar nicht gerechtfertigt ist."[9] Und so ging es weiter. Mit 85 erklärte Neyman überheblich: Bayes „interessiert mich nicht. Ich bin an Häufigkeiten interessiert."[10]

Für die Anhänger von Bayes sah der Frequentismus mehr und mehr wie ein Cartoon von Reuben Goldberg[11] mit lose verbundenen Ad-hoc-Tricks, Tests und Verfahren aus, die unabhängig voneinander entstanden waren, statt in einer übergreifenden, logischen Weise aus einer Wahrscheinlichkeit hervorgegangen zu sein. Der Witz war, dass man eine frequentistische Analyse ein weiteres Mal mit einer anderen Testreihe durchführte, wenn einem ihr Ergebnis nicht gefiel. Im Vergleich dazu schien das Bayes-Theorem als Ganzes vernünftig zu sein. Als sich die Zahl der Statistiker, Symposien, Artikel und Zeitschriften vervielfachte, begann um 1950 eine Reihe von Veröffentlichungen die Aufmerksamkeit für die vorher fast unsichtbare Welt des Bayes-Theorems zu wecken.

Bayes stand für eine weitere seiner regelmäßigen Wiedergeburten bereit, als die drei Mathematiker Jack Good, Leonard Jimmie Savage und Dennis V. Lindley die Aufgabe angingen, das Bayes-Theorem in eine ordentliche mathematische Form zu bringen und für eine logische widerspruchsfreie Methode zu sorgen. Die erste Veröffentlichung die die Bayes'sche Renaissance ankündigte, war ein Buch von Good, dem Assistenten Turings im Krieg. Good erklärte: „Nach dem Krieg hatte Turing keine Zeit, über Statistik zu schreiben, da er viel zu sehr damit beschäftigt war, Computer und Computersprachen zu entwickeln, über Künstliche Intelligenz zu spekulieren und über die chemische Grundlage der Morphogenese nachzugrübeln. So entwickelte ich mit seiner Erlaubnis seine Idee … ziemlich ins Detail weiter."[12] Good schloss den ersten Entwurf seines Buches *Probability and the Weighing of Evidence* 1946 ab, konnte es aber erst 1950 veröffentlichen, im gleichen Jahr, in dem Arthur Bailey der Versicherungsbranche sein Bayes'sches Manifest verkündete. Good erklärte später, die Verzögerung sei zum großen Teil durch die weiterhin große Geheimhaltung im Kalten Krieg verursacht worden.

Zunächst stieß das Buch auf taube Ohren. Good war es nicht gewohnt, seine Ideen anderen nahezubringen und zu erklären, und niemand wusste, dass er mit der Hilfe von Bayes den Enigma-Code geknackt hatte. Als er auf einer Tagung der Royal Statistical Society einen Vortrag über „Neo-Bayes'sche oder Neo-Bayes-Laplace-Philosophie" hielt, sprach er abgehackt und verlor kein Wort zu viel.[13] Lindley, der unter den Zuhörern war, berichtete: „Es gelang ihm nicht, uns seine Ideen nahezubringen. Wir hätten viel mehr beachten sollen, was er uns sagte, denn er war uns in vieler Hinsicht weit voraus."[14]

Nach dem Krieg betrieb Good weiterhin für die britische Regierung in geheimer Mission Kryptografie und verwendete oft gleiche Prioren, wenn es darum ging, welche Hypothesen er verfolgen sollte. Als 1967 David Kahns Bestseller *The Codebreakers* erschien, zensierte die NSA eine Passage, in der Good als einer der drei besten britischen Kryptoanalysten genannt wurde. Zu dieser Zeit gehörte er weltweit zu den Menschen, die am meisten über die Verschlüsselungsindustrie wussten. Good war schnell, schlau, originell, hatte ein phänomenales Gedächtnis, und er war unkonventionell genug, um auch über „paranormale" Phänomene und Astrologie nachzudenken und der Vereinigung „Mensa" beizutreten, die nur Menschen mit hohem IQ aufnahm. Er stellte sich selbst gern per Handschlag mit den Worten „I am Good" – „Ich bin gut" vor.[15]

Auch nach dem Zweiten Weltkrieg war alles, was mit Verschlüsselung zu tun hatte, geheim. Good musste sich diesen Einschränkungen fügen, ärgerte sich aber über sie und versuchte einen Weg zu finden, der Zensur zu entgehen. Um eine höchst geheime Technik aufzudecken, die Turing benutzt hatte, um Paare und Tripletts von Buchstaben zu finden, die den Code des Tages der deutschen U-Boote anzeigten, schrieb er über ein Lieblingshobby der Briten, das Beobachten von Vögeln. Er fragte, was passiert, wenn ein begeisterter Vogelbeobachter 180 verschiedene Arten entdeckt, wobei viele von ihnen nur von einem Vogel vertreten werden. Es ist auch logisch, dass der Ornithologe viele andere Arten völlig übersehen hat. Zählt man diese fehlenden Arten mit null, wie es ein Frequentist tun würde, führt das zu der ungünstigen Annahme, dass diese fehlenden Arten auch nie gefunden werden können. Turing beschloss nun, diesen fehlenden Arten eine kleine, von null verschiedene Wahrscheinlichkeit zuzumessen. Er wollte eigentlich etwas über seltene Buchstabenkombinationen herausfinden, die in seiner Sammlung aufgefangener deutscher Nachrichten nie auftauchten. So wie er die Wahrscheinlichkeit der fehlenden Arten in seinem Datensatz bestimmte, konnte er mithilfe des Bayes-Theorems die Wahrscheinlichkeit dieser Buchstabengruppen in einer weit größeren Sammlung von Funksprüchen und in den nächsten hereinkommenden Enigma-Nachrichten abschätzen. Jahrzehnte später sollten DNA-Entschlüssler und die Analysten der Künstlichen Intelligenz die gleiche Technik anwenden.

Good war zwar ein kluger Kopf, hatte aber Schwierigkeiten, mit seinen Kollegen zurechtzukommen, und so wechselte er von Stellung zu Stellung. Nachdem er ein Jahr in einer Kryptografie-Denkfabrik verbracht hatte, dem Institute for Defense Analyses, das damals zur Princeton University gehörte, waren viele seiner Kollegen erleichtert, als er 1967 ans Virginia Tech in Blacksburg ging. Er bestand darauf, dass er laut Vertrag immer einen Dollar mehr bekam als der Football-Trainer. Er arbeitete weit vom Bayes'schen Mainstream entfernt: Die meisten Verfechter des Bayes-Theorems gab es in den 1960er-Jahren vor allem an den Universitäten von Chicago und Wisconsin und in Harvard und an der Carnegie Mellon.

Weit vom Schuss und durch die Geheimhaltungsregeln der britischen Regierung zum Schweigen verurteilt, was seine Arbeit mit Turing betraf, schickte Good ungefragt seinen verdutzten Kollegen Kopien eines getippten Lebenslaufs mit einer Liste von mehr als 800 Artikeln und vier Büchern.[16] Er nummerierte alle Arbeiten und markierte viele von ihnen als geheim. Erst als die Briten nach und nach die Geheimhaltung seiner kryptoanalytischen Arbeiten aufhoben, konnte er den Erfolg des Bayes-Theorems beim Knacken des Enigma-Codes aufdecken. Als das so weit war, besorgte er sich aus Eitelkeit ein Autonummernschild mit den Initialen 007 IJG, um auf seinen James-Bonds-Status als Geheimagent anzuspielen.

Behindert durch die staatliche Geheimhaltungspolitik, seinen eigenen Charakter und die Unfähigkeit, seine Arbeit anderen zu erklären, blieb Good innerhalb der Bayes-Community isoliert. Zu deren intellektuellen Führern wurden zwei andere: Dennis Lindley und Jimmie Savage. Anders als Good wurden sie zufällig zu Bayesianern. Lindley war während der Bombardierung von London durch die Deutschen noch ein Junge. Er hatte einen bemerkenswerten Mathematiklehrer namens Maurice P. Meshenberg, der ihn im Luftschutzkeller der Schule unterrichtete. Meshenberg überzeugte Dennis' Vater, einen Dachdecker, der stolz darauf war, nie ein Buch gelesen zu haben, den Jungen die Schule nicht abbrechen oder zu einem Architekten in die Lehre gehen zu lassen. Dank Meshenberg schloss Dennis also die Schule ab und bekam ein Stipendium für die Cambridge University. Als später im Krieg die Regierung Mathematiker aufforderte, sich mit Statistik zu befassen, trug Lindley dazu bei, für das Versorgungsministerium die statistische Qualitätskontrolle und -überwachung der Waffenproduktion einzuführen.

Nach dem Krieg ging Lindley nach Cambridge zurück, dem Zentrum der britischen Wahrscheinlichkeitstheorie, wo Jeffreys, Fisher, Turing und Good entweder studiert oder gearbeitet hatten. Dort plante Lindley, die diversen

Handwerkszeuge der Statistiker zu einem „ehrbaren Bereich der Mathematik“ zusammenzubauen, zu einem vollständigen Gedankengebäude, das auf Axiomen und bewiesenen Theoremen basierte.[17] Andrei Kolmogorov hatte das für die Wahrscheinlichkeitstheorie im Allgemeinen schon in den 1930ern geleistet. Da insbesondere Fisher auf seine Ideen oft intuitiv kam und die mathematischen Details vernachlässigte, gab es genug Platz für einen anderen Mathematiker, der die Dinge logisch in Ordnung bringen konnte.

1954, ein Jahr nachdem er einen längeren Artikel veröffentlicht hatte, der sein Projekt zusammenfasste, besuchte Lindley die University of Chicago – um festzustellen, dass Savage das Ganze schon viel besser bewältigt hatte. Lindley und Savage sollten schon bald die maßgeblichen Fürsprechern für das Bayes-Theorem werden, wobei aber damals beiden nicht klar war, auf welch schlüpfrigen Pfad die Reise nun unaufhaltsam in Richtung Bayes ging. Sie dachten vielmehr nur, traditionelle statistische Techniken auf feste mathematische Füße gestellt zu haben. Erst später wurde ihnen klar, dass es von ihren strikten Axiomen und Theoremen keinen logischen Weg zu den ad hoc-Methoden des Frequentismus gab. Lindley sagte: „Wir waren Dummköpfe, weil uns beiden die Konsequenzen dessen, was wir taten, nicht klar waren.“[18]

Jimmie Savage war fast blind, hatte aber ein geradezu enzyklopädisches Wissen angesammelt. Sein Vater, ein Jude, war aus Osteuropa in die USA emigriert. Er hatte nur eine drittklassige Bildung, änderte seinen Familiennamen von Ogushevitz in Savage und ließ sich in Detroit nieder. Jimmie und sein Bruder Richard waren beide extrem kurzsichtig und litten unter zwanghaften Augenbewegungen. Wenn Jimmie als Erwachsener über die Straße wollte, wartete er fünf oder zehn Minuten, bis sicher war, dass kein Auto kam. Nahm er an Vorlesungen teil, musste er zur Tafel gehen und sie mit einem starken Monokular betrachten. Die Brüder konnten trotzdem ganz gut lesen und nannten sich als Kinder „Lesemaschinen“.[19] Ihre Mutter, die einen Highschool-Abschluss hatte und als Krankenschwester arbeitete, hatte sie reichlich mit Büchern aus der Bücherei versorgt. Das Lesen stand immer an erster Stelle. Jimmie las mit bemerkenswerter Ausdauer, wobei er die lästige Angewohnheit entwickelte, *alles* infrage zu stellen. Seine breit gefächerten Studien und seine unstillbare Neugier sollte die Geschichte des Bayes-Theorems verändern.

Wegen seiner Augenprobleme hatte Savage jedoch beinahe keine College-Ausbildung erhalten. Seine Lehrer hielten ihn für zurückgeblieben und für ein Studium ungeeignet. Schließlich wurde er aber doch an der Wayne University in Detroit angenommen. Von dort ging er an den Chemie-Fachbereich der University of Michigan – wurde dort aber wieder abgewiesen, diesmal mit der Begründung, für die Arbeit im Labor ungeeignet zu sein. Ein freundlicher Mathematik-Professor namens George Y. Rainich rettete ihn, indem er ihn an einem Kurs für Studenten mit Augenproblemen teilnehmen ließ, den er in völliger Dunkelheit abhielt. Rainich nannte das „rein geistige Geometrie“, was ihn an Russland erinnerte, wo es viele Schulen gab, die kein Geld für Kerzen hatten.[20] Drei der Studenten dieses Kurses, Savage eingeschlossen, machten ihren Doktor.

Während des Zweiten Weltkrieges arbeitete Savage in der Forschungsgruppe für Statistik der Columbia University mit dem Wirtschaftswissenschaftler und späteren Nobelpreisträger Milton Friedman zusammen. Diese Erfahrung brachte Savage dazu, von der reinen Mathematik zur Statistik zu wechseln. Nach dem Krieg ging er an die University of Chicago, wo damals die spannendsten Forschungen betrieben wurden. Das war zum großen Teil dem grandiosen Nobelpreisträger Enrico Fermi zu danken, dem letzten Physiker, der sowohl als Theoretiker wie als Experimentator glänzte. Fermi verwendete das Bayes-Theorem. Im Herbst 1953, als sich Jay Orear, einer seiner Doktoranden, mit einem Problem herumschlug, bei dem es drei unbekannte Größen gab, riet ihm Fermi, eine einfache Analysemethode namens „Bayes-Theorem“ zu verwenden, die er von Carl Friedrich Gauß kannte. Ein Jahr später starb Fermi mit nur 53 Jahren, und das Bayes-Theorem verlor einen herausragenden Förderer unter den Physikern.

Fermi war nicht der einzige bedeutende Physiker, der in dieser Zeit Bayes'sche Methoden benützte. Ein paar Jahre später schlug Richard Feynman an der Cornell University vor, konkurrierende physikalische Theorien mithilfe des Bayes-Theorems zu vergleichen. Feynman sollte später eine Bayes'sche Untersuchung durchführen, die zum Ergebnis kam, dass spröde gewordene Dichtungsringe für die *Challenger*-Katastrophe verantwortlich waren.

In dieser aufregenden Zeit in den 1950er-Jahren in Chicago gründeten Savage und Allen Wallis die Statistik-Fakultät der Universität, und Savage zog eine Reihe junger Stars auf diesem Gebiet an. Bei seiner weit ausgreifenden Lektüre stieß Savage auf die Arbeiten von Émile Borel, Frank Ramsey und Bruno de Finetti aus den 1920ern und 1930ern, die die Subjektivität bei der Bayes'schen Methode rechtfertigten.

Savages revolutionäres Buch *Foundations of Statistics* war das dritte in einer Reihe bahnbrechender bayesianischen Veröffentlichungen der 1950er-Jahre. Es erschien 1954 – vier Jahre nach Baileys Rede vor den Versicherungsexperten und Goods Buch und ein Jahr nach Lindleys Arbeit. Durch Ramseys frühen Tod fiel es auf Savage zurück, die Ideen des jungen Philosophen über die Nützlichkeit weiterzuentwickeln und aus dem Bayes-Theorem, das aus Beobachtungen Schlüsse zieht, ein Werkzeug zur Entscheidungsfindung und das richtige Handeln zu machen.

Mit einem gewissen Trotz definierte sich Savage selbst als Subjektivist und „Personalist“. Die subjektive Wahrscheinlichkeit war ein Maß für den Glauben. Sie war etwas, auf das man wetten konnte, ganz besonders bei Pferderennen. Dort haben alle Teilnehmer an den Wetten die gleichen Informationen über ein Pferd, kommen aber zu unterschiedlichen Schlüssen, wenn sie dessen Chancen abschätzten. Auch kann ein Rennen nie exakt wiederholt werden. Es ging nun darum, die subjektiven Meinungen und das professionelle Wissen in Naturwissenschaft, Medizin, Recht, Ingenieurswesen, Archäologie und anderen Bereichen zu quantifizieren und in die statistischen Analysen einzubeziehen.

Aus der Praxis – Anwendungen des Bayes-Theorems: *Subjektive Prioren*[21]

Der umstrittenste Punkt bei der Kontroverse zwischen den Frequentisten und den Bayesianern ist die Tatsache, dass im Falle nur weniger Daten das Ergebnis einer Bayes'schen Rechnung von der Wahl der Prioren abhängt. In diesem Fall kann es zu einer eher subjektiven als objektiven Bewertung der Situation kommen. Die modernen Praktiker wünschen sich große Datenmengen, da durch sie die subjektive Meinung bei der Wahl der Prioren minimiert wird.

Es folgt nun eine Illustration der Kontroverse, in deren Verlauf Bayes fast das ganze 20. Jahrhundert lang verteufelt wurde. In unserem Beispiel befassen sich zwei Personen, Tim und Susi, mit dem gleichen Problem, haben aber andere Vorstellungen, was die Apriori-Wahrscheinlichkeiten betrifft. Sie kommen dann trotz gleicher experimenteller Daten zu unterschiedlichen Schlussfolgerungen.

Tim und Susi werden in einer Bar von einem Fremden angesprochen, der drei deutsche Euromünzen aus der Tasche zieht. Er behauptet, zwei der Münzen seien echt, das heißt sie haben auf der Vorderseite die Zahl „1" und auf der Rückseite einen Adler. Die dritte Münze sei eine Fälschung. Bei ihr ist auf beiden Seiten ein Adler. Der Fremde bietet an, eine der Münzen per Zufall auszuwählen und sie dreimal zu werfen. Tim und Susi dürfen dabei zuschauen und sollen nach den Würfen darauf wetten, ob die Münze falsch oder echt war. Tim und Susi glauben dem Fremden, dass er zwei echte und eine falsche Münze hat.

Die Frage, die den Prior bestimmt, ist: Wird der Fremde wirklich die Münze, die er werfen will, per Zufall auswählen? Und dann ist die Frage natürlich, ob die geworfene Münze eine echte oder die falsche ist.

Wir wollen das Problem mathematisch formulieren und bezeichnen die Wahrscheinlichkeit mit P und die falsche Münze mit F. P(F) ist die Apriori-Wahrscheinlichkeit, dass die geworfene Münze falsch ist. D sind die neuen Daten, die später gewonnen werden. Tim und Susis neue Meinung aufgrund der neuen Daten ist P(F|D). Im Bayes-Theorem treten diese Größen so auf:

$$P(F|D)=\frac{P(F)P(D|F)}{P(F)P(D|F)+P(\not{F})P(D|\not{F})}$$

Tims erster Eindruck von dem Fremden ist, dass man ihm trauen kann und dass er wirklich eine Münze per Zufall aus den drei Münzen auswählt. Tims Apriori-Wahrscheinlichkeit, dass die falsche Münze gewählt wird, ist also P(F) = 1/3. Das Bayes-Theorem sieht mit Tims Annahmen so aus:

$$P(F|D)=\frac{\frac{1}{3}P(D|F)}{\frac{1}{3}P(D|F)+\frac{2}{3}P(D|\not{F})}$$

Susi ist misstrauischer. Sie nimmt an, dass der Fremde nicht per Zufall unter den drei Münzen auswählt. Sie ist also anderer Meinung als Tim und glaubt dessen Apriori-Wahrscheinlichkeit von 1/3 nicht. Ist Susi vollkommen überzeugt davon, dass der Fremde absichtlich die *falsche* Münze wählen wird, beträgt ihr P(F) also 1.

So sieht Susis Bayes-Theorem mit ihren Werten aus:

$$P(F|D) = \frac{1 \cdot P(D|F)}{1 \cdot P(D|F) + 0 \cdot P(D|\not{F})}$$

Ist aber Susi ganz im Gegenteil davon überzeugt, dass der Fremde absichtlich eine der *echten* Münzen wählen wird, gilt P(F) = 0, und das Bayes-Theorem sieht so aus:

$$P(F|D) = \frac{0 \cdot P(D|F)}{0 \cdot P(D|F) + 1 \cdot P(D|\not{F})}$$

Je nachdem, wie sehr Susi dem Fremden misstraut, liegt ihre Apriori-Wahrscheinlichkeit irgendwo zwischen 0 und 1.

Auf jeden Fall starten Tim und Susi mit sehr unterschiedlichen Apriori-Annahmen.

Nun geht es um das Sammeln von Daten. Der Fremde wählt eine Münze und wirft sie dreimal, und jedes Mal zeigt sie den Adler. Ist es die falsche Münze mit den zwei Adlern, ist die Wahrscheinlichkeit für dieses Ergebnis 1. Es gilt: P(D|F) = 1. Ist es aber eine echte Münze, ist die Wahrscheinlichkeit dieses Ausgangs nur 1/8.

Mit Tims Prior gilt nun:

$$P(F|D) = \frac{1/3 \cdot 1}{1/3 \cdot 1 + 2/3 \cdot 1/8} = \frac{4}{5}$$

Tim glaubt nun aufgrund der Münzwürfe, dass der Fremde mit 80 % Wahrscheinlichkeit eine falsche Münze gewählt hat.

Mit den beiden Prioren von Susi erhält man diese Ergebnisse:

$$P(F|D) = \frac{0 \cdot 1}{0 \cdot 1 + 1 \cdot 1/8} = 0$$

or

$$P(F|D) = \frac{1 \cdot 1}{1 \cdot 1 + 0 \cdot 1/8} = 1.$$

Susis aktualisierte Wahrscheinlichkeit, dass der Fremde absichtlich die falsche Münze gewählt hat, liegt zwischen 0 und 100 %. Tim und Susi kommen also zu unterschiedlichen Ergebnissen, was die geworfene Münze betrifft, weil ihre Prioren verschieden sind und weil es nur wenige Beobachtungsdaten gibt, um die Prioren zu aktualisieren.

Mehr als jeder andere zwang Savage die Fachwelt, über die Kombination zweier Konzepte nachzudenken: den Nutzen (die Quantifizierung der Belohnung) und die Wahrscheinlichkeit (die Quantifizierung der Ungewissheit).

Er argumentierte, dass rationale Menschen eine subjektive Wahl treffen, um die zu erwartenden Verluste zu minimieren.

Savage stellte sich auch dem heikelsten Einwand gegen die Bayes'sche Methode: „Was passiert denn mit der wissenschaftlichen Objektivität einer Datenanalyse, wenn sich die Apriori-Meinungen von einem Forscher zum anderen ändern können?"[22] Auf Jeffreys aufbauend gab Savage zur Antwort: Gibt es nur wenige Daten, bleiben die Wissenschaftler Subjektivisten und stimmen nicht überein. Nimmt die Zahl der Daten zu und finden sich immer mehr Beweise, nähern sich die Meinungen der Subjektivisten immer mehr einem Konsens, und sie werden zu Objektivisten – beispielsweise was den Treibhauseffekt betrifft oder die These, dass das Rauchen die Hauptursache für Lungenkrebs ist. Lindley stimmte diesem Urteil zu: „Genau so funktioniert Wissenschaft."[23]

Als aber Savage lautstark propagierte, dass man die persönliche Meinung nun auch mathematisch behandeln wolle, war sich keiner – auch nicht er selbst und Lindley – bewusst, dass das die Verkündigung der Heiligen Schrift des Bayesianismus war. „Keiner von uns wusste zu dieser Zeit, was die Aussage bedeutete, wir seien ‚Bayesianer'", erinnerte sich Lindley. In Savages Buch kam der Begriff „bayesianisch" überhaupt nicht vor, und das Bayes-Theorem wurde nur ein einziges Mal zitiert. Savages Ansichten und sein Buch wurden nur langsam populär – selbst bei denen, die für Bayes empfänglich waren. Viele hatten auf eine Schritt-für-Schritt-Gebrauchsanweisung wie Fishers *Statistical Methods for Research Workers* gewartet. Da es keine geeigneten Rechenmaschinen gab, die Bayes'sche Ideen umsetzen konnten, mussten sich die Bayesianer auf ein paar einfache Beispiele mit leicht zu lösenden Integralen beschränken. Sie hätten Jahre gebraucht, um mit den jahrhundertealten Methoden größere Probleme durchzurechnen. Savage war jedoch „wenig erpicht darauf gewesen, sich von ultraschnellen Rechengeräten helfen zu lassen". Er erklärte: „Das ist sicher zum Teil darauf zurückzuführen, dass ich rückständig bin, … aber meine Interessen richten sich vor allem auf das Qualitative. … Tafeln mit Funktionen, die von mehreren Parametern abhängen, sind so gut wie nicht druckbar, und wenn sie gedruckt sind, ganz unverständlich."[24] Savage machte sich stattdessen weiter daran, abstrakte mathematische Theoreme zu beweisen und an der logischen Begründung der Bayes'schen Methoden zu arbeiten.

Seine Anwendungsbeispiele waren zu skurril, um praktischen Nutzen zu bringen: Mit welcher Wahrscheinlichkeit ringelt Aspirin Kaninchenohren ein? Was ist die wahrscheinlichste Geschwindigkeit von Licht aus Neonröhren, das durch Bier fällt? Einige meinten, Savages Unwillen, ernsthafte Probleme zu behandeln, habe die Ausbreitung der Bayes'schen Methoden erschwert. Lindley klagte: „Die Statistik hätte vielleicht mehr profitiert, wenn er bei Antworten auf Anfragen nicht so pedantisch gewesen wäre und den Studenten nicht so viel geholfen hätte, sondern stattdessen mehr Arbeitsmethoden entwickelt hätte, die andere Wissenschaftler oder Praktiker verwenden konnten."[25]

Es gab auch Verwirrung, weil Savage durchaus frequentistische Aspekte heranzog, um für die Bayes'schen subjektiven Prioren zu argumentieren, die seit dem 19. Jahrhundert verpönt waren. Savage erklärte, beim Schreiben seines Buches sei er „noch kein ‚personalistischer' Bayesianer" gewesen. Vielmehr sei er zur Bayes'schen Statistik „ernsthaft nur über die Beachtung des Likelihood-Prinzips gekommen. Ich brauchte ein oder zwei Jahre, um den Übergang zu schaffen."[26]

Nach dem Likelihood-Prinzip befindet sich alles, was sich aus Experimenten ergibt, innerhalb des Likelihood-Bereichs des Bayes-Theorems, dem Bereich, der die Wahrscheinlichkeit objektiver neuer Daten beschreibt. Der Prior spielte dabei keine Rolle. In der Praxis rationalisierte dieses Prinzip die Datenanalyse. Ein Wissenschaftler konnte sein Experiment beenden, wenn er mit den Ergebnissen zufrieden war oder wenn die verfügbare Zeit, das Geld oder seine Geduld zu Ende ging. Nicht-Bayesianer hingegen mussten weitermachen, bis irgendein Häufigkeitskriterium erfüllt war. Bayesianer konnten sich auch auf das konzentrieren, was passierte und mussten nicht auf das achten, was nach dem Sampling-Plan von Neyman und Pearson passieren *könnte*.

Savage brauchte einige Jahre, um sich Bayes zu nähern, aber in den frühen 1960ern hatte er sich die Bayes'sche Logik ganz und gar zu Eigen gemacht, mit der die subjektive Wahrscheinlichkeit mit neuen statistischen Werkzeugen für das wissenschaftliche Schlussfolgern und die Entscheidungsfindung verschmolzen wurde. Nach der Meinung von Savage gab das Bayes-Theorem Antworten auf Problemstellungen, die andere statistische Verfahren nicht lösen konnten. Die Herkunft des Frequentismus aus Genetik und Biologie bedeutete, dass er sich mit Gruppenphänomenen befasste, mit ganzen Populationen und riesigen Ansammlungen ähnlicher Objekte. Was die Verwendung statistischer Methoden in Biologie und Physik betraf, hatte der Physiker und Nobelpreisträger Erwin Schrödinger verkündet, der Einzelfall interessiere in keiner Weise.[27]

Bayesianer können hingegen auch mit einmaligen Ereignissen umgehen, wie mit der Wahrscheinlichkeit, dass ein Stuhl genau zehn Kilo wiegt, ein Flugzeug Verspätung hat oder dass sich die USA in fünf Jahren im Krieg befinden. Sie können auch Informationen aus verschiedenen Quellen kombinieren, Beobachtungen als Zufallsvariable behandeln und all dem Wahrscheinlichkeiten zumessen – ganz gleich ob die Daten normalverteilt sind oder nicht. Bayesianer benützen alle verfügbaren Daten, da *jede* Tatsache die Antwort ein wenig ändern kann. Frequentistische Statistiker schlugen die

Hände über dem Kopf zusammen, wenn Savage so wunderliche Fragen stellte wie: „Ist der Schaden größer als der Nutzen, wenn man Schlangenbisse mit Whiskey behandelt?“ Die Bayesianer dagegen grinsten nur und erwiderten: „Whiskey ist *wahrscheinlich* eher schlecht als gut.“[28]

Betrachtet man den Bayesianismus als Bewegung, gleicht er eher einer Philosophie, vielleicht sogar einer Religion oder einem Bewusstseinszustand, als einem wissenschaftlichen Gesetz, das richtig von falsch unterscheidet, wie beispielsweise das der Plattentektonik. Laut David Spiegelhalter von der Cambridge University ist Bayes „viel grundlegender. … Viele einflussreiche Wissenschaftler sagen, man könne Wahrscheinlichkeiten nicht verwenden, um das Fehlen von Wissen oder einmalige Ereignisse zu beschreiben, für die man keine Häufigkeiten angeben kann. Die Wahrscheinlichkeit tauchte in unserer Zivilisation erst sehr spät auf, … [und viele Wissenschaftler] finden das ziemlich verstörend, weil es kein Entdeckungsprozess ist, sondern mehr ein Interpretationsprozess.“[29]

„Mathematische Statistiker spüren oft in bestimmten Gesetzen eine Kombination von Harmonie und Macht“, erklärte Robert E. Kass, ein Bayesianer von der Carnegie Mellon University. „Man macht sofort eine tiefe ästhetische Erfahrung und erkennt auf pragmatische Weise grundlegende Konsequenzen, die zu dem führen, was Albert Einstein das ‚kosmische religiöse Gefühl‘ genannt hat. Das Bayes-Theorem vermittelt ein solches Gefühl. Es besagt, dass es einen einfachen und eleganten Weg gibt, aktuelle Informationen mit früheren Erfahrungen zu kombinieren, um herauszufinden, wie viel man weiß. Es beinhaltet, dass ausreichend gute Daten Beobachter, deren Meinungen anfangs auseinander gingen, dazu bringen, nun übereinzustimmen. Es verwendet alle verfügbaren Informationen, und es führt zu Entscheidungen, deren Fehlerquote so gering wie nur möglich ist. Das Bayes-Theorem ist Ehrfurcht gebietend.“ Leider, so fuhr Kass fort, „werden Leute, die in seinen Bann geraten sind, gern zu Missionaren und gegenüber seinen grundsätzlichen Schwachstellen blind. … Seine magische Kraft hängt vom Wert seiner auf Wahrscheinlichkeiten beruhenden Inputs ab.“[30]

Fanatiker sahen im Bayes-Theorem das allumfassende Wundermittel, was einerseits religiöse Verehrung, aber andererseits auch dogmatischen Widerstand hervorrief. Die Schlacht zwischen den Bayesianern und ihren gleichermaßen leidenschaftlichen Gegnern zog sich über Jahrzehnte hin und befremdete viele, die von außen zusahen. Einer dieser Zuschauer hielt fest: „Es war ein großer Kampf ums tägliche Brot. Es war verheerend. Sie hassten einander.“[31] Ein bekannter Statistiker klagte: „Die Bayes'schen Statistiker halten sich nicht allzu streng an Bayes' Vorgaben. Würden sie es halten wie er und nur posthum veröffentlichen, hätten wir uns alle einen Haufen Ärger erspart.“[32]

Savage wurde zu einem der Gläubigen, zu einem überzeugten, messianischen Bayesianer, zum „extremsten Anwalt des Bayesianismus, den man je gesehen hat", wie es William Kruskal von der University of Chicago ausdrückte. Savage formulierte die Kontroverse über das Bayes-Theorem in ihrer extremsten Ausprägung: als Kampf zwischen Subjektivität und Objektivität. Für ihn war wie für Lindley das Theorem das Ein und Alles, die einzige Methode, die sich durchgesetzt hat, um angesichts der Ungewissheit Entscheidungen zu treffen. Das Bayes'sche Gesetz war richtig und vernünftig. Andere Ansichten waren falsch, und es war weder notwendig noch wünschenswert Kompromisse zuzulassen.

„Die subjektive Wahrscheinlichkeit ... wurde für Savage zur einzigen sinnvollen Annäherung an die Wahrscheinlichkeit und Statistik", erinnerte sich Kruskal traurig. „Wer in wesentlichen Dingen nicht mit ihm übereinstimmte, galt als feindselig oder dumm oder zumindest als unaufmerksam gegenüber einer wichtigen wissenschaftlichen Entwicklung. Diese Haltung wurde zweifellos durch persönliche Schwierigkeiten, die giftige Rhetorik einiger Anti-Bayesianer und die bitteren Fehden zwischen Savage und vielen alten Freunden unter seinen Kollegen aufgeheizt."[33]

1960 war Savages letztes Jahr in Chicago. Es war von viel Tumult überschattet. Während die Kollegen des Fachbereichs nichts davon wussten, versuchte die Verwaltung, die Statistik-Abteilung abzuschaffen, und Savage kämpfte darum, diese Entscheidung rückgängig zu machen. Seine Ehe brach auseinander, und er wechselte in der Hoffnung, sie retten zu können, an die University of Michigan. Als er abreiste, sagte er seinen Kollegen: „Ich habe 1954 die Bayes'schen Argumente bewiesen. Niemand von Ihnen hat in dem Beweis einen Fehler gefunden, und trotzdem verleugnet Ihr sie immer noch. Warum?"[34] Als er versuchte, nach Chicago zurückzukehren, stimmten die Mitglieder des Fachbereichs, den er aufgebaut und geleitet hatte, gegen seine Wiederanstellung. Zunächst bot ihm keine andere amerikanische oder britische Universität eine Stelle an. Erst 1964 ging er an die Yale University, heiratete erneut und erreichte für sich wieder einen einigermaßen erträglichen gelassenen Zustand.

Savage starb 1971 mit nur 53 Jahren überraschend an einem Herzinfarkt. Mit seinem frühen Tod verloren die amerikanischen Bayesianer ihren wichtigsten Wortführer. Die Zeitschrift *New Haven Register* sah es nüchterner und wies darauf hin, dass Savage als Mitautor eines Buches mit dem Titel *How to Gamble If You Must* für das Glücksspiel wichtig gewesen war.[35] Für Bayesianer sind alle Annahmen über die Zukunft ein Wagnis, und das Glücksspiel ist das Paradebeispiel für die Entscheidungsfindung. Der *Register* titelte seinen Nachruf mit „Der Yale-Statistiker Leonard Savage ist tot – Autor eines Buches über das Glücksspiel."

Unterdessen war Lindley nach Großbritannien zurückgegangen, wo er viele Jahre lang der einzige Bayesianer in einer gehobenen Stellung war. Er arbeitete in dieser Zeit nicht nur weiter an der Bayes'schen Theorie, sondern gründete auch starke Gruppen, die sich der Bayes-Forschung widmeten – zunächst am University College of Wales in Aberystwyth und dann am University College London. Letzteres hatte Englands wichtigsten Statistik-Fachbereich und war die Hochburg der Frequentisten. Als Lindley ankam, sagte ein Kollege, es sei „als hätte man einen Zeugen Jehovas zum Papst gewählt".[36] Lindley klagte, er habe einige Statistiker „geerbt", die „ihre Sicht der Statistik nicht ändern würden".[37] Er stellte noch fest, „die allgemeine Haltung sei gewesen, in die andere Richtung zu schauen".[38]

In einer Zeit, in der viele über Bayes spotteten, gehörte Mut dazu, Europas führendes Bayes-Fachbereichs aufzubauen. Lindley war oft der einzige Bayesianer auf den Treffen der Royal Statistical Society und sicher der einzige kämpferische. Er verteidigte das Bayes-Theorem wie ein Advokat des Teufels. „Die Bayes'sche Statistik ist kein *Zweig* der Statistik, sie ist ein Weg, auf die Statistik als *Ganzes* zu schauen", argumentierte er. Für die anderen war er in erster Linie ein Komiker, den sie tolerierten und der die Sitzungen auflockerte.

Lindley wurde als moderner Revolutionär bekannt. Er kämpfte dafür, dass immer mehr Bayesianer als Professoren eingestellt wurden, bis das Königreich einen Kern von zehn Bayes'schen Fachbereichen hatte. Schließlich neigten die Briten der Methode mehr zu als die Amerikaner, wo Neyman weiterhin Berkeley als anti-Bayes'sche Festung besetzt hielt. Der Prozess hinterließ aber seine Spuren: Trotz seiner bahnbrechenden Beiträge wurde Lindley nie Mitglied der Royal Society. 1977 gab Lindley mit nur 54 die verhasste Verwaltungsarbeit auf und emeritierte frühzeitig. Er feierte die neu gewonnene Freiheit, indem er sich einen Bart stehen ließ und zu einer Art „Wandergelehrter" in Sachen Bayes wurde.[39]

Dank Lindley in Großbritannien und Savage in den USA entwuchs die Bayes'sche Theorie in den 1960ern den Kinderschuhen. Die philosophische Begründung für den Einsatz der Bayes'schen Methoden hatte sich weitgehend durchgesetzt. Sie war zur einzigen Mathematik der Ungewissheit geworden, die eine detaillierte, wirkungsvolle und sichere logische Begründung aufweisen konnte. Was die Anwendung betraf, gab es aber weiterhin Kontroversen.

Lindleys enormer Einfluss als Lehrer und Organisator trug in der nun folgenden Generation Früchte, während Savages Buch die Bayes'schen Methoden beim Militär, in der Wirtschaft, Geschichtsforschung, Spieltheorie, Psychologie und darüber hinaus verbreitete. Obwohl Savage über Kaninchenohren und Neonlicht im Bier geschrieben hatte, ermutigte er persönlich Forscher, das Bayes-Theorem auch bei Problemen anzuwenden, bei denen es um Leben und Tod ging.

8

Jerome Cornfield: Lungenkrebs und Herzinfarkt

In der Medizin hielt das Bayes-Theorem durch die Anstrengungen eines einzigen Wissenschaftlers Einzug: Jerome Cornfield. Er hatte nichts weiter als einen Bachelor in Geschichte und versuchte mit dem Theorem die Ursachen von Lungenkrebs und Herzinfarkten herauszufinden.

Vor 1900 war Lungenkrebs äußerst selten, auch 1930 war er noch ungewöhnlich. Erst nach dem Zweiten Weltkrieg kam es wie aus dem Nichts zu einer sprunghaften Steigerung der Fälle. 1952 fielen in England und Wales 321 Menschen von einer Million der Krankheit zum Opfer, ein Jahr später wurden in den USA ungefähr 30 000 neue Fälle diagnostiziert. Es gab keine andere Krebsart mit einem derart katastrophalen und rätselhaften Anstieg, den auch Untersuchungen in Europa, der Türkei und Japan bestätigten. Mit der Krankheit schien es eine besondere Bewandtnis zu haben.

Aber was konnte das sein? Ihre Ursachen waren unbekannt. Manche Pathologen dachten, die Zunahme an Lungenkrebs sei der Verbesserung der Diagnosemethoden zu verdanken oder dem natürlichen Altern der Bevölkerung. Andere machten die zunehmenden Fabrik- oder Autoabgase, Teerteilchen vom modernen Asphalt oder den berüchtigten englischen Smog aufgrund der offenen Kohleheizung in den Wohnungen dafür verantwortlich. 1880 wurde eine Maschine zur Massenproduktion von Zigaretten erfunden, und während des Ersten Weltkrieges sorgte das Vaterland dafür, dass die Soldaten im Feld Zigaretten bekamen. Andererseits zeigten Tierversuche nicht, dass der Tabakteer Krebs erzeugt.

Bereits 1937 hatte aber eine kleine Untersuchung in Deutschland angedeutet, dass der Zigarettenrauch der Verursacher sein könnte. Aber auch daran gab es Zweifel. Während in England und Wales 80 % der Männer mittleren Alters Zigaretten rauchten, war der Tabakverbrauch pro Kopf leicht gesunken. Und der Rauch von Zigaretten, die allmählich Zigarren und Pfeifen verdrängt hatten, schien nicht schlimmer als anderer Rauch zu sein.

Austin Bredford „Tony" Hill, der berühmteste Biostatistiker der Welt, war an dem Problem interessiert. Er nannte sich lieber Arithmetiker als Mathematiker oder Statistiker und versuchte mit klarer Logik in einer Reihe von Artikeln in *The Lancet* die medizinische Gemeinde zu überzeugen, ihre Forschungsergebnisse objektiv zu quantifizieren. In den späten 1940er-Jahren, zwei Jahrzehnte nachdem Ronald Fisher die Randomisierung von Agrarexperimenten eingeführt hatte, machte dies nun Hill für die medizinische Forschung. Er propagierte den modernen, kontrollierten klinischen Test und zeigte damit zum Beispiel, dass eine Impfung die Zahl der Keuchhustenfälle von Kindern um 78 % verringerte und dass Streptomycin wirkungsvoll die Lungentuberkulose bekämpfte. Bradford Hill wurde so berühmt, dass ihn auch ein Brief mit der Adresse „Lord Hill, Bradford, England" erreichte.

Um nun die wahrscheinlichsten Ursachen für die katastrophale Zunahme von Lungenkrebs herauszufinden, organisierten Hill und ein junger Arzt und Epidemiologe namens Richard Doll in 20 Londoner Kliniken Befragungen von Patienten mit und ohne Lungenkrebs. Alle wurden nach ihren früheren Aktivitäten und den Belastungen der Lunge befragt. Die 1950 veröffentlichten Ergebnisse waren schockierend eindeutig. Von 649 Männern mit Lungenkrebs waren nur zwei Nichtraucher. Ein großer Teil der Lungenkrebspatienten gehörte zu den starken Zigarettenrauchern, und ihre Todesrate war 20 Mal größer als die der Nichtraucher. Eine breit angelegte amerikanische Untersuchung durch Ernst L. Wynder und Evarts A. Graham bestätigte im gleichen Jahr die englische Studie.

Die alarmierende Nachricht, dass das Rauchen von Zigaretten und Lungenkrebs zusammenhängen, verursachte sofort einen weltweiten Aufruhr. Zeitungen, Radios, Fernsehstationen und Magazine konkurrierten mit den medizinischen Fachzeitschriften um die neuesten Knüller. Mit Ausnahme der Grippeepidemie von 1918 war keine Krankheit so schnell aus dem Dunkel ins weltweite Bewusstsein getreten. Und nur wenige Krankheiten haben so gewaltige Kontroversen hervorgerufen.

Die Studie von Hill und Doll gehört immer noch zu den Highlights der medizinischen Statistik. Es war die erste durchdachte Fallstudie einer nicht infektiösen Krankheit. Und sie brachte Hill und Doll dazu, mit dem Rauchen aufzuhören. Trotz der dramatischen Ergebnisse zeigte die Studie nicht direkt, dass das Zigarettenrauchen Lungenkrebs verursacht. Das konnte niemand mit Sicherheit behaupten. Jerome Cornfield, ein Beamter der amerikanischen National Institutes of Health (NIH) nahm die Herausforderung an. Hill, der in Großbritannien klinische Studien organisierte, und Cornfield, der in den USA deren mathematische Rechtfertigung herausarbeitete, gingen auf beiden Seiten des Atlantiks verschiedene Aspekte des gleichen Problems an.

Die beiden Männer hatten einen völlig unterschiedlichen Hintergrund. Hills Vater war ein Arzt, der geadelt worden war. Einer seiner Vorfahren hatte die Briefmarke erfunden. Cornfield hingegen war der Sohn russisch-jüdischer Einwanderer. Er hatte 1933 seinen Bachelor an der New York University gemacht. Die Regierung, die während der Depression verzweifelt genaue Wirtschaftsdaten brauchte, hatte nach „hellen Köpfen“ gesucht, um die Angestellten zu ersetzen, die nach alter Tradition Statistiken der Arbeitslosigkeit, des Nationaleinkommens, des Wohnungsbaus, der Landwirtschaft und der Industrie aufgestellt hatten.[1] Cornfield, der zu diesen „hellen Köpfen“ zählte, wurde vom Staat als Statistiker mit einem Jahreseinkommen von 1 368 $ eingestellt.

Washington D.C. war immer noch eine abgeschiedene Stadt mit Südstaaten-Tradition. „Faustregel war, dass man als Jude für das Arbeitsministerium arbeiten konnte, als Katholik aber für das Handelsministerium“, erklärte Marvin Hoffenberg, ein Freund Cornfields, der später Professor an der University of California, Los Angeles, wurde.[2] Also ging Cornfield ans Arbeitsministerium. Das Landwirtschaftsministerium betrieb eine sogenannte Graduate School, an der Regierungsangestellte mit mathematischen Neigungen Statistik studieren konnten. Cornfield belegte dort seine einzigen Mathematik- und Statistikkurse.

Cornfield erinnerte sich: „Niemand wusste, wie viele Arbeitslose es gab, und das Sammeln von Daten schien mir der Weg zu sein, um es herauszufinden. … Ich war süchtig nach Statistik geworden.“[3] Obwohl Fisher und Neyman an der Graduate School Vorlesungen über Sampling-Methoden hielten, war Direktor W. Edwards Deming offen für alles. Er war es, der 1940 den Essay von Thomas Bayes mit einer Einleitung von Edward Molina von den Bell Labs neu herausgab und damit wieder leicht zugänglich machte.

Cornfields Freunde bezeichneten seine Amtszeit im Arbeitsministerium als seine ernsthafte und exotische Phase. Er spielte eine große Rolle bei der Revision des amerikanischen Lebenshaltungsindex und schuf einen japanischen Index für das nach dem Zweiten Weltkrieg besetzte Land. Er war aber auch „ein ganz besonderer Typ“, wie sich ein Freund erinnerte.[4] Er konnte sich keinen vernünftigen Grund vorstellen, warum man sich rasieren sollte und ließ sich einen kleinen Spitzbart stehen. Mit seiner hageren Gestalt und einem Regenschirm überm Arm ähnelte er einem eleganten Diplomaten, der unbeschwert zur Arbeit ging. In einer Zeit, in der das nur wenige andere getan hätten, teilte er sein Büro mit einer Statistikerin und einem afro-amerikanischen Angestellten. Gleich neben seiner mechanischen Marchant-Rechenmaschine stellte er eine türkische Wasserpfeife auf, und man konnte ihn oft beobachten, wie er lässig an ihrem halbmeterlangen Rohr saugte und paffte.

Cornfield ging 1947 an die neuen staatlichen National Institutes of Health (NIH). Weil infektiöse Erkrankungen in den USA auf dem Rückzug waren, bekämpften die Epidemiologen der NIH nun chronische Krankheiten, insbesondere Krebs, Herzinfarkte und Diabetes. Die NIH stellten zur Unterstützung der Epidemiologen ein paar Leute ein, die gut mit Zahlen umgehen konnten, von denen es aber nur einer bis zum Master-Titel geschafft hatte. Biostatistik war ein Beruf auf dem Abstellgleis, und in den 1950er- und 1960er-Jahren beschäftigten die NIH jeweils nur etwa zehn bis zwanzig Statistiker. Es war diese kleine Gruppe, die den NIH-Forschern auf dem Gebiet der Biologie und Medizin statistische Methoden nahebrachte.

1950 rauchten die meisten Menschen in den USA, und es wurden immer mehr – insbesondere bei den Frauen. Man bevorzugte starke Zigaretten ohne Filter. Als 1952 die Lorillard Tobacco Co. Filterzigaretten einführte, enthielten diese noch fünf Jahre lang Asbest. Als 14 Untersuchungen in fünf Ländern zeigten, dass von den Lungenkrebspatienten ein alarmierend hoher Prozentsatz zu den starken Rauchern zählte, nahmen Cornfield und seine Frau von ihrer alten Gewohnheit Abschied, zweieinhalb Päckchen pro Tag zu rauchen.

Cornfield erkannte, dass die Studien von Hill und Wynder die Fragen der Ärzte und der verängstigten Patienten, wie groß das persönliche Risiko war, nicht direkt beantworteten. Die Studien zeigte, wie viel Prozent Raucher unter den Patienten mit und ohne Krebs waren, aber sie sagte nichts darüber, welcher Anteil der Raucher und Nichtraucher wahrscheinlich Lungenkrebs bekommen würde.

Um auf die Ängste der Leute reagieren zu können, war der sicherste und direkteste Weg, das Schicksal großer Gruppen von Rauchern und Nichtrauchern über Jahre zu verfolgen und herauszufinden, wie viele in den beiden Gruppen Lungenkrebs bekamen. Leider erfordern Untersuchungen der Zukunft großer Gruppen viel Geld und Zeit, besonders, wenn es um relativ seltene Krankheiten wie Lungenkrebs geht. Deshalb hatten Hill und Doll ihre Untersuchung rückblickend angelegt und Leute ausgesucht, die schon Lungenkrebs hatten, um sie nach ihrer Krankheitsgeschichte zu befragen. Solche Studien sind ein relativ schneller und billiger Weg, um die möglichen Ursachen einer bestimmten Krankheit herauszufinden. Der Statistiker Cornfield vermutete aber, dass rückblickende Studien wie die von Hill und Doll auch benützt werden konnten, um die quälende Frage Einzelner zu beantworten: „Wie groß ist die Wahrscheinlichkeit, dass ich oder die, die ich liebe, die tödliche Krankheit bekommen?"

1951 machte sich Cornfield daran, das Rätsel mithilfe des Bayes-Theorems zu lösen. Als Apriori-Hypothese wählte er das Auftreten von Lungenkrebs in der Gesamtbevölkerung. Dann kombinierte er diesen Wert mit den neuesten Informationen der NIH über die Verbreitung der Raucher unter den Patienten mit und ohne Lungenkrebs. Das Bayes-Theorem lieferte eine feste logische Verbindung, eine Brücke, wenn man so will, zwischen dem Risiko von Lungenkrebs in der Gesamtbevölkerung und dem Risiko in einer Untergruppe wie den Rauchern. Cornfield hatte sich damals das Bayes-Theorem noch nicht als eine allumfassende Philosophie zu Eigen gemacht. Für ihn waren die mathematischen Aussagen des Bayes-Theorems nur ein Schritt zu Rechnungen, die nützliche Ergebnisse liefern würden.

Cornfields Artikel verblüffte die Epidemiologen. Mehr als alles andere unterstützte er die Hypothese, dass das Zigarettenrauchen eine Ursache für Lungenkrebs war. Ohne jede theoretische Begründung hatten die Epidemiologen aus einer Notwendigkeit heraus Fallstudien von Patienten herausgegriffen, um auf mögliche Ursachen des Problems hinzuweisen. Cornfields Aufsatz von 1951 zeigte klar, dass unter bestimmten Bedingungen (wenn zusätzlich zu den an einer Studie Beteiligten eine Kontrollgruppe beobachtet wird) die Krankengeschichten wirklich helfen konnten, den Grad der Verbindung einer Krankheit mit ihren möglichen Ursachen herauszufinden. Die Epidemiologen konnten das Krankheitsrisiko angeben, indem sie klinische Daten aus den Krankengeschichten zusammentrugen, die nicht bei medizinischen Experimenten oder Tests gewonnen worden waren. Wurden Forschungsergebnisse von Kontrollstudien mit einbezogen, ermöglichte Cornfields Arbeit vieles, was die moderne Epidemiologie heute ausmacht. So konnte beispielsweise 1961 eine Testreihe mit Kontrollgruppe den Nachweis erbringen, dass Thalidomid, ein Mittel gegen Übelkeit, die Ursache für schwere Geburtsfehler sein kann.

Zwei gewaltige Anstrengungen in England und den USA während der Mitte der 1950er-Jahre bestätigten Cornfields Urteil. Da viele die Ergebnisse ihrer rückblickenden Studie zurückgewiesen hatten, beschlossen Hill und Doll, eine zukunftsbezogene Studie anzuschließen. Sie fragten 40 000 britische Ärzte nach ihren augenblicklichen Rauchgewohnheiten und begleiteten sie fünf Jahre lang, um festzustellen, wer Lungenkrebs bekam. In einer parallelen Studie in den USA verfolgten E. Cuyler Hammond und Daniel Horn über mehr als dreieinhalb Jahre das Schicksal von 187 783 Männern zwischen 50 und 69 aus dem Bundestaat New York. Die Todesraten glichen denen in Großbritannien: Starke Raucher bekamen 22 bis 24 Mal häufiger Lungenkrebs als Nichtraucher *und*, eine weitere Überraschung, sie bekamen mit einer 42 % bis 57 % größeren Wahrscheinlichkeit Herz- und Kreislaufkrankheiten. Die Ergebnisse zeigten auch, dass Zigaretten gefährlicher als Pfeifen waren, wobei aber das Risiko zurückging, nachdem das Rauchen eingestellt wurde.

Erstaunlicherweise akzeptierten weder Fisher noch Neyman die Forschungsergebnisse, die zeigten, dass Rauchen Lungenkrebs verursacht. Der Grund könnte gewesen sein, dass die beiden Anti-Bayesianer starke Raucher waren und dass Fisher als Berater Geld von der Tabakindustrie erhielt. Noch wichtiger aber war, dass beide epidemiologische Studien nicht überzeugend fanden. Sie hatten mit ihrem Hinweis Recht, dass Tabak zwar mit Lungenkrebs assoziiert werden konnte, aber deshalb nicht auch die Ursache sein musste. 1955 holten sie mit dem Argument, dass nur streng kontrollierte

Labor- und Feldexperimente zukünftige Krankheitsraten bestimmen könnten zum Gegenschlag aus. Der bedeutendste amerikanische Medizin-Statistiker, Joseph Berkson von der Mayo-Klinik in Rochester, Minnesota, beteiligte sich. Berkson glaubte nicht, dass Zigaretten beides, Lungenkrebs *und* Herzinfarkte, verursachten.

Fisher startete ein Trommelfeuer aus zornigen Angriffen, wozu auch zwei Bücher und zwei Artikel gehörten, die in den hoch angesehenen Zeitschriften *Nature* und *British Medical Journal* veröffentlicht wurden. Laut Doll ging Fisher sogar so weit, Hill der wissenschaftlichen Unaufrichtigkeit zu beschuldigen. Im Verlauf von drei Jahren entwickelte Fisher zwei bemerkenswerte Hypothesen. Unglaublich, aber wahr: Nach der ersten war Lungenkrebs die Ursache des Drangs, rauchen zu müssen. Nach der zweiten gab es einen latenten genetischen Faktor, der manche Menschen für beides, Lungenkrebs und Rauchen, anfällig machte. Nach beiden Hypothesen war aber auf keinen Fall das Rauchen die Ursache für Lungenkrebs.

Während der 1950er-Jahre ging der Streit zwischen Cornfield und Fisher weiter. Cornfield dachte angestrengt darüber nach, wie viele Beweise es noch geben müsste, um aus den Beobachtungsdaten auf Ursache und Wirkung schließen zu können. 1959 putze er schließlich in einem populären und ohne Mathematik geschriebenen Aufsatz, der sich wie ein juristisches Schriftstück las, Fishers alte Geschichten über das Rauchen regelrecht herunter. In diesem bahnbrechenden Aufsatz nahmen sich Cornfield und fünf Mitautoren jede von Fishers alternativen Erklärungen für die Verknüpfung zwischen Zigarettenrauchen und Lungenkrebs vor. Punkt für Punkt widerlegten sie Fishers Vererbungsthese. Wenn Raucher neunmal häufiger Lungenkrebs bekommen als Nichtraucher, hätte Fishers genetischer Faktor weit größer sein müssen, was aber allem widersprach, was man wusste.

Cornfield wies Fishers Idee, Lungenkrebs könnte das Rauchen verursachen, entschieden zurück: „Da wir keinen Hinweis darauf haben, der die Ansicht unterstützt, ein Bronchialkarzinom, das mit 50 entdeckt wird, könne schon vor 18 begonnen haben, dem Durchschnittsalter, in dem Raucher zu rauchen beginnen, sollten wir diese Idee nicht weiter diskutieren.“[5] Fishers genetischer Faktor hätte sich nach Cornfields Ansicht unter Zigarettenrauchern schneller ausbreiten und häufiger vorkommen müssen als unter Nichtrauchern. Er hätte bei Mäusen Hautkrebs verursachen müssen, aber nicht Lungenkrebs beim Menschen; er hätte mit dem Alter schwächer werden müssen, wenn Raucher zu rauchen aufhörten; und er hätte bei Männern häufiger als bei Frauen auftreten müssen. Außerdem hätte er bei Rauchern, die zwei Päckchen je Tag rauchen, 60 Mal häufiger und zudem bei Pfeifen- und Zigarrenrauchern unterschiedlich sein müssen. Aber nichts von all dem wurde je beobachtet.

Fisher war der Lächerlichkeit preisgegeben. Cornfield notierte kühl: Es ist „ein Punkt erreicht, … an dem es schwer wird, eine ständig modifizierte Hypothese noch ernsthaft in Erwägung zu ziehen."[6] Wissenschaftler, die nur eine einzige tragfähige Erklärung für Zusammenhänge in ihren Daten finden, haben vielleicht eine Ursache entdeckt. Die Existenz anderer möglicher Erklärungen zeigt aber, dass man die wahre Ursache noch nicht gefunden hat. Cornfield zeigte, wie der Weg der zukünftigen Forschung auf dem Gebiet von Rauchen und Lungenkrebs weiterlaufen musste.

Inzwischen war Cornfield, der eigentlich Geschichte studiert hatte, zum einflussreichsten Biomedizinstatistiker der USA geworden. Als der Chef des US-Gesundheitsdienstes 1964 schloss, dass „das Zigarettenrauchen ursächlich mit Lungenkrebs verbunden ist", zitierte er Cornfields Arbeiten.[7] Nichtexperimentelle Untersuchungen hatten dabei mitgeholfen, den Zusammenhang von Rauchen und Lungenkrebs aufzudecken. Mithilfe des Bayes-Theorems, dem, was Laplace „die Wahrscheinlichkeit von Ursachen und zukünftigen Ereignissen, abgeleitet aus vergangenen Ereignissen"[8] genannt hatte, begründete Cornfield theoretisch, warum man mit kontrollierten Versuchsreihen den Zusammenhang zwischen einer Belastung (z. B. mit Schadstoffen wie Tabakteer) und der Krankheit abschätzen kann. Heute sind dank Cornfield kontrollierte Versuchsreihen das wichtigste Werkzeug der Epidemiologen, um die wahrscheinlichen Ursachen chronischer Krankheiten herauszufinden.

Im Laufe seiner Karriere befasste sich Cornfield mit allen größeren Problemen der öffentlichen Gesundheitspolitik. Die meisten dieser Probleme – vom Rauchen über die Sicherheit bei der Impfung gegen Kinderlähmung bis zur Effizienz von Diabetestherapien – wurden höchst kontrovers diskutiert.

Um die Abneigung der Ärzte und Epidemiologen gegen die Statistik zu mindern, entwickelte Cornfield einen lockeren Umgang mit den Kranken. Er ließ seine ernste Phase hinter sich und sorgte mit seinem ansteckenden Lachen für eine stressfreie, nicht förmliche Atmosphäre. Indem er seine Gespräche mit Humor würzte und lustige Geschichten erzählte, weckte er enormes Vertrauen. Selbst sein Gang und seine Sprache wurden lebhafter. Schon bald wollte jeder Biomediziner, der in einem Ausschuss saß, in dem es Kontroversen gab, Cornfield dabei haben. Indem er auf Verbindendes hinwies, konnte er selbst die zerstrittensten Gruppen einen. Nach einer besonders mühsamen Reihe von Treffen, über die lange Protokolle existieren, fragte ihn ein Ausschuss-Mitglied: „Haben Sie meinen letzten Brief über die Größe von Stichproben bekommen?" Nach einer Pause grinste Cornfield und sagte „Mein Gott, ich hoffe doch." Als der Ausschuss schließlich sein dickes Handbuch fertigstellte, hielt es Cornfield hoch und rief aus: „Wissen Sie, was auch immer Sie von den Zehn Geboten halten, Sie müssen zugeben, dass es erfreulich ist, dass es nur zehn waren."

Cornfield stand in der Regel um fünf Uhr morgens auf, schrieb und machte seine Rechnungen mit Papier und Bleistift. Wie seinerzeit Laplace fand er schlaue Näherungsverfahren und Rechentricks. Er veranschaulichte besonders schwierige Verteilungsfunktionen, indem er sie aus einem Stück Seife herausschnitt. Um besser mit Biochemikern zusammenarbeiten zu können, eignete er sich die Grundlagen der Biologie an. Er war ein glänzender Redner, bereitete eine Rede aber immer erst am Abend vorher vor. Selbst als er einmal am nächsten Morgen um 8 Uhr 30 an der Yale University einen Vortrag über Tests des umstrittenen Salk-Kinderlähmungsserums halten sollte, schob er die Vorbereitungen auf die lange Bank. „Mach Dir keine Sorgen, Max", sagte er einem Freund, „Gott wird schon für alles sorgen."

Cornfield war ein begieriger Leser, er hatte aber keinen Fernseher und war ganz glücklich darüber, keine Ahnung von populärer Kultur zu haben. Einmal bat ihn ein Biostatistiker, der gern mit Hollywoodstars ausging, ein morgendliches Meeting kurz zu halten: „Ich muss fertig werden, weil ich um zwölf einen Lunch mit Kim Novak habe." Cornfield fragte ganz verwirrt: „Kim Novak? Was ist denn der?"[9] Dabei war Kim, die Antwort von Columbia Pictures auf Marilyn Monroe, gerade ständig in den Schlagzeilen.

Cornfield beschäftigte sich in den 1950er-Jahren noch mit einer anderen medizinischen Untersuchung, die einen Wendepunkt darstellte: Seit 1900 hatten in den Staaten die Todesfälle wegen Erkrankungen der Herzkranzgefäße stetig zugenommen. Seit 1921 waren Herzkrankheiten die häufigste Todesursache in den USA, während Schlaganfälle seit 1938 an dritter Stelle standen. Die Forschung wusste jedoch in der Mitte des 20. Jahrhunderts über die Ursachen von Herzkrankheiten und Schlaganfällen so wenig wie über die von Lungenkrebs.

Um die Ursachen der Todesfälle wegen Erkrankung der Herzkranzgefäße zu erforschen, musste man der Geschichte der Probanden viele Jahre folgen. Eine zukunftsorientierte Untersuchung war hier eher realisierbar als bei Lungenkrebs, weil Herzprobleme weit häufiger waren. 1948 half Cornfield bei der Planung der Framingham-Herzstudie mit, die seitdem über drei Generationen die Gesundheit der Einwohner von Framingham, Massachusetts, verfolgt.

Als eine der ersten wichtigen Arbeiten, die sich auf die Daten von Framingham stützten, untersuchte Cornfield das Schicksal von 1 329 Männern während eines Jahrzehnts. Zwischen 1948 und 1958 erlitten 92 einen Herzinfarkt oder erkrankten an Angina pectoris.

Längsschnittstudien, wie die von Framingham, haben den Zweck, eine große Zahl von Variablen sowohl einzeln als auch miteinander verknüpft auf das Risiko hin zu untersuchen, ob sie zu einer Krankheit führen. Die Epidemiologen analysierten ihre Daten traditionsgemäß, indem sie die Zusammenhänge über Kreuz auf ihre Häufigkeit untersuchten oder – laut Cornfield – darüber „brüteten". Drei Risikofaktoren, die jeweils mit gering, mittel und stark angegeben wurden, ergaben noch eine saubere, übersichtliche Anordnung in 3×3-Tabellen. Wenn die Zahl der Variablen größer wurde und man alle Variablen einzeln und kombiniert anschauen wollte, wurde aber die Zahl der Tabelleneinträge, über die man brüten konnte, unüberschaubar. Eine Untersuchung dieser Art mit zehn Faktoren mit jeweils drei möglichen Werten führt bereits zu 59 049 Einträge. Um für jeden wenigstens zehn Patienten zu haben, müsste man 600 000 Leute beobachten – mehr als die gesamte Bevölkerung von Framingham.

Cornfield erkannte, dass er eine „zielorientiertere Analyse statt einer einfachen Betrachtung" brauchte.[10] Er musste ein mathematisches Modell entwickeln, um die Beobachtungen zusammenzufassen. Dazu wählte er das Bayes-Theorem und setzte als Prioren die Todesraten aufgrund von Erkrankungen der Herzkranzgefäße ein. Aus Framingham gab es Daten von zwei Gruppen: Die einen waren an einer Herzerkrankung gestorben, die anderen nicht. Für jede Gruppe gab es Informationen über sieben Risikofaktoren. Mithilfe des Bayes-Theorems errechnete Cornfield eine Aposteriori-Wahrscheinlichkeit in Form einer logistischen Regressionsfunktion, mit der er dann die vier wichtigsten Risikofaktoren für eine Erkrankung der Herzkranzgefäße herausfilterte. Zusätzlich zum Alter waren es das Cholesterin, das Rauchen von Zigaretten, Anomalien des Herzens und der Blutdruck.

Mit dem Bayes-Theorem konnte Cornfield die Daten von Framingham nun bezüglich der Wahrscheinlichkeit neu interpretieren, mit der Menschen mit bestimmten Lebensbedingungen herzkrank werden. Es gab keinen kritischen Cholesterinwert oder Blutdruck, der den Menschen Sicherheit bot, nicht krank zu werden und bei dessen Überschreitung sie krank wurden. Menschen mit zu hohen Cholesterinwerten *und* zu hohem Blutdruck hatten aber ein um 23 % höheres Risiko von Herzinfarkten als die mit niedrigen Cholesterin- und Blutdruckwerten.

Cornfields Entdeckung der wichtigsten Risikofaktoren für die Erkrankung der Herzkranzgefäße von 1962 führte zu einem der wichtigsten medizinischen Erfolge im 20. Jahrhundert: Die Todesraten aufgrund dieser Erkrankung gingen dramatisch zurück. Zwischen 1960 und 1996 fielen sie um 60 %, was 621 000 Todesfälle weniger bedeutete. Cornfields Bericht zeigte den Forschern auch, wie man das Bayes-Theorem benützen konnte, um mehrere Risikofaktoren gleichzeitig zu untersuchen. Seine multiple logistische Risikofunktion gilt als eine der besten Methoden der Epidemiologie.

Um die Wirksamkeit einer bestimmten Therapie zu bestimmen, benützte Cornfield eine frühere Studie, die von den NIH an mehreren Kliniken durchgeführt worden war, und führte dabei ein weiteres Bayes'sches Konzept ein:

Harold Jeffreys relative Wettchancen. Sie sind heute als Bayes-Faktor bekannt und stellen die Wahrscheinlichkeit der Beobachtungsdaten bezüglich einer Hypothese dar, dividiert durch ihre Wahrscheinlichkeit bezüglich einer anderen Hypothese.

Als Cornfield mit Forschern arbeitete, die an Mäusen Krebsmedikamente testeten, traf ihn die Unbeweglichkeit der frequentistischen Methoden wie ein Schlag vor den Kopf. Nach den Regeln der Frequentisten mussten bei solchen Versuchen noch sechs Beobachtungen angehängt werden, selbst wenn die ersten Ergebnisse die Hypothese schon widerlegt hatten. Die frequentistischen Methoden verhinderten auch, dass ein Patient eine andere, bessere Behandlung erhielt, bevor ein klinischer Test abgeschlossen war. Die Frequentisten konnten während einer klinischen Studie weder Zwischenergebnisse festhalten, noch konnten sie Behandlungsresultate bei einer Untergruppe untersuchen oder Hinweisen in den Daten durch weitere, anfangs noch nicht geplante Analysen folgen. Als Cornfield erkannte, dass er mit den Bayes'schen Methoden eine Hypothese schon nach zwei eindeutig ihr widersprechenden Beobachtungen widerlegen konnte, war er bekehrt. Er hatte zu Anfang das Bayes-Theorem als brauchbares Instrument zur Lösung eines bestimmten Problems benützt, so wie man es schon in der Kryptografie, bei der Jagd auf U-Boote und bei der Artillerie im Zweiten Weltkrieg getan hatte. Aber jetzt steuerte er mehr und mehr darauf zu, das Bayes-Theorem zur Grundlage einer ganzen Philosophie im Umgang mit Ungewissheiten und Informationen zu machen. Von dem Augenblick an, als das Bayes-Theorem für ihn eine Philosophie und nicht nur ein Werkzeug war, wurde er genauso bekehrt wie Jeffreys, Savage, Lindley und andere im Verlauf der 1950er- und 1960er-Jahre. Während Fisher eine Hypothese für richtig hielt, wenn es unwahrscheinlich war, dass sie per Zufall zustande kam, erklärte Cornfield lässig: „Wenn Fishers Signifikanzniveau den Zwischenergebnissen widerspricht, kann ich nur sagen: umso schlimmer für das Signifikanzniveau."[11]

Interessanterweise folgten die meisten anderen Statistiker der NIH ihrem Chef nicht ins Bayes'sche Reich. Cornfield veröffentlichte wissenschaftlich wichtige Arbeiten über das Bayes'sche Schlussfolgern in den Hauptzeitschriften der Statistiker. Aber obwohl er in einigen Tests, an denen er mitwirkte, Bayes'sche Methoden einbezog, waren die wichtigsten Schlussfolgerungen doch frequentistisch begründet. Es sollte noch weitere 30 Jahre dauern, bis die NIH anfingen, Bayes für klinische Tests zu verwenden. Savage meinte, viele Forscher seien zufrieden gewesen, die Segnungen des Bayes-Theorems zu nutzen, ohne die Methode insgesamt aufzugreifen.

Cornfield erklärte trotzdem voll Freude: „Das Bayes-Theorem ist vom Friedhof zurückgekommen, wohin man es verbannt hatte."[12]

1967 zog sich Cornfield von den NIH zurück, um später zur George Washington University zu gehen, wo er den Statistik-Fachbereich leitete und aus dem Bayes-Theorem einen umfassenden logischen mathematischen Ansatz machte. In einer seiner Arbeiten bewies er zur Genugtuung vieler Bayesianer, dass nach den Regeln der Frequentisten jede statistische Prozedur, die nicht auf einem Prior basiert, mit ihm verbessert werden kann.

Obwohl er zum Bayesianismus übergetreten war, blieb Cornfield als Gutachter und Berater sehr gefragt. Er beriet die US-Army bei der Planung von Experimenten, den Forschungsausschuss, der Kinseys Bestseller über die weibliche Sexualität kritisierte, das US-Justizministerium bei der Sammlung von Wählerdaten, um Manipulationen durch betrügerische Wähler zu entlarven, und den Bundesstaat Pennsylvania nach der Nuklear-Katastrophe von Three Mile Island.

1974 wurde der Bayes'sche Biostatistiker mit seinem Bachelor in Geschichte zum Präsidenten der American Statistical Association gewählt. In seiner Antrittsrede fragte der Mann, der Ärzten mit Humor und guter Laune zu randomisierten Testreihen riet, den Epidemiologen einige ihrer wichtigsten Methoden schenkte und der die Ursachen von Lungenkrebs und Herzinfarkten herausfand: „Warum sollte jemand mit Verstand, Ehrgeiz und hoher Intelligenz stolz darauf sein, es anregend finden und zufrieden sein, als Statistiker eine Hilfsfunktion bezüglich den Problemen anderer einzunehmen?" Er lächelte über seine eigene Frage und fuhr fort: „Niemand hat je den Anspruch erhoben, die Statistik sei die Königin der Wissenschaften. … Die beste alternative Bezeichnung, von der ich gehört habe, ist ‚Bettgenossin'. Die Statistik als Bettgenossin der Naturwissenschaft mag vielleicht nicht die Parole sein, unter der wir in der nächsten akademischen Prozession laufen wollen, aber eine bessere Beschreibung fällt mir nicht ein."[13]

Als Cornfield 1979 die Diagnose Bauchspeicheldrüsenkrebs erhielt, kannte er so gut wie alle anderen in den NIH die beängstigend geringe Überlebensrate in den nächsten sechs Monaten. Trotz allem beschloss er, das Leben weiterhin voll auszukosten, und er behielt seinen Humor auch nach schweren Komplikationen nach einer Operation. Als ein Freund ihn mit „Jerry, ich bin so froh Dich zu sehen" begrüßte, erwiderte Cornfield lächelnd: „Das ist nichts gegen die Freude, die *ich* habe, Dich sehen zu können."[14] Als er im Sterben lag, sagte er zu seinen zwei Töchtern: „Ihr habt euer ganzes Leben damit zu gebracht, euren Humor für die Zeit zu entwickeln, in der ihr ihn wirklich brauchen könnt."[15]

9
Bayes und das Unmögliche: Unfälle mit Atombomben

Die militärischen Erfolge des Bayes-Theorems waren in der Zeit des Kalten Krieges natürlich immer noch geheim, als Jimmie Savage im Sommer 1957 die noble neue RAND Corporation besuchte und dort zwei junge Männer anregte, ein Problem durchzurechnen, bei dem es um Leben und Tod ging: die Wahrscheinlichkeit dafür, dass eine Wasserstoffbombe ungewollt explodiert.

RAND war während des Kalten Krieges die bedeutendste Denkfabrik der USA. General Curtis E. LeMay, der Kommandeur des Strategic Air Command (SAC) hatte zehn Jahre zuvor zu ihrer Gründung im kalifornischen Santa Monica beigetragen, um mit diesem „Spielzeug" Top-Wissenschaftler zu verlocken, die Operations-Research-Forschung auf einen Luftkrieg mit Langstreckenbombern anzuwenden.[1] Aber RAND sah sich selber eher als eine „Universität ohne Studenten", und die etwa 1 000 Angestellten hielten sich für „Intellektuelle der Landesverteidigung". Ihre Aufgabe war, mit Mathematik, Statistik und Computern militärische Probleme zu lösen, Pionierarbeit für die Entscheidungsfindung bei unbekannten oder ungewissen Bedingungen zu leisten und die Vereinigten Staaten vor einem sowjetischen Angriff zu schützen. Die amerikanische Luftwaffe, die RAND finanzierte, gab den Forschern freie Hand, die Probleme, die sie lösen wollten, selbst auszusuchen. Präsident Eisenhowers „New Look"-Militärpolitik beruhte darauf, auf einen sowjetischen Angriff mit der preiswertesten Methode zu reagieren, nämlich einem frühen massiven atomaren Vergeltungsschlag. Die Nuklearstrategie, das Überleben nach einem atomaren Angriff und die Optionen, darauf zu antworten, waren die Hauptthemen von RAND. Da nur die SAC-Bomber das amerikanische Atomarsenal transportieren konnten, und weil General LeMay an der Spitze des mächtigsten Militärapparats der Welt saß, war die Stimme von RAND oft einflussreich.

Als Savage in jenem Sommer Santa Monica besuchte, waren in den RAND-Berichten schon einige heilige Kühe des SAC geschlachtet worden. Um ihre Kernwaffen über sowjetischen Zielen abzuladen, wollten die harten Jungs der Air Force die neuen B-52 Stratofortress-Bomber fliegen. RAND schlug dagegen für diesen Zweck billigere konventionelle Flugzeuge vor. RAND beschrieb auch die Überseebasen des SAC für bemannte Bomber als ideale Ziele für einen sowjetischen Angriff. Ein Jahr nach Savages Besuch stellte RAND das Dogma des Kalten Krieges mit dem Argument infrage, Sieger würden üblicherweise mit dem Aushandeln eines Friedensvertrags besser fahren als mit der bedingungslosen Unterwerfung des Gegners. RAND mahnte auch, LeMays B-52 mit Raketen auf U-Booten zu ergänzen. Mehrmals kam es zwischen Savages Besuch 1957 und dem Jahr 1961 fast so weit, dass das SAC die Verbindungen zu RAND abgebrochen hätte.

Als sich Savage in diesem Sommer unter die RAND-Forscher mischte, traf er auch auf Fred Charles Iklé, einen jungen schweizer Demografen, der die soziologischen Auswirkungen von Kernwaffeneinsätzen auf die Bevölkerung einer Stadt untersucht hatte. Mit seinen 33 war Iklé sieben Jahre jünger als Savage. Er hatte 1950 an der University of Chicago seinen Doktor gemacht, wo Savage lehrte. Iklé war auf der Suche nach einem umfangreichen Arbeitsfeld, in dem niemand sonst bei RAND forschte. Er wählte Nuklearkatastrophen, die durch anglo-amerikanische Kernwaffen nicht verhindert werden konnten, weil sie die Folge eines Unfalls waren oder durch einen Geistesgestörten ausgelöst wurden. Was den massiven Vergeltungsschlag betraf, erklärte Iklé ein paar Jahre später: „Unsere Methode zur Verhinderung eines Atomkrieges beruht auf einer Art Kriegsführung, die seit dem dunklen Mittelalter allgemein verurteilt wird, nämlich der massenhaften Tötung von Geiseln."[2] Während das SAC seine Flüge mit Bomben an Bord unbedingt auszuweiten wollte, diskutierten Savage und Iklé, welche Auswirkungen diese Flüge auf potenzielle Unfälle mit Kernwaffen haben. Schließlich lief es auf die Frage hinaus, wie groß die Wahrscheinlichkeit war, dass eine Wasserstoffbombe ungewollt explodierte.

Nach einem Sommer mit vielen Diskussionen bereitete sich Savage darauf vor, in die akademische Welt zurückzukehren. In dieser Zeit traf Albert Madansky, ein 23 Jahre alter Doktorand aus Savages Statistik-Fakultät bei RAND ein. Madansky hatte seine Doktorarbeit finanziert, indem er einen Teil des Tages für Arthur Bailey arbeitete, dem Bayes'schen Theoretiker der Versicherungsbranche. Bis zu Baileys Tod hatte er eine Karriere in der Versicherungsbranche angestrebt. Savage, der sein Buch *Foundations of Statistics* veröffentlicht hatte, ohne darin schon das Bayes-Theorem aufzugreifen, sprach mit Madansky über das Wasserstoffbomben-Problem, zog dafür aber keine auf Bayes'sche Methoden in Betracht. Als er Santa Monica verließ, übergab er Madansky die Studie über die Wasserstoffbomben, um ihn damit machen zu lassen, was er für angebracht hielt. Madansky kam selbst darauf, es mit einem Bayes'schen Ansatz zu versuchen.

Da der RAND-Bericht über dieses Projekt schließlich als geheim eingestuft wurde, konnte Madansky über seine Arbeit 41 Jahre nicht sprechen. Als aber Savage nach Chicago zurückkehrte, diskutierte er in seinen Vorlesungen ganz offen die zugrunde liegenden statistischen Verfahren, die verwendet wurden. Das Bayes-Theorem tauchte nun sporadisch aus den Geheimkammern des Zweiten Weltkriegs und des Kalten Kriegs auf.

Das Wasserstoffbomben-Problem, dem Madansky gegenüberstand, war politisch und statistisch heikel. Bis zu dieser Zeit war noch keine einzige Atom- oder Wasserstoffbombe versehentlich explodiert. In den zwölf Jahren nachdem die USA im August 1945 ihre zwei Atombomben über Japan ausgelöst hatten, wurden Kernwaffen immer nur absichtlich im Rahmen von Tests gezündet. Die Staatsoberhäupter schlossen Unfälle aus und glaubten, dass ihr Bestand an Kernwaffen eine abschreckende Wirkung hatte und einen thermonuklearen Krieg verhindern konnte. Und sie glaubten, dass auch in Zukunft keine Kernwaffe versehentlich explodieren würde, weil das in der Vergangenheit nicht passiert war. Trotzdem blieb die Frage, ob das Unmögliche nicht doch möglich war.

Ging man von der konventionellen Statistik aus, wie sie ein ganzes Jahrhundert betrieben wurde, entzog sich alles, was unmöglich war, jeder Berechnung. Jakob Bernoulli hatte 1713 verkündet, dass höchst unwahrscheinliche Dinge nicht passieren. David Hume stimmte dem zu, wenn er vorhersagte, dass die Sonne am nächsten Tag aufgehen werde, weil sie schon Tausende Male aufgegangen war. Erst Thomas Bayes' Freund und Herausgeber Richard Price vertrat ja die entgegengesetzte Ansicht, dass nämlich das höchst Unwahrscheinliche doch passieren kann. Ende des 19. Jahrhunderts schloss Antoine-Augustin Cournot, dass die Wahrscheinlichkeit physikalisch unmöglicher Ereignisse unendlich klein ist, und dass aus diesem Grund solche Ereignisse nie vorkommen. Andrei Kolmogorov verfeinerte im 20. Jahrhundert das „nie" ein wenig, wonach wir bei einer sehr kleinen Wahrscheinlichkeit praktisch sicher sein können, dass das Ereignis im allernächsten Versuch nicht eintreten wird.

Auch Fisher war keine Hilfe. Er vertrat die Ansicht, dass die Wahrscheinlichkeit einfach gleich der Häufigkeit innerhalb einer unendlich großen Population war. Solange keine Bombe ungewollt hochgegangen war, konnte er die zukünftige Wahrscheinlichkeit eines solchen Unfalls nicht beurteilen. Zum Glück hatte Madansky keine unendlich große Population von Wasserstoffbomben-Unfällen zur Verfügung, und auch künftige Experimente dazu standen nicht zur Diskussion. Fishers Ansatz ließ ihn mit der banalen Feststellung zurück, dass sich noch nie ein Unfall ereignet hatte und dass damit auch die Wahrscheinlichkeit eines zukünftigen Unfalls null war.

Madansky schloss: „Solange wir davon ausgehen, dass die Wahrscheinlichkeit null ist, wird nichts unsere Vorstellung verändern. Wenn wir einmal beschlossen haben, dass die Sonne jeden Morgen aufgeht, weil sie das in der Vergangenheit immer getan hat, werden wir unsere Meinung nur ändern, wenn die Sonne eines Morgens ausbleibt.“[3]

Das Argument, dass es in Zukunft keinen Unfall geben werde, weil es in der Vergangenheit keinen gab, überzeugte ihn nicht. Zunächst: Der Glaube des militärischen und politischen Establishments, ein wohlgefülltes Kernwaffenarsenal werde einen Krieg verhindern, stand auf immer wackligeren Beinen. In den sechs Jahren zwischen 1949 und 1955 zündeten die Sowjets ihre erste Atombombe, die USA die weltweit erste Wasserstoffbombe, und Großbritannien testete sowohl eine Atom- als auch eine Wasserstoffbombe. 1957 schickte die Sowjetunion den ersten Satelliten um die Erde. Unterdessen hatten die USA die Armeen von NATO-Mitgliedern ausgebildet, Kernwaffen einzusetzen und hatten Raketen mit Atomsprengköpfen in Großbritannien, Italien und der Türkei stationiert. 1958, als die anglo-amerikanische Vereinbarung zur Zusammenarbeit bei der Nutzung der Kernenergie für die Landesverteidigung unterzeichnet wurde, hatte sich jede Hoffnung verflüchtigt, die Ausbreitung der Kernwaffen könne eingegrenzt werden. 1960 testete dann auch noch Frankreich seine erste Atombombe.

Abgesehen davon, dass sich Kernwaffen schnell ausbreiten konnten, fand Madansky noch 16 (streng geheime) Gründe, die dagegen sprachen, dass die Wahrscheinlichkeit eines zukünftigen Unfalls null war: Zwischen 1950 und 1958 gab es nämlich bereits 16 „sehr beunruhigende Vorfälle“, an denen Kernwaffen beteiligt waren.[4] Dazu gehörten versehentliche Bombenabwürfe vom Flugzeug, über Bord gegangene Bomben, Flugzeugunfälle und Fehler bei den Tests. Die Unfälle ereigneten sich vor British Columbia und in Kalifornien, in New Mexico, Ohio, Florida, Georgia, South Carolina und in Übersee. Die Liste von RAND sparte Unfälle aus, die der Öffentlichkeit verborgen geblieben waren.

Eine Atom- oder Wasserstoffbombe besteht aus dem „pit“, einer kleinen Kapsel mit Uran oder Plutonium innerhalb eines Behälters, der mit hochexplosivem konventionellem Sprengstoff ummantelt ist. Nur wenn dieser Sprengstoff überall gleichzeitig explodiert, wird die Kapsel mit dem Uran oder dem Plutonium stark genug von allen Seiten zusammengepresst, und die nukleare Explosion wird ausgelöst. Bei einigen Unfällen, meist bei einem Flugzeugabsturz, war dieser konventionelle Sprengstoff explodiert. Da aber die Kapsel mit dem radioaktiven Material nicht in der Bombe installiert war, ist es dabei nie zu einem Kernunfall gekommen. Diese Tatsache hatte das SAC überzeugt, dass ihr Verfahren sicher war und damit Unfälle mit Atomwaffen ausgeschlossen waren.

Die konventionellen Explosionen forderten aber eine große Zahl an Opfern. 1950 war ein Rekordjahr für Unfälle. Am 11. April 1950 starben 13 Personen in der Nähe des Luftwaffenstützpunkts Kirtland bei Albuquerque in New Mexico, als eine B-29 auf einen Berg prallte. Die Flammen aus dem Sprengstoff waren über 20 km weit zu sehen. Am 13. Juli starben 16 Personen, als eine B-50 nahe Lebanon, Ohio, aufschlug. 19 Personen, General Robert T. Travis eingeschlossen, starben am 5. August bei der Bruchlandung einer B-29 in Kalifornien wegen mechanischer Probleme. 60 Personen in einem nahen Wohnwagen-Camp wurden verletzt. Im gleichen Jahr verloren Kriegsschiffe zwei Bomben ohne nukleare Kapsel in der Tiefe des Pazifiks vor British Columbia und in einem nicht genannten Meer außerhalb der USA.

In den Zeitungen wurde wenig darüber berichtet, bis sich 1958 ein ungenügend gesicherter Verschluss im Bombenschacht einer B-47 öffnete und eine „relativ harmlose“ Bombe in Walter Greggs Garten in Mars Bluff, South Carolina, landete.[5] Der konventionelle Sprengstoff explodierte beim Aufprall und riss einen Krater von zehn Meter Tiefe und 20 m Durchmesser. Greggs Haus lag in Trümmern, einige Nachbargebäude wurden beschädigt und einige Hühner ließen ihr Leben. Es kamen zwar keine Personen zu Schaden, aber nun wurde ausführlich in den Medien berichtet. Die Reporter sprachen davon, dass der „TNT-Zündmechanismus“ explodiert war. RAND notiert missbilligend, dass ein Artikel im *Time Magazine* „erstaunlich genau“ war.[6] Der Kongress, die britische Labour-Party und Radio Moskau beschwerten sich.

Die US-Air Force zahlte Gregg $ 54 000, und alle B-47- und B-52-Flüge mit Nuklearwaffen an Bord wurden vorläufig eingestellt, bis neue Sicherheitseinrichtungen installiert waren. Auch das SAC änderte seine Politik: Kernwaffen durften kontrolliert nur in Ozeane oder ausgewählte „Gewässer“ fallen, „daher würden in Zukunft nur unkontrollierte Abwürfe die öffentliche Aufmerksamkeit auf sich ziehen.“[7]

Nachdem die Presse wegen der Unfälle immer misstrauischer wurde, machten sich Iklé und ein anderer RAND-Forscher, Albert Wohlstetter, Sorgen. Iklé empfahl, die Regierung solle weiterhin über die Beteiligung von Kernwaffen bei Flugzeugunfällen schweigen. Während Iklé und Madansky an ihrer Studie arbeiteten, ereignete sich ein Unfall, der einen internationalen Skandal hätte auslösen können. Kurz nach dem Start vom Luftwaffenstützpunkt Sidi Slimane in Marokko stürzte eine B-47 mit einer Bombe an Bord ab. Der konventionelle Sprengstoff detonierte, und ein Feuer tobte sieben Stunden lang und zerstörte die Bombe mit ihrer Kapsel.

Nach all diesen Unfällen ohne scharf gemachte Bomben erkannte Madansky, dass er nicht mehr wie das SAC und die Frequentisten unter den Statistikern annehmen konnte, ein Unfall mit einer Kernwaffe sei völlig ausgeschlossen. Er entschied sich stattdessen für „eine andere Glaubensrichtung, …

eine andere Art von Schlussfolgerung", nach der die Möglichkeit eines Unfalls nicht notwendig null sein musste.

Der Frequentismus bot keine Hilfe, „aber, aber, aber", sagte Madansky später, „wenn man ein Stückchen Unglaube zulassen will, kann man das Bayes-Theorem arbeiten lassen. … Bayes ist die einzige andere Religion, der man sich anschließen kann. Sie ist der natürlich Ansatz für ein derartiges Problem. Zumindest kam es mir damals so vor."[8] Dennis Lindley hatte argumentiert, wenn jemand die Wahrscheinlichkeit null für die Hypothese annimmt, dass der Mond aus grünem Käse besteht, „kann ihn auch eine ganze Armada von Astronauten, die vom Mond mit grünem Käse zurückkommt, nicht überzeugen".[9] Lindley zitierte in diesem Zusammenhang gern den Aufruf Cromwells, des Führers der Puritaner, an die Synode der Church of Scotland von 1650: „Ich beschwöre euch um Christi Barmherzigkeit willen, gebet zu, dass ihr euch möglicherweise irren könntet."[10] Im Sinne von Cromwells Appell übernahm Madansky das Bayes-Theorem als seine „alternative Religion".

Viele der Statistiker im Kalten Krieg kannten das Theorem sehr gut. Sie verwendeten es, um eines ihrer größten Probleme zu lösen, nämlich die Zuverlässigkeit der neuen Interkontinentalraketen abzuschätzen. „Wir wussten nicht, wie zuverlässig die Raketen waren", erklärte Madansky, „und wird hatte nur eine beschränkte Zahl von Testdaten, um das herauszufinden. Deshalb arbeiteten einige der Leute, die die Zuverlässigkeit untersuchten, mit Bayes'schen Methoden. Alle von der North American Rockwell Corporation über Thompson Ramo Wooldridge Inc. bis zur Aerospace Corporation und anderen waren einbezogen. Ich bin sicher, dass Bayes'sche Ideen auch bei ihnen herumschwirrten. Wir wussten alle davon. … Es war ganz natürlich, damit zu arbeiten."[11]

Madansky machte sich sofort daran, den Grad des Glaubens an die Annahme zu bestimmen, dass in Zukunft keine unbeabsichtigten Detonationen stattfinden werden. Er begann mit der Annahme der „statistisch gesprochen vernünftigen Idee, dass es eine Apriori-Verteilung der Wahrscheinlichkeit eines Unfalls bei einer bestimmten Gelegenheit gibt, die sich *nicht* total um null konzentriert".[12] Die Entscheidung, einen Hauch von Zweifel in seine Prioren mit einzubeziehen, war wichtig. Wenn ein Bayesianer einmal die Möglichkeit erwogen hatte, dass ein kleiner Unfall auch schon bei den vergangenen 10 000 Gelegenheiten hätte vorkommen können, wurde die Wahrscheinlichkeit einer unfallfreien Zukunft rapide kleiner.

Madansky stand vor einem politisch und mathematisch äußerst schwierigen Problem. Als junger Zivilist kratzte er an einem der fundamentalsten Glaubenssätze des Militärs über den Kalten Krieg. Er musste die Entscheidungsträger überzeugen, dass sich in der Zukunft eine Katastrophe ereignen könnte, obwohl es noch keine gegeben hatte. Er würde Laien die Bayes'sche

Methode erklären müssen. Und weil das Militär gegenüber Zivilisten, die ungefragt Vorschläge machten, oft misstrauisch war, musste er so wenige Apriori-Annahmen wie möglich machen. Dazu gab es das statistische Problem, dass es nur wenige Unfälle gab – und, zum Glück, keine Weltuntergänge.

Madansky wollte in Deckung bleiben und beschloss daher, seine Prioren weit optimistischer als 50 zu 50 anzusetzen. „Ich versuchte mit so wenigen Vorstellungen für die Prioren wie möglich auszukommen."[13] Um seine auf nur wenigen Informationen beruhenden Prioren zu verfeinern, fügte er noch eine vernünftige Annahme hinzu: Die Wahrscheinlichkeit eine unfallfreien Zukunft hängt von der Länge der unfallfreien Vergangenheit und der Zahl der zukünftigen Gelegenheiten für einen Unfall ab. Madansky hatte keine direkten Werte, denn es hatte ja noch nie einen Kernwaffenunfall gegeben. Aber das Militär besaß jede Menge indirekter Daten, und er begann mit ihnen seine Prioren zu modifizieren.

Er wusste, dass das Militär schon Pläne ausheckte, um die Zahl der Bomberflüge mit Kernwaffen stark zu erhöhen. Das SAC plante 1 800 Bomber, die Kernwaffen tragen konnten, wovon ungefähr 15 % immer gleichzeitig voll bewaffnet und zum Angriff bereit in der Luft sein sollten. Eine B-52 Stratofortress des SAC konnte bis zu vier Atombomben mit sich führen, die jeweils 1 bis 24 Mio. TNT Sprengkraft besaßen, also so viel wie 1 850 Hiroshima-Bomben. Die Vereinigten Staaten planten auch, Interkontinentalraketen mit Wasserstoffbombenköpfen zu bestücken, die Herstellung der Mittelstreckenraketen zu beschleunigen und mit NATO-Ländern über Rechte auf Abschussrampen und Militärbasen zu verhandeln. Die Militärs würden sehr bald mit kürzeren Alarmzeiten zu tun haben, mit einer erhöhten Alarmbereitschaft und einer dezentraleren Stationierung von Waffen. All diese Faktoren konnten die Wahrscheinlichkeit einer Katastrophe erhöhen.

Madansky berechnete die Zahl der „Unfallgelegenheiten" aufgrund der Zahl der Waffen, ihrer Lebensdauer und der Zahl ihrer Transporte in Flugzeugen oder bei Umlagerungen im Depot.[14] Die Unfallgelegenheiten entsprachen dem Würfeln oder dem Werfen von Münzen. Sie abzuzählen, stellte sich als wichtige Neuerung heraus.

„Eine Wahrscheinlichkeit, die für eine bestimmte Operation sehr gering ist – sagen wir 1 zu 1 Mio. – kann wichtig werden, wenn diese Operation in den nächsten fünf Jahren 10 000-mal vorkommt", gab Madansky zu bedenken.[15] Die Erfahrung der Militärs zeigte, dass „eine bestimmte Zahl von Flugzeugabstürzen" unvermeidbar war. Nach Angaben der Air Force würde ein B-52-Bomber mit den SAC-Bomben an Bord in 100 000 Flugstunden fünf schwere Unfälle haben. Bei 1 000 Flügen würden schätzungsweise drei Atombomben ungewollt oder aus Sicherheitsgründen absichtlich abgeworfen werden. Da 80 % der Flugzeugabstürze innerhalb eines 5-Kilometer-Radius um einen Stützpunkt stattfanden, wuchs die Wahrscheinlichkeit, dass die Bevölkerung Schaden nehmen würde. Keine der Studien sagte eine Kernwaffenexplosion voraus, aber für den Bayesianer beinhalteten sie Unheil verkündende Möglichkeiten.

Was die Rechnungen betraf, war Madansky zuversichtlich, dass die zwei mächtigen RAND-Computer, ein IBM der 700er-Serie und der „Johnniac", der von John von Neumann konstruiert und nach ihm benannt worden war, den Job machen konnten. Er hoffte aber, nicht auf die Computer zurückgreifen zu müssen und das Problem mit Papier und Bleistift lösen zu können. Angesichts der Leistungsfähigkeit und Verfügbarkeit von Computern in den 1950er-Jahren suchten viele Bayesianer nach Wegen, um die Rechnungen besser in den Griff zu bekommen. Madansky nutzte lieber die bekannte Tatsache, dass viele Arten von Prioren und Posterioren die gleichen Verteilungskurven hatten. Bailey hatte die gleiche Technik Ende der 1940er-Jahren verwendet, und später wurde sie als Howard Raiffas und Robert Schlaifers Methode der „konjugierten Prioren" bekannt. Als Madansky ihr Buch las, in dem seine Prioren beschrieben wurden, freute er sich, dass sie einen Namen und eine Begründung hatten. Er selbst hatte es „einfach ad hoc" gemacht.[16]

Mit den Prioren, die er im Griff hatte, den geheimen militärischen Daten und den auf Informationen beruhenden Mutmaßungen kam Madansky zu dem alarmierenden Schluss, dass es in dem neuen Alarmsystem des SAC mit seinen ständig fliegenden Bombern mit hoher Wahrscheinlichkeit jährlich 19 „nicht zu übersehende" Waffenunfälle geben würde.

Madansky schrieb eine einfache Zusammenfassung, die auch hochrangige Entscheidungsträger beim Militär verstehen konnten, und fügte sie dem Abschlussbericht von RAND über „das Risiko einer unbeabsichtigten oder nicht autorisierten atomaren Detonation" bei, der mit 15. Oktober 1958 datiert war.[17] Der Bericht nannte Iklé als ersten Autor und Madansky und den Psychiater Gerald J. Aronson als Mitarbeiter. Bis dahin waren viele RAND-Berichte frei erhältlich, aber die Zensoren der Air Force übten auf ihre Denkfabrik Druck aus, wonach dieser Bericht als geheim eingestuft und nur einer kleinen auserwählten Leserschaft zugänglich gemacht wurde. Er wurde erst 41 Jahre später freigegeben, wobei aber immer noch zahllose Seiten geschwärzt waren.

Angesichts dessen, was ein paar Jahre später in Spanien passieren sollte, erscheint vieles an dem Bericht prophetisch. Madansky konnte nicht vorhersagen, wann oder wo ein Unfall passieren würde, aber er war sich über zwei Dinge sicher: Das Risiko eines Unfalls nahm zu, und es war im Interesse der Militärs, ihr Kernwaffenarsenal sicherer zu machen. Die Medien bohrten immer mehr nach, wenn es um Unfälle mit Kernwaffen ging, deshalb sah Iklé die sowjetische Propaganda ebenso voraus wie Bürgerinitiativen zur Beschränkung des Kernwaffeneinsatzes und die Forderungen des Auslands, amerikanische Basen aufzugeben. Wer weiß? Möglicherweise würde die britische Labour-Party eine Wahl gewinnen oder die NATO würde zerfallen.

Das Ergebnis war, dass Iklé und Madansky Sicherheitsvorkehrungen vorschlugen, zu denen gehörte, dass nicht eine, sondern mindestens zwei Personen nötig waren, um die Bomben scharf zu machen, dass die Schalter unter Strom stehen sollten, um jedem bei einer Berührung einen Schlag zu versetzen, dass die Sprengköpfe nur über Feindesland scharf gemacht werden durften, dass in den Atomköpfen Kombinationsschlösser eingebaut werden sollten, dass der Austritt von radioaktivem Material bei einem Brand des hochexplosiven Raketentreibstoffs verhindert werden sollte und dass Plutonium durch Uran ersetzt wird, das nur ein kleineres Gebiet verseuchen würde. Der Bericht empfahl auch, beruhigende Artikel in wissenschaftlichen Zeitschriften zu platzieren, wonach die Forschung zu dem Ergebnis gekommen sei, Plutonium sei für den Menschen weniger gefährlich als bislang angenommen. Um welche „Forschung" es sich handelte, sollte verschwiegen werden.

Später, nachdem das SAC sein Programm mit luftgestützten atomaren Gegenschlägen begonnen hatte und anfing, eine beträchtliche Zahl mit Atomwaffen bestückter Flugzeuge ständig in der Luft zu halten, schoben Iklé und Madansky einen zugespitzteren und weniger mathematischen Bericht über die Unfallraten nach. 2010 war dieses Papier, das nur für den internen Verkehr bestimmt war, noch immer geheim. In einem Anhang zum ersten Bericht packten Iklé und der Psychiater Anderson, der RAND beriet, das Problem von Geisteskrankheiten unter dem Militärpersonal an, die mit Kernwaffen zu tun hatten. Solche Bedenken waren seinerzeit weit verbreitet. Aronson glaubte, dass Menschen, die im Umkreis der Bomben arbeiteten, psychologische Überprüfungen durchlaufen sollten, in denen man sie in einem Raum allein ließ, den Schlaf verhinderte, alle sensorischen Reize für einige Stunden unterband und sie eventuell auch mit Halluzinogenen wie LSD behandelte. Er sagte voraus, dass „nur ein Viertel bis ein Drittel ‚normaler' Freiwilliger diese Prozedur länger als ein paar Stunden überstehen würde".[18] Später stellte sich heraus, dass die CIA in den 1950er-Jahren eine ganze Reihe von LSD-Experimenten mit Menschen finanziert hatte, ohne dass diese davon wussten oder um ihre Zustimmung gebeten wurden – obwohl schon damals diese Praxis die ethischen Standards verletzte.

Nachdem der Bericht herausgekommen war, ging Iklé daran, mit zitternden Knien „eine größere Gruppe von Generälen der Air Force" zu unterrichten.[19] Die RAND-Forscher nahmen an, General LeMay werde ihre Schlussfolgerungen ablehnen. LeMay hatte im Zweiten Weltkrieg die Bombardierung der japanischen Städte mit Brandbomben geleitet, und seine von einem Ghostwriter geschriebene Autobiografie empfahl Mitte der 1960er-Jahre, die Vietnamesen „zurück in die Steinzeit" zu bomben. LeMay war das Vorbild für „Buck" Turgidson, den kranken, kriegslüsternen, Zigarren rauchenden General, der im Film *Dr. Seltsam, oder wie ich lernte, die Bombe zu lieben* von George C. Scott gespielt wurde. Iklé beschrieb LeMays Einstellung gegenüber Kernwaffen als „unüberlegte Kampfeslust".[20]

Doch der General überraschte ihn. Am Tag nachdem RAND den Bericht in Washington präsentiert hatte, bat LeMay um eine Kopie. Iklé sagte, LeMay habe später eine wahre Flut von Befehlen erlassen und unter anderem die Doppelbesetzung und codierte Verschlussmechanismen angeordnet. Army und Navy zogen schnell nach. Iklé zählte LeMays Reaktion für sich als „Eintrag in die Haben-Spalte der Lebensbilanz".[21]

Den meisten Berichten nach wurden aber unter Präsident Eisenhower nur wenige der codierten Sicherungen an Kernwaffen installiert. Am 24. Januar 1961, vier Tage nach Kennedys Amtseinsetzung, zerbrach dann eine B-52 des SAC mitten im Flug. Eine der zwei 24-Megatonnen-Wasserstoffbomben fiel in einen Sumpf bei Goldsboro, North Carolina, und ein größerer Klumpen von angereichertem Uran versank in mehr als 20 m Tiefe, wo er vermutlich noch heute liegt. Analysen zeigten, dass nur eine der sechs Sicherheitseinrichtungen der Bomben wirklich gut funktioniert hatte. Kennedy erfuhr von zahllosen Kernwaffenunfällen – laut *Newsweek* waren es seit dem Zweiten Weltkrieg mehr als 60. Von da an sorgte die Regierung energischer für die Sicherheit der Kernwaffen und brachte an allen codierte Sicherungen an.

Iklé wurde zum führenden Hardliner in der Militär- und Außenpolitik und erhielt schließlich die Distinguished Public Service Medal, die höchste Zivilauszeichnung des Verteidigungsministeriums. Madansky wurde Professor an der University of Chicago, wo er sich in den Schlachten der Bayesianer und Frequentisten einen guten Ruf als neutraler Pragmatiker erwarb. RAND entzog sich mehr und mehr der Förderung durch die Air Force und eröffnete sich mit der Erforschung des Sozialstaats neue Arbeitsfelder.

Die Welt kann dankbar sein, dass die Bayes'sche Statistik Madanskys das Militär zwang, seine Sicherheitsmaßnahmen zu verstärken. Etliche Fehlalarme, die einen sowjetischen Kernwaffenangriff vortäuschten, wurden richtig eingeordnet, bevor das SAC einen Gegenangriff fliegen konnte. Zu den Phänomenen, die einen solchen Angriff vortäuschten, gehörten Nordlichter, der aufgehende Mond, Weltraumschrott, falsche US-Radarsignale, Fehler bei der Bedienung der Computer (so bei einer falschen Warnung des Pentagon vor anfliegenden Sowjetraketen 1980), Routinewartungen der Sowjets nach der Tschernobyl-Katastrophe, eine norwegische Wetterforschungsrakete und „noch unbekanntere Probleme bei unerlaubten Aktionen."

10
46 656 Varianten des Bayes-Theorems

Im krassen Gegensatz zur der Super-Geheimhaltung von Madanskys Wasserstoffbomben-Bericht äußerte sich das Schisma zwischen den etablierten Frequentisten und den durchstartenden Bayesianern überaus lautstark. Wie üblich ging die Auseinandersetzung hauptsächlich um die Subjektivität der lästigen Bayes'schen Prioren. Die Idee, Wissen einzubeziehen, das nicht aus den vorliegenden statistischen Daten stammte, war für das anti-Bayes'sche Duo Fisher und Neyman ein Gräuel. Da sie ohne Prioren Schlüsse aus den Daten zogen und Vorhersagen wagten, waren die Bayes'schen Theoretiker in der Defensive und versuchten, Prioren generell zu vermeiden.

In den 1960ern wuchsen Bayes'sche Theorien wie Pilze aus dem Boden. Jack Good behauptete, er habe „mindestens 46 656 verschiedene Interpretationen" gefunden, weit mehr als es Statistiker auf der Welt gab.[1] Es wurden subjektive, personalistische, objektive und empirische Bayes'sche Verfahren (das Letztere hieß kurz EB) angeboten, dazu semi-EB und semi-Bayes. Es gab Bayes auf erkenntnistheoretisch, intuitiv, logisch, unscharf, hierarchisch, pseudo, quasi, zusammengesetzt, parametrisch, nicht parametrisch, hyperparametrisch und nicht hyperparametrisch. Viele diese Varianten interessierten nur ihren Erfinder, und einige moderne Statistiker brachten skeptisch vor, die Haarspaltereien würden nur wenig an bahnbrechender Bayes'scher Theorie hervorbringen. Auf die Frage, wie man die eine Bayes'sche Theorie von der anderen unterschieden könne, meinte ein Biostatistiker nur unwirsch: „Man kann sie an ihren Posterioren erkennen."

In diesem Durcheinander verschwand ganz unbemerkt der alte Begriff „inverse Wahrscheinlichkeit" und wurde durch den modernen Begriff „Bayes'sche Inferenz" oder „Bayes'sches Schlussfolgern" ersetzt. Da nach dem Krieg Artikel über Statistik fast nur noch in Englisch geschrieben wurden, schienen die Artikel der englischen Theoretiker wichtiger zu sein als die französischen von Laplace. „Vieles, was über die Geschichte der Wahrscheinlichkeit geschrieben wurde, ist durch diesen englisch-zentrierten Blickwinkel verzerrt", klagte Glenn Shafer von der Rutgers University.[2]

Es mag noch mehr als die Sprache im Spiel gewesen sein. Der Engländer Dennis Lindley sagte 2008 mit 85, er sei nun fast davon überzeugt, dass Laplace wichtiger als Bayes war: „Bayes löste ein einziges eng umschriebenes Problem, Laplace löste viele, sogar in der Wahrscheinlichkeitstheorie. … Meine Ignoranz gegenüber den Arbeiten des Franzosen mag kulturelle Gründe haben, da er während meiner mathematischen Ausbildung keine Rolle spielte." Dann fügte er mit seiner für ihn typischen Ehrlichkeit hinzu: „Aber ich bin voreingenommen: Die Franzosen ließen uns im Zweiten Weltkrieg im Stich, und dann gab es diesen entsetzlichen de Gaulle."[3]

In England infizierte das Bayes-Theorem unterdessen sogar Fishers Familie. Sein Schwiegersohn George E. P. Box war der schon erwähnte junge Chemiker, der vorgeben musste, er habe ein Pferd zu transportieren, um Fisher während des Zweiten Weltkriegs konsultieren zu können. Wie Fisher meinte Box, die Statistik solle enger mit der Naturwissenschaft verbunden werden als mit der Mathematik. Diese Sicht wurde durch Box' spätere Arbeit für den britischen Chemie-Giganten Imperial Chemical Industries und die japanische Autoindustrie noch verstärkt, für die er zusammen mit W. Edwards Deming die Qualitätskontrolle entwickelte.

Als Box an der University of Wisconsin 1960 einen Statistik-Fachbereich gründete, hielt er zum ersten Mal eine Vorlesung über die „Grundlagen der Statistik". „Woche auf Woche", so erzählte er, „bereitete ich sehr sorgfältig meine Notizen vor. Aber je mehr ich das tat, umso mehr war ich überzeugt, dass der Standardkram, den ich bei Egon Pearson studiert hatte, falsch war. So wurde ich mehr und mehr zum Bayesianer. … Manche Leute machten sich gern einen Spaß daraus und sagten, das sei alles Unsinn."[4]

Als er Wissenschaftlern helfen wollte, die mit mageren Datensätzen zu kämpfen hatten, wurde Box klar, dass die traditionelle Statistik chaotische, wenig zufriedenstellende Lösungen anbot. Der Frequentismus funktionierte in besonderen Fällen sehr gut, etwa wenn die Daten normal verteilt waren und die Mittelwerte dem Durchschnitt entsprachen. Box schien „das Vergleichen von Mittelwerten richtig zu sein – bis Stein kam."[5]

Diese Mittelwerte wurden durch Steins Paradoxon infrage gestellt. Charles Stein, ein theoretischer Statistiker, hatte über etwas nachgedacht, was ganz einfach aussah: die Bestimmung eines Mittelwerts. Statistiker kümmern sich nicht um Einzelfälle. Mittelwerte, die große Mengen an Information zusammenfassen, sind für sie die Butter auf dem Brot. Die jahrhundertealte Frage war, welcher Mittelwert für ein bestimmtes Problem der beste ist. Bei seinen Untersuchungen entdeckte Stein eine Methode, die ironischerweise genauere Vorhersagen lieferte als einfache Mittelwerte. Die Statistiker nannten sie das Stein'sche Paradoxon. Stein selbst sprach von „Schwund" oder

„Schrumpfung“. Als frequentistischer Theoretiker vermied er ganz gezielt, die Verbindung des Paradoxons zum Bayes-Theorem zu diskutieren.

Steins Paradoxon funktioniert aber gerade bei Vergleichen untereinander verknüpfter Datensätze: bei der Eierproduktion verschiedener Hühnchenrassen, der Erfolgsbilanz verschiedener Baseball-Spieler oder den Ausgaben verschiedener Dachdeckerfirmen für Arbeitsunfälle. Üblicherweise verglichen beispielsweise die Bauern die Eierproduktion von fünf Hühnchenrassen, indem sie für jede Rasse die Durchschnittszahl der Eier bestimmten. Aber was war, wenn ein durchreisender Vertreter eine Rasse anbot, die eine Million Eier legen würde? Aufgrund ihrer Erfahrungen mit Geflügel würden ihn die Bauern auslachen und aus der Stadt werfen. Die Bayesianer stellten fest, dass Stein wie die Bauern seinen Durchschnittswert mit einer Art Super- oder Hyperverteilung des Hühnchenseins gewichtet hatte, mit Informationen über die Legeleistung jeder Rasse, die nie zuvor einbezogen worden waren. Und wesentlich für die Geflügelzucht ist, dass eine Henne nie eine Million Eier legen kann.

Steins Methode bezog in gleicher Weise Apriori-Informationen ein, um beispielsweise die bislang mittelmäßigen Leistungen des Schlagmanns beim Baseball zu erklären, der die neue Saison mit einer spektakulären Erfolgsserie beginnt. Steins Paradoxon mahnt die Fans, nichts von dem zu vergessen, was man schon über den Sport weiß – und auch nicht die Durchschnittswerte anderer Spieler.

Als Stein und Willard D. James ihre Methode 1961 vereinfachten, kamen sie überraschenderweise auf die gleiche Bayes'sche Formel, die Versicherungsexperten am Anfang des Jahrhunderts verwendet hatten, um die Prämien der Unfallversicherung zu berechnen. Whitneys Kredibilitätstheorem für Versicherungen lautete $x=P+z\ (p-P)$, Stein und James fanden mit $z = \bar{y} + c\ (y-\bar{y})$, die gleiche Formel, nur mit anderen Symbolen. In beiden Fällen wurden die Daten verwandter Größen konzentriert, glaubhafter gemacht, geschrumpft oder „eingedickt“, bis sie sich eng um den Mittelwert scharten. Mit ihm machten dann die Versicherungen genaue Prognosen über das zukünftige Wohlergehen der Arbeiter in den verschiedenen Industriebranchen. Nur Arthur Bailey hatte die Bayes'schen Wurzeln der Formel und die Tatsache erkannt, dass sie auch in Bereichen zu gebrauchen war, die nichts mit Versicherungen zu tun hatten.

Erfreute Bayesianer behaupteten nun, Stein würde den Apriori-Kontext seiner Zahlen verwenden, um die Spanne möglicher Antworten einzugrenzen und bessere Vorhersagen machen zu können. Stein beharrte jedoch darauf, Bayes' philosophische Rahmenbedingungen seien als „negativ“ einzuschätzen und subjektive Prioren als „völlig unangemessen“.[6]

Box, der meinte, Stein hätte zugeben müssen, dass seine Methode auf Bayes zurückging, dachte sofort an andere Fälle, die eine ähnliche Struktur aufwiesen. Beispielsweise ist die Eiererzeugung am Montag mit der am Dienstag, Mittwoch und Donnerstag verknüpft. In diesem Fall ist die Verbindung eine Zeitreihe, und die nacheinander stattfindenden Beobachtungen der Angelegenheit erweisen sich als miteinander verknüpft, so wie das Geschehen morgen dazu tendiert, dem heutigen ähnlich zu sein. Box entdeckte zu seiner Freude aber auch, dass die Analyse von Zeitreihen mit Bayes'schen Methoden die Prognosen verbesserte, und dass ohne diese Methoden das Stein'sche Paradoxon für Zeitreihen nicht funktionierte. Box erklärte: „Wenn jemand mit ein paar Zahlen in Ihr Büro kommt und Sie bittet, sie zu analysieren, macht die Frage Sinn, wo die Zahlen herkommen und wie sie verknüpft sind. Die Qualität, die diese Zahlen vergleichbar macht, muss in Betracht gezogen werden. Man kann nicht einfach Zahlen ohne ihren Kontext verwenden."[7]

Frequentisten und Bayesianer setzten sich jahrelang mit Steins Paradoxon auseinander, zum Teil auch, weil keine Seite ganz richtig oder falsch zu liegen schien. Box hingegen war ein überzeugter Bayesianer und schrieb einen schwungvollen Song für die Weihnachtsfeier nach der Melodie von *There's No Business like Show Business*. Einer der Verse verkündete: „Es gibt kein Theorem wie das Bayes-Theorem", alles an ihm ist „Wow". Und: „Lasst es heraus, das Apriori-Gefühl".[8]

Nachdem sich nun die Bayes'schen Interpretationen wie die Karnickel vermehrten und auch an den unwahrscheinlichen Stellen wie im Stein'schen Paradoxon auftauchten, bildeten sich Risse in Fishers Lieblingstheorie, der „vertrauenswürdigen Wahrscheinlichkeit"[9] oder Fiduzialwahrscheinlichkeit. Fisher hatte sie 1930 im Rahmen einer Diskussion mit Karl Pearson als Alternative zum Bayes-Theorem eingeführt. 1958 konnte aber Lindley zeigen, dass bei der Verwendung gleicher Prioren Fishers Fiduzialwahrscheinlichkeit und die Bayes'sche Inferenz zu gleichen Lösungen führen.

Ein weiterer Riss tat sich auf, als Allan Birnbaum das von George A. Barnard vorgestellte Likelihood-Prinzip aus allgemein akzeptierten frequentistischen Prinzipien ableitete und zeigte, dass er nur Beobachtungsdaten einbeziehen musste und keine Informationen, die dem Experiment entstammen könnten, das aber nicht taten. Ein weiterer Frequentist murrte, Birnbaum „schlage vor, die Uhr 45 Jahre zurückzustellen. Das würde ihn aber immerhin noch einen Vorsprung gegenüber den Bayesianern verschaffen, die die Uhr 150 Jahre zurückstellen wollen".[10] Jimmie Savage pries hingegen Birnbaums Arbeit als eine „historisches Ereignis".[11]

Auch Savage verdammte Fishers Fiduzialwahrscheinlichkeit, weil sie zum Teil auf Bayes zurückgriff, während sie die Schmach vermied, Prioren zu verwenden. Savage schätzte Fishers Theorie als „einen mutigen Versuch ein, ein

Bayes'sches Omelett zu braten ohne die Bayes'schen Eier zu zerschlagen."[12] Box dachte, die Fiduzialwahrscheinlichkeit seines Schwiegervaters sehe langsam so aus wie „ein raffinerter Weg, es mit Bayes zu machen".[13]

1957 kam aber eine weitere Differenz zwischen Bayesianern und Anti-Bayesianern zutage, als Lindley näher auf eine Aussage von Jeffreys einging und auf eine theoretische Situation hinwies, in der die zwei Ansätze zu diametral entgegengesetzten Ergebnissen führen. Lindleys Paradoxon tritt auf, wenn eine präzise Hypothese mit einer großen Zahl von Daten getestet wird. 1987 führte der Aeronautik-Ingenieur Robert G. Jahn an der Princeton University eine umfangreiche Studie durch, aus der er schloss, dass es psychokinetische Kräfte gibt. Er berichtete, ein Zufallsgenerator habe 104 490 000 Mal die Hypothese getestet, dass jemand, der zweieinhalb Meter entfernt auf einer Couch sitzt, die Ergebnisse *nicht* mehr beeinflussen kann als der Zufall. Jahn gab an, der Zufallsgenerator habe 18 471 Mal mehr Beispiele menschlichen Einflusses (0,018 %) auf seine hochsensible mikroelektronische Ausrüstung geliefert, als es durch bloßen Zufall sein durften. Selbst mit einem winzigen p-Wert von 0,00015 würde ein Frequentist die Hypothese zurückweisen und psychokinetische Kräfte bejahen, während das gleiche Ergebnis einen Bayesianer überzeugen würde, dass die Hypothese, die alles Übersinnliche ausschließt, so gut wie sicher richtig ist.

1963 zeigten Jimmie Savage, Harold Lindman und Ward Edwards von der University of Michigan, dass Ergebnisse, die mit Bayes und den p-Werten der Frequentisten gewonnen wurden, selbst bei Datensätzen der üblichen Größe erheblich voneinander abweichen können. So kann zum Beispiel ein Bayesianer mit irgendeinem vernünftigen Prior und einem Satz von nur 20 Daten Ergebnisse erhalten, die zehnmal größer ausfallen als mit dem Verfahren Fishers.

Lindley geriet mit Fisher in Streit, als er dessen drittes Buch besprach.[14] Er stellte fest, dass in ihm ein „ganz grundlegender, ernsthafter Fehler [steckte], dass nämlich Fishers Fiduzialwahrscheinlichkeit nicht den Gesetzen der Wahrscheinlichkeitstheorie gehorchte. Fisher behauptete zwar, das wäre der Fall, hatte aber Unrecht, denn ich konnte ein Beispiel angeben, worauf er sehr wütend auf mich wurde."[15] Ein wohlmeinender Kollege hatte Lindley schon gewarnt, aber, so Lindley, „die volle Kraft seines Zorns erkannte ich erst, als das Buch mit Fishers Briefen[16] veröffentlicht wurde. Er war uneinsichtig. Er hätte den Fehler zugeben müssen. Ich war aber noch immer ein junger Wichtigtuer, und er war mit Recht ein wenig verärgert." Lindley antwortete auf Fishers Taktlosigkeit, indem er seine Entdeckung in einem Aufsatz unterbrachte. Der Herausgeber der Zeitschrift stimmte dem Abdruck zu, da der Aufsatz völlig korrekt war, fragte aber Lindley, ob er wisse, was er da tue: „Wir werden den Zorn Fishers auf uns ziehen."[17] In den folgenden acht Monaten fanden sich in Fishers Briefen an Freunde Klagen über Lindleys „ziemlich beleidigende Besprechung“.[18]

Bayes kostete auch Neyman viele Nerven. Als Neyman 1960 in Berkeley ein Symposium organisierte, trug Lindley einen Aufsatz über die Verteilung von Prioren vor, der, wie er schrieb, „den einzigen ernsthaften öffentlichen Streit auslöste, den es meiner Erinnerung nach in der Statistik gab. Neyman zeigte seine Wut auf mich vor allen Leuten. Ich machte mir wirklich Sorgen, aber Savage kam mir zu Hilfe und klärte die Situation sehr gut, wie ich meine.“[19]

An einem Tag Mitte der 1960er-Jahre wagte es Box, seinen jähzornigen Schwiegervater wegen gleicher Prioren anzusprechen. Fisher war zu Besuch, um seine neue Enkelin zu sehen, und Freunde hatten Box gewarnt, er könne mit Fisher nicht sehr weit gehen, bevor er explodierte. Als sie den Hügel in Madison zur University of Wisconsin spazierten, kündigte Box seinem Schwiegervater an: „Ich werde mit gleiche Wahrscheinlichkeiten anfangen. Wenn ich also fünf Hypothesen habe, hat jede die Wahrscheinlichkeit von einem Fünftel.“[20]

Fisher antwortete ziemlich verärgert, etwa in der Art, „Ich sage Dir jetzt etwas, und dann hältst Du Deine Klappe. Zu denken, dass Du es nicht weißt und zu denken, dass die Wahrscheinlichkeiten aller Möglichkeiten gleich sind, ist nicht das Gleiche.“[21] Diese Unterscheidung, der Box später zustimmte, verhinderte, dass Fisher das Bayes-Theorem für richtig hielt. Wie Neyman bekannte auch Fisher, er würde Bayes-Laplace benützen, wenn er jemals einen Prior entdecken würde, an den er glauben könnte. Und er hat es ja wirklich getan: Weil er die Stammbäume seiner Labortiere über Generationen kannte, konnte er getrost die Anfangswahrscheinlichkeiten bestimmter Kreuzungen angeben. Für diese Experimente benützte Fisher tatsächlich das Bayes-Theorem. Box sagte später traurig, er habe sich von Fishers Tochter scheiden lassen, weil ihr Temperament allzu sehr dem ihres Vaters glich.

Zwischen Bayes'schen und anti-Bayes'schen Methoden begann sich, ein verlockender Kompromiss abzuzeichnen. Die Idee war, die Apriori-Wahrscheinlichkeiten gemäß ihrer relativen Häufigkeit abzuschätzen und dann mit dem Rest des Bayes-Theorems weiterzumachen. Das Verfahren wurde „empirischer Bayes“ genannt und sah wie ein Durchbruch aus. Egon Pearson hatte so etwas schon 1925 versucht; Turing hatte während des Zweiten Weltkrieges eine Variante benützt; und Herbert Robbins schlug es 1955 vor. Als es Neyman empfahl, wurde eine Flut von Aufsätzen publiziert. Die empirischen Bayesianer hatten aber auf den Mainstream der statistischen Theorie wenig Einfluss – und in die späten 1970er-Jahre fast gar keinen auf Anwendungen.

Zur gleichen Zeit befassten sich andere mit einem der praktischen Nachteile von Bayes: den schwierigen Rechnungen. Laplaces kontinuierliche Formulierung des Bayes-Theorems schrie nach der Integration von Funktionen.

Das konnte kompliziert sein, und mit der steigenden Zahl der Unbekannten wurden die Integrationsprobleme hoffnungslos schwierig, wenn man an die Rechenleistungen der damaligen Zeit denkt. Jeffreys, Lindley und David Wallace gehörten zu denen, die an Näherungslösungen arbeiteten, um die Rechnungen beherrschbarer zu machen.

Mitten in diesem mathematischen Fieber machten sich in den 1960er-Jahren ein paar praktisch orientierte Wissenschaftler daran, jene institutionelle Unterstützung aufzubauen, die die Frequentisten schon lange genossen: jährliche Seminare, Zeitschriften, Sponsoren und Lehrbücher. Morris H. DeGroot schrieb den ersten international bekannten Text mit einer mathematischen Analyse der Bayes'schen Entscheidungstheorie. Arnold Zellner von der University of Chicago trieb Geld auf, gründete eine Konferenzreihe und fing an, nach und nach ökonomische Standardprobleme sowohl aus Bayes'scher wie auch anti-Bayes'scher Sicht zu lösen. Dank Zellners Einfluss hatte die subjektive Wahrscheinlichkeit von Savage ihren größten Einfluss in der Wirtschaftswissenschaft. Der Aufbauprozess dauerte Jahrzehnte. Die International Society for Bayesian Analysis (ISBA) und die Bayes'sche Sektion der American Statistical Association (ASA) wurden erst in den frühen 1990er-Jahren gegründet.

Die Begeisterung über die Bayes'sche Theorie reichte jedoch weit über die Statistik und Mathematik hinaus. Während der 1960er und 1970er-Jahre begannen auch Mediziner, NSA- und CIA-Kryptoanalysten und Rechtsanwälte, Bayes-Anwendungen in ihren Arbeitsgebieten einzusetzen.

Die Mediziner dachten über die Verwendung von Bayes in der medizinischen Diagnostik nach, nachdem 1959 Robert S. Ledley vom National Bureau of Standards und Lee B. Lusted von der School of Medicine der University of Rochester die Idee in einem Aufsatz vorgestellt hatten.[22] Der Aufsatz erschien in *Science,* da medizinische Fachzeitschriften kein Interesse zeigten. Nachdem Homer Warner, ein Herzchirurg für Kinder am Latter Day Saints Hospital und der University of Utah in Salt Lake City, den Aufsatz gelesen hatte, entwickelte er 1961 das erste vom Computer gestützte Diagnoseprogramm. Er untersuchte mit ihm die Krankheitsgeschichte von 1 000 Kindern mit verschiedenen angeborenen Herzfehlern und zeigte, dass mit Bayes die zugrunde liegenden Probleme ziemlich genau identifiziert werden können. „Alte Kardiologen konnten es fast nicht glauben, dass Computer etwas besser als der Mensch konnten", erinnerte sich Warner.[23] Ein paar Jahre, nachdem Warner seine Serie von 54 Tests eingeführt hatte, zeigten Anthony Gorry und Otto Barnett, dass man eigentlich nur sieben oder acht benötigte, solange sie für die Symptome des Patienten relevant waren und einer nach dem anderen in der richtigen Reihenfolge durchgeführt wurden.[24] Es gab aber nur wenige Ärzte, die das Verfahren benützen, und die Anstrengungen, die Diagnose zu computerisieren, verliefen im Sande.

Zwischen 1960 und 1972 bildete die NSA Kryptoanalysten in fortgeschrittenen Bayes'schen Methoden aus, dazu veröffentlichten sie mindestens sechs Aufsätze in ihrer hauseigenen Zeitschrift *NSA Technical Journal*. Zunächst waren diese unter „Top Secret Umbra" eingestuft, einem Codewort für höchste Geheimhaltung, dann wurden sie auf meinen Wunsch hin 2009 zum Teil heruntergestuft, wobei die Autorschaft von drei der sechs Aufsätze geheim blieb. (Mindestens einer dieser drei weist Anzeichen auf, die auf Jack Good schließen lassen.) In einem weiteren Aufsatz zitierte ein NSA-Angehöriger namens F. T. Leahy die Behauptung in *Van Nostrand's Scientific Encyclopedia*, das Bayes-Theorem „habe sich als unwissenschaftlich erwiesen, es gebe Anlass zu verschiedenen Widersprüchen, und es sei unnötig". Leahy hielt dem nun 1960 entgegen, Bayes sei „eine der wichtigeren mathematischen Techniken, die von Kryptoanalysten genutzt werden. … Es wurde bei fast allen erfolgreichen Kryptoanalysen der NSA verwendet. … Es führt zu den *einzigen* korrekten Gesetzen, um eine große Zahl unserer kryptoanalytischen Probleme zu lösen", eingeschlossen solche, bei denen es um den Vergleich einer Vielzahl von Hypothesen geht.[25] Immer noch „weiß nur eine Handvoll Mathematiker bei der NSA etwas von *allen* Arten", wie Bayes benützt werden kann. Die Aufsätze waren vermutlich dazu gedacht, diese Situation zu verbessern.

Auch bei der CIA machten Analysten Dutzende von Experimenten mit Bayes. Die CIA, die naturgemäß Informationen von unvollständiger oder ungewisser Beweiskraft einbeziehen musste, hatte in den 1960er- und 1970er-Jahren mindestens ein Dutzend Mal desaströse Katastrophen nicht vorhergesagt. Dazu gehörte der Einmarsch der Nordvietnamesen in Südvietnam und die Explosion der Erdölpreise durch die Aktivitäten der OPEC 1973. Es war für die CIA-Analysten typisch, eine Vorhersage zu machen, und es dabei zu belassen. Sie ignorierten unwahrscheinliche, aber denkbare katastrophale Möglichkeiten und versagten beim Update ihrer ursprünglichen Prognosen anhand neuer Erkenntnisse. Obwohl die CIA zu dem Schluss kam, Analysen auf Bayes'scher Basis würden bessere Einblicke ermöglichen, wurden sie, wenn überhaupt, zu spät durchgeführt. Die Experimente wurden bald aus Mangel an Computerleistung eingestellt.

Die Juristen reagierten unterschiedlich. Nach einigen Anregungen, Bayes könne bei der Einschätzung rechtlicher Beweise nützlich sein, veröffentlichte Laurence H. Tribe, ein Professor an der Harvard Law School, 1971 einen wütenden Aufsatz über die Methode, der sehr einflussreich war. Tribe rühmte sich seines Bachelors in Mathematik und verdammte Bayes und andere „mathematische oder pseudo-mathematische Instrumente", da sie in der Lage seien, „wichtige Werte zu stören – oder in bestimmten Fälle zu zerstören", indem sie „den Rechtsprozess unter mathematischer Obskurität verstecken".[26] Danach blieben viele Gerichtssäle für Bayes verschlossen.

Das Außerordentliche an dem grandiosen Revival von Bayes in den 1950er und 1960er-Jahren ist, wie wenige Personen auf den verschiedenen Gebieten die Bayes-Theorie für alle sichtbar auf Probleme der realen Welt anwandten. Das Ergebnis war, dass viele der Spekulationen über das Bayes-Theorem rein akademisch blieben. Solange die Bayesianer nicht vor aller Augen beweisen konnten, dass ihre Methode die beste war, blieben sie kaltgestellt.

Teil IV

Die Nützlichkeit von Bayes

11 Business-Entscheidungen

Weil in den 1960er-Jahren fast täglich neue statistischen Theorien auf den Markt kamen, wurde die klägliche Zahl der praktischen Anwendungen, die auch von der Öffentlichkeit wahrgenommen wurden, zu einer Herausforderung für die Zunft der Statistiker.

John W. Pratt aus Harvard beklagte, dass sowohl Bayesianer als auch Frequentisten „zu viele kleine Fortschritte veröffentlichten, die Teil realer oder angeblicher Probleme waren und gesäubert, strenger gefasst und aufpoliert wurden, um dann in makellos mathematischer Form auf den verschiedensten Foren" vorgestellt zu werden.[1]

Insbesondere die Bayesianer schienen nicht Willens zu sein, ihre Theorien auf praktische Probleme anzuwenden. Savages Kaninchenohren und Zehn-Kilogramm-Stühle waren Lehrbuchbeispiele. Sie waren noch weniger realistisch als 30 Jahre zuvor Egon Pearsons kastanienfarbige Fohlen und Pfeife rauchenden Männer. Sie waren einfach „dumm", wie ein Bayesianer an der Harvard Business School später verärgert feststellte, ihnen fehlte der „Ritterschlag" durch die Welt der Praxis.[2] Bei der Analyse größerer Datenmengen zogen selbst eingefleischte Bayesianer die Bestimmung von Häufigkeiten vor. Lindley, damals bereits der führende britische Bayesianer, stellte in der Harvard Business School 1961 eine Arbeit über die Benotung von Prüfungen vor, ohne Bayes zu erwähnen. Erst als er später ein ähnliches Problem analysierte, bemühte er Bayes'sche Methoden.

Mathematisch und philosophisch gesehen war das Bayes-Theorem ein Muster an Einfachheit: „Man kann sich keine Meinung bilden, wenn man nicht schon zuvor eine hatte, die man dann mit Informationen aufbessert", fasste Pratt die Grundidee zusammen.[3] Die Frage war, wie man den Grad eines Glaubens oder einer Meinung quantifizieren und präzisieren konnte.

Solange ihr logisch so reizvolles System sich noch nicht als mächtiger Problemlöser in der Alltagswelt der Statistiker erwiesen hatte, waren die Bayesianer verdammt, zu einer Minorität zu gehören. Wer würde aber eine mühsame, komplexe und technisch furchterregende Menge von Rechnungen durchführen, um eine Methode zu untersuchen, die von den meisten Fachleuten für tabu erklärt wurde? In der Morgendämmerung des elektronischen Zeitalters waren leistungsfähige Computer dünn gesät, Softwarepakete gab es überhaupt nicht, und es existierten kaum Bayes'sche Techniken, die es erlaubten, praktische Probleme anzugehen. Viel harte Knochenarbeit war nötig, um die Rechenzeit am Computer zu ersetzen. Wer mutlos und verzagt war, brauchte sich gar nicht erst bemühen.

Trotzdem versuchten ein paar zähe, energische und höchst einfallsreiche Forscher Bayes für Entscheidungen in der Wirtschaft, für Sozialwissenschaftler und Nachrichtenredaktionen einsatzfähig zu machen. Ihre Heldentaten zeigen deutlich die beträchtlichen Hindernisse, denen jeder ausgesetzt war, der das Bayes-Theorem benützen wollte.

Die ersten, die ihr Glück mit Bayes versuchen wollten, waren Robert Osher Schlaifer und Howard Raiffa. In diesem ungleichen Duo von der Harvard Business School war Schlaifer der Statistikexperte, obwohl er, ganz im Zeichen der damaligen Zeiten, nur an einem einzigen Mathematikkurs teilgenommen hatte und eher Experte für die Sklaverei bei den alten Griechen und für moderne Flugzeugmotoren war. Raiffa war dagegen der mathematische Tüftler, der zum legendären „Mr. Decision Tree" und zum Ratgeber von Präsidenten wurde, der später die Ost-West-Annäherung mitgegestaltete. Die beiden packten gemeinsam das Problem an, aus dem Bayes-Theorem ein Werkzeug für Entscheidungen in der Wirtschaft zu machen.

Zum Glück hatte Schlaifer Freude daran, seinen scharfen Verstand, seine brillante Logik und seinen Außenseiterstatus zu nutzen, um sich seinen Weg durch den Dschungel der Konventionen und überlieferten Traditionen zu schlagen. Als Raiffa Jahre später seinen Kollegen beschreiben sollte, genügten ihm zwei Worte: „gebieterisch und hierarchisch".

Schlaifer war ein überzeugter Perfektionist. Wenn er sich auf ein Problem gestürzt hatte, war er für alles andere blind. Richtete sich seine Leidenschaft auf Fahrradständer, überzeugte er den Direktor von Harvard, auf dem Campus das von ihm erdachte neue Modell aufzustellen. Da er alte Motoren liebte, kam jede Woche ein Physiker vom MIT, um freiwillig seinen Ford „Modell A" zu warten und ihn entsprechend seiner peinlich genauen Vorstellungen herzurichten. Als er wiederum das Konsumentenverhalten untersuchte, grübelten seine Fakultätskollegen so tiefgründig über Instantkaffee nach, wie sie es über die Kernfusion getan hätten. Wie ein Alleinherrscher an der Spitze eines Weltreichs bedachte er seine Kollegen mit Spitznamen: Raiffa war „Onkel Howard", Pratt der „große Mann Pratt" und, besonders bemerkenswert, Arthur Schleifer jr., sein Doktorand mit fast dem gleichen Namen, war „Arturchick", Arthur das Küken. Alle drei überlebten und bekamen Lehrstühle in Harvard.

Schlaifer ging mit Schwung und Freude an die Arbeit, was auch immer er anpackte. Nur wenige Harvard-Professoren luden ihre Assistenten zum Sonntags-Dinner mit Flaschen von 1938er Clos de Vougeot ein – Schlaifer machte es. Und nur wenige gingen einen ganzen Monat oder für ein Sabbat-Jahr nach Griechenland oder Frankreich zur Erholung, wie er es mit seiner französischen Frau Geneviève machte, die er in der Öffentlichkeit „Snuggle Buggle" (deutsch etwa ‚Schmuse-Käfer) nannte.

Schlaifer wurde 1914 in Vermillion, South Dakota, geboren. Er war nicht auf Rosen gebettet und wuchs nahe Chicago in einer Kleinstadt auf, wo sein Vater Schulinspektor war. Er studierte am Amherst College im Hauptfach klassische und antike Geschichte und belegte Kurse in Ökonomie und Physik, dann schrieb er sich für Infinitesimalrechnung ein, seinem einzigen speziellen Mathematikkurs – und erhielt dabei einen großen Geldpreis als bester Absolvent. Zwischen 1937 und 1939 studierte er schließlich in Athen an der American School of Classical Studies, 1940 machte er in Harvard seinen Doktor in Geschichte der Antike. In den nächsten paar Jahren veröffentlichte er einige Artikel über Götterkulte und die Sklaverei im antiken Griechenland. Schlaifer hatte eine schnelle Auffassungsgabe und sprang für Harvard-Historiker, -Physiker und -Wirtschaftswissenschaftler ein, als diese im Zweiten Weltkrieg zur Landesverteidigung eingezogen wurden.

Schließlich wurde Schlaifer dem Universitätslabor für Unterwasserschall zugewiesen, wo das Sonar entwickelt wurde. Zusammen mit dem theoretischen Physiker Edwin Kemble versuchte er, die Propeller von Torpedos leiser zu machen, um damit deutsche U-Boote besser angreifen zu können. Schlaifer verstand die wissenschaftlichen Probleme gut genug, um Gleichungen mit elektromechanischen Rechnern von Marchant oder Frieden zu lösen und um technische Berichte in lesbare Prosa zu übersetzen. Der Krieg weckte in ihm einen unersättlichen Appetit auf praktische Probleme der wirklichen Welt. So verabschiedete er sich von der antiken Geschichte.

Nach dem Krieg beeindruckten Schlaifers Physikkenntnisse die Harvard Business School so sehr, dass er eingestellt wurde, um für das Department eine Untersuchung der Flugzeugmotorenindustrie durchzuführen. Er machte aus seiner untergeordneten Anstellung einen Triumph in Form eines 600-seitigen Klassikers der Luftfahrtgeschichte mit dem Titel *Devolopment of Aircraft Engines, Development of Aviation Fuel.*

In der Zeit zwischen seiner Arbeit im Krieg und dem Erscheinen des Buches 1950 erwarb sich Schlaifer auf dem Campus einen beeindruckenden Ruf als Physiker, der später in seinem Nachruf in der *New York Times* zementiert wurde. Er unterrichtete Rechnungswesen und Produktion, als ihn die Business School trotz seiner bemerkenswert dürftigen Mathematik-Ausbildung engagierte, um statistische Qualitätskontrolle zu lehren. Da Schlaifer keine Ahnung von Statistik hatte, stopfte er sich mit den Büchern der führenden Theoretiker dieser Tage voll: Fisher, Neyman und Egon Pearson. Die Operations-Research-Forschung hatte im Krieg zwei Probleme des wirtschaftlichen Alltags mathematisch lösbar gemacht, nämlich die Bestandskontrolle und die Transportplanung. Der Frequentismus bot aber der Wirtschaft keine Hilfe, wenn es darum ging, ein neues Produkt einzuführen oder einen Preis anzupassen.

In Schlaifers Publikationen ging es später beispielsweise um einen Kioskbesitzer, der bescheiden um Hilfe bat, weil er nicht so recht wusste, wie viele Exemplare der *Daily Racing Form* er auf Lager haben sollte. Oder es ging um einen Großhändler, der sich fragte, wo er seine zehn Lieferwagen zwischen den zwei Lagerhäusern platzieren sollte. Mit etwas Glück konnten die Firmeninhaber vielleicht die richtige Entscheidung treffen. Angesichts der Ungewissheiten selbst bei so einfachen Problemen fragte sich Schlaifer aber, wie sie jemals hoffen konnten, *systematisch* die richtigen Entscheidungen zu treffen. Und war es überhaupt den Aufwand wert, sich zusätzliche Informationen zu besorgen, indem sie Daten sammelten oder Tests durchführten?

Für die Frequentisten ist eine objektive Statistik gleichbedeutend mit einer auf lange Sicht gegebenen relativen Häufigkeit oder Frequenz. Wahrscheinlichkeiten machen nur Sinn, solange sie auf wiederholbaren Beobachtungen beruhen. Die Frequentisten haben es mit einer Fülle von Daten zu tun, die direkte Relevanz besitzen, sie machen Tests, um Hypothesen zu überprüfen und ziehen dann Schlüsse bezüglich des Unbekannten. Diese Methode funktioniert für wiederkehrende, standardisierte Phänomene wie aufeinanderfolgende Getreideernten, Probleme der Genetik und des Glücksspiels, bei Versicherungen und in der statistischen Mechanik.

Wirtschaftsführer haben aber oft unter Bedingungen Entscheidungen zu treffen, die extrem ungewiss sind und in denen sie über keine Daten verfügen. Schlaifer stellte fest: „Bei Ungewissheit ist der Geschäftsmann eigentlich dazu gezwungen, zu spielen, … in der Hoffnung, dass er gewinnt, aber mit dem Wissen, dass er auch verlieren kann.“[4] Die Verantwortlichen brauchten einen Weg, um zu Wahrscheinlichkeiten zu kommen, ohne wiederholte Versuche machen zu müssen, wie sie der Frequentismus erforderte. Schlaifer sagte, er sei sich wie ein Dummkopf vorgekommen, als er frequentistische Methoden unterrichtete, die sich um die Hauptprobleme der Wirtschaft drückten, nämlich Entscheidungen in ungewissen Situationen treffen zu müssen.

Wie konnten Führungskräfte Entscheidungen treffen, ohne Daten zu haben? Was immer sie im Vorhinein über die Nachfrage nach ihrem Produkt wussten, war offensichtlich besser als gar nichts. Davon ausgehend wollte nun

Schlaifer das Problem lösen, wie man die vorhandenen Daten benützen sollte und wie viel Geld man ausgeben sollte, um Daten zu sammeln. Ein Update der Apriori-Informationen mit aktuellen Daten führte ihn zum Bayes-Theorem, weil man mit ihm subjektiv gewonnene Apriori-Wahrscheinlichkeiten mit objektiv gewonnenen Daten kombinieren kann. Diese grundlegende Einsicht änderte sein Leben.

Wie schon erwähnt, war Schlaifer kein hochausgebildeter Mathematiker. Er wusste auch nichts von den wütenden philosophischen Kämpfen zwischen Objektivisten und Subjektivisten. Also warf Schlaifer seine Bücher weg und erfand die Bayes'sche Entscheidungstheorie neu. Was die Statistik betraf, war Schlaifer Autodidakt. Und an einer Wirtschaftshochschule war er dem statistischen Establishment gegenüber zu nichts verpflichtet. Mit dem Eifer eines Bilderstürmers forderte er die Giganten der Statistik dreist heraus. Wie Savage kombinierte Schlaifer Ungewissheit und Ökonomie, um Entscheidungen zu treffen. Savage meinte, Schlaifer sei „heiß wie eine Pistole, scharf wie ein Messer, glasklar wie der Klang einer Glocke, schnell wie eine Peitsche – und so anstrengend wie ein Marathonlauf" gewesen.[5]

Schlaifer stellte fest, dass seine mathematischen Fähigkeiten praktisch gleich null waren, „von der Größenordnung Epsilon".[6] Um das zu kompensieren, arbeitete er 75 oder 80 h die Woche, rauchte pro Tag vier Päckchen Zigaretten ohne Filter und notierte seine Ideen mit farbigen Kreiden auf einer Tafel in seinem raucherfüllten Büro. Er verfolgte zielstrebig das, was er als relevant für die reale Welt einschätzte. Dabei rutschte er in eine Idee hinein, wich wieder zurück, versuchte es auf andere Weise und raste zu noch einer anderen. Seine Stimme dröhnte fast stündlich durch die Flure, wenn er eine felsenfeste Meinung zugunsten einer neuen über Bord warf: „Oh, mein Gott!" oder „Wie konnte ich nur so dumm gewesen sein!" Immer neugierig forderte er die absolute, die beste aller möglichen Analysen. Dabei wurde ihm klar, dass er mathematische Hilfe brauchte.

Er hatte von einem jungen heimlichen Bayesianer namens Howard Raiffa gehört, der an der Columbia University war. Schlaifer machte ihn ausfindig und überredete Harvard, ihn anzustellen. In den nächsten sieben Jahren arbeiteten Raiffa und Schlaifer eng zusammen. Raiffa wurde zu einem internationalen Vermittler, der großen Einfluss auf Erziehung, Wirtschaft, Recht und öffentliche Politik in den Vereinigten Staaten und im Ausland hatte. Er sah aber immer in Schlaifer „den großen Mann. … Ich verehrte ihn, er flößte mir Ehrfurcht ein. … Er war so positiv, so sicher, so eigensinnig – aber auch so nett, so nett. … Er war ein *Mann*, ein richtiger Mann, der unabhängig den Bayesianismus entdeckte, sich über alle lustig machte, die anderer Meinung waren, und er theoretisierte und philosophierte nicht nur, sondern verwendete seinen Ansatz für reale Probleme." Raiffa nannte ihn „die – nicht *eine,* sondern *die* – wichtigste Person" in seiner intellektuellen Entwicklung.[7]

Beide, Schlaifer wie Raiffa, waren herausragende Denker, gaben sich aber ganz unterschiedlich: Schlaifers Auftreten war arrogant, während Raiffa in den Worten eines Mitarbeiters „ein Schatz war, eine sehr warme, offene, für sich einnehmende Person".[8] Schlaifer war Mitglied von Phi-Beta-Kappa in einer zur „Ivy League" gehörenden Eliteuniversität.[9] Raiffa studierte hingegen am City College of New York, „der ersten Wahl für arme und wenig wohlhabende Studenten in New York – Ich gehörte zu den armen".[10] Während des Zweiten Weltkrieges fiel Raiffa aufgrund einer verschobenen Schablone zur Benotung eines Arithmetik- und Algebratests der Air Force durch, was die Karriere dieses künftigen Beraters von US-Präsidenten erst einmal zurückwarf. Er kam nicht in ein angesehenes Institut wie das, in dem Schlaifer während des Krieges war, sondern musste drei Runden Grundausbildung durchlaufen, mit Widerwillen kochen und backen lernen, bei den Meteorologen dienen und an einem Radar-Blindlandeverfahren mitarbeiten.

Der Antisemitismus gab letztlich Raiffas Karriere die Richtung. Eines Tages hörte er seine Unteroffiziere sagen, sie würden am liebsten die amerikanische Juden am Strand aufstellen und für Zielübungen verwenden. Später in Fort Lauderdale, Florida, weigerten sich die Immobilienhändler, für Raiffa und seine Frau ein Haus zu suchen, weil die beiden Juden waren. Als ihm ein Freund sagte, dass auch die Ingenieure und Naturwissenschaftler Juden diskriminieren, war Raiffa sofort bereit, das zu glauben. Dann erfuhr er, dass Versicherungsexperten anhand objektiver Prüfungen ausgesucht wurden. Auf der Suche nach einem Gebiet, auf dem die Kompetenz mehr zählte als Religion oder Rasse, schrieb sich Raiffa an der University of Michigan, wo Arthur Bailey studiert hatte, für ein Studium des Versicherungswesens ein.

Zu Raiffas eigener Überraschung wurde er ein hervorragender und „überglücklicher" Student, der ruckzuck in den sechs Jahren zwischen 1946 und 1952 seinen Bachelor in Mathematik, seinen Master in Statistik und seinen Doktor in Mathematik machte. „Ich glaube nicht, dass ich in dem Jahr, in dem ich Statistik studierte, irgendwann einmal das Wort ‚Bayes' gehört habe. Als eine Methode, um Schlüsse zu ziehen, existierte Bayes nicht. Alles war strikt Neyman-Pearson, klassische, objektivistische, auf Häufigkeiten beruhende Statistik."[11]

Während Schlaifer Bayes auf einen Schlag aufgenommen hatte, bewegte sich Raiffa nur langsam auf die Bayes'sche Subjektivität zu. Nach der Lektüre von John von Neumanns und Oskar Morgensterns *Theory of Games* von 1944 schätzte er instinktiv ab, wie andere spielen würden, um herauszufinden, wie er sich selbst verhalten sollte: „In meiner Naivität, ohne jegliche Theorie oder dergleichen, … fing ich an, wertende Wahrscheinlichkeitsverteilungen anzunehmen. Ich wurde langsam zum Subjektivisten, ohne zu bemerken, wie radikal ich mich verhielt. Es war für mich ganz natürlich, das zu tun. Keine große Sache."[12]

Als Raiffa eine Reihe von Seminaren über Abraham Walds neues Buch *Statistical Decision Functions* abhielt, entdeckte er, dass es voller Bayes'scher Regeln zur Entscheidungsfindung war, die innerhalb eines frequentistischen Rahmens genutzt wurden. Wald hatte unabhängig von Turing und Barnard die sequenzielle Analyse zum Testen von Munition entdeckt, als er in der Statistik-Forschungsgruppe der Fire Control Division des National Defense Research Committee arbeitete. Obwohl er ein überzeugter Frequentist war, löste er manchmal Probleme in einer merkwürdig umständlichen Art. Nachdem er sich einen Bayes'schen Prior ausgedacht hatte, ging er sein Problem auf Bayes'sche Weise an und analysierte dann dessen frequentistische Eigenschaften. Wald hielt letztlich jedes gute Verfahren zur Entscheidungsfindung für bayesianisch und vertraute der Statistikerin Hilda von Mises an, er sei Bayesianer, würde sich aber nicht trauen, das öffentlich zu bekennen. Walds Arbeiten hatten großen Einfluss auf viele mathematische Statistiker und Entscheidungstheoretiker, Raiffa eingeschlossen.

Bis zum Erscheinen von Walds Buch bedeutete „bayesianisch" nur, vom umstrittenen Vorschlag Thomas Bayes' auszugehen und gleiche Prioren anzunehmen, aber nicht, sein Theorem zur Lösung inverser Wahrscheinlichkeitsprobleme zu verwenden. Nachdem Wald 1950 bei einem Flugzeugabsturz in Indien gestorben war, ließ die Statistik-Fakultät der Columbia University Raiffa Walds Kurs übernehmen. Raiffa las jeden Abend im Lehrbuch und war damit seinen Studenten immer einen Tag voraus. Er kam langsam zu einer Sichtweise, die von fast allen Statistik-Fachbereichen des Landes abgelehnt wurde, dem der Columbia eingeschlossen. Es würde nicht leicht werden, die „wissenschaftliche" Objektivität zugunsten der Subjektivität aufzugeben.

Zunächst unterrichtete Raiffa wie Schlaifer linientreuen Frequentismus (mit der damals kanonischen Neyman-Pearson-Theorie, dem Test von Hypothesen, den Vertrauensbereichen und wertneutralen Abschätzungen). Seit 1955 aber glaubte Raiffa wie Schlaifer nicht länger, dass diese Bausteine von zentraler Bedeutung waren. Die Fakultätsmitglieder an der Columbia überprüften Raiffas Vorlesungen, und sein Übergang zu einem heimlichen Bayesianer machte aus ihm ein Nervenbündel. Er hatte kein „Coming Out", weil Kollegen, die er bewunderte, den Bayesianismus massiv ablehnten und lautstark bekämpften. „Schau, Howard, was hast Du vor", fragten sie, „willst Du schwammige Wertungen und psychologischen Kram einschmuggeln, in etwas, was wir für Wissenschaft halten?"[13]

Dabei arbeitete er an völlig anderen Problemen als seine Kollegen. Durch den Zweiten Weltkrieg gestärkt, waren Statistiker wie Raiffa und Schlaifer immer mehr daran interessiert, Statistik nicht nur zur Analyse von Daten zu benutzen, sondern um Entscheidungen zu treffen. Im Gegensatz dazu betrachteten Neyman und Pearson die Fehler, die mit verschiedenen Strategien und Hypothesen verbunden waren und entschieden dann, ob sie angenommen oder verworfen wurden. Sie konnten keine Schlüsse aus einem Datensatz ziehen, ohne über alle möglichen Daten nachzudenken, die es hätte geben können, aber nicht gab. Deshalb wollte auch Jeffreys den Frequentismus nicht auf wissenschaftliche Schlüsse anwenden. Raiffa sah das ähnlich, aber aus anderen Gründen. Er wollte Entscheidungen treffen, die mit „realen wirtschaftlichen Probleme zu tun hatten, nicht mit erfundenen".[14]

Raiffa war an konkreten, eindeutigen Entscheidungen interessiert, für die man ein schnelles Urteil brauchte – beispielsweise, wie viel von einem Produkt man auf Lager haben musste und welchen Preis man ansetzen sollte. Wie Schlaifer in Harvard wollte er den Unternehmern helfen, mit Ungewissheiten klarzukommen und auch nur indirekt relevante Informationen zu nutzen. Wie Raiffa festgestellt hat, würden Anti-Bayesianer „Aussagen wie ‚die Wahrscheinlichkeit, dass p in das Intervall von 0,20 bis 0,30 fällt', *nie* – und ich meine nie – eine Wahrscheinlichkeit zuordnen".[15]

Die Bayes'schen Subjektivisten wollten dagegen wirklich Antworten, die mit Wahrscheinlichkeiten ausgedrückt wurden. Sie wollten eine Hypothese nicht nur akzeptieren oder zurückweisen. Wie Raiffa erkannte, wollte ein Unternehmer sagen können, dass er „auf der Grundlage seiner bisherigen Annahmen … und den besonderen Ergebnissen von Proben glaube, dass $\tilde{p}$ mit einer Wahrscheinlichkeit von 0,92 größer als 0,25 ist".[16]

So etwas war für die Frequentisten „verboten".[17] Sie ließen nur die Ergebnisse gelten, die „signifikant bezüglich der 0,05-Schwelle" waren. Raiffa hielt ihren Standpunkt für „eine *sehr, sehr* oberflächliche Beschreibung der Verteilung. Ich möchte, dass meine Studenten über die ganze Verteilung von p in Begriffen der Wahrscheinlichkeit nachdenken, darüber wo beispielsweise die unsicheren p-Werte liegen. Und dann sollen sie sich, wenn die Entscheidung fallen muss, die richtige Art zu handeln wählen. Die ganze Frage nach Tests der Hypothesen schien mir die Studenten in eine falsche Richtung zu drängen."[18]

Die Kluft zwischen den beiden Statistik-Schulen kristallisierte sich für Raiffa heraus, als die Professoren der Columbia über die Doktorprüfung eines Soziologiestudenten namens James Coleman diskutierten. Bei der mündlichen Befragung schien Coleman „konfus und verwirrt, … ganz klar nicht reif für den Doktortitel".[19] Aber seine Professoren waren sich einig, dass er sonst immer blendend war. Raiffa argumentierte mit der neuen Bayes'schen Perspektive, die Apriori-Meinung des Fachbereichs über die Qualitäten des Kandidaten sei so positiv, dass eine einstündige Befragung diese Meinung nicht grundlegend ändern sollte. Raiffa drängte darauf, den Kandidaten durchkommen zu lassen. Coleman wurde ein so einflussreicher Soziologe, dass er sowohl auf der Titelseite von *Newsweek* als auch auf Seite 1 der *New York Times* erschien.

So weit, so gut. Raiffa sah den Wechsel von einem Neyman-Pearsoniten zu einem Bayesianer zunächst als eine intellektuelle Konversion. Seine emotionale Konversion sollte erst noch kommen.

In einer Kampagne zur Erhöhung des intellektuellen Niveaus der Wirtschaftshochschulen stiftete die Ford Foundation 1957 Harvard Geld, um einen mathematischen Statistiker einzustellen. Die Universität machte Raiffa ein attraktives Angebot: eine Stelle sowohl an der Wirtschaftshochschule als auch im neuen Fachbereich für Statistik. Als Letzterer von Raiffas Konversion zum Bayesianismus erfuhr, schien der Dekan Frederick Mosteller tolerant, wenn auch nur halbherzig, und ein anderer bekannter Professor, William Cochran, sagte „Nun, Sie werden schon noch erwachsen werden."[20] An der Wirtschaftshochschule empfing ihn Schlaifer jedoch mit offenen Armen.

Schlaifer war „der starrsinnigste Mensch, der mir je begegnet ist", erinnerte sich Raiffa. „Zunächst merkte ich nicht, wie *wunderbar* Schlaifer war.... Ich merkte nicht, dass er so ein großartiger Mann war. Er konzentrierte sich schon auf die wirklichen Entscheidungsprozesse in der Wirtschaft und nicht auf das Testen von Hypothesen. Er sagte, damit würden sie falsch liegen." Dann korrigierte sich Raiffa selbst: „Nein, nein, das hat er nicht gesagt. Er sagte, sie würden in Bezug auf das Treffen von Entscheidungen in der Wirtschaft bei ungewissen Voraussetzungen falsch liegen."[21]

Jeden Morgen unterrichtete Raiffa Schlaifer in Infinitesimalrechnung und linearer Algebra, Vektorrechnung, Transformationen und dergleichen. Am Morgen darauf spekulierte dann Schlaifer über neue Theoreme, und am Tag danach wandte er das, was er gelernt hatte, schon auf ein konkretes Problem an. „Er war aufnahmefähig, ein messerscharfer Denker, hartnäckig, ausdauernd und kreativ", stellte Raiffa fest.[22] Die beiden Männer waren Workaholics, aber Schlaifer arbeitete noch länger als alle anderen. Raiffa erinnerte sich: „Er war wirklich ein *großartiger* Schüler. ... Er hatte einen Blick dafür, seine rohen mathematischen Vorstellungen nutzbringend anzuwenden."[23] Die beiden bezogen sich nie auf Zeitschriften oder Bücher, alles was sie zusammen machten, brüteten sie selbst aus.

Schlaifer wusste nicht annähernd so viel über Statistik wie Raiffa, aber er war belesener. Raiffa hatte die großen Vorkriegstheoretiker wie Jeffreys, Fisher oder Egon Pearson nicht studiert. Als er später Savages Arbeiten entdeckte, war er über ihre Klarheit erstaunt. Raiffa nahm den Rat seiner Kollegen an und gab seinem Lehrstuhl den Namen von Frank Ramsey, ohne von den Arbeiten des jungen Mannes etwas gelesen zu haben.

Bei den Aufsätzen, die beide schrieben, stammte der erste Entwurf immer von Raiffa. Dann „analysierte Schlaifer alles nach jeder Richtung, änderte den Text ohne Ende, setzte Kommas und entfernte sie wieder", erinnerte sich John Pratt, der einige wichtige Arbeiten mit den beiden geschrieben hatte.[24] Schlaifer verweigerte einmal beinahe der Harvard Business School Press die Veröffentlichung eines seiner Bücher, weil der Verlag die Anführungszeichen außerhalb des Satzzeichens setzen wollte („… over.") statt innerhalb („… over".).

Raiffa berichtete weiter: „Das Verwirrende an ihm war, dass alles so viel Sinn machte – solange er sich nicht in die Politik einmischte."[25] Raiffa diskutierte also die Statistik mit seinem Kollegen, stellte aber seine Ohren auf Durchzug, wenn Schlaifer gegen die Einkommensteuer polemisierte und zur Lösung der Probleme Haitis vorschlug, alle Haitianer in den USA zu Soldaten zu machen und dann wieder nach Hause zu schicken.

Für Schlaifer war das Bayes-Theorem nicht nur etwas, was man benützen konnte, sondern etwas, an das man leidenschaftlich glaubte. Als treuer Jünger von Bayes konnte er nicht akzeptieren, dass es zur Lösung eines Problems auch andere Wege geben könnte. Er benützte „schiere brutale Beharrlichkeit und eine scharfe Beweisführung, um an jedem Argument, das Howard vorbrachte, einen Haken zu finden", erinnerte sich der Student Arthur Schleifer jr. „Schlaifer zeigte, dass die Alternativwege zu unvertretbaren Paradoxa führten. … Sein Ansatz war, dass es nur diesen einen Weg gab, man musste es auf diese Weise machen, und wenn Du es anders machst, zeig ich Dir, dass Du falsch liegst."[26]

Raiffa wollte seine Studenten mit beiden Methoden, der frequentistischen und der Bayes'schen vertraut machen, sodass sie der Standpunkt des Establishments in den Lehrbüchern nicht verwirrte. Aber Schlaifer glaubte, das bedeute, eine Lüge zu lehren. Aber was macht das schon, verkündete er voll Überheblichkeit, Businessleute lesen ohnehin keine Fachliteratur.[27]

1958 war dann auch aus Raiffa ein überzeugter Vertreter des Subjektivismus geworden. Es war für ihn offensichtlich, dass vier Firmen, die vier verschiedene Märkte bedienten, die gleiche Information verwenden konnten, um vier verschiedene nicht statistische Prioren festzulegen und auf vier verschiedene Lösungen zu kommen. Obwohl immer noch einige Wissenschaftler und Statistiker kein gutes Gefühl dabei hatten, waren andere zufrieden damit, ihre nicht statistischen Prioren unter einem Riesenberg neuer statistischer Informationen verstecken zu können. Wie sich viele Amerikaner daran erinnern, wo sie waren, als sie von der Ermordung Kennedys hörten oder vom Anschlag vom 11. September, so erinnerten sich viele Bayesianer aus Raiffas Generation genau an den Augenblick, als die alles übergreifende Bayes'sche Logik wie eine unwiderstehliche Erleuchtung über sie kam. Die Kritiker begannen, die Harvard Business School als das „Bayes'sche Gewächshaus" zu bezeichnen.

Das Wetten, also die Zuweisung verschiedener Wahrscheinlichkeiten an das gleiche Phänomen, wurde zum Schlagwort für Bayes'sche Überzeugungen. „Jeden Tag gab es in Schlaifers Gruppe ein halbes Dutzend Wetten über alles Mögliche – Wahlausgang, Sport. Die ganze Zeit wechselten Dollarscheine die Hand. Es war Teil einer tief verwurzelten Lebensweise. Man glaubte diese Dinge wirklich", sagte Schleifer.[28] Schlaifer und Raiffa erwarben sich einen Ruf als Fanatiker ihrer Sache.

Schlaifer schickte 700 Seiten seines ersten Lehrbuchs an McGraw-Hill, wo es unter dem Titel *An Introduction to Managerial Economics under Uncertainty* erscheinen sollte. Dann entdeckte er den üblichen Berg von Fehlern und ungeschickten Formulierungen und bestand darauf, dass der Verlag die erste Fassung zurückzog und durch eine zweite ersetzte. Das war der klassische Fall dafür, intellektuelle Strenge über ökonomische Zwänge zu setzen. Schlaifer setzte sich durch. Das Buch war ab 1959 für 11,50 $ im Handel, und Harvard belohnte seinen ehemaligen Tutor mit einer Professur in „Business Administration".

Schlaifers Werk war das erste ganz und gar aus Bayes'scher Sicht geschriebene Lehrbuch. Die Studenten konnten Probleme der Inventur, des Marketing und Warteschlangenprobleme mit einfacher Arithmetik, dem Rechenschieber und bestenfalls einem Tischrechner lösen. Das Buch zitierte nur wenige frühere Autoritäten. Schlaifer war zu seinem subjektivistischen Standpunkt unabhängig von Ramsey, de Finetti und Savage gekommen. Auch Savage bestätigte, dass Schlaifer seine Ideen „völlig unabhängig" entwickelt hatte, „mehr auf dem Boden der Tatsachen stand und weniger der Tradition verpflichtet war".[29]

Als Schlaifer und Raiffa den Stand des Bayes-Theorems überdachten, wurde ihnen klar, dass die Bayesianer, anders als die Frequentisten, ihre Schränke nicht voller mathematischer Werkzeuge hatten, mit denen sie loslegen konnten. Die Folge war, dass die Bayes'schen Methoden insbesondere bei Studenten der Wirtschaftswissenschaften, die oft nur eine geringe mathematische Vorbildung besaßen, als unpraktisch und kompliziert galten. Während Theoretiker wie Savage und Lindley Bayes mathematisch Respekt zu verschaffen versuchten, gingen Raiffa und Schlaifer 1958 daran, Bayes zum Laufen zu bringen und für alltägliche Probleme gebrauchsfertig zu machen. Wie George

Box schrieben sie eine Parodie auf einen populären Song: Sie wählten „Anything you can do, I can do it better“ aus dem Musical *Annie Get Your Gun* – alles was die Frequentisten tun können, bringen die Bayesianer besser hin.

Um die Rechnungen einfacher zu machen, führten sie sogenannte Entscheidungsbäume, eine Unterart der Baumdiagramme ein, dazu das „*tree flipping*“ und „konjugierte“ Prioren. „Ich begann Entscheidungsbäume zu benutzen, die die sequenzielle Natur von Entscheidungen widerspiegelten, die Führungskräfte treffen mussten“, erinnerte sich Raiffa später. „Soll ich, wenn ich Entscheidungen treffen muss, jetzt handeln oder warten, um weitere Marketinginformationen zu bekommen (indem ich Daten sammle oder weiterentwickle)? … Ich habe nie den Anspruch erhoben, die Entscheidungsbäume erfunden zu haben, … wurde aber ‚Mr. Decicion Tree‘ genannt.“[30] Schon bald waren die Diagramme der Bayes'schen Entscheidungsfindung wie viele Bäume dieser Art im Lehrmaterial der Studienanfänger in den Wirtschaftswissenschaften zu finden. Die Bäume sind vielleicht die bekannteste praktische Anwendung des Bayes-Theorems.

Tree-flipping war zuerst eine Vereinfachung, die einem Doktoranden Raiffas helfen sollte, der an Ölbohrungen interessiert war. Normalerweise entscheidet ein Ölsucher, einen bestimmten Platz zu untersuchen, *bevor* er sich entscheidet, zu bohren. Um lästige Algebra zu vermeiden, veränderte Raiffa die Reihenfolge der Entscheidungen des Ölsuchers. Er rechnete mit der Wahrscheinlichkeit, dass Testergebnisse positiv oder negativ sein konnten, *bevor* er entschied, ob er den Test macht oder nicht. Arbeitete man das Diagramm durch, erhielt man Informationen über die x-Werte und dann die y-Werte. Das tree-flipping gab zuerst die y-Werte vor. Es lief darauf hinaus, das Bayes-Theorem zu benutzen, weil die Wahrscheinlichkeit von x bei gegebenem y und die Wahrscheinlichkeit von y bei gegebenem x die zwei kritischen Elemente der Bayes-Formel sind.

Raiffa sagte: „Dann flippst Du also Bäume. Wir nannten es nicht ‚Bayes‘. Das schlimmste, was Du tun kannst, ist das Bayes-Theorem zu benutzen. Es ist zu kompliziert. Nimm einfach Deinen gesunden Menschenverstand und spiel mit diesen Sachen rum, dann ist es ziemlich einfach. Wir hatten Leute, die komplizierte Sachen machten, die man mit Bayes erledigen konnte, aber wir machten sie nicht mit Bayes. Wir machten es mit *tree-flipping*.“[31]

Raiffa entwickelte auch eine handliche Abkürzung, um Prioren und Posterioren anzupassen. Das Verfahren hieß „konjugierte Prioren-Verteilung“ und verwendete die Tatsache, dass in vielen Fällen die Wahrscheinlichkeitsverteilung sowohl der Prioren wie der Posterioren die gleiche Form hat. Beginnt man also mit einer Gauß'schen Normalverteilung, hat auch das Ergebnis eine Gaußverteilung. Die konjugierten Prioren zahlen sich bei den wiederholten

Updates aus, die die Bayes'sche Methode erfordert. Albert Madansky hatte für seine Wasserstoffbomben-Untersuchung ein ähnliches Konzept genutzt. Diese abgekürzte Methode wurde später unnötig, als man mit dem Markov-Ketten-Monte-Carlo-Verfahren (MCMC) zu arbeiten begann.

In einer weiteren Vereinfachung verzichteten einige Bayesianer unter den Wirtschaftsleuten sogar auf die Prioren, die Bayes eigentlich forderte. Schlaifer sagte dazu: „Mein Ansatz dafür war, die Prioren zu vergessen, bis sich eine überwältigende Fülle von Apriori-Erkenntnissen eingestellt hatte, sodass man wirklich viel über den Parameter wusste, an dem man interessiert war."[32]

Heute, wo überall im TV und Radio Experten quasseln, kann man sich kaum vorstellen, dass das Ausnützen von Expertenwissen in den frühen 1960er-Jahren ein unbekanntes Terrain war. Niemand wusste, ob Wirtschaftsführer ihr Wissen bereitstellen wollten, um es in einer mathematischen Formel unterzubringen. Und niemand war sicher, ob das subjektive Urteil eines Experten Gewicht hatte. John Pratt fragte seine Frau Joy, deren Job es war, den lokalen Kinos Filme anzubieten, nach den täglichen Besucherzahlen. Zunächst fielen ihre Abschätzungen zu dicht zusammen. Als sie sie mit den aktuellen Zuschauerzahlen verglich, die Abend für Abend in zwei der Kinos im Ort erhoben wurden und mit der Zeit Hunderte von Daten brachten, lernte Joy, so genaue Vorhersagen zu machen, dass ihr Mann zur Überzeugung kam, die Meinung von Experten könne nützlich sein. Es gab Bayesianer, die einwandten, dass Pratt und Schlaifer Daten mit frequentistischen Methoden analysierten. Bayes'sche Methoden, also verschiedene Arten von Filmen zu vergleichen, festzustellen, wie lange sie liefen, wie populär ihre Stars waren und so weiter, wären viel zu komplex gewesen. Die Verwendung der Expertenmeinung für die Entscheidungsfindung wurde später zu einem Hauptfeld der Forschung.

Es stellte sich heraus, dass Joy und John Pratt richtig lagen: Marketingleute riskierten eine Menge Geld auf der Grundlage nur weniger Informationen und schätzten es, wenn man sie um ihr professionelles Urteil bat. Sie waren es gewöhnt, bis zum Ende einer frequentistischen Untersuchung zu warten, und dann ihre Meinung kundzugeben. Es gefiel ihnen, wenn sie ihre „Manager-Intuition" oder ihr „Gefühl für eine Situation" in eine Apriori-Beurteilungen einbringen durften.

Raiffa und Schlaifer fingen an, ganz praktische Fragen zu untersuchen, etwa, wie man Experten befragt und wie man den Wert ihrer Expertise misst. Zwei Beispiele: DuPont wollte 1962 wissen, wie groß eine Fabrik zur Erzeugung von Kunstleder für Schuhe sein sollte. Glücklicherweise hatte die Firma Apriori-Werte für die Nachfrage nach ihrem neuen Produkt. Auch die Designer bei Ford fanden es gut, dass ihre Meinungen in die Bayes'schen Prioren einbezogen wurden, so kam Ford mit kleineren Bedarfserhebungen aus. Die Arbeit von Raiffa und Schlaifer machte so gut wie jedes Wirtschaftsproblem der mathematischen Analyse zugänglich. Ein Ingenieursproblem kann zum Beispiel 20 Quellen der Unsicherheit haben. Von denen können vielleicht zwölf durch einfaches Raten erledigt werden, fünf benötigen weitere Tests und zwei mögen so kritisch sein, dass dazu Experten befragt werden müssen. Das Bayes-Theorem kann weit komplexere Probleme lösen als Savages Gedankenexperiment mit den sich einrollenden Kaninchenohren ahnen lies.

Zwischen 1961 und 1965 fand ein interessantes wöchentliches Seminar statt, das mit Drinks in Schlaifers Büro ausklang. Es ging um die Entscheidungsfindung unter ungewissen Bedingungen (kurz: DUU für „decision under uncertainty") und behandelte Nützlichkeitsanalysen, Portfolio-Analysen, Entscheidungsprozesse in Gruppen, die Theorie von Verbänden, Verhaltensstörungen und Wege, um Ungewissheiten und Werte zu erfragen. Raiffa sagte dazu: „Wir trugen dazu bei, ein Arbeitsfeld herauszuarbeiten."[33] Das Seminar und zwei Bücher, die Raiffa und Schlaifer zusammen verfassten, kurbelten das Revival des Bayes-Theorems in den 1960ern an. Raiffa stellte später ganz überrascht fest, dass die fruchtbarste Zeit seiner Zusammenarbeit mit Schlaifer nur vier Jahre gedauert hatte.

Raiffas und Schlaifers Klassiker für fortgeschrittene Statistiker, *Applied Statistical Decision Theory*, wurde 1961 veröffentlicht. Seine sorgfältigen, detaillierten analytischen Methoden gaben der Bayes'schen Statistik für die folgenden zwei Jahrzehnte die Richtung vor. Heute steht es auf dem Bücherbord von fast jedem Entscheidungsanalysten.

Als sich Pratt mit Raiffa und Schlaifer zusammentat, um die *Introduction to Statistical Decision Theory* zu schreiben, merkte er schon bald, dass alles, was er so leicht mathematisch zeigen konnte, für Schlaifer schwierig war, denn er verstand zwar die Mathematik, konnte aber selbst dazu nichts beitragen.[34] Als dann das Buch zur Veröffentlichung fertig war, hatten sich Schlaifer und Raiffa schon anderen Interessen zugewandt. Sie erhielten so viele Nachfragen für ihr Manuskript, dass es McGraw-Hill 1965 als Typoskript herausgab. 30 Jahre später folgte eine Überarbeitung des 875-seitigen Buches, das dann MIT Press herausbrachte.

Um Professoren von Wirtschaftshochschulen an mathematische Methoden heranzuführen, führte Raiffa 1960 und 1961 ein 11-monatiges von der Ford Foundation gefördertes Programm durch. Das Ergebnis war, dass die nächste Generation der Leiter der Wirtschaftshochschulen in Harvard, Stanford, an der Northwestern und anderswo mit dem Bayes'schen Subjektivismus bezüglich der Entscheidungsfindung sehr vertraut war. Das Evangelium strahlte auch weiter, bis in die Managementschulen hinein. Raiffa gab den Studenten sogar eine 84-seitige „Einführung in die Markov-Ketten" in die Hand, 30 Jahre bevor diese von den professionellen Statistikern allgemein angenommen wurden. Bis zur Jahrtausendwende wurden die Bayes'schen Methoden vor allem in den Wirtschaftshochschulen der Universitäten angewendet und weniger in den Statistik-Fakultäten.

Raiffa und Schlaifer gingen nach 1965 getrennte Wege. Raiffa nannte sich immer noch einen Bayesianer, der „grob gesprochen … in die formale Analyse eines Entscheidungsproblems direkt intuitive Urteile und Gefühle einführen wollte".[35] Er erweiterte, was er über subjektive Wahrscheinlichkeiten, die Spieltheorie und das Bayes-Theorem wusste, und wechselte in Harvard von der Statistik-Fakultät auf einen Lehrstuhl, den sich Wirtschaftshochschule und Volkswirtschafts-Fakultät teilten. Dort ging er vermehrt sozialen statt statistischen Studien nach und beschäftigte sich mit medizinischen Themen, Gesetzen, Ingenieursproblemen, internationale Beziehungen und der Rechtsordnung.

Raiffas Wechsel war in jeder Hinsicht ein Glücksfall. Als Pionier der Entscheidungsanalyse gehörte er zu den vier Organisatoren der Kennedy School of Government in Harvard. Er war auch Gründer und Direktor einer gemeinsamen Ost-West-Denkfabrik, die die Spannungen im Kalten Krieg lange vor der Peristroika zu verringern versuchte, außerdem eines weltweit kopierten Kurses der Harvard Law School mit Rollenspielen, in denen Verhandlungsführung eingeübt wurde. Er war auch wissenschaftlicher Berater von McGeorge Bundy, dem Nationalen Sicherheitsberater der Präsidenten Kennedy und Johnson. Raiffa betreute über 90 Doktorarbeiten in Betriebs- und Volkswirtschaft in Harvard und schrieb elf Bücher (Bücher, nicht Aufsätze). Eines von ihnen wurde über 50 Jahre lang gedruckt. Als Bayesianer hinterließ Raiffa tiefe Spuren.

Letzen Endes scheiterten aber Raiffa und Schlaifer in ihrem kühnen Versuch, die Wirtschafts-Lehrpläne, die statistische Theorie und das amerikanische Wirtschaftsleben mit dem Bayes-Theorem zu durchdringen. Schlaifer baute die Betriebswirtschaft in ein wichtiges Programm an der Harvard Business School ein, aber die Bayes'sche Entscheidungsanalyse verschwand langsam aus den Lehrplänen, und das Bayes-Theorem verdrängte in den amerikanischen Hörsälen nie „das alte Zeug". Seit den 1970ern, als alle bedeutenden Wirtschaftshochschulen die Bayes'sche Entscheidungstheorie gefördert hatten, war sie in der Lehre auf ein paar kurze Kurse zusammengeschrumpft. Die Studenten der Wirtschaftswissenschaften stellten keine eigenen Rechnungen mehr an. Sie heuerten lieber einen Berater an oder kauften ein Computerprogramm.

Auch viele theoretische Statistiker ignorierten Raiffas und Schlaifers Beiträge. Letztlich waren sie Außenseiter geblieben, die an einer Wirtschaftshochschule arbeiteten. Lindley war aus seiner englischen Sicht heraus erstaunt, dass die statistische Community Schlaifer so wenig Beachtung schenkte: „Ich war von ihm hingerissen. Das Buch mit Raiffa ist wunderbar", und Schlaifers Buch von 1971 bot Computermethoden, die „ihrer Zeit weit voraus waren". Schlaifer war „einer der originellsten Köpfe, die ich je getroffen habe, mit außerordentlich breiten Kenntnissen", ergänzte Lindley.[36]

Ein Teil ihres Misserfolgs beruhte darauf, dass Schlaifer ein überzeugter Universitäts-Theoretiker blieb. Wenn er mit einem Problem konfrontiert war, das er nicht lösen konnte, legte er es beiseite und arbeitete an etwas anderem. Aber Manager können sich das nicht leisten. Er bedachte auch nie langfristige Lösungen mit ihren Auswirkungen in der Zukunft, ihm ging es um kurzfristige Resultate. Er leistete wenig als Berater, und weil er wenig Erfahrung damit hatte, komplizierte Ideen an vielbeschäftigte Manager zu verkaufen, konnte er auch nicht dafür sorgen, dass der Einfluss des Bayes-Theorems auf die Leute in der Wirtschaft größer wird. Er verbrachte einmal Wochen damit, ein Problem zu erforschen, bei dem es um die Verpackung von Hüttenkäse ging und bedachte alle dabei auftretende Finessen. Dabei vergaß er aber den ganzen Kontext, der die meisten Bearbeiter von einem Ausflug auf die Weide zurück in die Molkerei gebracht hätte. Er machte aus der einzigen Doktorarbeit, die er betreute (es ging um den unschönen Ruhm, den sich die Qualitätskontrollen bei IBM erworben hatten), ein trockenes theoretisches Papier über das Sammeln von Daten voller abstrakten Probleme. Erst als Schlaifer ein Sabbatjahr einlegte, konnte Raiffa eingreifen und den Doktortitel des jungen Mannes retten. Schlaifer war ein leidenschaftlicher Intellektueller mit einem tiefen Interesse für eng umschriebene Themen und nahm sich alle Zeit der Welt für Diskussionen.

Nachdem sich Raiffa anderen Projekten zugewandt hatte, machte sich Schlaifer daran, einen neuen Einführungskurs für die Erstsemester in Betriebswirtschaft in Harvard zu konzipieren. Natürlich sollte sich der Kurs als erster an einer Wirtschaftshochschule auf Bayes'sche Methoden stützen. Schlaifer schrieb für die Studenten ein Handout mit der Überschrift *Managerial Economics Reporting Control*, kurz MERC. Doch diese hassten es und nannten es „Murk", also „Düsternis", und verbrannten ihre Exemplare auf den Stufen der Baker Library. Als ein Reporter der Studenten-Zeitung von Harvard Schlaifer um einen Kommentar bat, sagte er: „Nun, ich will lieber unter denen sein, deren Bücher verbrannt werden, als unter denen, die Bücher verbrennen."

Dann aber nahm Schlaifer den Studenten beiseite und fragte: „Sagen Sie mal, es gibt eine Sache, die mich wirklich interessiert. Dieses Buch ist auf sehr gutem Hochglanzpapier gedruckt. Es muss sehr schlecht gebrannt haben. Wie verbrennen Sie es?“ „Na ja, Sir“, antwortete der Gefragte voll Respekt, „wir verbrennen es Seite für Seite“.[37]

Schlaifer brachte weitblickend den Rest seines Lebens damit zu, zu versuchen, Computersoftware für Praktiker zu schreiben, obwohl schon ganze Teams von mathematisch höchst fortgeschrittenen Programmierern dieses Feld längst übernommen hatten. 1994 starb Schlaifer im Alter von 79 Jahren an Lungenkrebs. Nach seinem Tod schlossen Raiffa und Pratt das 30 Jahre alte Werk des Trios ab, die *Introduction to Statistical Decision Theory.* Sie widmeten es ihrem ehemaligen Kollegen und rühmten ihn als einen „originellen, tiefen, kreativen, rastlosen, beharrlichen, vielseitigen, fordernden, manchmal jäh aufbrausenden Gelehrten“, der für sie beide eine „Inspiration“ darstellte.[38]

12
Wer schrieb die *Federalist*-Artikel?

1948 wurde Alfred C. Kinseys brisanter Bestseller *Sexual Behaviour in the Human Male* (*Kinsey Report: Das sexuelle Verhalten des Mannes*) veröffentlicht, im gleichen Jahr versagten die Meinungsforscher bei der Präsidentenwahl und prognostizierten den Sieg Thomas Deweys, doch Harry S. Truman gewann. Während die Öffentlichkeit wegen Schmutz, Betrug und sittlicher Verkommenheit aufschrie, fürchteten die Sozialwissenschaftler um die Zukunft ihres Berufs, denn schließlich zählte die Meinungsforschung zu ihren grundlegenden Werkzeugen. Deshalb beauftragte das Social Science Research Council, das sieben Berufsverbände vertrat, den Statistiker Frederick Mosteller von Harvard, die Skandale zu untersuchen.

Mostellers unverblümter Bericht über die Truman-Wahl tadelte die Meinungsforscher der Nation, weil sie auf randomisierte Befragungen verzichtet hatten und sich an veraltete Sampling-Rezepte klammerten, bei denen Schwarze, Frauen und Arme unterrepräsentiert waren – und damit all die, die eher für die Demokraten stimmten.

Im Falle der Arbeiten von Kinsey forderten wichtige Persönlichkeiten, die Erforschung der menschlichen Sexualität nicht mehr zu fördern – darunter John Foster Dulles, der unter Eisenhower Außenminister war, Arthur Sulzberger, der Herausgeber der *New York Times*, Harold W. Dodds, der Präsident der Princeton University und Henry P. Van Dusen, der Präsident des liberalen Union Theological Seminary. Mosteller aber nahm sich nun Kinseys Standard-Interview über die sexuelle Vorgeschichte vor und war beeindruckt. Auch Kinsey hatte zwar auf eine randomisierte Auswahl der Befragten verzichtet, was statistisch ungünstig war, aber seine Arbeit war weit besser als alles andere auf diesem Gebiet, und das Land hatte keine 20 Statistiker, die es hätten besser machen können. Es wurde in aller Stille vereinbart, dass Kinsey für seine nächste Untersuchung über die Sexualität der Frau Hilfe des Statistikers Jerome Cornfield von den NIH erhalten sollte.

Beide Skandale drehten sich auch um Unterscheidungs- oder Klassifizierungsprobleme, die für die Meinungsforschung, die Sozialwissenschaften sowie die Statistik sehr wichtig waren. Die Forscher tendierten dazu, Menschen oder Dinge zu kategorisieren, ohne sich ganz sicher zu sein, ob die Zuordnungen korrekt und die Kategorien gut definiert waren. Die Meinungsforscher teilten die Menschen in Republikaner und Demokraten ein, die Marktforscher unterschieden Menschen, die das Waschmittel A benützten, von denen, die B vorzogen; die Biologen klassifizierten Pflanzen, die Anthropologen Schädel und die Sozialwissenschaftler kategorisierten Individuen nach ihrer Persönlichkeit.

Nach seiner Arbeit im Kinsey-Ausschuss suchte Mosteller nach einem neuen Forschungsgegenstand, bei dem es um Klassifizierungsfragen ging. Er blieb bodenständig, vielleicht weil er von seiner geschiedenen Mutter erzogen worden war, die nie studiert hatte, aber gegen die Einwände ihres Ex-Ehemanns darauf bestanden hatte, dass Fred eine gute Ausbildung bekommen sollte. Mosteller hatte seinen Bachelor und Master in Mathematik am Carnegie Institute of Technology in Pittsburgh, der heutigen Carnegie Mellon University gemacht, und sich für die Promotion in Statistik am höchst abstrakt ausgerichteten Mathematik-Fachbereich der Princeton University eingeschrieben. Bei der Zusammenarbeit der Statistiker der Princeton und der Columbia University im Rahmen der Militärforschung wurde ihm klar, dass er gern mit einer klaren Zeitvorgabe an realen Problemen arbeitete. 1946, nach dem Krieg, promovierte Mosteller in Princeton. Sein Interesse an Gesundheit, Ausbildung und Baseball führte ihn dann nach Harvard. Die Untersuchung der Umfragen zur Präsidentenwahl und der Sexualforschung waren für ihn eine gute Vorbereitung, um ein Problem anzugreifen, das er selbst gewählt hatte.

Mosteller schaute sich nach einer großen Datenbasis um, um Wege zu finden, wie man am besten zwischen zwei Hypothesen unterschieden konnte. Er dachte dabei aber nicht an das Bayes-Theorem, sondern an ein kleines historisches Rätsel: die *Federalist*-Artikel.[1] 1787 und 1788 hatten drei Gründerväter der USA, Alexander Hamilton, John Jay und James Madison, anonym 85 Zeitungsartikel unter dem Titel *The Federalist* veröffentlicht, um die Wähler des Staates New York zu überreden, die amerikanische Verfassung zu ratifizieren. Die Historiker konnten die meisten der Artikel ihren jeweiligen Autoren zuordnen, es gab aber noch zwölf, bei denen sie sich uneinig waren, ob sie von Madison oder Hamilton stammten.

Mosteller war auf das Problem während eines Ferienjobs gestoßen, den er 1941 als Doktorand angenommen hatte. Er zählte zusammen mit dem Psychologen Frederick Williams die Zahl der Wörter in jedem Satz von *The Federalist* und entdeckte „ein wichtiges empirisches Prinzip: Die Leute können nicht zählen, zumindest nicht sehr weit.“ Er erkannte auch, dass Hamilton und Madison stilistisch praktisch Zwillinge waren, die sich in einem komplizierten rednerischen Stil übten, wie er im 18. Jahrhundert in England Mode war. Mosteller stimmte zu, „den allgemeinen Stil als wenig hilfreiches Merkmal beiseite zu lassen und die Aufmerksamkeit auf die Wörter zu lenken."[2] Der Job war entmutigend, weil man eine große Zahl einzelner Wörter brauchte, um einen Pool von Tausenden von Variablen zu füllen. Als der Ferienjob vorbei war und der Zweite Weltkrieg anfing, vergaß Mosteller *The Federalist.*

Nach dem Krieg überlegte er sich, dass *The Federalist* als Material für sein Projekt zur Klassifizierung dienen könnte. 1955 war er weit genug, um David L. Wallace, einen jungen Statistiker von der University of Chicago, anzuheuern. In seiner entwaffnend ungezwungenen Art fragte er Wallace: „Warum kommen Sie nicht her und verbringen diesen Sommer ein bisschen Zeit in New England und arbeiten an diesem kleinen Projekt mit, das ich schon irgendwie angefangen habe?"[3] Die beiden verbrachten dann letztlich mehr Zeit mit dem Studium der *Federalist*-Artikel als Hamilton und Madison mit ihrer Abfassung – „ein schrecklicher Gedanke", sagte Wallace später.

Wallace drängte Mosteller, das Bayes-Theorem für das Projekt zu benützen. Wallace hatte seinen Doktor in Mathematik 1953 in Princeton gemacht und wurde später Professor an der University of Chicago. Aber 1955, in seinem ersten Jahr in Chicago, behandelte Savage in seinen Vorlesungen auf der Grundlage seines gerade erschienen Buches das Bayes-Theorem. Trotz der Feindseligkeit der meisten amerikanischen Statistiker gegenüber dem Theorem war Wallace für die Bayes'schen Ideen aufgeschlossen.

Wallace dachte, dass *The Federalist* möglicherweise ein Problem war, bei dessen Lösung Bayes gute Dienste leisten könnte: „Wenn Du es mit relativ einfachen Problemen zu tun hast wie denen in den Grundlagenbüchern über Statistik, kannst Du sowohl mit Bayes'schen als auch mit nicht-Bayes'schen Methoden rangehen. Die Antworten unterscheiden sich nicht merklich." Laplace hatte solche Probleme in den frühen Jahren des 19. Jahrhunderts untersucht und das Gleiche herausgefunden. Wallace sagte: „Ich bin nicht wirklich Bayesianer, ich habe mit dieser Methode nicht viel mehr gemacht als *The Federalist,* aber … wenn es eine große Zahl Parameter gibt, von Unbekannten, mit denen man umgehen muss, wächst der Unterschied von Bayes und Nicht-Bayes immens an."

Mosteller war für Ratschläge offen. Anders als Savage, Lindley, Raiffa und Schlaifer war er kein glühender Bayesianer, sondern ein vielseitiger Problemlöser, der jedes Verfahren schätzte, solange es nur funktionierte. Er akzeptierte beide Definitionen von Wahrscheinlichkeit: die Wahrscheinlichkeit als den Grad der Überzeugung *und* die Wahrscheinlichkeit als relative Häufigkeit. Nach seiner Ansicht war es problematisch, ein einmaliges Ereignisses wie „Hamilton schrieb den Artikel No. 52" mit der Sampling-Theorie zu behandeln.

Es würde zwar sehr schwer sein, den Bayes'schen Grad der Überzeugung oder des Glaubens zu quantifizieren, der Anwendungsbereich wäre aber größer.

Mosteller liebte es zudem, sich mit kritischen sozialen Themen herumzuschlagen. Er vermied dabei auch keine Kontroversen, etwa indem er sich auf Lehrbuchbeispiele beschränkte, denn die Realität sorgte bei einem Problem für ein gewisses Maß an Nervenkitzel. Wie er meinte, ähnelten Schwierigkeiten, die man „im Lehnstuhl" gefunden hatte, selten denen, die bei der Forschung draußen oder im Labor auftraten. Als man ihn später einmal fragte, warum er so viel Zeit mit den *Federalist*-Artikeln verbracht hatte, wies Mosteller auf jenes „Bayes'sche Treibhaus" an der Harvard Business School und auf die Tatsache hin, dass sich Raiffa und Schlaifer nie mit schwierigen Themen und komplexen Daten befasst haben. Die Diskrepanz zwischen allzu vielen Bayes'schen Theorien und allzu wenigen praktischen Anwendungen gefiel Mosteller gar nicht.

Von Savage ermutigt starteten Mosteller und Wallace ihr Projekt, ein „200 Jahre altes mathematisches Theorem auf ein 175 Jahre altes historisches Problem anzuwenden". Mosteller organisierte nun die größte zivile Anwendung des Bayes-Theorems, seit Laplace Babys erforscht und Jeffreys Erdbeben analysiert hatten.

Es war kein Zufall, dass Wallace und Mosteller dazu auch sogenannte High-Speed-Computer verwendeten, denn sie hatten offensichtlich einen riesigen Datenberg: 94 000 Wörter waren definitiv von Hamilton, 114 000 von Madison. Substantive wie „*executive*", „*war*" und „*legislature*" ignorierten sie, weil ihr Gebrauch je nach Thema des Artikels wechselte. Dagegen wurden „*in*", „*an*", „*of*" und „*upon*" sowie andere nicht vom Kontext betroffene Artikel, Präpositionen und Konjunktionen einbezogen. Im Laufe der Arbeiten schien ihnen aber ihre Methode des „nimm was Du bekommen kannst" immer ungeeigneter. Sie trafen die kritische Entscheidung, ihr historisches Bagatell-Problem in einen ernsthaften empirischen Vergleich der Bayes'schen mit der frequentistischen Methode der Datenanalyse zu verwandeln. Die *Federalist*-Artikel wurden zum Mittel, das Bayes-Theorem als Unterscheidungsmethode zu testen.

1960 arbeite Wallace mit seiner ganzen Kraft an der Bayes'schen Analyse von *The Federalist*, um die Details eines mathematischen Modells ihrer Daten herauszuarbeiten. Angesichts so vieler Variabler durchforsteten Wallace und Mosteller ihre Daten wie Erz von geringer Reinheit. Sie siebten es nach und nach, verarbeiteten den Text in mehreren Durchgängen und sortierten Wörter aus, die ihnen nicht weiterhalfen. Sie benützten numerische Wahrscheinlichkeiten, um den Grad ihrer Überzeugung auszudrücken, dass Aussagen wie „Hamilton schrieb den Artikel No. 52" stimmten. Dann benützten sie das Bayes-Theorem, um diese Wahrscheinlichkeiten mit neuen Erkenntnissen aufzubessern.

Ihre Anfangsannahme war, die Autorschaft von jedem Artikel 50 zu 50 Hamilton oder Madison zuzuschreiben. Dann verwendeten sie nacheinander die Häufigkeit von 30 Wörtern, um ihre erste Abschätzung zu verbessern. In einer zweistufigen Analyse bearbeiteten sie zunächst die 57 Artikel, die sicher Hamilton oder Madison zuzuordnen waren, um mit diesen Informationen dann die zwölf Artikel zu analysieren, von denen man den Autor nicht kannte. Als ihre Rechnungen immer komplizierter wurden, entwickelte Wallace neue algebraische Methoden, um mit schwierigen Integralen umgehen zu können. Seine asymptotischen Näherungen machten einen Großteil des statistischen Gehalts des Projekts aus.

Mosteller und Wallace machten noch eine weitere wichtige Vereinfachung. Statt das mathematische Vokabular der Wahrscheinlichkeitstheorie zu nutzen, verlegten sie sich auf die Alltagssprache, in der von Chancen die Rede war. Sie waren zwar Mathematik-Experten, fanden aber „Chancen" für die Rechnerei und für die Intuition brauchbarer.

In dem Jahrzehnt, das zur Analyse von *The Federalist* nötig war, kämpfte Mosteller emsig an einer Reihe von Fronten. Seine Untersuchungen der Truman-Wahl und des Kinsey-Reports hatten ihn zu der Person gemacht, die man fragte, wenn etwas schief lief. Im Laufe der Jahre hatte Harvard ihm den Vorsitz von vier Fachbereichen angeboten: dem für soziale Beziehungen (wo er auch arbeiten sollte), dem für Statistik (als sein Gründer), dem für Biostatistik und schließlich einem für Gesundheitspolitik und -management (beide an der School of Public Health der Universität).

Er überredete Harvard („*ganz behutsam*", wie er einem Freund schrieb)[4], eine Statistik-Fakultät einzurichten. Im Zuge der Bemühungen der 1950er- und 1960er-Jahre, mathematische Modelle auf soziale Probleme anzuwenden, forschte er über Spieltheorie und Glücksspiel und untersuchte den Lernprozess, wofür er aber das Bayes-Theorem nicht direkt benützte, sondern nur als Modell für das Denken und Aneignen neuer Ideen ansah. Schließlich ließ Mostellers Interesse an diesen Themen nach, und er ging zu anderen über. Erziehung und Bildung blieben weiterhin eines seiner Hauptinteressengebiete. Mosteller beteiligte sich an den Bemühungen der US-Regierung nach dem Sputnik-Schock, Studenten auf allen Ausbildungsstufen in Wahrscheinlichkeitstheorie zu unterrichten. Mosteller schrieb dazu zwei Lehrbücher für Highschool-Absolventen über Frequentismus und das Bayes-Theorem. 1961 erklärte er Statistik und Wahrscheinlichkeitstheorie auf NBC in der Morgensendung *Continental Classroom*. Seine Vorlesungen wurden von mehr als einer Million Zuschauern gesehen, und 75 000 wollten eine Teilnahmebestätigung, mit der sie das Thema möglicherweise später weiter studieren konnten. In der medizinischen Forschung war Mosteller ein Pionier der Meta-Analyse und empfahl dringend randomisierte klinische Testreihen, den unabhängigen Test medizinischer Behandlungen und eine auf Daten basierende Medizin. Er war einer der Ersten, der groß angelegte Studien des Placeboeffekts durchführte, der viele Kliniken evaluierte, die Zusammenarbeit von Ärzten und Statistikern anregte und die Verwendung von Großrechnern förderte.

Wie konnte Mosteller neben all diesen Aufgaben noch umfangreiche Bayes'sche Analysen durchführen? Er sah rundlich und zerzaust aus, war aber ein glänzender Organisator und ließ sich auch von Kontroversen nicht aus der Ruhe bringen. Er war genial, nahm Kritik mit einem Hauch von Humor entgegen und schien der Ansicht zu sein, alle hätten auch ein Recht auf Meinungen, denen er nicht zustimmen konnte. Mit großer Geduld erklärte er die Dinge mit einem „Na so was! Donnerwetter! Was soll's, lach drüber" wieder und wieder.[5] Streng war er nur bei Grammatik und Zeichensetzung. So schrieb er einmal einem Studenten über dessen Arbeit: „Ich bin in einem einsamen Hotelzimmer, umgeben von ‚*whiches*'."[6]

Mosteller arbeitete hart. Einmal hängte er einen Zettel in seinem Büro auf: „Was habe ich in der letzten Stunde für die Statistik getan?"[7] Eine Zeit lang schrieb er alle Viertelstunde auf, was er getan hatte. Er profitierte auch von den Traditionen einer eigentlich längst vergangenen Zeit, wie er selbst eingestand: Seine Frau kümmerte sich um alles in seinem Leben – seine Arbeit ausgenommen. Einige Frauen in Harvard widmeten ihre Karrieren ganz seinem Erfolg, etwa seine langjährige Sekretärin und Cleo Youtz, die 50 Jahre seine statistische Assistentin war.

Man erzählte von Mosteller, er habe jeden Studenten, der seinem Büro näher als 20 m kam, in seine Forschungen eingespannt. Einer von ihnen war Persi Diaconis, der mit 14 zu Hause ausgerissen war, um den Beruf des Zauberers zu ergreifen. Nun traf er sich an seinem ersten Tag als Doktorand mit Mosteller. Der fragte ihn in seiner zurückhaltenden freundlichen Art: „Ich sehe, dass Sie sich für Zahlentheorie interessieren. Ich interessiere mich auch dafür. Könnten Sie mir bei diesem Problem helfen?"[8] Sie veröffentlichten das Ergebnis zusammen, und Diaconis machte später an der Stanford University eine kometenhafte Karriere. Es gibt die Anekdote, der letzte Mitarbeiter Mostellers auf Erden sei ein Eremit auf einem Berggipfel gewesen. Mosteller habe den Berg bestiegen und den Eremiten überredet, mit ihm zusammen ein Buch zu schreiben. In Wirklichkeit arbeitete Mosteller nur mit Leuten zusammen, von denen er annahm, sie seien seine Zeit wert. Dazu gehörten Diaconis, daneben John Tukey, der spätere US-Senator Daniel Patrick Moynihan, der Wirtschaftswissenschaftler Milton Friedman und Statistiker wie Savage. Mosteller erklärte zu seinem Erfolg: „Irgendwo auf meinem Weg habe ich mich der neue Art und Weise, Forschung in kleinen Gruppen zu betreiben, zugewandt.“[9] Kollegen und Forschungsassistenten teilten das interessante Thema unter sich auf, trafen sich alle ein, zwei Wochen, tauschten untereinander Texte aus und veröffentlichten nach vier oder fünf Jahren ein Buch. Mosteller organisierte immer gleichzeitig vier oder fünf derartige Gruppen und war der Autor oder Co-Autor von 57 Büchern, 36 Berichten und mehr als 360 Artikeln, sogar mit jedem seiner Kinder schrieb er eine Veröffentlichung.

Nach vier Jahren Arbeit am *Federalist*-Projekt gelang ihm und Wallace ein Durchbruch. Der Historiker Douglass Adair wies sie auf eine Untersuchung von 1916 hin, die zeigte, dass Hamilton „*while*“ für „während“ benutzt hatte, Madison aber „*whilst*“. Adairs Neuigkeit deutete darauf hin, dass die Suche nach diesen Wörtern in den zwölf anonymen Texten zum Erfolg führen könnte.

Leider wurden „*while*“ und „*whilst*“ nicht oft genug verwendet, um alle zwölf Artikel zuordnen zu können. Die Ergebnisse konnten zudem durch typografische Fehler oder den Eingriff des Herausgebers verfälscht worden sein. Es würde also nicht genügen, hier und dort einzelne Wörter zu finden. Die beiden mussten eine größere Zahl Wörter finden, die so charakteristisch wie „*while*“ und „*whilst*“ waren und ihre Häufigkeit in jedem *Federalist*-Text bestimmen.

Mosteller hatte sein *Federalist*-Projekt mit dem Rechenschieber, einer Royal-Schreibmaschine, einer elektrische Addiermaschine mit zehn Tasten und einem elektronischen Monroe-Rechner, der automatisch multiplizieren und dividieren konnte, begonnen. Er vermisste sehr ein Gerät, das er gern am MIT benutzt hatte: einen Overhead-Projektor. Er und Wallace erkannten sehr schnell, dass sie Computer einsetzen mussten. Harvard hatte keine eigenen Computer, sondern nur eine Kooperation mit dem MIT. Mosteller und Wallace bekamen schließlich einen wesentlichen Teil der Harvard zustehenden Rechenzeit zugewiesen. Ihre Aktivitäten wurden auch gebremst, weil die Programmiersprache Fortran erst zwei Jahre alt und reichlich unbequem war. Zudem war sie besser für Zahlen als für Wörter geeignet. Die beiden Forscher benutzten nun beides, sie brachten den Computer dazu, Wörter zu zählen und machten gleichzeitig von Hand selber weiter - und damit mussten sie sich auch mit den Nachteilen beider Methoden abmühen.“

Um die Leistung der Computer durch die harte Arbeit von Studenten zu ergänzen, organisierte Mosteller eine Armada von 100 Helfern – 80 Studenten von Harvard, dazu 20 andere. Einige Jahre lang stanzten seine Soldaten Lochkarten für den angeblich ultraschnellen Computer.

Das Programmieren ging so langsam voran, dass Youtz die Suche nach den charakteristischen Wörtern beschleunigte, indem sie eine behelfsmäßige Zusammenstellung von Übereinstimmungen von Hand anlegte. Die Studenten rüsteten elektrische Schreibmaschinen mit Papierrollen von Addiermaschinen aus und schrieben jeweils ein Wort auf eine Zeile. Dann schnitten sie die Rolle in Streifen mit nur je einem Wort, sortierten die Streifen alphabetisch und zählten sie. Einmal atmete einer, dessen Namen nie bekannt wurde, tief aus und wirbelte eine Wolke statischen Konfettis auf. Innerhalb von ein paar Tagen entdeckte jedoch Youtz's Schreibkräfte, dass Hamilton das Wort „*upon*" zweimal in jedem Text verwendete, während es Madison nur ganz selten wählte.

Bald darauf fanden die Studenten beim Lochen der Karten ein viertes charakteristisches Wort, nämlich „*enough*", das nur Hamilton benutze. Jetzt standen Mosteller vier Wörter zur Verfügung, die auf Madison als Autor der fraglichen Texte hinwiesen. Aber auch hier konnte es sein, dass Madison und Hamilton gegenseitig ihre Texte überarbeitet hatten, womit der Stil vermischt worden wäre. Mosteller und Wallace schlossen: „Wir sind nicht mit einer Schwarzweißsituation konfrontiert, und wir werden keine absolut schlüssige Rechnung machen können. … Ein starkes Vertrauen in die Schlussfolgerungen ist alles, was von einer Untersuchung erwartet werden kann." Sie mussten also für mehr Beweise sorgen und sich darum bemühen, deren Gewicht zu bestimmen.

Nachdem sie sich über die einfachsten Bayes'schen Anwendungen hinausgewagt hatten, sahen sie sich knietief „in einem Chaos von Notbehelfen und Näherungen". Die Bayes'schen Methoden zur Datenanalyse steckten noch in den Kinderschuhen, sie musste also eine neue Theorie, Computerprogramme und einfache Techniken von der Art entwickeln, wie sie von den Frequentisten vor 1935 erdacht worden waren. Alles, was nicht funktionierte, ließen sie beiseite. Sie stießen auf 25 schwierige technische Probleme und veröffentlichten darüber vier gehaltvolle Parallelstudien, in denen Bayes, der Frequentismus und zwei vereinfachte Bayes'sche Ansätze verglichen wurden. Die Rechnungen wurden so kompliziert, dass sie ihre Arbeit per Hand und weitgehend mit dem Rechenschieber überprüften. „*Upon*" erwies sich als das beste einzelne Unterscheidungsmerkmal. Es war viermal beweiskräftiger als andere. Auch „*whilst*", „*there*" und „*on*" waren gute Merkmale.

Die größte Überraschung war, dass die Verteilungen von Prioren (das Schreckgespenst des Bayes-Theorems) nicht so besonders wichtig waren. Mosteller sagte dazu: „Das war fantastisch. Wir haben immer gedacht, dass alles davon abhängt, welche Art von Apriori-Information man verwendet. Unsere Ergebnisse sagten aber, dass die Statistiker ihren Prioren weniger Aufmerksamkeit schenkten und mehr auf die Wahl ihrer Modelle für die Daten achten sollten."[10]

Am Ende setzten sie Prioren nur ein, weil man sie für das Bayes-Theorem brauchte, und gaben einfach für Madison und Hamilton die gleichen Werte vor. Die Prioren erwiesen sich als so unwichtig, dass sie Mosteller und Wallace auch von ihren Lesern raten lassen konnten. In einer in die Zeit passenden Analogie hielt Mosteller fest, dass eine einzige Messung, die ein Astronaut auf dem Mond macht, schon genügt, um jede Apriori- Meinung eines Experten über die Tiefe der Staubschicht auf der Mondoberfläche vergessen zu lassen. Wozu dann überhaupt noch Prioren? Weil bei kontroversen oder unzureichenden Daten große Mengen von Beobachtungsmaterial nötig sein könnten, um die Streitfrage zu entscheiden.

Als Mosteller und Wallace 1964 ihren Bericht veröffentlichten, erklärten sie enthusiastisch: „Wir haben das Problem der Bayes'schen Analyse bis in seine Ursprünge verfolgt und konnten das Problem der umstrittenen *Federalist*-Texte lösen." Die Wahrscheinlichkeit war „zufriedenstellend hoch", dass Madison alle zwölf Texte geschrieben hatte. Die schwächsten Hinweise gibt es bei No. 55, bei dem die Wette zugunsten Madison „nur" 240 zu 1 betrug.

Ihre Veröffentlichung war die vierte über das Bayes-Theorem, die in einem Zeitraum von drei Jahren erschien. Sie folgte auf Arbeiten von Jeffreys, Savage und Raiffa mit Schlaifer. Von allen hatten nur Mosteller und Wallace gewagt, ein reales Problem mit Bayes'scher Statistik und modernen Computern zu lösen. Mosteller hatte 23 Jahre über die *Federalist*-Texte nachgedacht und zehn Jahre über sie gearbeitet.

Die Arbeit wird immer noch als eine besonders gründliche Analyse eines komplizierten Problems bewundert. Rezensenten sprachen von „ideal", „beeindruckend" oder „untadelig" und nannten sie eine „Herkulesarbeit". Von den als geheim eingestuften Anwendungen abgesehen, galt sie bis 1990 als die größte Fallstudie mit Bayes'schen Methoden.

Trotz dieses Trubels blieb es aber dabei. Niemand, auch nicht Mosteller und Wallace, versuchte, ihre Ergebnisse durch eine erneute Analyse des Materials mit nicht Bayes'schen Methoden zu bestätigen. Wer sonst wäre auch in der Lage gewesen, Mitarbeiterkommissionen und ganze Armeen von Studenten zu organisieren, um einen Computer der 1960er-Jahre so zu füttern, dass er große und komplexe Probleme lösen konnte?

Und Mostellers Reaktion selbst? Natürlich Zufriedenheit. Aber einem Freund nach auch das Gefühl, „Okay, das ist eine gute Anwendung, eine neue Technik, lasst sie uns versuchen, und dann aber auch andere finden". Einige der Bücher Mostellers beschrieben die Bayes'schen Techniken, und bis heute hält Diaconis Mosteller für einen überzeugten Bayesianer, der hart daran arbeitete, die Sozialwissenschaftler dazu zu bringen, Bayes'sche Methoden zu akzeptieren. Mosteller bearbeitete aber kein ganzes weiteres Projekt mit Bayes. Seine berühmte Untersuchung der Armut, die er zusammen mit Senator Daniel Patrick Moynihan durchführte und die maßgeblich die öffentliche Politik beeinflusste, nutzte Bayes kaum. Als ein Student einen Preis für seine „Bayes'sche" Dissertation erhielt, gratulierte ihm Mosteller: „Ich denke, dass Bayes'sche Methoden nun Fahrt aufnehmen. Aber das sage ich schon seit 25 Jahren."[11]

13
Kalte Krieger

Das *Federalist*-Projekt beeindruckte die immer noch kleine Welt der professionellen Statistiker, aber erst John W. Tukey, ein Star in der Welt der Spionage im Kalten Krieg, gab dem Bayes-Theorem die Gelegenheit, seine Fähigkeiten vor 20 Mio. amerikanischen Fernsehzuschauern zu demonstrieren. Ob allerdings die Community der Statistiker aufgrund von Tukeys Beispiel merkte, dass Bayes aus den Kinderschuhen herausgewachsen war, blieb die Frage.

Die große Chance, berühmt zu werden, kam für Bayes 1960 beim Rennen zwischen Senator John F. Kennedy und Vizepräsident Richard N. Nixon um die Nachfolge Eisenhowers. Der Wahlausgang war völlig offen, aber die drei größten TV-Gesellschaften führten einen erbitterten Kampf darum, als erste den Gewinner verkünden zu können, denn der Sieg in diesem Rennen bedeutete Prestige und viele Werbe-Dollars. Die National Broadcasting Co. (NBC) hatte den Vorteil, die allerneuesten Computer nutzen zu können, die von ihrem Besitzer, der Radio Corporation of America (RCA) hergestellt worden waren.

Der *Huntley-Brinkley Report* der NBC, die beliebteste Nachrichtensendung im US-Fernsehen, erreichte an den Abenden 20 Mio. Zuschauer. Chet Huntley war der Anchorman in New York, David Brinkley der in Washington, beide waren berühmt und bekannter als Cary Grant oder James Stewart. Das flotte Format und das lässige nächtliche „Good night, Chet“ – „Good night, David“ gab den TV-Nachrichten ein neues Gesicht.

Trotz der Popularität des Programms waren die Chefs des Senders nervös: Man erinnerte sich an die erstaunlich schwache Vorstellung der Meinungsforschung bei den Wahlen von 1936 und 1948, und wusste, dass das Rennen zwischen Kennedy und Nixon äußerst knapp war. Um sich für den Wahltag vorzubereiten, hielt die NBC nach jemand Ausschau, der den Sieger vorhersagen konnte. Eine der ersten in einer Reihe von Überraschungen war, dass man auf den Princeton-Professor John W. Tukey verfiel.

Heute kennt man Tukey als Erfinder der Begriffe „Bit“ und „Software“, aber nur wenige außerhalb von Statistik und Technik kennen seinen Namen. Er hat aber in der von Geheimnissen umwitterten Welt der Militärforschung erstaunliche Leistungen vollbracht, insbesondere beim Entschlüsseln von Geheimcodes und bei der Entwicklung von Hightech-Waffen. Tukey hatte zwei Arbeitsplätze, die 50 km voneinander entfernt waren: die Princeton University, wo er Statistik-Professor war, und die Bell Labs von AT&T, das damals weltweit beste Institut für Industrieforschung. Aufgrund dieser guten Ausgangsbasis beriet er eine Reihe der US-Präsidenten, die NSA und die CIA.

Um verstehen zu können, wie mutig es von NBC war, gerade Tukey den Job anzubieten, muss man verstehen, wie tief er in die Geheimnisse des Kalten Krieges verwickelt war. Er hatte in den späten 1930er-Jahren auf dem Gebiet der Topologie geforscht und dann in den 1940ern militärische Analysen durchgeführt. Als junger Mann arbeitete Tukey während des Zweiten Weltkrieges in Princeton mit der Operations-Research-Gruppe zusammen, die ausgerechnet hatte, wie ein B-29-Bomber über Europa sein MG-Feuer optimal einsetzen konnte. Während des Kalten Krieges rechnete er „von Hand" grob die Aerodynamik, die Flugbahn und den Gefechtskopf von Nike aus, der ersten bodengestützten Rakete zur Luftabwehr. Er half auch, Eisenhower zum Bau der U-2 zu überreden, jenem Spionageflugzeug, das von 1956 bis 1960 eingesetzt wurde, bis eine der Maschinen mit dem Piloten Gary Power über der UdSSR abgeschossen wurde.

Als die NBC 1960 mit Tukey Kontakt aufnahm, saß er schon seit acht Jahren im Beirat der CIA für Wissenschaft und Technologie und im wissenschaftlichen Beirat der NSA. Seine berühmteste Rolle als Berater hatte er im Jahr zuvor gespielt, als er Delegierter bei der USA-UdSSR-Konferenz über die Einstellung der Kernwaffentests war und die Sowjets mit der Erkenntnis überraschte, dass die Seismologen unterirdische Kernwaffentests von Erdbeben unterscheiden können. Als beiden Seiten klar wurde, dass sie die Einhaltung durch die andere Seite überwachen konnten, wurde 1963 der Vertrag zur Einstellung der Tests in der Atmosphäre, im Weltraum und unter Wasser unterzeichnet.

Tukey trug auch zur Gründung einer supergeheimen Kryptografie-Denkfabrik an der Princeton University bei. Die Forschungsabteilung für Kommunikation des Institute of Defense Analyses (IDA) zog in die Von Neumann Hall, ein neues Gebäude auf dem Campus, das von einer 2 ½ m hohen Ziegelmauer umgeben war. Das IDA, das über die allerengsten Verbindungen zur NSA verfügte, war gegründet worden, um Probleme der Kryptografie der Zukunft zu lösen. Tukey war jahrzehntelang im Kuratorium des IDA, wobei dieser Posten in seinem offiziellen Lebenslauf nicht auftauchte. Die Studenten protestierten gegen die Geheimforschung an den Universitäten und zwangen das IDA 1970, den Campus zu verlassen – gegen den Einspruch Tukeys, der sich persönlich beim Präsidenten der Universität, Robert F. Goheen, für den Verbleib eingesetzt hatte.

Für viele Fachbereiche an den Universitäten gehörte in den 1950er- und 1960er-Jahren Geheimforschung zu den regulären Aufgaben. So waren beispielsweise John Pratt und Stephen Fienberg für die Arbeit an der University of Chicago überprüft worden, ob sie ein Sicherheitsrisiko darstellten. Fielberg erinnerte sich: „Als ich 1968 in den Fachbereich für Statistik eintrat, hatte es einen beidseitigen Vertrag mit dem Navy-Forschungsbüro abgeschlossen. Die eine Seite unterstützte die Grundlagenforschung in Statistik, die andere bot statistische Beratung. Im Keller stand ein Safe, in dem die geheimen Beratungsunterlagen aufbewahrt wurden, wobei ich aber nicht weiß, wer genau an ihnen arbeitete.“[1]

Tukey arbeitete auch eng mit der Physik-Fakultät von Princeton zusammen, die „in hohem Maße in die Konstruktion von Atom- und später Wasserstoffbomben eingebunden war“.[2] Nachdem die USA 1945 in Japan Atombomben eingesetzt hatten, bat der Leiter des Manhattan-Projekts, General Leslie R. Groves, den Vorstand der Physik-Fakultät in Princeton, Henry Smyth, eine offizielle Darstellung über Atombomben mit dem Titel *Atomic Energy for Military Purposes* zu verfassen. 1951 begann Princeton mit dem Geheimunternehmen „Project Matterhorn“, um im nahegelegenen Forrestal Research Center die Wasserstoffbombe zu konstruieren. Tukey begutachtete Anfang des Jahres Edward Tellers und Stanislaw Ulams Entwürfe für die erste dieser Bomben. Laut seinem Lebenslauf diente Tukey von 1951 bis 1956 dem Forrestal Research Center als „Supervisor und Analyst für Militär-Systeme“.[3] Der Physik-Professor John A. Wheeler, der Chef des Waffenprogramms war, stellte über Tukey fest: „Ich glaube, dass das ganze Land – wissenschaftlich, industriell, finanziell – von ihm profitiert hat und Spuren seines Einflusses trägt.“[4]

Zusätzlich zur Militärforschung in Princeton unterrichtete Tukey und betreute mehr als 50 Doktoranden. Seiner Erscheinung nach war er „ein munterer, bulliger, extrovertierter Mann, engelhaft aussehend, mit freundlichem Wesen“. Der Stil seiner Vorlesungen war aber bestenfalls mittelmäßig. Als er 1977 im Imperial College in London einen Vortrag halten sollte, sah er wie ein großer Bär in uralten ausgeleierten Hosen aus. Er saß wie ein Buddha im Lotussitz auf dem Podium und begann seinen Vortrag, indem er langsam und bedächtig fragte: „Kommentare, Fragen, Vorschläge?“[5] In der langen Pause, die darauf folgte, aß er zwölf Backpflaumen, eine nach der anderen, bis ihm dann endlich einer der Zuhörer vorschlug, er könne doch irgendetwas erklären. Erst dann fing Tukey zu reden an. Als ihn einmal ein Doktorand um einen Termin bat, um seine Dissertation zu besprechen, blätterte Tukey in seinem Terminkalender und teilte ihm mit, er werde in zwei Monaten zu einer Konferenz fahren, und wenn ihn der Student hinfahren würde, könnten sie im Auto miteinander reden.

Tukey beriet die Regierung auch bei zivilen Problemen – in einem weiten Spektrum von der Luftverschmutzung über das Ozonloch, sauren Regen und Methoden der Volkszählung bis zu Prüfungen in Schule und Universität.

Wie schaffte er das alles? Es gibt zahllose Anekdoten über Tukey, etwa, dass er in einem Seminar in der hintersten Reihe saß, vor sich hin döste, seine Post las, in Zeitungen blätterte oder Artikel durchsah, aber dann am Ende der Veranstaltung aufstand und den Vortrag kritisierte. Tukey entwarf seine Artikel mit Bleistift, während er barocke Bläsermusik hörte. Er überschrieb die Artikel mit „von xxxx und John W. Tukey", gab das Manuskript einer seiner beiden langjährigen Sekretärinnen und suchte dann einen Co-Autor, um das Ganze fertig zu machen. Sein Name stand auf etwa 800 Veröffentlichungen, und er arbeitete mit 105 Co-Autoren zusammen – Jerome Cornfield von den NIH eingeschlossen, aber am häufigsten mit seinem Freund Fred Mosteller von Harvard.

Bei all dieser schweren Arbeit für das Militär und in der Lehre erwartete sein künftiger Schwiegervater von ihm, wenigstens bei der Trauung vor dem Altar Papier und Bleistift aus der Hand zu legen. Seine Braut, Elizabeth R. Rapp, war Personalchefin des drei Jahre zuvor gegründeten Educational Testing Service. Später bekannte sie: „Als die Frau eines passionierten Workaholics verstehe ich, welche selbstlose Liebe und Hingabe, Hinwendung und Entbehrung nötig ist, um sie in der Spur zu halten." Nach Elizabeths Tod 1998 gestand Tukey ein: „Einer allein ist so viel weniger als zwei."[6]

Laut Elizabeth organisierte und vereinfachte Tukey sein Privatleben „ganz und gar wie jemand aus New England".[7] Bei der Konversation war er leise und maßvoll und vermied persönliche Kommentare und nutzloses Gequassel. Sein Neffe Frank R. Anscombe vertrat die Ansicht, Tukey habe nur wenige Wünsche gehabt – obwohl: ein Haus nahe der See, ein Cabrio, ein kleiner Katamaran, Aufnahmen klassischer Musik und Mince Pie oder Apfelkuchen gehörten schon dazu. Tukey reiste stets mit seinem persönlichen Tischtennisschläger und hatte eine Sammlung von 14 000 Mystery-, Science-Fiction- und Abenteuer-Taschenbüchern, aß zum Lunch Berge von Käse und trank sechs Gläser Magermilch. Er fuhr einen Kombi mit Holzverkleidung Baujahr 1936, bis die Tür abfiel und sich seine Unterlagen über die Nassau-Street von Princeton verteilten. Über 40 Jahre trug er dieselbe Art von schwarzem Polohemd, das meist so zerknittert war, dass ihn die Studenten manchmal für den Hausmeister hielten. Aber er schien immer bereit zu sein, noch ein weiteres Projekt anzufangen, wenn er es faszinierend fand.

Wie konnte nun die NBC Tukey bei seiner Bedeutung und seinen zahlreichen Verpflichtungen davon überzeugen, dass der *Huntley-Brinkley Report* seine Aufmerksamkeit verdiente? Erstens: Der Ruf von Meinungsumfragen, des Standbeins der Sozialwissenschaftler, war verheerend. Obwohl das

Sammeln von Daten die Grundlage der Statistik ist, führten die kommerziellen Unternehmen randomisierte Umfrageverfahren nur äußerst zögerlich ein. Tukey, der mit Mosteller zum Ausschuss für den Kinsey-Report gehört hatte, sagte, er würde eine randomisierte Sammlung mit drei Daten einer Sammlung mit 300 Daten nach Kinseys Methode vorziehen. Kinseys Frau sagte daraufhin, sie wolle ihn vergiften. Wenn Tukey vorhatte, die statistischen Praktiken der Meinungsforscher zu verbessern, war NBC der beste Platz, um anzufangen.

Zweitens waren wohl die NBC-Computer von RCA verlockend. Wenn Tukey den Auftrag von NBC annahm, brauchte er keinen Haufen Studenten, um Schnipsel von den Papierrollen abzuschneiden. RCA gehörte zu den wichtigsten Lieferanten des Militärs und war ein Gigant in der Kommunikationstechnik. Der Konzern produzierte hoch angesehene Großrechner für das Militär und Großkonzerne. In den 1940er-Jahren hatte das große Forschungslabor des Konzerns die Selectron-Speicherröhre für die frühen Computer und Neumanns „Johnniac" konstruiert und gebaut.

Die Gelegenheit, RCA-Computer für die Analyse von Wahldaten zu verwenden, muss eine Versuchung dargestellt haben. Tukey hatte schon Jahre zuvor vorausgesehen, dass Computer und Statistik zusammengehörten. Als von Neumann für das Institute for Advanced Studies in Princeton Ende 1945 einen Computer konstruierte, war Tukey der einzige Universitätsvertreter im Ausschuss und half bei der Gestaltung der Computerarchitektur und des elektronischen Addier-Schaltkreises mit. Das Überraschendste an Tukeys „Beziehung zu Computern war, dass er sie nicht benützte", seine Hardware waren Papier und Bleistift.[8]

Die Reform des Umfragewesens und leistungsfähige Computer mögen aber neben der Verlockung in den Hintergrund getreten sein, über den riesigen Berg von Wahldaten der NBC verfügen zu können. Als Student hatte Tukey an der Brown University in Providence im Hauptfach Chemie und in den Nebenfächern Physik und Geologie studiert. Seinen Doktor hatte er dann 1939 in Princeton in Topologie gemacht, einem der reinsten Zweige der abstrakten Mathematik. Die Militärforschung während des Zweiten Weltkrieges machte dann aus ihm einen „Datenanalysten", der mit dem Kampf gegen die „denkerische Starre" und „Verknöcherung" der reinen Mathematik und der abstrakten Statistik befasst war und versuchte, die Kluft zwischen der Mathematik und den Naturwissenschaften zu überbrücken.[9] Der Krieg hatte ihn weit über die klassische Rolle des Statistikers als passiver Beobachter hinausgeführt.

Nach dem Krieg beschloss Tukey, die „steinige Straße der realen Probleme, statt der glatten Straße der irrealen Annahmen, willkürlichen Kriterien und abstrakten Resultaten ohne reale Folgen" zu befahren.[10] Zu diesem Zweck nahm er die schon genannten zwei Stellen an. Später, als ihm Professuren an anderen Universitäten angeboten wurden, fragte er immer: „Wo kann ich neue Bell Labs finden?“[11] Wie Mosteller zog er es vor, die Wirklichkeit zu erforschen – und NBC konnte davon viel bieten.

Aber von allen Verlockungen, die NBC anbieten konnte – Verbesserung des Rufs der Meinungsumfrage, schnelle Computer, reale Daten – war die wohl wichtigste der Nervenkitzel der Jagd. Um die anderen TV-Gesellschaften zu schlagen, musste er mit Höchstgeschwindigkeit unter internationaler Beobachtung arbeiten, um den riesigen Mengen unvollständiger und unsicherer Informationen einen Sinn zu geben. Wie er später sagte, war es „die beste Ausbildung in Real-Time-Statistik, die man nur haben konnte.“[12] So kam es, dass der militärische Berater der Präsidenten zum *Huntley-Brinkley Report* der NBC kam.

Der 8. November 1960 kam und damit Tukeys Einsatz. Der Abend fing zunächst reibungslos an. Das Rennen zwischen Kennedy und Nixon war zwar das knappste seit 1916, und Kennedy sollte mit einem Vorsprung von nur 120 000 Wählern von 70 Mio. gewinnen, aber um 02:30 Uhr in der Nacht zum 9. waren Tukey und seine Kollegen bereit, Kennedy zum Sieger zu erklären. Der Druck war jedoch für die NBC zu stark. Die Verantwortlichen des Senders schleppten die Statistiker in einen Raum ohne Telefone, sperrten sie ein und weigerten sich, sie vor 8 Uhr morgens herauszulassen. Tukey und sein Team drehten Däumchen und konnten ihre Ergebnisse erst am Morgen verbreiten, als klar war, dass Kennedy gewonnen hatte. Immerhin hatte Tukey die NBC daran gehindert, fälschlicherweise Nixon zum Sieger zu erklären. Erleichtert und beeindruckt bat der Sender Tukey, für die Kongresswahlen 1962 wieder ein Team zusammenzustellen. Er arbeitete dann 18 Jahre lang für die NBC-Nachrichten.

Zu Tukeys handverlesener Gruppe gehörten am Ende der Miterfinder des ENIAC, John Mauchly, Cornfield von den NIH sowie Richard F. Link, Tukeys erster Doktorand und Chefstatistiker des Meinungsforschers Louis Harris. Dazu der Yale-Professor für Psychologie Robert Abelson und David Brillinger, der später Professor für Statistik in Berkeley wurde. Nachdem David Wallace Mostellers Analyse der *Federalist*-Artikel fertiggestellt hatte, stieß er auch noch zu der Gruppe.

Wallace erwartete, etwas Abstand vom Bayes-Theorem gewinnen zu können, weil er dachte, Tukey würde nicht viel davon halten. Von Tukey ist keine Veröffentlichung bekannt, in der er das Bayes-Theorem angewandt hat, und es gibt eine oft zitierte Anmerkung von ihn: „Es gibt viele Arten von Problemen, bei denen Bayes'sche Analysen Sinn machen, das sind aber hauptsächlich solche, mit denen ich mich nicht so gut auskenne.“[13] Dazu gehörten wirtschaftliche Entscheidungsprozesse, die in die Zuständigkeit von Howard

Raiffa und Robert Schlaifer fielen. Das Fehlen einer Methode, um die Bayes'schen Prioren zu quantifizieren, irritierte Tukey ganz besonders. Nach außen gab sich der Datenanalyst Tukey eher als Anti-Bayesianer, der sogar Wahrscheinlichkeiten kritisch sah.

Deshalb war Wallace 1964, als er zu Tukeys NBC-Arbeitsgruppe stieß, überrascht, das Bayes-Theorem heimlich im Computerprogramm versteckt zu finden: „Ich dachte sofort, das ist alles sehr bayesianisch. Während der folgenden eineinhalb Jahrzehnte habe ich dann selbst viele Codes für die Rechenmodelle geschrieben und dabei, soweit es mich betraf, auch oft Bayes'sche Techniken verwendet."[14] Zu denen, die in Tukeys Ansatz Bayes entdeckten, gehörte auch Brillinger, der später eine Biografie Tukeys schrieb und eine Sammlung seiner Arbeiten herausgab, Pratt aus Harvard und Fienberg von der Carnegie Mellon University. Nach Fienberg benutzte NBC für die Umfragen „eine Art von empirischem Bayes, bei dem aus früheren Ergebnissen die Prioren gebildet wurden."[15]

Trotzdem gab Tukey in den fast zwei Jahrzehnten mit Wahlprognosen nie zu, das Bayes-Theorem benützt zu haben. Warum setzte aber jemand das Theorem, das er nach außen hin verschmähte und auf das er herabzuschauen schien, für so etwas Wichtiges ein wie die Ankündigung des nächsten Präsidenten der USA?

Viele Kollegen merkten an, Tukey sei gegen allen Anschein in manchen Dingen ein „sehr zurückhaltender Mensch" gewesen. Sein Neffe nannte ihn ein „wortkarges und geheimnisvolles delphisches Orakel in einem schwarzen Polohemd". Wallace stimmte dem zu: „Tukey konnte sehr verschlossen sein. … Er war ein Mann mit extrem viel Kraft und ein brillanter Denker – und in gewisser Weise rätselhaft, wenn es um ihn selbst ging. … Er ließ nicht immer jeden wissen, was seine Linke tat. Er verneinte alles Bayes'sche bei den NBC-Umfragen."[16]

Tukeys dominante Persönlichkeit konnte einschüchternd wirken. Als George Box einmal ein Seminar an der Princeton University gab, ging Tukey davon aus, dass er schon wusste, was Box sagen würde und mischte sich dauernd mit seinen eigenen Kommentaren ein. Box bat schließlich um Handzeichen, wer wolle, dass Tukey ihn weiter immer wieder unterbrach und wer, dass er damit aufhörte. Tukey wurde gestoppt und war davon völlig überrascht. Box erinnerte sich: „Er war in gewisser Hinsicht ein ziemlich kluger achtjähriger Junge. Er schien nicht allzu viel Ahnung von zwischenmenschlichen Beziehungen zu haben." Einige Kollegen verwiesen auf seine Jugend als Wunderkind. Seine Mutter habe ihn zuhause unterrichtet, und erst seine Frau Elizabeth habe ihn etwas herzlicher werden lassen. Edgar N. Gilbert von den Bell Labs kam zu diesem Schluss: „Er war ein sehr sympathischer Mensch, den man aber nur schwer verstehen konnte." Der irische Statistiker Peter

McCullagh von der University of Chicago nannte ihn einen „konstruktiven wissenschaftlichen Anarchisten, … ein kulturelles Phänomen, von einigen verehrt, von anderen gefürchtet – und nur von wenigen verstanden." Laut Pratt war ein Teil des Problems, dass „Tukey immer für beide Seiten argumentieren konnte, und man nicht wusste, wo er eigentlich stand."[17]

Zu der Konfusion trug noch bei, dass Tukey die Subjektivität akzeptierte – einer der umstrittensten Grundsätze von Savage. Für Tukey war Objektivität „ein altes Erbstück" und „ein Irrglaube. … Von den Ökonomen erwartet man in Kongressausschüssen nicht, dass sie alle den gleichen Rat geben. Die Ingenieure entwerfen nicht alle die gleichen Brücken oder Flugzeuge. Warum sollten Statistiker bei gleichen Daten exakt gleiche Resultate erzielen?"[18]

Äußerte sich Tukey schon hart über das Bayes-Theorem, so urteilte er noch härter über Fisher. Er glaubte, dass Fishers auf Frequenzen basierende Ideen aus „der Welt der Kindheit stammten, … der Kindheit der experimentellen Statistik, einer Kindheit in der Landwirtschaftsschule. … Fast immer verletzen Daten, wenn man sie genauer anschaut, die üblichen Annahmen", die erfüllt sein müssen, damit man Häufigkeiten bestimmen kann. „Es ist weit besser, eine ungefähre Antwort auf die richtige Frage zu haben, als … eine exakte Antwort auf die falsche Frage." Tukey zeigte, wie selbst bei kleinen Abweichungen von der Normalverteilung die Methoden von Fisher, Neyman und Egon Pearson zu Konfusion führen. Er lehnte insbesondere frequentistische „Techniken zur Abschätzung von Signifikanzen und zur Definition von Konfidenzbereichen" ab. „Im Großen und Ganzen haben die großen Innovationen der auf Frequenzen beruhenden Statistik vergleichsweise wenig Einfluss auf die Datenanalyse." Das waren wirklich harte Worte.[19]

Wo stand also Tukey? War er Anti-Frequentist *und* Anti-Bayesianer? Freunde behaupteten, er sei wie Mosteller gegen eine monolithische Philosophie gewesen. Brillinger meinte, Tukey hätten „nicht grundsätzlich Bayes'sche Techniken gestört, … sondern einige Bayesianer". Tukey sagte dazu: „Die Bayes'schen Techniken zu verwerfen wäre wirklich ein Fehler. Sie überall zu verwenden wäre aber meiner Meinung nach ein weit größerer." Es ging darum, das „wann" und das „wo" zu kennen. Er klagte oft über „einen natürlichen, *aber gefährlichen* Wunsch nach einem einheitlichen Ansatz" und erklärte, er sehe „die größte Gefahr durch die Bayes'sche Analyse im Glauben, dass alles, was interessant ist, auch in ein einziges quantitatives Gerüst gezwängt werden kann".[20]

Tukey verwendete fast die gleiche Sprache, wenn es um Fishers fiduziale Alternative zu Bayes ging. Als er um seine Frau warb, dachte Tukey noch, seine Lebensaufgabe sei es, Fisher nachzueifern, indem er Methoden zur Analyse der experimentellen Wissenschaft entwickelte. Nachdem er aber auf der Suche nach der logischen Begründung von Fishers Fiduzialwahrscheinlichkeit

64 Seiten geschrieben hatte, kam er zu dem Schluss, dass „der Glaube an eine einheitliche Struktur des Schlussfolgerns eine gefährliche Form von Hybris darstellt". Als Tukey mit seiner Frau Fisher in England aufsuchte und anfing, ihn nach seinen Methoden auszufragen, rannte Fisher ärgerlich davon, und die Tukeys mussten allein aus seinem Haus nach draußen finden. Es gibt noch eine andere Version dieser Geschichte, wonach Fisher Tukey aus seinem Büro geworfen und dem jungen Mann gesagt hatte, sein Artikel sei eine „lange Tirade", er würde Aussagen über die Wahrscheinlichkeit nur verstehen, wenn es ihm „irgendwann gelingen würde, sein starrköpfiges Hirn anzuhalten und anzufangen, wahrhaft zu denken." In beiden Geschichten traf eine nicht aufzuhaltende Kraft auf ein unverrückbares Objekt.[21]

Für Tukey zählten nur die Daten – Früchte der Computerisierung, der Mathematisierung, der Wahrscheinlichkeitsrechnung und der Theorie. Er nannte seinen Ansatz „exploratory data analysis" (EDA, also „explorative Datenanalyse". Wie die Bayesianer wurden auch viele der Anhänger Tukeys ausgelacht und hatten Schwierigkeiten, Jobs zu finden.

Wie löste nun Tukey das Paradoxon auf, das Bayes-Theorem zu benützen, ohne das zuzugeben? Er nannte es einfach anders. Während Billinger und Wallace ihre NBC-Umfragen bayesianisch nannten, sagte Tukey, es gehe um *„borrowing strength"*, das Borgen von Stärke oder Besorgen von Unterstützung.[22]

„Er gab allem, was er tat, einen neuen Namen", verriet Wallace, selbst wenn es schon einen gut etablierten Routinebegriff trug. Neue Begriffe lenken die Aufmerksamkeit auf Ideen. Ein Kollege zählte einmal 50 Begriffe auf, die Tukey geprägt hatte. Zu den Begriffen, die einschlugen, zählen die lineare Programmierung, die Varianzanalyse oder ANOVA (von *analysis of variance*) und die schon erwähnte explorative Datenanalyse. Bei einem Aufsatz machte es Mosteller Mühe, ihm den Gebrauch musikalischer Notationen auszureden, also von Kreuzen, B's und Auflösungszeichen. Ein anderer Kollege drohte damit, ihn statt J. W. Tukey „J. W. Cutie" zu nennen, also „Süßer", weil er Begriffe mit Buchstabendrehern wie *„saphe cracking"*, *„cepstrum"*, *„quefrency"* und *„alanysis"* erfunden hatte. Wallace brachte es auf den Punkt: Tukeys Wortschöpfungen „waren nicht immer der beste Weg, um Freunde zu gewinnen und Leute zu überreden. … Aber wenn ich mit Tukey sprach, versuchte ich im Wesentlichen, seine Terminologie zu benützen."

Das Bayes-Theorem blieb aber trotz eines anderen Namens das Bayes-Theorem. Und sowohl Tukey als auch Mosteller wollten jedes denkbare statistische Werkzeug benützen, das notwendig war – auch wenn es bayesianisch war. Wallace begann mit seiner Arbeit lange vor dem Wahltag. Er sorgte für eine Basis aus Apriori-Informationen, indem er Daten aus früheren Wahlen kombinierte, nicht statistische Meinungen von Politikexperten einbezog und die

Wahlgeschichte der Bezirke, Countys, Städte und Bundestaaten untersuchte. Bei Meinungsumfragen vor der Wahl wurden nicht immer die richtigen Fragen gestellt, daher brachten sie oft nicht die nötigen Informationen. Die Arbeit, Personen auszuwählen, zu befragen, sie zu überwachen, ihre Antworten zu analysieren und die Resultate zusammenzufassen, war komplex.

In der Wahlnacht, als Teilergebnisse von den Countys und Endergebnisse aus ausgewählten Bezirken eintrafen, suchten Tukey und seine Kollegen nach Umschwüngen oder nach Abweichungen vom früheren Wahlverhalten und von den Meinungen der Politologen. Daraufhin modifizierten sie ihre anfänglichen Abschätzungen mit den neuen Informationen.

Wallace erinnerte sich: „Sagen wir mal, wir arbeiteten auf der Ebene der Countys, und es kamen Daten herein, aber keine von einem bestimmten County A. Ein strikter Nicht-Bayesianer hätte gesagt, ‚Ich kann Dir über dieses County A nichts sagen‘, ein ‚moderater‘ Bayesianer dagegen: ‚Ich weiß nicht, was in County A passiert ist, aber County B ist sehr ähnlich und dort liefen 5 % zu den Republikanern über‘. Man kann nun vermuten, dass County A den gleichen Weg gehen *könnte,* aber man gibt dem kein großes Gewicht, weil man eine Zahl nennen müsste. … Okay, sagte Tukey, ‚fang ganz unten an, nimm eine Gruppe von Countys, die ähnlich sind, gewichte die Daten aus diesen Countys, gib den Countys ohne Daten das Gewicht null, dann verbessere die Werte, verbessere sie immer wieder‘." Wie Schlaifer an der Harvard Business School war Tukey zu dem Schluss gekommen, dass jedes kleinste Wissensstück besser war als nichts, wenn er eine Entscheidung auf der Grundlage ungeeigneter Informationen zu treffen hatte.

Wallace fuhr fort: „Man nimmt Informationen, wo man sie bekommen kann und berechnet aus ihnen mit Angabe der Fehlergrenzen Werte für Orte, von wo man keine Daten hat. … Zuerst wird man die ländlichen Regionen bearbeiten, dann die städtischen, den Norden, den Süden oder was auch immer. Man macht es getrennt und spielt dieses Spiel quer durch alle Staaten. Es ist ‚*borrowing strength*‘, aber ich würde sagen, es ist bayesianisch. … Man nimmt historische Daten von früheren Wahlen, um die Unterschiede zwischen den Countys zu zeigen: Das ist die Quelle der Prioren. Es ist also sehr bayesianisch – mit einem hierarchischen Modell und auf der Geschichte beruhenden Apriori-Varianzen."

Trotz Wochen voller Planungen und Probeläufe verliefen die Wahlnächte nicht immer wie erhofft. Studio 8H im Rockefeller Center, wo Huntley saß, war ein Heiligtum und für alle tabu, die keine besondere Zugangskarte hatten. Als aber Brillinger sah, dass diese Karte wie die Zuckerpäckchen in der NBC-Kantine aussah, klemmte er ein Päckchen an sein Hemd und wanderte vergnügt überall herum. Bei der Wahl von 1964 zwischen Lyndon Johnson und Barry Goldwater präsentierte NBC sieben seiner Großrechner auf der Bühne von Studio 8H: einige der alten 301-Modelle von RCA und zwei funkelnagelneue 3301-er. Den ganzen Abend konnten die Zuschauer diese riesigen schwarzen Kästen hinter Huntley auf dem Bildschirm sehen. Leider funktionierten die Computer in dieser Nacht nicht. Einige, weil ihr Betriebssystem noch nicht fertig war, andere, weil die Lampen im Aufnahmestudio sie zu sehr aufgeheizt hatten. So standen sie die ganze Nacht herum: beeindruckende, aber nutzlose Kulissen. Als die Wahlergebnisse aus dem ganzen Land hereinkamen, hackten Tukey und sein Team eifrig auf alte Handrechner und Addiermaschinen ein. Zum Glück war die Arbeit leicht, weil Johnsons Sieg eine ausgemachte Sache war und er mit 61 % der Stimmen gewann.

Bei einer anderen Wahl verkündete das Team sehr früh die Sieger in Kalifornien und New York. Dann kamen noch späte Zahlen herein, die auf einen anderen Wahlausgang hindeuteten. Zwei nervenzerreibende Stunden vergingen, bevor die Wahlergebnisse sich wieder den Voraussagen anglichen. Eine andere extrem knappe Wahl hielt das Team von Dienstagnachmittag ununterbrochen bis Donnerstagnachmittag in Atem. Tukey und Wallace wurde klar, dass sie ihre Technik verbessern mussten.

Wallace fand heraus, „dass es ein größeres Problem war, die Wahlbeteiligung vorherzusagen als die Prozentzahlen der Kandidaten. Die Qualität der hereinkommenden Daten ist zweifelhaft. Ergebnisse aus dem einen Teil des Landes zeigen klare Fehler, und wenn man Glück hat, sind die Fehler zufällig verteilt. Außerdem kommen Stimmen aus Wahlmaschinen schneller als die von Stimmzetteln. Manchmal gibt es auch Täuschungsmanöver. Die Wahlbeteiligung ist *sehr* schwer vorauszusagen, und das führt zu überraschenden Effekten. Bayes lieferte also nicht die ganze Mahlzeit. Ich hatte mit einem Studenten gesprochen, der mit einem der anderen Sender zu tun hatte, der sagte mir, ‚Das ist so wunderbar, weil man in der Statistik in der ersten Reihe sitzt, wo alle Deine Annahmen total schlüssig sind'. Ich war entsetzt. … Die Daten sind in höchstem Maß fehlerbehaftet. Und man kommt in ernsthafte Schwierigkeiten, wenn man das nicht merkt."[23]

Tukey arbeitete bis zur Wahl von 1980 für NBC. Danach ging NBC dazu über, Wähler zu befragen, die gerade ihre Stimme abgegeben hatten. Solche Befragungen sind billiger, fotogener, persönlicher und mitteilsamer. Sie sind das krasse Gegenteil von Tukeys undurchsichtigem, höchst komplexem mathematischen Ansatz.

Dann kam die größte aller Überraschungen. Wie nach dem Krieg Bletchley Park von Churchill einen Maulkorb verpasst bekam, verbot nun Tukey allen Kollegen, über ihre Umfragemethoden zu schreiben oder darüber zu reden. Er selbst schrieb auch nie darüber. Er sagte, sie seien Eigentum von RCA.

Warum diese Geheimnistuerei? Warum äußerte sich Tukey in der Öffentlichkeit verächtlich über das Bayes-Theorem, benützte es aber zwei Jahrzehnte lang? Gegen Ende seines Lebens gab er zu, dass „vielleicht die beste Entschuldigung für eine Bayes'sche Analyse die Notwendigkeit ist, … Informationen von anderen Datensätzen, die allgemeinen Ansichten von Experten etc. in die Informationen aus den eigentlichen Daten einzubeziehen."[24] Er verteidigte sogar Savages Subjektivitäts-Glaubenssatz, wonach man aus den gleichen Daten ganz unterschiedliche Schlüsse ziehen kann, und erklärte, man müsse dem „Fetisch der Objektivität" eine Absage erteilen.[25] Er benützte auch Bayes'sche Argumente, als er vor dem Kongress aussagte, die amerikanische Volkszählung sollte die zu geringe Berücksichtigung der Minoritäten in manchen Gebieten ausgleichen, indem sie die Informationen aus anderen, ähnlichen Regionen einberechnete. Bis 2010 war das Census Bureau diesem Rat allerdings noch nicht gefolgt.

Warum benützte also Tukey das B-Wort nicht? Oder warum konnte er es nicht benützen? Wie Billinger feststellte, ist „Bayes ein Wort, das Aufruhr erzeugt".[26] „*Borrowing strength*" erlaubte es Tukey, das Wort zu vermeiden. Daneben sorgte dieses Ausweichmanöver vielleicht auch für ein neutrales Arbeitsfeld. Vielleicht hielt er es aber auch für notwendig, sein eigenes Markenzeichen über das Werk eines anderen zu stempeln. Vielleicht gab es auch noch einen anderen Grund. Angesichts von Tukeys Persönlichkeit, ist das schwer zu sagen. Als Tukey die Hälfte seiner Aufgabe bei NBC erledigt hatte, zog sich RCA aus dem Konkurrenzkampf mit IBM zurück und verkaufte seine Computerabteilung an Sperry Rand. Warum sollte sich RCA danach noch darum kümmern, ob Tukeys Verfahren öffentlich bekannt wurde? Haben vielleicht die militärischen Auftraggeber von RCA Tukeys Methoden für geheim erklärt? Oder verwendete er das Bayes-Theorem für seine geheime kryptografische Forschung?

Viele Einzelheiten der Karriere Tukeys im Bereich der nationalen Sicherheit hat er „absichtlich im Trüben belassen", schloss sein Neffe Anscombe.[27] Wallace stellte fest: „Wenn man zu den Behörden geht, die mit Geheimcodes zu tun haben, merkt man, dass Bayes eine längere Geschichte hat. Ich bin nicht in der Position, um dazu viel sagen zu können, aber I. J. Good liefert den Hauptbeitrag zur Bayes'schen Gruppe und er hatte diese Meinung."[28] Good war, wie schon erwähnt, im Zweiten Weltkrieg Alan Turings Assistent für Kryptografie. Hat also Tukey das Bayes-Theorem verwendet, um für die NSA Entschlüsselungen durchzuführen? Und hat er sich von den Bayes'schen Methoden distanziert, um seine dortige Arbeit zu verschleiern?

Die Verbindungen zwischen Tukey, Bayes und der streng geheimen Dechiffrierung sind vielfältig und eng. Das Bayes-Theorem ist für Entschlüssler bestens geeignet, die einen Anfangsverdacht haben und beim Suchen nach einer Lösung Zeit und Kosten reduzieren müssen. Seit Bletchley Park ist das Theorem in großem Umfang verwendet worden. Tukeys Verbindungen zur amerikanischen Kryptografie waren besonders eng. Laut William O. Baker, dem damaligen Chef der Bell Labs, war Tukey Teil der Kräfte, die dazu beitrugen, das deutsche Enigma-System im Zweiten Weltkrieg und die sowjetischen Codes im Kalten Krieg zu entschlüsseln. Tukey saß im Science Advisory Board der NSA, das auch für die Kryptografie zuständig war. Dieses zehn-köpfige Gremium aus Wissenschaftlern von Universitäten, Forschungseinrichtungen und Denkfabriken traf sich zweimal jährlich in Fort Meade, Maryland, um die Anwendung von Wissenschaft und Technik zur Entschlüsselung von Codes, in der Kryptografie und für Lauschangriffe zu diskutieren. William O. Baker, ein enger Freund Tukeys, war das vielleicht wichtigste Mitglied des Gremiums. Baker leitete eine langjährige Untersuchung der amerikanischen Chiffrierungs- und Dechiffrierungsmöglichkeiten für die NSA und forderte nach dem Muster des Manhattan-Projekts, die Anstrengungen auf top-secret-Projekte statt auf frei zugängliche und publizierbare Forschung zu konzentrieren. Ob Tukey tatsächlich aktiv Kryptografie betrieb, weiß man nicht, aber als professioneller Berater wusste er sicher alles über die benützten statistischen Methoden.

Auch Tukeys Beziehung zu Good, einem der führenden Bayesianer und Kryptografen der 1950er- und 1960er-Jahre, ist vielsagend. Tukey besuchte Good in England und lud ihn im Oktober 1955 zu einem Vortrag an die Bell Labs ein. Am Tag nach seinem Vortrag war Good erstaunt, dass Tukey, der bei dem Gespräch zur Entspannung auf dem Boden lag, offensichtlich alles verstanden hatte. Er war auch über Goods Bayes'sche Methode so gut unterrichtet, dass er ihn Cornfield, dem überzeugten Bayesianer der NIH, vorstellte und anregte, Good möge dort mit statistischen Methoden helfen.

Während Goods Vortrag war auch Claude Shannon unter den Zuhörern. Shannon hatte das Bayes-Theorem an den Bell Labs benützt, um im Zweiten Weltkrieg seine bahnbrechenden Kryptografie- und Kommunikationsstudien durchzuführen. Tukey stand Shannon nahe: 1946 prägte Tukey für Shannons „*binary digit*" das Wort „*bit*". Tukey, Shannon und John R. Pierce beantragten zusammen 1948 das Patent für eine Kathodenstrahlröhre.

Es gibt genügend Beweise, die Tukeys Kollegen, etwa Judith Tanur und Richard Link, überzeugen konnten, dass er wahrscheinlich das Bayes-Theorem benützte, um an den Bell Labs damit zu dechiffrieren. Brillinger meinte dazu: „Ich kann mir durchaus vorstellen, dass er das vielleicht getan hat."[29]

Welches Motiv Tukey auch immer hatte: Seine Geheimnistuerei spielte für das Bayes-Theorem und alles Bayes'sche eine große Rolle. Wallace stellte fest: „Es war für die Entwicklung der Bayes'schen Statistik wichtig, dass eine Menge geheim gehalten wurde."[30] Tukeys Zensur, die den Anschein erweckte, als seien die Umfragemethoden bei der NBC so geheim wie die Bayes'sche Kryptografie während des Zweiten Weltkrieges und danach, ist einer der Gründe, dass so wenige mitbekamen, wie oft das Bayes-Theorem genutzt wurde.

Tukeys Bayes'sche Umfragen, die unter den Scheinwerfern der internationalen Öffentlichkeit mit zwei der berühmtesten Moderatoren jener Tage stattfanden, hätten allen gezeigt, wie leistungsfähig und effizient Bayes sein konnte und das bei jeder Wahl erneut unterstrichen. Tukeys Bann, über nichts zu sprechen oder zu schreiben, bedeutete hingegen, dass das Bayes-Theorem zwei Jahrzehnte lang seinen Starauftritt hatte, ohne dass die meisten Statistiker das bemerken konnten.

Das Ergebnis war, dass die einzige große Bayes'sche Studie mit Computereinsatz für ein praktisches Problem der öffentlichen Politik während des Revivals von Bayes in den 1960er-Jahren die Mosteller-Wallace-Untersuchung von *The Federalist* blieb. Erst elf Jahre später wurde die nächste große Anwendung von Bayes öffentlich bekannt. Und nachdem Tukey 1980 seine Beratertätigkeit für die NBC eingestellt hatte, sollte es 28 Jahre dauern, bis bei den Umfragen zur amerikanischen Präsidentenwahl wieder Bayes'sche Techniken angewandt wurden.

Als Nate Silver von FiveThirtyEight.com das hierarchische Bayes-Verfahren beim Rennen um die Präsidentschaft im November 2008 verwendete, kombinierte er Informationen von weit abseits liegenden Gebieten, um kleinen Datenmengen aus dünn besiedelten Gebieten und Umfragen nach dem Wahlgang mit geringer Antwortquote mehr Gewicht zu geben. Er gewichtete die Ergebnisse anderer Umfragen gemäß ihrer Erfolgsbilanzen, der Datenmenge und ihrer Aktualität und kombinierte sie mit historischen Umfrageresultaten. Damals sagte Silver die Gewinner in 49 Staaten korrekt voraus. Es war damit die bisher erfolgreichste Umfrage. Hätte Tukey die Bayes'schen Methode, die er für die NBC verwendet hatte, veröffentlicht, wäre möglicherweise die Geschichte der politischen Meinungsumfragen und vielleicht sogar der amerikanischen Politik anders verlaufen.

14
Three Mile Island

Die zwei alten Freunde Fred Mosteller und John Tukey schwelgten nach vielen Jahren der Zusammenarbeit 1967 in Erinnerungen über die „Schlacht um Bayes, die mehr als zwei Jahrhunderte getobt hatte, manchmal heftig, dann wieder mit mehr Gelassenheit, … in einer Kombination aus Zweifel und Tatkraft." Thomas Bayes hatte seiner eigenen Schöpfung den Rücken zugekehrt. Ein Vierteljahrhundert später verherrlichte Laplace das Bayes-Theorem. Im 19. Jahrhundert wurde es einmal angewandt und einmal zurückgedrängt. Im frühen 20. Jahrhundert wurde es verspottet, dann wurde es unter größter Geheimhaltung im Zweiten Weltkrieg und im Kalten Krieg mit erstaunlichem Nachdruck, aber auch mit herablassender Haltung eingesetzt.[1] In den 1970er-Jahren geriet das Bayes-Theorem erneut in eine tiefe Krise.

Es fehlte ein führender Kopf, einige Karrieren gingen in eine neue Richtung, und auch geografische Verlagerungen trugen zur düsteren Lage bei. Jimmie Savage, der bedeutendste amerikanische Fürsprecher für das Bayes-Theorem als einem logischen und umfassenden System starb 1971 an einem Herzinfarkt. Nach Fermis Tod 1954 warben Harold Jeffreys und der amerikanische Physiker Edwin T. Jaynes vergeblich in der Physik für Bayes. Jaynes, der sagte, er würde immer erst nachsehen, was Laplace getan hatte, wenn es ein praktisches Problem zu lösen gab, schreckte viele Kollegen mit seinem Bayes'schen Eifer ab. Dennis Lindley baute nach und nach in Großbritannien Bayes'sche Statistik-Fachbereiche auf, beendete aber 1977 seine Karriere in den akademischen Institutionen, um als Privatgelehrter eigene Forschung zu betreiben. Jack Good wechselte von den streng geheimen britischen Chiffrierungs- und Dechiffrierungsbehörden in die akademische Welt der Virginia Tech. Albert Madansky, der jede Technik liebte, die funktionierte, ging von RAND in die Privatwirtschaft und später an die Business School der University of Chicago, die anwendungsorientierter als die Statistik-Fachbereiche war. George Box interessierte sich für die Qualitätskontrolle in der Produktion und beriet, wie schon erwähnt, zusammen mit W. Edwards Deming und anderen die japanische Autoindustrie. Auch Howard Raiffa wechselte die Richtung und wirkte fortan als politischer Verhandlungsführer, während der mathematisch ungeübte Bayesianer Robert Schlaifer versuchte, Computer zu programmieren.

Als Jim Berger in den 1970er-Jahren zum Bayesianer wurde, war die Community immer noch so klein, dass er nahezu ihre gesamten Aktivitäten verfolgen konnte. Die erste internationale Konferenz über das Bayes-Theorem wurde 1979 in Valencia abgehalten – und fast jeder bekannte Bayesianer nahm teil. Es waren an die 100.

Der messianische Traum, das Bayes-Theorem könnte den Frequentismus ablösen, war ausgeträumt. Ökumenisch denkende Pragmatiker sprachen von einer Synthese aus Bayes'schen und nicht-Bayes'schen Methoden. Auch nach Mostellers und Tukeys Meinung war die am wenigsten umstrittene Idealvorstellung entweder Prioren auf frequentistischer Basis oder „sanfte" Prioren auf der Basis von Annahmen einzuführen, die sofort mit neuen Informationen überschrieben werden konnten.

Als Box, J. Stuart Hunter und William G. Hunter 1978 ihr Buch *Statistics for Experimenters* herausbrachten, vermieden sie absichtlich jeden Bezug auf das Bayes-Theorem: Es war zu umstritten, um dem Buch gute Verkaufszahlen zu sichern. Ohne das große, böse B-Wort wurde das Buch ein Bestseller. Ironischerweise spürte der Oxforder Philosoph Richard Swinburne ein Jahr später keine derartigen Gewissensbisse: Er steckte persönliche Meinungen sowohl in die Apriori-Vermutungen wie in die angeblich so objektiven Daten des Bayes-Theorems, um zu dem Schluss zu kommen, dass Gott mit einer Wahrscheinlichkeit von mehr als 50 % existiert. Später berechnete Swinburne die Wahrscheinlichkeit der Auferstehung Jesu mit „so an die 97 %". Solche Berechnungen hatten weder Reverend Thomas Bayes noch Reverend Richard Price versucht. Und selbst viele Nicht-Statistiker betrachteten das Fehlen sorgfältiger Messungen bei Swinburne als einen Minuspunkt, der Bayes anzulasten war.

Während dieser ganzen Zeit blieb Jerzy Neymans Bastion des Frequentismus in Berkeley das führende Zentrum der Statistik in den USA. Auch die große Statistik-Fakultät in Stanford, verstärkt durch Charles Stein und andere Professoren aus Kalifornien, die sich geweigert hatten, in der McCarthy-Ära einen Treueeid zu leisten, war auf enthusiastische Weise frequentistisch eingestellt, was die an den Arbeitszimmertüren prangenden anti-Bayes'schen Parolen zeigten.

Die Bayesianer steckten in einer Sackgasse. Fast ohne es zu wissen, warteten sie darauf, dass die Computer aufholen konnten. Ohne leistungsfähige und leicht zugängliche Computer und Software hatten viele Bayesianer und auch Anti-Bayesianer die Anstrengungen aufgegeben, realistische Anwendungen zu finden und sich stattdessen in die theoretische Mathematik zurückgezogen. Herman Chernoff, dessen statistische Arbeit oft aus Problemen des

Office of Naval Research erwuchs, wurde so ungehalten über diese Theoretiker mit ihrem Glasperlenspiel, die immer ausgefeiltere Verallgemeinerungen bastelten, dass er 1974 von Stanford zum MIT ging und dann nach Harvard. Er schrieb: „Wir hatten einen Punkt erreicht, an dem wir viel stärker auf den Computer setzen mussten, und wir mussten auch viel mehr praxisorientierte Arbeit machen. … Ich dachte, dass das Arbeitsfeld in der Zukunft weit mehr Kontakt mit realen Anwendungen haben musste, um herauszufinden, wohin der Weg führen sollte, statt sich auf die weitere Ausarbeitung der Theorie zu konzentrieren." Chernoff war kein Bayesianer, aber er riet der Statistikerin Susan Holmes, die damals am Anfang ihre Karriere stand, wie sie schwierige Probleme angehen sollte: „Fang an, als Bayesianerin über sie nachzudenken, dann bekommst Du die richtige Antwort. Dann kannst Du sie wie auch immer verifizieren."[2]

In Bayes'schen Zirkeln wurden die Meinungen immer noch voll Leidenschaft ausgetauscht. Jim Berger war 1976 geschockt, als er an seiner ersten Bayes'schen Konferenz teilnahm und feststellen musste, dass die eine Hälfte des Raumes auf die andere einschrie. Alle schienen gute Freunde zu sein, aber ihre Prioren reichten von den persönlich-subjektiven eines Savage bis zu den objektiven eines Jeffreys. Und es gab kein eindeutiges Experiment, um den Streit zu klären. Good bewegte sich unentschlossen zwischen den beiden Lagern hin und her.

Inmitten so vieler Vorwürfe ärgerte sich Persi Diaconis darüber, dass John Pratt frequentistische Methoden anwandte, um die von seiner Frau besorgten Daten über die Kinobesuche zu analysieren, da eine Bayes'sche Analyse für die damaligen Computer zu viel war. Aber einer der Tiefpunkte in Diaconis' Leben kam erst in einem Café in Berkeley, wo er die Druckfahnen eines Artikels korrigierte und Lindley ihm vorwarf, in dem Artikel frequentistische Methoden zu verwenden: „Und Du bist unser führender Bayesianer!", warf er ihm vor.[3] Lindley wiederum brachte Mosteller auf die Palme, als er eine Chance verpasste, ein großes Projekt mit Bayes statt mit Frequenzen zu bearbeiten. Jede verpasste Chance für Bayes war ein Schlag gegen die Sache und ein Grund für Schuldzuweisungen. Bis 1978 behielten die Neyman-Pearson-Frequentisten „die Oberhand" über die Bayesianer, „wenn auch mit Sorge", während eine dritte, kleinere Gruppe von Fisherianern „nach beiden Seiten auskeilte."[4]

Es gibt nur wenige Theoreme, die sich einer solchen Geschichte rühmen können. Die Bayesianer hatten ein umfassendes System aus Theorie und Methodik entwickelt, aber die Aussichten, die Effizienz des Theorems zu prüfen, schienen düster. De Finetti sagte einen Paradigmenwechsel in Richtung Bayes voraus – in 50 Jahren, nach 2020. Der Frequentist Bradley Efron aus Stanford schätzte die Möglichkeit eines Bayes'schen 21. Jahrhunderts auf ganze 15 %.

Lindley machte in England für Bayes Propaganda, sagte aber: „Der Wechsel verläuft weit langsamer, als ich erwartet habe. … Der Job geht schleppend voran. … Ich habe naiverweise angenommen, dass ich mit einem erwachsenen Statistiker nur eine Stunde über die Bayes'schen Argumente reden muss, und schon übernimmt er meine Gedanken und läuft über. Aber so funktioniert es nicht. Die Leute ticken nicht so. … Ich denke, ein Wechsel wird eher durch praktisch arbeitende Statistiker als durch Theoretiker vollzogen werden." Auf die Frage, wie man die Bayes'sche Theorie fördern könnte, antwortete er scharfzüngig: „Nehmt an den Begräbnissen teil!"[5]

Die Bayes'sche Theorie befand sich in einem Schwebezustand, und ihre Auftritte in der Öffentlichkeit waren dünn gesät. Als der US-Kongress die erste umfassende Untersuchung der Sicherheit von Kernreaktoren in Auftrag gab, war es daher nur konsequent zu fragen, ob es irgendwer wagen würde, Bayes beim Namen zu nennen oder gar das Bayes-Theorem anzuwenden.

Präsident Eisenhower hatte 1953 mit seiner Rede „Kernkraft für den Frieden" die Atomindustrie ins Leben gerufen. 20 Jahre später betrieben Privatfirmen bereits 50 Kernkraftwerke in den USA, aber es war noch keine umfassende Untersuchung der Sicherheitsrisiken für die Bevölkerung und die Umwelt durchgeführt worden. Als der Kongress mit seiner Debatte begann, ob man den Besitzern und Betreibern von Kernkraftwerken jede Verpflichtung zum Schadenersatz bei Unfällen erlassen sollte, gab schließlich die amerikanische Atomic Energy Commission eine Sicherheitsstudie in Auftrag.

Es war bezeichnend, dass der Mann, der die Studie leiten sollte, kein Statistiker, sondern Physiker und Ingenieur war. Norman Carl Rasmussen wurde 1927 in Harrisburg, Pennsylvania, geboren. Er hatte nach dem Zweiten Weltkrieg ein Jahr in der Navy gedient, 1950 am Gettysburg College seinen Abschluss gemacht und 1956 den Doktortitel am MIT mit der experimentellen Erforschung der niederenergetischen Kernphysik erworben. Er lehrte dort Physik, bis 1958 das MIT eine der ersten Abteilungen für Kerntechnik einrichtete.

Als Rasmussen beauftragt wurde, die Sicherheit der Atomindustrie zu beurteilen, hatte es noch nie einen Unfall in einem Kernkraftwerk gegeben. Da die Ingenieure davon ausgingen, dass ein solcher Unfall eine Katastrophe sein würde, bauten sie die Kraftwerke mit großen Sicherheitsreserven, und die Regierung überwachte diese streng.

Ohne jegliche Daten über Kernschmelzen und dergleichen entschloss sich Rasmussen, es wie Madansky zu machen, als er bei RAND Unfälle mit Wasserstoffbomben untersuchte. Er und seine Kollegen arbeiteten mit Ausfallraten von Pumpen, Röhren und anderen Komponenten. Wenn diese Ausfallraten statistisch nicht genug hergaben, bezog die Rasmussen-Gruppe andere, politisch brisante Informationsquellen mit ein: Expertenmeinungen und die Bayes'sche Analyse.

Ingenieure hatten sich schon immer auf den Rat von Fachleuten verlassen, die Frequentisten untersagten das aber, weil sie diesen Rat für subjektiv und nicht reproduzierbar hielten. Darüber hinaus hatte der Vietnamkrieg der Amerikaner den Orakeln der Experten und Denkfabriken den Zauber genommen. Das Vertrauen in die Führung war auf einem Tiefpunkt und machte der „radikalen Annahme eines institutionellen Versagens" Platz. Auch der Glaube an die Technik schwand. 1971 strich der Kongress die staatliche Teilnahme am SST, einem Überschallpassagierflugzeug. Das war eines der wenigen Male, in denen die USA eine bedeutende neue Technologie abgelehnt hat. Überall im Land wurde mit „No Nukes" gegen die Kernenergie demonstriert.

Da es keine direkten Erkenntnisse über Unfälle in Kernkraftwerken gab, hatte das Team von Rasmussen keine andere Wahl, als Experten zu befragen. Aber wie konnte das mit den Ausfallraten der Kraftwerkkomponenten kombiniert werden? Normalerweise war das Bayes-Theorem der beste Ansatzpunkt. Aber Rasmussens Team war mit Kontroversen über die Kernkraft schon reich gesegnet, und ein Streit über die Methode war das Letzte, was es noch brauchte.

Um die Bayes-Gleichung zu vermeiden, wählte das Team Raiffas Entscheidungsbäume. Raiffa war ein Missionar des Bayesianismus, und seine Bäume hatten Bayes'sche Wurzeln, aber das machte nichts. Die Mitglieder des Teams vermieden sogar den Begriff „Bayes-Theorem", und nannten das Ganze „subjektive Annäherung". Sie dachten, diese Distanzierung vom Bayes-Theorem würde sie davon entlasten, Bayesianer zu sein.

Der Abschlussbericht des Ausschusses von 1974 war gespickt mit Bayes'schen Ungewissheiten und Wahrscheinlichkeitsverteilungen über Ausfallraten der Kraftwerkskomponenten und menschliches Versagen. Frequentisten berechneten keine Wahrscheinlichkeitsverteilungen von unbekannten Dingen. Die einzige direkte Referenz an das Bayes-Theorem war in einem kleinen, unverdächtigen Eck von Anhang III versteckt: „Die Behandlung der Daten als Zufallswerte ist manchmal mit dem Bayes'schen Ansatz kombiniert. ... Auch die Bayes'sche Interpretation kann verwendet werden."[6]

Die Vermeidung des Begriffs „Bayes" konnte nicht verhindern, dass der Bericht kritisiert wurde. Obwohl einige spätere Studien bestätigt hatten, dass es richtig war, „subjektive Wahrscheinlichkeiten" zu verwenden, wurden einige statistische Aussagen in Grund und Boden verdammt. Im Januar 1979, fünf Jahre später, zog die US Nuclear Regulatory Commission ihre Unterstützung der Studie zurück. Der Rasmussen-Bericht schien bald in Vergessenheit zu geraten.

Der wahre Untergang drohte aber, als zwei Monate später der Kern von Block 2 des Kernkraftwerks von Three Mile Island durch einen schweren Unfall beschädigt wurde. Wie es der Zufall wollte, war gerade zwölf Tage zuvor ein Blockbuster mit Jane Fonda über die Aufdeckung eines Unfalls in einem Kernkraftwerk in die amerikanischen Kinos gekommen: *The China Syndrome*.[7] Die zivile Atomindustrie brach in einem der bemerkenswertesten Rückschläge des US-Kapitalismus zusammen. Obwohl 2003 ungefähr 20 % der Elektrizität in den USA von den 104 Kernkraftwerken erzeugt wurden, wurden nach Three Mile Island keine neuen Kernkraftwerke mehr geplant.[8]

Three Mile Island erweckte den Rasmussen-Bericht und seine Einbeziehung der subjektiven Analyse wieder zum Leben. Nach dem Unfall erschienen die Ergebnisse des Ausschusses wie eine Vorausahnung. Zuvor hatten die Experten gedacht, das Risiko einer schweren Beschädigung des Kraftwerkkerns sei extrem gering, die Wirkung würde aber katastrophal sein. Der Rasmussen-Bericht vertrat das Gegenteil: Die Wahrscheinlichkeit einer Beschädigung des Kerns sei höher als erwartet, aber die Konsequenzen müssen nicht immer katastrophal sein. Der Bericht hatte auch zwei wesentliche Probleme verdeutlicht, die dann beim Unfall von Three Mile Island eine Rolle spielten: menschliches Versagen und die Freisetzung von Radioaktivität in die Umwelt. Die Studie hatte sogar die Abfolge der Ereignisse vorgezeichnet, die letztlich den Unfall verursacht hatten.

Erst 1981 wandten dann schließlich zwei Studien, die von der Industrie finanziert wurden, das Bayes-Theorem an – und gaben das auch zu. Die Analysten benützten es, um die Wahrscheinlichkeit des Versagens von Reaktorkomponenten mit den besonderen Informationen zu kombinieren, die von zwei Kraftwerken stammten: dem Zion-Atomkraftwerk nördlich von Chicago und dem Indian-Point-Kraftwerk am Hudson, 35 km nördlich von New York. Von da an benützten quantitative Risikoanalysen und auf Wahrscheinlichkeiten basierende Sicherheitsstudien sowohl frequentistische wie Bayes'sche Methoden, um die Sicherheit von Chemieanlagen, Kernkraftwerken und Giftmülldeponien, die Freisetzung von Radioaktivität aus Kernkraftwerken, die Kontamination des Mars durch irdische Mikroorganismen, die Zerstörung von Brücken und die Erkundung von Erzlagern zu untersuchen. Zur Erleichterung der Industrie trägt die Risikoanalyse auch dazu bei, nutzlose Sicherheitsvorschriften erkennen, die dann abgeschafft werden können.

Subjektive Urteile gefallen den Physikern und Ingenieuren immer noch nicht. Sie lieben einfach in der Wissenschaft keine Vermischung von objektiven und subjektiven Informationen. Den Begriff „Bayes" zu vermeiden, ist jedoch nicht länger nötig oder eine Option.

15
Eine Wasserstoffbombe fällt ins Mittelmeer

Wenn man den Erfolg des Bayes-Theorems im Kampf gegen die deutschen U-Boote im Zweiten Weltkrieg bedenkt, überrascht es, dass die US-Navy im Kalten Krieg die Methode nur langsam und widerstrebend aufgriff. Hochrangige Offiziere stießen eher zufällig auf Bayes und hofften zunächst nur, vom oberflächlichen Drumherum der Statistik zu profitieren. Mit zunehmendem Vertrauen und einer wachsenden Leistungsfähigkeit der Computer verfeinerte später die Navy die Methoden für die U-Boot-Abwehr. Unterdessen hatte die Küstenwache die Methode ins Auge gefasst, um Schiffbrüchige zu retten. Wie so oft in der Geschichte des Bayes-Theorems brachte eine Reihe von spektakulären Notfällen das Ganze voran.

Der Flirt der Navy mit Bayes begann in der Abenddämmerung des 16. Januar 1966, als eine B-52 mit vier Wasserstoffbomben an Bord vom Luftwaffenstützpunkt Seymour bei Raleigh, North Carolina, abhob. Die Bomben waren gut drei Meter lang, so dick wie ein Mülleimer und hatten jeweils die Zerstörungskraft von ungefähr einer Million Tonnen TNT. Der Pilot des Bombers, der dafür bekannt war, im Cockpit Pfeife zu rauchen, und die sechsköpfige Besatzung hatten den Auftrag, 24 Stunden in der Luft zu bleiben und mussten dazu einige Male im Flug auftanken.

In einem umstrittenen Programm, das Operation Chrome Dome hieß, hielt, wie schon erwähnt, das SAC unter General Curtis LeMay ständig Bomber in der Luft, die mit Kernwaffen bestückt waren und Schutz vor einem sowjetischen Angriff bieten sollten. In einem kostspieligen und gefährlichen Verfahren wurden die Bomber von KC-135-Tankflugzeugen in der Luft betankt.

Der Bomber traf sich für die dritte Betankung wie vorgesehen am Morgen des 17. Januar mit einer KC-135. Bomber und Tankflugzeug flogen im Tandem über der Südostküste von Spanien, neun Kilometer über dem abgelegenen Dorf Palomares, was übersetzt „Platz der Tauben“ heißt. Sie benützten zur Betankung einen Teleskoparm, der die beiden Flugzeuge zwang, bis zu einer halben Stunde mit fast 1 000 km/h nur etwa zehn Meter voneinander entfernt zu fliegen. Bei einer Fehleinschätzung in einem Bruchteil einer Sekunde streifte der Rüssel des Tankflugzeugs den Metallrücken des Bombers, und um 10:22 Uhr spanischer Zeit gingen 150 000 Liter Kerosin in Flammen auf. Sieben der insgesamt elf Besatzungsmitglieder kamen ums Leben.

Die Besatzungsmitglieder, vier Bomben und 250 Tonnen Flugzeugtrümmer regneten vom Himmel. Es war ein Feiertag, deshalb arbeitete kaum jemand der 1 500 Bewohner des Gebiets von Palomares auf den Feldern, sodass zum Glück niemand getroffen wurde. Noch wichtiger war, dass es zu keiner Kernexplosion kam. Die Bomben waren noch nicht „scharf" gemacht worden. Allerdings öffneten sich bei zwei von ihnen die Fallschirme nicht, und als diese Bomben aufschlugen, explodierte der konventionelle Sprengstoff, wodurch die Umgebung mit radioaktivem Plutonium verseucht wurde. Drei der Bomben wurden innerhalb von 24 Stunden gefunden, aber die vierte blieb verschwunden.

Was das Desaster besonders schlimm machte, war, dass der Vorfall von Palomares mindestens der neunundzwanzigste schwere Unfall war, den die Air Force mit Kernwaffen hatte – eine Tatsache, die der Öffentlichkeit nicht bekannt war. Mindestens zehn Kernwaffen waren bei acht dieser Unfälle verloren gegangen und ins Meer oder Sümpfe gestürzt, wo sie vermutlich noch heute liegen. Zu den verloren gegangenen Bomben, bei denen es in keinem Fall zu einer Kernexplosion kam, gehörten zwei, die 1950 über dem Meer verloren gingen. Dann verschwand 1956 ein Flugzeug über dem Mittelmeer, das zwei Kernsprengsätze in ihren Transportbehältern an Bord hatte. Zwei fielen 1957 in der Nähe von Atlantic City in den Atlantik, eine 1958 in die Mündung des Savannah vor Tybee Beach in Georgia. Eine fiel 1958 in Walter Greggs Garten bei Florence, South Carolina, eine fiel 1959 in den Puget Sound im Staat Washington. 1961 wurde Uran in Goldsboro, North Carolina, begraben, und 1965 rollte eine Bombe von einem Bomber auf den Flugzeugträger und von dort in den Pazifik. Es war eine wenig ruhmreiche Liste, die nun langsam die Aufmerksamkeit der Medien auf sich zog.

Als es offensichtlich war, dass die vierte Wasserstoffbombe aus dem SAC-Bomber ins Mittelmeer gefallen war, rief das Verteidigungsministerium John Piña Craven an, den zivilen Chefwissenschaftler des US Navy's Special Projects Office.

Craven hatte im Rahmen eines Trainingsprogramms für Meereskunde an der Cornell University seinen Bachelor gemacht und dann den Master in Physik am Caltech. Während er an seiner Doktorarbeit in angewandter Physik an der University of Iowa schrieb, machte er in seiner freien Zeit alle möglichen Aufbaukurse – von Journalismus über Wissenschaftsphilosophie bis zu partiellen Differentialgleichungen. In Anbetracht dessen, was nun kommen sollte, ist bemerkenswert, dass er auch einen Statistikkurs gemacht und dafür ein „befriedigend" bekommen hatte. 1951 verfügte Craven bei seinem Abschluss über eine „Art Ausbildung in allem".[1] In diesen Jahren organisierte das Militär Crashkurse für die Nutzung von Navigationssatelliten und für den Bau von Interkontinentalraketen und Leitsystemen, die den Sowjets etwas entgegensetzen sollten. In einer solchen Atmosphäre war für das Pentagon jeder Caltech-Absolvent ein technologisches Wunderkind.

Craven wurden mit 31 für die Navy zum „Orakel von Delphi", wie er es selbst nannte. „Als angewandter Physiker beriet er die Navy, wann immer sie Probleme mit Einsätzen oder der Ausrüstung hatte, die sie nicht lösen konnte". Sein erster Job war, eine Technik zu erfinden, um sowjetische Minen zu lokalisieren, die während des Koreakrieges den Hafen von Wonsan blockierten. Drei Jahre später wurde Craven Chefwissenschaftler des Special Projects Office, das das Polaris-Programm mit ballistischen Raketen auf U-Booten entwickelte. Als 1963 das Atom-U-Boot *USS Thresher* zerbarst und mit 129 Mann an Bord vor Cape Cod versank, erhielt er den Auftrag, Methoden zu entwickeln, um Objekte zu finden, die in der Tiefe des Ozeans verschwunden oder versunken waren. Für die Militärs, die im Mittelmeer nach ihrer Wasserstoffbombe suchten, war Craven der Mann der Stunde.

„Wir haben gerade eine Wasserstoffbombe verloren", sagte W. J. „Jack" Howard, der für Kernwaffen zuständige Assistent des Verteidigungsministers, als er Craven anrief.

„Oh! Wir haben gerade eine Wasserstoffbombe verloren! Aber das ist Ihr Problem, nicht meines", antworte Craven.

Howard blieb beharrlich: „Aber eine der Bomben ist ins Meer gefallen, und wir wissen nicht, wie wir sie finden können. Die drei anderen sind an Land."

Craven schoss zurück: „Es ist okay, dass Sie die Navy angerufen haben. Aber ich bin der falsche Mann. Der Chef der Bergungsabteilung, Captain William F. Searle jr., ist für so etwas zuständig." Innerhalb von ein paar Stunden taten sich dann Craven und Searle zusammen, um das Gesuch zurückzuweisen: Craven sei zweimal durch die Aufnahmeprüfung für die Akademie der Navy gefallen, und Searle habe zwar an der US Naval Academie in Annapolis seinen Abschluss gemacht, wurde aber dann wegen Augenproblemen zur Unterwasserbergung abgeschoben, wo, wie im Scherz gesagt wurde, jeder mehr oder weniger blind war. Der Versuch der beiden, sich zu drücken, misslang, und Searle musste den Job übernehmen.

„Craven, ich will eine Suchdoktrin", blaffte Searle („Doktrin" stand im Navy-Slang für „Plan"). Er brauchte eine „Doktrin", damit er am nächsten Morgen Schiffe und Gerät nach Spanien schicken konnte. In dieser Nacht sagte sich Craven immer wieder, „Jesus, ich muss eine Suchdoktrin basteln."

Craven wusste schon einiges über Bayes'sche Prinzipien. Sein Lehrer im Minensuchen während des Koreakrieges 1950–1952 war der Navy-Physiker und angewandte Mathematiker Rufus K. Reber. Er hatte Bernard Koopmans Bayes'sche Anti-U-Boot-Studien in praktische, geheime Tabellen übersetzt, mit denen die Kommandeure eine Minensuchaktion planen konnten. Craven hatte die Bayes'schen Methoden auch kennengelernt, als er im Rahmen der Geheimforschung für die Regierung MIT-Professoren besuchte. Am wichtigsten war aber, dass er von Howard Raiffa gehört hatte, der der subjektiven Wahrscheinlichkeitsanalyse für Entscheidungen in der Wirtschaft, der operationellen Analyse und der Spieltheorie an der Harvard Business School den Weg gebahnt hatte.[2]

Soweit es Craven klar war, hatte Raiffa herausgefunden, wie die Teilnehmer an Pferdewetten treffsicher die Wahrscheinlichkeit vorhersagen, mit welcher ein Pferd an erster, zweiter oder dritter Stelle einlaufen wird. Für Craven war der Schlüssel zu Raiffas Rennplatzgeschichte, dass er die Meinungen der Leute kombinierte, „die wirklich wissen, was läuft, das zwar nicht verbalisieren können, aber eine Ahnung haben und darauf wetten". Raiffa kommentierte später, er sei erfreut, wenn er Craven beeinflussen konnte, subjektive Wahrscheinlichkeiten einzubeziehen und alle Expertenmeinungen zu kombinieren. Er betonte aber, dass Bayes erst ins Spiel kommt, wenn diese subjektiven Ansichten mit neuen Informationen ein Update erfahren. Außerdem erinnerte er sich, über die Wettervorhersage und nicht über Pferderennen geredet zu haben.

„Ich bin ganz gut, wenn's um das Verstehen von Konzepten geht", erklärte Craven später, „aber schlecht, wenn's um Details geht. Ich hab das mit dem Wetten auf Wahrscheinlichkeiten verstanden, und auch die Verbindung mit den bedingten Wahrscheinlichkeiten von Bayes. Aber ich weiß auch was man tun muss, damit in der Navy was passiert, und ich musste vor allem die Suchdoktrin hinbekommen."

Craven hatte Experten in Hülle und Fülle zur Verfügung. Einige wussten über die B-52 Bescheid, während sich andere mit den Besonderheiten der Wasserstoffbomben, der Lagerung an Bord und der Bombenauslösung auskannten oder eine Ahnung hatten, ob die Bombe bei den übrigen Wrackteilen liegen würde, ob nur einer oder beide Fallschirme der Bombe aufgegangen sein konnte, wie sich Windrichtung und -stärke ausgewirkt haben, ob die Bombe wohl im Sand versunken war oder wie groß sie, gehüllt in ihren Fallschirm, erscheinen würde. Cravens Experten konnten Hypothesen ausarbeiten, wo eine Bombe hingefallen sein konnte, und dann die Wahrscheinlichkeit jeder Hypothese bestimmen.

Die meisten akademischen Statistiker hätten die Flinte (oder Bombe) ins Korn geworfen. Sie hätten wie Fisher und Neyman geglaubt, dass die Informationen auf verifizierbare Beobachtungsdaten beschränkt werden müssten. Craven verspürte hingegen keinen Wunsch, das Experiment zu wiederholen. Er musste „nur" die Bombe finden. „An diesem Punkt angelangt, schaute ich nicht auf die Mathematik, sondern erinnerte mich, was mir Raiffa mitgegeben hatte."

Dann forderte die Realität ihren Tribut. Innerhalb nur weniger Stunden und von nur einem einzigen Techniker unterstützt musste Craven der „Kerl sein, der jeden der Experten befragt hatte, um die Wettchancen herauszufinden. Ich bin der Kerl, der entscheidet, wer wettet. Und, seien wir ehrlich, ich bin auch der Kerl, der sich vorstellt, was ich sagen würde, wenn ich der Kerl wäre, mit dem ich mich nicht in Verbindung setzen kann. Ich muss mir also eine ganze Menge vorstellen. … Ich habe keine Zeit, um all diese Leute zusammenzutrommeln." Cravens Verwendung des Expertenwissens fiel also höchst subjektiv aus.

Die Mischung aus eiligen Telefongesprächen mit Experten, Berichten von Zeugen vor Ort und seinen eigenen Vorstellungen führte zu sieben Hypothesen oder „Szenarien", wie er es nannte:

1. Die fehlende Bombe ist im Bomber geblieben und in dessen Trümmern zu finden.
2. Die Bombe liegt bei den anderen Bombentrümmern längs der Spur des Zusammenstoßes.
3. Die Bombe ist im freien Fall abgestürzt und liegt nicht bei den Flugzeugtrümmern.
4. Einer der beiden Fallschirme ist aufgegangen und hat die Bombe hinaus aufs Meer getragen.
5. Beide Fallschirme sind aufgegangen und haben die Bombe sehr weit hinaus aufs Meer getragen.
6. Nichts von alledem.
7. Ein spanischer Fischer hat gesehen, wo die Bombe ins Meer fiel. (Diese Hypothese kam erst später dazu, nachdem Marineoffiziere mit dem Fischer Francisco Simó Orts gesprochen hatten.)

An dieser Stelle hätte Craven gern „all diese Szenarien und all diese Katzen [seine Experten] in einen Raum gesperrt und sie wetten lassen". Aber da nach dieser einen Nacht die Suchdoktrin vorliegen musste, war Craven klar: „Ich erfinde die Szenarien selbst *und* wette, wie hoch ein Experte auf jedes der Szenarien setzen würde."

Die Not zwang Craven, Jahre der theoretischen Zweifel an der Annahme Bayes'scher Prioren und der Berechnung der Wahrscheinlichkeit ihrer Tauglichkeit zu vergessen: „Als ich das machte, wusste ich sofort, dass ich nicht in der Lage sein würde, mein Konzept an irgendeinen wichtigen Akteur in diesem mathematischen Gebiet zu verkaufen. So dachte ich, was zum Teufel tue ich eigentlich? Ich bin dabei, Ihnen zu sagen, dass das auf der Bayes'schen subjektiven Wahrscheinlichkeit beruht. Und als Zweites werde ich einen Haufen Mathematiker anheuern und ihnen sagen, sie sollen sich das Mäntelchen der Authentizität anziehen, wenn sie das Bayes-Theorem verwenden. … Also stellte ich dafür Daniel H. Wagner von Wagner Associates ein."

Der Mathematiker Wagner war manchmal so zerstreut, dass einmal sein Auto dreimal an einem einzigen Tag stehen blieb, weil der Benzintank leer war. Er hatte 1957 seinen Doktor in reiner (nicht angewandter!) Mathematik an der Brown University in Providence gemacht. Dann hatte er einige Jahre für Lieferanten militärischer Güter gearbeitet, was ihn überzeugte, dass man strenge Mathematik auch auf den U-Boot-Krieg und für das Suchen und Aufstöbern verlorener Dinge anwenden konnte. Die Tatsache, dass bei beidem zahllose Ungewissheiten zu berücksichtigen waren, legte die Verwendung von Bayes nahe. Wagner sagte dazu: „Bayes reagiert empfindlich auf Informationen aller Art. … Aber jeder Hinweis ist auch mit einem Fehler behaftet. Gäbe es keine Fehler, gäbe es kein Suchproblem: Du gehst einfach ans Ziel und findest das Ding sofort. Das Problem ist, dass … Du selten die Größe des zu erwartenden Fehlers kennst, deshalb musst Du den Ortsfehler aus anderen Informationen ableiten."[3]

Operations Research war ein neues Gebiet, aber Wagner war von zwei Autoritäten empfohlen worden: von Captain Frank A. Andrews, einem pensionierten Offizier, der die Suche nach der *Thresher* geleitet hatte, und von Koopman, der damals ein einflussreicher Abteilungsleiter im Institute for Defense Analyses war, das auf dem Campus für Wissenschaftler, eingerichtet war, die geheime Militärforschung betrieben.

Als er zu Cravens Büro aufbrach, wo er mehr über die vermisste Bombe erfahren wollte, nahm Wagner den jüngsten und unerfahrensten seiner drei Mitarbeiter mit, Henry R. „Tony" Richardson, der sieben Monate zuvor seinen Doktor in Wahrscheinlichkeitstheorie an der Brown University gemacht hatte. Er sollte zum Bayes'schen Kontaktmann in Palomares werden.

Wagner rekonstruierte die Szene so: Craven zeigte den Mathematikern eine interessante Karte des Meeres vor Palomares. Der Ozeanboden war in rechteckige Zellen eingeteilt, und nach der Befragung der Air Force-Experten hatte Craven die ersten sechs seiner sieben Hypothesen aufgestellt. Er griff dann auf die statistische Theorie zurück und gab jedem Szenario ein Gewicht entsprechend seiner vermuteten Wahrscheinlichkeit. Er dachte nicht in Zahlen, sondern hatte eine Karte mit „Bergen" hoher und „Tälern" geringer Wahrscheinlichkeit für den Ort der Bombe gezeichnet. Was die Gründe für die Hypothesen betraf, war er nicht besonders mitteilsam. Richardson erkannte bald, dass er und Wagner Cravens Ansicht nach bloße Buchhalter waren, die Zahlenakrobatik betrieben.

Für Richardson war das Faszinierende an Cravens Wahrscheinlichkeitskarte, dass sie ganz auf Vermutungen aus der Zeit aufgebaut war, *bevor* die Suche begonnen hatte. Craven hatte den Prior, die erste Komponente des Bayes-

Theorems, über den Daumen gepeilt. Richardson war mit Koopmans Suchtheorie vertraut, aber Cravens Szenarien als Prioren und das vielversprechende Bayes'sche Updating sahen fantastisch aus. Craven nahm an, dass seine Wahrscheinlichkeiten normalverteilt waren, damit war es möglich, mit Rechenschiebern und elektromechanischen Tischrechnern zu arbeiten, um die Karte der möglichen Bombenorte auf der Grundlage der Apriori-Informationen zu zeichnen. Wie Laplace ordnete er jedem Szenario sein eigenes Gewicht zu.

Wagner und Richardson machten sich in Paoli, Pennsylvania, im Hauptquartier ihrer Firma ans Werk, um Cravens grobe Berechnungen zu verifizieren und zu verbessern. Ein Mitarbeiter namens Edward P. Loane konstruierte eine präzisere Wahrscheinlichkeitsverteilung der Orte der Wasserstoffbombe, indem er in einen Lochstreifen Daten stanzte und ihn über die Telefonleitung an einen Computer schickte, der im nahen Büro der Burroughs Corporation stand. Die Umwandlung von Schreibmaschinenzeichen in grafische Zeichen eines Fernschreibers war eine Herausforderung. Die Wahrscheinlichkeitskarte konnte dann etwa so aussehen:

##$#&
&$&&#
#$##$

wobei # eine Wahrscheinlichkeit zwischen 0 und 0,05 bedeutete, $ eine zwischen 0,05 und 0,10 usw. Loane arbeitete bei Wagner Associates und war darüber hinaus Doktorand für angewandte Mathematik an der University of Pennsylvania. Er wollte unbedingt statt Richardson nach Palomares. Inzwischen hatte Craven vom Pentagon Daten für Richardson bekommen, die nach Spanien gebracht werden mussten. Der junge Mann war erstaunt, wie Craven und die älteren Offiziere herumschwirrten, um ihm die Türen zu öffnen.

Fast täglich fanden nun Planungssitzungen mit den Militärs statt, die die Mathematiker bald überzeugten, dass sie gar nicht engagiert worden waren, um mithilfe des Bayes-Theorems und den Updates der Daten die Bombe zu finden. Bayes diente offensichtlich nur der Augenwischerei. Wurde die Bombe nicht gefunden, wollte die Navy statistisch beweisen können, dass sie gar nicht im Meer lag. „Der allgemeine Tenor schien zu sein, dem Präsidenten lieber glaubhaft zu versichern, die Wasserstoffbombe könne nicht gefunden werden, statt weiterhin die Erwartung aufrecht zu halten, sie könne noch gefunden werden. Ersteres war also der Hauptgrund, warum wir mitspielen sollten", schloss Wagner.[4]

Richardson stimmte dem zu: „Nach meiner Erinnerung besagte mein Marschbefehl, ich solle die geplante Suche statistisch dokumentieren, und für den Fall, dass die Bombe nicht gefunden wurde, dem Präsidenten und dem Kongress bestätigen, es sei alles irgendwie Mögliche in wissenschaftlich korrekter und sorgfältiger Weise getan worden. Es war also ganz schön viel, was ich zu tun hatte. Nachdem ich Koopmans Werk gelesen hatte und wusste, dass es so etwas wie eine optimale Suche gab, die auf den Bayes'schen Ideen basierte, hoffte ich, mehr tun zu können."[5]

Richardson hatte kein Interesse daran, Bayes als mathematische Entschuldigung für eine fehlgeschlagene Expedition zu verwenden. Er wollte die Bombe finden. Er flog mit Captain Andrews nach Spanien. Dieser hatte in Yale in Physik promoviert und nach der *Thresher*-Suche die Navy verlassen, um an die Catholic University in Washington D. C. zu gehen. Andrews wusste, dass es im Pentagon große Zweifel gab, ob das Navy-Suchteam jemals die Bombe finden würde. Darüber hinaus war er gewarnt worden, die ganze Welt würde erfahren, dass das Suchteam „fachlich gescheitert" wäre, wenn man die Bombe nicht finden würde. Kurz gesagt: Die Navy saß auf einem Schleudersitz, und Karrieren standen auf dem Spiel. „Die Schlussfolgerung war natürlich auch, dass niemand anderes die Bombe finden würde, wenn es uns nicht gelang", erinnerte sich Andrews später.[6]

Während des Flugs wies Richardson Andrews in die Geheimnisse der Bayes'schen Suchtheorie ein. Andrews rief aus: „Oh, wenn wir das nur bei der *Thresher*-Suche gehabt hätten."[7] Wenn ein großes Suchgebiet in kleine Zellen unterteilt wird, besagt das Bayes-Theorem, dass ein Misserfolg in einer Zelle die Wahrscheinlichkeit erhöht, in den anderen fündig zu werden. Bayes beschreibt mit mathematischen Begriffen die Suche nach einer vermissten Socke, wie wir sie aus unserem Alltag kennen: Eine gründliche, aber vergebliche Suche im Schlafzimmer und ein oberflächlicher Blick ins Bad deuten darauf hin, dass sich die Socke wahrscheinlich in der Wäsche befindet. Bayes kann eben auch aus einem Misserfolg nützliche Informationen gewinnen.

Bei der Ankunft in Palomares fanden die Männer ein ärmliches Dorf vor, das so klein war, dass es kein Telefon gab und das weder auf Landkarten zu finden war, noch in der spanischen Volkszählungsstatistik vorkam. Schon 3500 v. Chr. hatte es dort Gruben zum Abbau und die Verhüttung von Blei und Silber gegeben, die dem Gebiet ihre Pockennarben aufgeprägt haben. Die Gegend war durch ihre Trockenheit gestraft: Es fielen weniger als 200 mm Regen im Jahr, und das Wasser in der Leitung war salzhaltig. Die Landwirtschaft war auf Wintertomaten beschränkt, die exportiert wurden. Die Explosion der B-52 und der Wind hatten 226 Hektar des Dorfes und seiner Felder mit radioaktivem Plutonium bedeckt.

Zu diesen Problemen kam, dass das Dorf von 750 Amerikanern belagert wurde, die in einem komplett mit Feldwäschereien, Bäckereien und einem Kino ausgestatteten Camp lebten. Vor der Küste lagen gleichzeitig bis zu

18 Schiffe, ein sowjetischer Trawler schnüffelte in den internationalen Gewässern, und zahlreiche internationale Reporter hingen herum, die wegen der Nachrichtensperre aufgebracht waren. Das Bayes-Theorem anzuwenden, würde keine abstrakte Aufgabe in einem Lehrbuch sein, sondern ein Drahtseilakt unter intensiver Kontrolle der Weltöffentlichkeit.

Vier Tage lang weigerten sich die USA und Spanien zuzugeben, dass der Bomber überhaupt irgendwelche Kernwaffen an Bord hatte. Die Meldung von Kernwaffen und Radioaktivität sickerte erst durch, als ein amerikanischer Sergeant dem ersten Reporter, der auftauchte, zurief: „Hey, Amigo, sprichst Du Spanisch?".

„Na klar."

„Well, der Bauer da drüben muss runter von diesem Feld, um Gottes Willen. Er versteht kein verdammtes Wort, das ich zu ihm sage. Dort ist Radioaktivität, und wir müssen die Leute wegschaffen."

Eine Kommunikationskatastrophe nahm ihren Anfang. Es war der erste Unfall, bei dem weiträumig radioaktives Material verstreut wurde, und es war der erste, der ein höchst kritisches Interesse der Medien der ganzen Welt auf sich zog. Innerhalb von drei Tagen wussten die Reporter in Palomares, dass eine Bombe fehlte, es dauerte aber sechs Wochen, bis das vom Pentagon bestätigt wurde. Die Zensur durch den spanischen Diktator Francisco Franco verhinderte, dass die Meldung von der Radioaktivität in den lokalen Radiostationen gebracht wurde, während sie die Sender im kommunistischen Osten weltweit verbreiteten. Radio Moskau meldete: „Die Bombe liegt noch im Meer und verstrahlt Wasser und Fischwelt." Die sowjetische Regierung klagte, dass die Amerikaner den Kernwaffen-Teststopp von 1963 gebrochen hätten. Die Presseleute vor Ort kochten vor Wut, dass Radio Moskau, Reporter beim Pentagon und sogar *Stars and Stripes*, die Zeitung der US-Army, mehr wussten als sie.

Die Einheimischen waren verständlicherweise entsetzt. Der Tourismus und der Export spanischer Früchte und Tomaten brachen zusammen. Demonstranten in Mexico City, Frankfurt und auf den Philippinen sangen eine umgedichtete Fassung eines Lieds aus *My Fair Lady*: „The bomb in Spain lies mainly in the drain".[8] Der Druck wurde noch verstärkt, weil der Vietnamkrieg eskalierte und die amerikanischen Militärbasen überall auf der Welt in Alarmbereitschaft waren. Präsident Johnson telefonierte täglich mit dem Pentagon und fragte nach Neuigkeiten von der Suche.

Nach der Ankunft in diesem Hexenkessel stellte Captain Andrews sofort Richardson dem Kommandeur des Sondereinsatzverbands der Navy zur Bombensuche vor, Konteradmiral William S. Guest. Guest war berühmt, weil er als erster Flugzeugträgerpilot im Zweiten Weltkrieg ein feindliches Schiff versenkt hatte. Er war für seine Dickköpfigkeit berüchtigt und wurde hinter seinem Rücken „Bulldogge" genannt.[9] Guest kannte sich mit Flugzeugen und Geldbudgets aus, aber nicht mit Bayes. Er hatte aber die Botschaft aus Washington verstanden: „Sie *werden* Dr. Richardson anhören, und *wir* werden ihn anhören, Sie sollten … schon aus diesem Grund aufpassen." Da Guest eine Respektsperson erwartete, hatte er dem Mathematiker die Privatkabine eines Captains mit Stewart zugewiesen. Als er mit Richardson zusammentraf, der sogar noch jünger als seine 26 Jahre aussah, räusperte sich die Bulldogge: „Ich habe nicht gedacht, dass sie uns einen Teenager schicken."

Das erste, was Guest Richardson mitteilte, klang ironisch, war es aber nicht wirklich. Der Mathematiker sollte beweisen, dass die Bombe an Land lag, denn Guests Job war es, auf See zu suchen, und wenn sie auf dem Land lag, war es die Aufgabe von jemand anderem sie zu finden. Richardson erklärte sofort: „Ich glaube nicht, dass ich dazu in der Lage bin."

Unter Guests Kommando standen 125 Kampfschwimmer und Taucher, die die flache Küste absuchten. Mienensuchboote durchkreuzten bei hohem Wellengang die tieferen Gewässer. 3000 Navy-Soldaten, 25 Navy-Schiffe, vier Forschungs-Tauchboote und ein ganzer Haufen ziviler Forscher und Auftragnehmer des Militärs standen bereit. Die gesamte Suche, die unter dem Namen „Aircraft Salvops Med" lief, kostete 12 Mio. Dollar.

Guest wollte Geld sparen und die Ausrüstung dort einsetzen, wo es ihm passte und sie dann so früh wie möglich zurückgeben. Das hieß aber auch, dass er in einigen Gebieten suchen wollte, wo die Bombe wahrscheinlich *nicht* lag.

Cravens Anfangshypothesen beruhten auf dem vorherrschenden Wind, daher konzentrierte sich die erste Jagd auf ein langes Rechteck mit Namen „Alpha II" draußen vor dem Strand von Palomares. Guest beorderte seine Schwimmer, Taucher und Minensucher dorthin und ließ sie immer wieder suchen.

Richardson begann sofort mit dem Durchkämmen der bisherigen Aufzeichnungen. Als ersten Mangel erkannte er, dass man zwar die Routen der Schiffe aufgezeichnet hatte, aber nichts über die Effizienz der Suche. „Immer nur auf und ab zu fahren führt zu nichts, wenn man den Boden des Ozeans nicht sehen kann", sagte er. „Und so war es wirklich. Einige der Sensoren drangen nicht durch das tiefe Wasser bis zum Meeresgrund vor, sodass die Schiffe da draußen herumfuhren, aber überhaupt nichts zur Effizienz der Suche beitrugen. … Das soll keine Kritik sein. Ich war nur in einer schrecklichen Lage. Wenn die ganze Welt zuschaut, kann man nicht Schiffe im Dock liegen lassen und sagen, sie seien nutzlos." Inspiriert von einem Gespräch mit Andrews prägte Richardson also den Begriff „Search Effectiveness Probability" (SEP). Die SEP gab an, wie effizient eine Suche wahrscheinlich sein würde.

Richardson sah sich die Karte des Ozeanbodens an, die in kleine Planquadrate eingeteilt war. Er berechnete für jedes dieser Quadrate die Wahrscheinlichkeit dafür, dass die Bombe bei der dort abgelaufenen Suchaktion gefunden worden wäre, wenn sie dort lag. „Wenn die SEP an die 95 % erreichte, konnte man dem Admiral sagen, dass das Gebiet ziemlich genau durchsucht worden ist und man vielleicht woanders weitermachen sollte", ergänzte Richardson.

Um den neugierigen Reportern an Land zu entgehen, arbeitete er nächtelang in der Rechnungsstelle eines Schiffs. Sein Gepäck mit allen Fachbüchern und Rufus K. Rebers Tabellen für Minensucher waren in Madrid verloren gegangen. So berechnete er einige der Tabellen penibel neu und pauste Kurven ab. Es gab keine Alternative. Damals existierten noch keine tragbaren Computer und selbst IBM-Großrechner hatten nur einen Speicher von 32 kB (nicht Gigabyte oder wenigstens Megabyte). Mit seinen Zetteln, dem Rechenschieber und einer Addiermaschine bewaffnet, die auch multiplizieren konnte, berechnete er jeden Tag, wie effizient die Operationen gewesen waren. Jeden Morgen überraschte er Bulldog Guest mit neuen Wahrscheinlichkeiten. Der Admiral hatte seinen Spaß, sich über Richardsons jungenhaftes Aussehen lustig zu machen, aber die Wahrscheinlichkeiten brachten ihn durcheinander.

„Ich fing an, SEPs zu berechnen – die Wahrscheinlichkeit, dass man die Bombe gefunden hätte, wenn sie dort gewesen wäre. Dabei zeigten viele Nullen, dass man sie nicht entdeckt hätte, selbst wenn sie da gewesen wäre, weil die Ausrüstung für die Aufgabe nicht ausreichte." Am anderen Ende der SEP-Skala hätte eine „1" angezeigt, dass man die vorhandene Bombe mit Sicherheit gefunden hätte. Richardson berechnete nur in wenigen Fällen „1": „All diese Nullen. Wenn sie Guest sah – man denke daran, dass ein junger Teenager mit ihm sprach – kam sofort die Frage: ‚Warum präsentieren Sie mir Nullen, wo wir doch zwei Wochen draußen waren?'"

Guest fing an, die SEPs als quantitativen Hinweis für den Einsatzort der Ausrüstung zu nehmen. Er wollte dokumentieren, dass er mit seiner Ausrüstung alle Untersuchungen gründlich durchgeführt hatte. Er war nicht daran interessiert, mit den Bayes'schen Updates neue, mehr Erfolg versprechende Gebiete zu finden. Selbst wenn ein wahrscheinlicheres Gebiet für die Bombe erschien, beharrte Admiral Guest auf seinem „Plan der Quadrate".

Jahre später beklagte Craven, dass „Admiral Guest, der vor Ort kommandierende Offizier, am schlechtesten informiert und am wenigsten sachkundig war". Der Admiral war wütend, „weil er dachte, wir seien nicht ganz richtig im Kopf". Richardson äußerte sich versöhnlicher. Guest „hatte andere Sorgen. Bayes war ein wenig zu ‚hochtrabend'. SEP konnte er verstehen. Aber wenn man mit den Bayes'schen Updates anfängt, und mit diesen lustigen Wörter wie Prioren und Posterioren, verlieren Admirale in der Regel die

Geduld für dieses Zeug." Das Resultat war, dass die Abschätzung der Effizienz der Bombensuche in den Mittelpunkt rückte. Die Idee, die Effizienzwerte zu verwenden, um der ersten Bayes'schen Komponente – Cravens vor der Suche entworfenen Szenarien – ein Update zu geben, trat in den Hintergrund.

Unterdessen gewann die Aussage des Augenzeugen Francisco Simó Orts, eines Fischers, schnell an Glaubwürdigkeit. Am Morgen des Unfalls hatte Orts einen großen Fallschirm beobachtet, der über sein Boot hinweggetrieben und in 100 m Entfernung aufs Wasser aufgeschlagen war. „Ein halber Mann, mit heraushängenden Gedärmen" – so schilderte er es. Trotz der seltsamen Beschreibung klang der Bericht authentisch. Das Objekt, das in der Luft seltsam steif war, sank mitsamt dem Fallschirm innerhalb von 30 Sekunden. Mehr noch, Orts sagte, der Fallschirm sei grau gewesen, und tatsächlich waren die Fallschirme der Air Force für Personen orange und weiß, die für Atombomben aber grau-weiß. Die Leute von der Navy hatten Orts gleich nach dem Crash befragt, hatten seine Aussage aber zunächst ignoriert, weil er die Stelle nicht mit der üblichen Methode angeben konnte. Er hatte sein ganzes Leben in diesen Gewässern gefischt, daher konnte er sich mit den Augen eines Seemanns an den ihm bekannten Bergen und Dörfern längs der Küste orientieren und die Stelle identifizieren.

Lieutenant Commander J. Brad Mooney, der für die Tieftauchboote zuständige Offizier, glaubte, dass Orts wisse, wovon er sprach. Mooney, der später zum Befehlshaber und Chef der Marineforschung befördert wurde, stammte aus New Hampshire, wo die Hummerfischer mit ähnlichen Methoden ihre in der Tiefe abgesetzten Käfige wiederfinden. Er und Jon Lindberg, ein ziviler Berater für das Tauchen, orderten einen Jeep, trieben Orts in einer Bar auf und fuhren mit ihm hinaus aufs Meer. Nachdem Orts zweimal Minensuchboote zur selben Stelle im Mittelmeer gelotst hatte, glaubte ihm Mooney.

Bald schon bildete Orts' Aussage die Grundlage für eine sehr wahrscheinliche Hypothese: Ein Fallschirm hatte sich geöffnet, und die Bombe war in einen steilen Unterwasser-Canyon gefallen, der mit Abraum aus einer alten Bleimine gefüllt war. Mooney zog einen Radius von einer Meile um Orts' Stelle und nannte das Suchfeld „Alpha I".

Craven erinnerte sich: „Wir fanden die Bombe lange Zeit nicht, weil die Stelle mit der größten Wahrscheinlichkeit für uns unzugänglich war. Sie lag in einer engen Spalte, die für uns zu tief war." Große Teile der militärischen Ausrüstung war für eine Suche in der Tiefsee ungeeignet: Die Seekarten waren aus den frühen Jahren des 20. Jahrhunderts, die Detektoren waren „höchst ungenau" und führten zu Fehlern von bis zu 1 000 m, und viele der nützlichsten Suchgeräte konnten nur von zivilen Firmen oder von Forschungseinrichtungen geliehen werden. Dazu gehörten drei kleine U-Boote: die Mini-*Alvin* der

Woods Hole Oceanographic Institution, die *Aluminaut* der Reynolds Aluminium Co. und ein kleines gelbes U-Boot namens *Perry Cub.*

Aus Guests gesamter Flottille konnte nur das für zwei oder drei Mann gedachte U-Boot *Alvin* bis in die zerklüfteten Tiefen der wahrscheinlichsten Stelle vorstoßen. Aber *Alvins* Batterie wurde schwach, und um sie wieder aufzuladen, musste man das U-Boot jeweils für längere Zeit an Land bringen.

Sechs Wochen nach dem Flugzeugcrash nahm Captain Andrews an einer Fahrt mit der *Alvin* teil, die hinunter in die tiefe Spalte ging. Beim Blick durch die gut zwölf Zentimeter großen Gucklöcher entdeckten sie plötzlich eine seltsame Spur, die einen Abhang hinunterführte und „völlig anders als alles drumherum" aussah. Andrews erinnerte sich: „Im Grunde wie von jemand, der ein schweres Fass oder einen Holzklotz den Hang hinunter zieht." *Alvins* Batterie machte wieder schlapp, und die Besatzung musste die Stelle mit der Spur verlassen und auftauchen. Dann herrschte zwei Wochen lang Sturm, und *Alvin* war lahmgelegt.

Während der ganzen Zeit telefonierte Präsident Johnson jeden Tag mit dem Pentagon, um immer nur zu hören, man könne ihm nicht sagen, wann man die Bombe finden werde: „Wir können Ihnen nur mit einer gewissen *Wahrscheinlichkeit* sagen, wann wir sie finden." Johnson antwortete wütend, er wolle keine Wahrscheinlichkeit, sondern ein Datum. Craven merkte im Vertrauen an: „Ich bin sicher, seine Reaktion war ein einziges Gefluche."

Zuletzt explodierte der Choleriker Johnson: „Ich will, dass sich die besten Forscher diesen Suchplan anschauen. Sie sollen mir sagen, was da falsch läuft. Ich will keinen Kram wie diese Wahrscheinlichkeiten. Ich will einen Plan, der mir exakt sagt, an welchem Tag wir diese Bombe finden."

Craven berief daraufhin für den Morgen des 15. März 1966 einen Ausschuss aus Cornell-, Harvard- und MIT-Professoren ins Pentagon ein. Die Zahlenakrobaten von Wagner Associates präsentierten ein „mathematisches Modell, das so komplex war, dass gewöhnliche Sterbliche es nicht verstehen konnten".[10] Die Professoren befürworteten den Bayes'schen Plan und gingen zum Lunch.

Als sie zurückkamen, erfuhren sie, dass die Crew von *Alvin* beim 19. Tauchgang gerade vor Palomares die Bombe mit ihrem riesigen Fallschirm auf den Felsen am Ozeangrund ausfindig gemacht hatte: „Sie sieht hier unten jetzt wie ein Gespenst aus. … Wie ein großer Körper in einem Leichentuch."[11] Die Bombe war in knapp 400 m Tiefe aufgeschlagen, von der Strömung einen Abhang hinuntergeschleift worden und lag nun in 869 m Tiefe – innerhalb des Radius von einer Meile um die Stelle, die Orts genannt hatte.

Nachdem die Bombe wohlbehalten geborgen worden war, forderte der Fischer 5 Mio. Dollar Finderlohn. Auf Bitten der Regierung setzte Richardson noch einmal die optimale Suchtheorie auf Basis des Bayes-Theorems an, um den Wert von Orts' Zeugenaussage zu berechnen. Das Ergebnis: Orts hatte den USA mindestens ein Jahr harter Arbeit gespart. 1971 sprach ein Gericht der Admiralität in New York Orts 10 000 Dollar zu. Die US-Regierung hatte schon den Einwohnern von Palomares 600 000 Dollar zugebilligt und der Gemeinde eine Meerwasserentsalzungsanlage im Wert von 200 000 Dollar geschenkt.

Schon die Bayes'sche RAND-Studie acht Jahre zuvor war eine Warnung für das SAC gewesen. Der Crash der beiden SAC-Flugzeuge über Palomares schwächte nun die Stellung der Air Force erheblich. Militärische Flüge über Spanien wurden verboten, die Zahl der Alarmstarts von SAC-Bombern wurde halbiert, und die Verantwortung für die Air-Force-Stützpunkte in Spanien wurde vom SAC dem Tactical Air Command der Amerikaner in Deutschland übertragen. Für die Erlaubnis, in Spanien weiterhin Basen unterhalten zu können, forderte Franco von den USA Unterstützung, damit sein Land in die NATO und die Europäische Wirtschaftsgemeinschaft aufgenommen wurde.[12]

Der nächste Unfall des SAC mit Kernwaffen geschah zwei Jahre nach Palomares. Es war der Todesstoß für die Operation Chrome Dome. Eine B-52 mit vier Bomben stürzte auf das Meereis vor der US-Basis Thule in Grönland. Die Bomben wurden durch einen Brand zerstört, und wie in Palomares kontaminierte Plutonium die Umgebung. Als Folge der zwei Unfälle, der steigenden Kosten, um die SAC-Bomber in der Luft zu halten, und der Entwicklung ballistischer Interkontinentalraketen stellte Verteidigungsminister Robert McNamara das SAC-Alarmprogramm 1968 ein.

2002, also fast vier Jahrzehnte nach dem Unfall von Palomares, gaben die spanischen Behörden an, in dem Gebiet keine Gefahr durch radioaktive Strahlung an der Oberfläche festgestellt zu haben. Sowohl spanische wie auch US-Gesundheitsbehörden berichteten, es seien keine durch Strahlung erzeugte Krebsfälle bei den Einwohnern von Palomares entdeckt worden. Nach ihrer Aussage wurden auch die 1 600 Männer der Air Force, die 1 000 m^3 Boden in 4 810 Metallfässern zur Endlagerung von Palomares nach South Carolina abtransportiert hatten, nur unbedeutenden Strahlendosen ausgesetzt, die nur ein Zehntel des Höchstwerts für Arbeiter in Kernanlagen betrugen. Plutonium wird zwar in der Öffentlichkeit als höchst gefährlich eingestuft, nach den Untersuchungen der Regierung ist seine Alpha-Strahlung aber so schwach, dass sie weder Haut noch Kleidung durchdringt, und wenn der Körper Alphastrahlen aufnimmt, werden sie mit dem Stuhl wieder ausgeschieden. Die größte Gefahr geht von Plutonium aus, wenn es in die Lunge gelangt. Obwohl die Bewohner von Palomares mehr als 30 Jahre in der von Plutonium verseuchten Region lebten und arbeiteten, besagen offizielle Berichte, dass sie weit weniger Plutonium eingeatmet haben, als nach den Grenzwerten des International Committee on Radiological Protection zugelassen ist.

Als man aber 2006 radioaktiv verseuchte Schnecken entdeckte, entstanden wieder Ängste vor einer gefährlichen Plutoniumanhäufung innerhalb des Bodens. Eine gemeinsame Untersuchung der USA und Spaniens wurde anberaumt, und die Kinder wurden gewarnt, nicht auf den Feldern nahe der Unglücksspur zu spielen oder Schnecken zu essen – eine Delikatesse der Gegend.

Aber was war mit Bayes? Was hat das Bayes-Theorem zur Suche nach der Wasserstoffbombe beigetragen? Richardson schloss: „Die Zahlen, die ich berechnete, gaben die abgesuchten Flächen an, sodass Guest sagen konnte, wir haben diese Flächen bearbeitet. … Wissenschaftlich gesehen war die große Erkenntnis, dass Bayes nur eine Nebenrolle bei der Bombensuche gespielt hat.“[13]

Die Jagd auf die Bombe hätte ein ausgereiftes Bayes'sches Manöver werden können. Die Apriori-Wahrscheinlichkeiten für Cravens vor der Jagd entwickelte Szenarien hätten mit Richardsons Bordbuchdaten ein Update erfahren und die weitere Suche steuern können. Die Daten wurden jedoch nie rechtzeitig kombiniert, um für die Lokalisierung der verlorenen Bombe von Nutzen sein zu können. Und ohne Update gab es kein Bayes'sches Verfahren. Statt Bayes waren die beiden Helden Orts und *Alvin.* Bei der Bombensuche wurde die Methode zur Bestimmung der SEPs (später LEPs für *„local effectiveness probability“*) weiterentwickelt, aber Richardson konnte keinen Artikel in einer wissenschaftlichen Zeitschrift unterbringen, in dem er die Verwendung der Wahrscheinlichkeiten bei der Bombensuche dargestellen wollte. Die Bombensuche hatte eindringlich gezeigt, wie schwierig es sein konnte, handfeste Unterstützung für den praktischen Einsatz des Bayes-Theorems zu finden, selbst wenn es um etwas so Handfestes und Beängstigendes ging, wie eine verloren gegangene Wasserstoffbombe.

Aber auch wenn es in Palomares keine Bayes'schen Updates gab, verstärkte doch der Erfolg der Suche Cravens Glauben an wissenschaftlich geplante Suchaktionen und die Möglichkeiten des Bayes-Theorems. Er und sein Team hatten gelernt, wie man vor der Suche subjektive Hypothesen entwickelt und ihre Bedeutung gewichtet. Sie erkannten, dass die Zukunft Bayes'scher Suchmethoden wesentlich von der Leistungsfähigkeit von Computern abhing und von der Übermittlung der vom Computer berechneten Informationen. Das war keine unwichtige Feststellung. Richardson war der einzige in seinem Doktorandenkurs in reiner Mathematik, der auch einen Computerkurs belegt hatte. Das Rechnen mit dem Computer galt immer noch als etwas für Feiglinge und Memmen. Innerhalb von Monaten erwarb jedoch Wagner Associates ein Lochstreifen-Terminal, das den ersten direkten Zugang zu elektronischen Rechnern bot. Beim nächsten Hilferuf würden die Bayesianer besser gerüstet sein.

Für die US-Navy gab es schon zwei Jahre später einen dramatischen Anlass, das Bayes-Theorem zu benützen, als im Frühjahr 1968 zwei Militär-U-Boote, ein sowjetisches und ein amerikanisches, mitsamt ihrer Crews innerhalb weniger Wochen verschwanden. Craven war als Chef des Deep Submergence Systems Project für die Suche nach den beiden U-Booten verantwortlich. Obwohl Bayes bei der Suche nach der Bombe von Palomares kaum eine Rolle gespielt hatte, waren sowohl Richardson als auch Craven überzeugt, dass die Methode wissenschaftlich gesehen nützlich war.

Das erste U-Boot, das verschwand, war die sowjetische K-129, ein mit Raketen bewaffnetes Schiff mit Dieselantrieb. Die US-Navy bekam das Verschwinden, das die Vorlage für Tom Clancys Bestseller *The Hunt for Red October* ab gab,[14] durch einen massiven Flottenaufmarsch der Sowjets vor Kamtschatka entlang einer der Hauptrouten sowjetischer U-Boote mit. Ungefähr zur gleichen Zeit registrierten amerikanische Unterwasser-Lauschgeräte einen „ordentlichen Knall". Das Geräusch war weit schwächer als die Implosion eines U-Boots, aber es kam aus einer seltsamen Ecke, die weit von der sowjetischen Suchaktion entfernt auf der internationalen Datumsgrenze in exakt 180 Grad östlicher (oder westlicher) Länge und in 40 Grad nördlicher Breite lag. Da die Datumsgrenze eine menschliche Erfindung ist, lag es nahe, dass auch das Geräusch von Menschen verursacht worden war. Craven, der mit einer Handvoll US-Militärs von der „streng geheimen" Angelegenheit wusste, beauftragte Wagner Associates mit einer umfassenden Wahrscheinlichkeitsanalyse, ohne der Firma je zu sagen, um was es genau ging. 40 Jahre später wusste Richardson immer noch nicht, dass er damals an der Suche nach einem sowjetischen U-Boot mitgewirkt hatte.

Craven konnte sich nur drei plausible Szenarien für das Verschwinden der K-129 vorstellen:

1. Das Geräusch hatte nichts mit dem verschwundenen U-Boot zu tun.
2. Das Geräusch ist von dem U-Boot erzeugt worden, aber es versank dabei nicht, sondern glitt weiter durch die Meere wie Jules Vernes *Nautilus*.
3. Die wasserdichten Abschnitte des U-Boots waren offen, als das Problem auftrat. Das U-Boot füllte sich dann so schnell mit Wasser, dass es nicht implodierte.

Craven kam zu dem Schluss, dass das U-Boot „wirklich nicht dort war, wo es nun vermutet wurde", wenn das Geräusch von der Datumsgrenze von ihm stammte: „Deshalb konnten die Sowjets es nicht finden." Johnson, der in den letzten turbulenten Monaten seiner Präsidentschaft an andere Dinge zu denken hatte, genehmigte eine Suche nach dem sowjetischen U-Boot, weil an dem Verschwinden etwas faul sein könne – wenn auch die Chance, das

U-Boot zu finden, nur gering war. Schließlich kam Craven zu dem Schluss, dass an dem Verschwinden des U-Boots mit seinen ballistischen Raketen und etwa 100 Mann an Bord in der Tat etwas faul war und dass es auf eigene Faust und gegen alle Befehle verschwunden war [vielleicht mit dem Plan, Hawaii anzugreifen]. Da die Sowjets nicht wussten, wie weit ihr Boot vom befohlenen Kurs abgekommen war, konnten sie von diesem Schurkenstück nichts ahnen – es sei denn, wir sagten es ihnen."[15] Die US-Behörden informierten den sowjetischen Präsidenten Leonid Breschnew von der Stelle des Geräuschs, und angesichts der Anzeichen, dass möglicherweise sein Militär außer Kontrolle war, musste ihm dieses Zeichen der Entspannungspolitik politisch sehr gelegen erscheinen. Später fotografierten die Amerikaner die K-129, konnten aber nur Teile heben, da das U-Boot beim Bergungsversuch zerbrach.

Ende Mai 1968, ein paar Wochen, nachdem das sowjetische U-Boot gesunken war, verschwand die *USS Scorpion,* ein Atom-U-Boot mit 99 Mann Besatzung, im Atlantik. Die *Scorpion* war in westlicher Richtung auf dem Weg nach Hause gewesen – irgendwo auf der 4500 km langen U-Boot-Route zwischen Spanien und der Ostküste Amerikas. Berichten nach war das Boot mit zwei nuklearen Torpedos bestückt. Laut einer Studie von 1989 gehören der Reaktor und die Torpedos der *Scorpion* zu den mindestens acht Kernreaktoren und gut 50 Kernwaffenköpfen, die irgendwo in den Ozeanen liegen. 43 davon gehören zu versunkenen sowjetischen U-Booten, acht entstammen amerikanischen Militäraktionen. Da die Stelle unbekannt war, an der die *Scorpion* ihre letzte Ruhe fand, startete das Militär eine weiträumige Suche.

Craven und Andrews, zu der Zeit die weltweit erfahrensten Suchexperten, stellten schnell wieder ihre Truppe von der Wasserstoffbombensuche zusammen. Zuerst ging die Jagd quer über den Atlantik. Nach einiger bürokratischer Detektivarbeit fand Craven jedoch heraus, dass ein ultrageheimer Lauschposten einer „nicht namentlich genannten Behörde" mysteriöse „Blips" aus extremer Tiefe gut 600 km südwestlich der Azoren aufgezeichnet hatte. Die Stelle der Blips lag auf der geplanten Reiseroute des U-Boots. Statt eines Rechtecks von 4500 km Länge konnte man sich nun auf eine Fläche von nur acht oder zehn Quadratkilometer beschränken. Dank Craven machte das Unternehmen einen spektakulären Sprung vorwärts.

Craven hatte von Anfang an eine umfassende Bayes'sche Jagd auf die *Scorpion* aufgezogen. Als die Wasserstoffbombe vor der spanischen Küste verloren gegangen war, stieß Craven mehr oder weniger zufällig auf Bayes in der Hoffnung, dem Unmut des Kongresses im Fall eines Misserfolgs begegnen zu können. Jetzt nahm die Navy zögernd, aber mit wachsendem Vertrauen die Methode an.

„Craven hatte von Anfang an in den wissenschaftlichen Ansatz Vertrauen, aber das war, um es mal ganz vorsichtig auszudrücken, nicht jedermanns

Sache“, sagte Richardson. Man hat Craven gern mit „zäh“ bezeichnet, und in den nächsten fünf Monaten von Juni bis Oktober 1968 verteidigte er Bayes auch zäh und standhaft gegen alle Skeptiker. Trotz des Fehlschlags bei der Bombensuche von Palomares, bei der es nicht gelungen war, die Bayes'schen Prioren mit den SEPs zu kombinieren, war Craven ganz begeistert, als Richardson vorschlug, das jetzt noch einmal zu versuchen. Ein leistungsfähiger Rechner in den Staaten würde die Wahrscheinlichkeiten der vor der Suche aufgestellten Hypothesen berechnen. Dann würden diese Prioren an Bord mit den täglichen Suchergebnissen kombiniert und vergebessert werden.

Kurz nachdem die *Scorpion* verschwunden war, wurde Richardson auf die Azoren geflogen, um die Suche nach dem U-Boot oder seinen auf der Meeresoberfläche treibenden Resten zu überwachen und die *USNS Mizar* zu besuchen, ein Forschungsschiff, das Unterwasseroperationen durchführte. Personal vom Naval Research Laboratory, dem Navy Oceanographic Office und verschiedenen Ausrüstern waren an Bord der *Mizar* und arbeiteten in 12-Stunden-Schichten rund um die Uhr. In den folgenden fünf Monaten kreuzte die *Mizar* immer wieder wochenlang in dem Suchgebiet. Sie zog dabei eine schlittenartige Plattform über den Ozeanboden, die mit einer Weitwinkelkamera, Sonar-Geräten und Magnetometern bestückt war. Der Chef-Wissenschaftler an Bord der *Mizar,* Chester L. „Buck“ Buchanan, hatte die Ausrüstung ursprünglich entworfen, um die *Thresher* zu finden und hatte sie seither erheblich verbessert. Er plädierte dafür, die Schiffe nicht abzuziehen, bevor die *Scorpion* gefunden war, und so lange wollte er sich auch nicht rasieren.

Die Sucher der *Scorpion* hatten mit mehr Ungewissheiten zu kämpfen als seinerzeit die Wasserstoffbombenjäger an der Mittelmeerküste: Das Suchgebiet war über 600 km von landgestützten Navigationssystemen entfernt, der Ozeanboden lag in über 3 000 m Tiefe, und es gab keinen Augenzeugen, der die Stelle der *Scorpion* beim Versinken angeben konnte. Die Navigationssysteme wiesen auch große Fehler und Ungewissheiten auf. Zwei Funknetze an Land, Loran und das neue globale Omega, waren zu ungenau, um nützlich sein zu können. Satellitenpeilungen standen nur unregelmäßig zur Verfügung, und Signale von Transpondern, die im Ozeanboden verankert waren, konnten oft nicht voneinander unterschieden werden.

Als Richardson an Bord der *Mizar* ankam, hatte das Schiff Befehl aus Washington, immer wieder vor „Punkt Oscar“ zu suchen. Cravens erste Analyse der akustischen Daten legte nahe, dass sich die *Scorpion* nahe Oscar befunden hatte. Mithilfe von Bayes und grafischen Darstellungen versuchte nun aber Richardson zu zeigen, dass Punkt Oscar inzwischen ausreichend oft abgesucht worden war und dass die Wahrscheinlichkeit, die *Scorpion* dort noch zu finden, äußerst gering war. Trotz seiner überzeugenden Argumentation ging die Suche bei Oscar weiter, da erst Befehle aus Washington abgewartet werden mussten, bevor man anders vorgehen konnte. Dafür war aber noch Überzeugungsarbeit nötig, die sich auf Rechnungen und eine detaillierte Karte der Wahrscheinlichkeiten stützen konnte – mit anderen Worten: einen Bayes'schen Prior.

Richardson sagte dazu später: „Bei allen Operationen, an denen ich beteiligt war, gab es starke Persönlichkeiten mit eigenen Ideen, und mit denen man streiten musste, es sei denn, jemand wie Craven brachte sie in Washington dazu, es zu schlucken. Andernfalls musste man die Leute überzeugen. Und sie mussten selbst zu dem Schluss kommen, dass es der richtige Weg war." Von Craven belagert gaben die Behörden in Washington später den Befehl, die Karte mit den Apriori-Wahrscheinlichkeiten als wichtigen Faktor in die Suche einzubeziehen.

Am 18. Juni 1968, zwei Monate nach dem Verschwinden der *Scorpion,* unterrichtete Craven Richardson und einen neuen Wagner-Angestellten, Lawrence D. „Larry" Stone, in aller Eile über alles, was er von seinen Experten wusste. Captain Andrews berichtete aus der Sicht eines U-Boot-Experten, was ein U-Boot unter den verschiedensten Umständen tun kann. Craven und Andrews arbeiteten in Washington neun Szenarien aus, die erklärten, wie die *Scorpion* möglicherweise gesunken war. Dann gewichteten sie jedes Szenario gemäß seiner Glaubwürdigkeit. Sie gingen also genau so vor, wie Craven bei der Wasserstoffbombensuche. Jedes Szenario simulierte die Bewegungen der *Scorpion* und verschiedene Ungewissheiten, etwa bezüglich des Kurses, der Geschwindigkeit und der Position in der Zeit der Blips.

Ein Szenario mit hoher Priorität stützte sich auf ein mysteriöses verbeultes Metallstück, das von der *Mizar* bei einer oberflächlichen Durchsuchung der Region vor der eigentlichen, systematischen Suche entdeckt worden war. Das Metall war so glänzend, dass es noch nicht lange auf dem Meeresboden gelegen haben konnte. Und es lag weit entfernt von dem allzu häufig abgesuchten Punkt Oscar.

Richardson und Stone brachten ihre umfangreichen Aufzeichnungen zur Zentrale von Wagner Associates, um Cravens und Andrews' Annahmen zu quantifizieren und vorab eine Apriori-Wahrscheinlichkeitskarte für die Lage des U-Boots auf dem Meeresboden zu berechnen. Zuerst legten sie ein Suchgitter um die Stelle der Blips, die Craven als die wahrscheinlichste Stelle des Verschwindens der *Scorpion* identifiziert hatte. Jede Zelle des Gitters erstreckte sich 1,6 km (1 Meile) in Nord-Süd-Richtung und 1,4 km in Ost-West-Richtung, insgesamt betrug die Suchfläche nun 360 km^2.

Auf Richardsons Vorschlag hin beschloss der Teil des Suchteams daheim in den Staaten, die Monte-Carlo-Methode zu verwenden, um die

Bewegungen des U-Boots vor und nach dem Unfall zu modellieren. Die Physiker des Manhattan-Projekts waren Vorreiter der Monte-Carlo-Methode. Sie hatten mit ihr die wahrscheinlichen Wege der Neutronen bei den Kettenreaktionen im Verlauf einer Kernwaffenexplosion verfolgt. Richardson ersetzte die Neutronen durch „kleine hypothetische U-Boote". Die Bayesianer an den Universitäten verwendeten Monte-Carlo-Methoden erst 20 Jahre später.

Mit dem Start an der Stelle, die Craven als die wahrscheinlichste ausgemacht hatte (bei den Blips), bestimmte ein Großrechner die Wahrscheinlichkeiten, mit der das U-Boot in seinem Todeskampf den Kurs geändert hatte, um noch eine Meile in diese oder jene zufällige Richtung zu fahren. Ganz nach dem Ansatz von Thomas Bayes nahm Richardson zur Vereinfachung an, dass jede dieser Richtungen gleich wahrscheinlich war. Dann wiederholte der Computer diesen Prozess, indem er von jeder neuen Stelle aus wieder neue Stellen berechnete. Führte man diesen Prozess 10 000 Mal durch, hatte man 10 000 Stellen auf dem Meeresgrund, wo das U-Boot liegen könnte.

Die Anwendung der Monte-Carlo-Methode, um Zahlen auf der Grundlage von Cravens Szenarien zu gewinnen und sie zu gewichten, stellte einen großen Fortschritt bei der Suche dar. Richardson meinte dazu: „Das Schöne an der Monte-Carlo-Methode ist, dass man ein Spiel der folgenden Art spielt: Zunächst hat man zehn verschieden wahrscheinliche Szenarien. Dann würfelt man ein Szenario aus, mit dem man arbeiten will, wobei der Würfel in diesem Spiel vom Zufallsgenerator eines Computers ersetzt wird. Als Nächstes würfelt man eine bestimmte Geschwindigkeit und eine Richtung aus. Zuletzt würfelt man noch die Zeit aus, bis das U-Boot den Boden berührt. Man hat nun also Geschwindigkeit, Richtung, Anfangspunkt und Zeit. Mit diesen Größen kann man angeben, wo das U-Boot am Meeresboden hätte aufschlagen können. Der Computer setzt dort einen Punkt. Mit all dem Würfeln erhält man Faktoren für die verschiedenen Szenarien. Hat man ausreichend Geduld, kann man das mit Papier und Bleistift ausrechnen. Wir haben 10 000 Punkte berechnet. Man hat nun also 10 000 Punkte am Meeresgrund, wo das U-Boot mit gleicher Wahrscheinlichkeit liegen könnte. Dann zeichnet man ein Gitter und zählt die Punkte in jeder Zelle. Sagen wir, 10 % der Punkte fallen in diese Zelle, 1 % in jene. Diese Prozentzahlen nimmt man dann als Wahrscheinlichkeiten für die Prioren der einzelnen Verteilungen."

Die 10 000 Punkte wurden auf einem Großrechner einer kleinen Firma in Princeton bestimmt, die geheime Daten verschlüsselte und sie in Lochstreifen stanzte. Solche Computer waren in den 1960er-Jahren nur an Land verfügbar. Auch tragbare Modems, 45-Pfund-Brocken, um sich in das Telefonnetz einzuwählen, lagen noch weit in der Zukunft.

So mühsam das heute erscheint: Die auf dem Großrechner gekaufte Rechenleistung machte die geschilderten wiederholten Rechenoperationen des Bayes'schen Verfahrens möglich. Da es damals noch keine Displays gab, druckte der Computer die Zahlen auf gewöhnliche Fernschreiber-Streifen und gab sie dann über die öffentliche Telefonleitung an Richardson und Stone in Paoli durch. Das war der einzig mögliche Weg, um die vor der Suche von Craven und Andrews in Washington gesammelten Daten in eine detaillierte Wahrscheinlichkeitskarte einbeziehen zu können.

Richardson bedauerte später, nur „lausige" 10 000 Punkte berechnet zu haben, aber seinerzeit erschien die Zahl riesig. Die heutigen Computer verfeinern die Details selbst in Gebieten mit geringen Wahrscheinlichkeiten. Als die Karte mit den 10 000 Punkten fertig war, beschrieb sie die Ausgangswahrscheinlichkeiten in 172 Zellen, die eine Fläche von 360 Quadratkilometer abdeckten. Zwei Zellen, E5 und B7, ragten wie Rockstars im Spotlight heraus. In der Simulation vor der eigentlichen Suche waren sie mit 1 250 bzw. 1 096 Punkten belegt und damit die wahrscheinlichsten Stellen, wo die *Scorpion* mit ihrer Besatzung liegen konnte. Die 18 nächsten Zellen hatten weit geringere Wahrscheinlichkeiten (zwischen 100 und 1 000 Punkten), und die meisten anderen Zellen mit weniger als 100 Punkten erschienen ziemlich irrelevant. Die Karte beruhte auf stundenlangen Gesprächen von Craven und Andrews, ihren Szenarien und ihrer Gewichtung. Anders als bei den Bombenanalysen zwei Jahre zuvor stellte die neue Karte – in erster Linie wegen der Monte-Carlo-Berechnungen der Schiffsbewegungen – wirklich einen wissenschaftlichen Fortschritt dar.

Ende Juli war die Karte fertig, und Washington gab den Befehl aus, sie als einen wichtigen Faktor in die Suche einzubeziehen. Es war nun die Zeit für Bayes'sche Updates in jeder Zelle gekommen, die mit den Effizienzdaten der Suchschiffe erfolgen sollten, wie sie die Mathematiker von Wagner Associates an Bord der *Mizar* jeden Tag registrierten. Stone und später zwei junge Studenten – Steven G. Simpson, ein Doktorand für Mathematik vom MIT und James A. Rosenberg, ein Werkstudent von der Drexel University in Philadelphia – arbeiteten in dem Gebiet, das von Cravens Szenarien 2 000 m abseits der Stelle identifiziert worden war, wo Buchanan das glänzende Metallstück gefunden hatte. Sie berechneten „per Hand" aus den abgeschätzten Eigenschaften der Kameras, Sonare und Magnetometer der Suchflotte eine Zahl, die für die Effizienz der Suche in jeder Zelle auf dem Meeresgrund stand. Diese Zahlen stellten dann schließlich die zweite Komponente in der Bayes'schen Formel dar. Jeden Morgen hatten die Studenten die wenig beneidenswerte Aufgabe, die Schiffskommandeure in taktvoller Weise über die Effizienz ihrer Suche zu beraten: „Well, Sir, Ich denke, es wäre besser, wenn Sie das tun würden statt jenes."

Aus der Praxis – Anwendungen des Bayes-Theorems: Bluterkrankheit (Hämophilie)[16]

Trägt eine gesunde Frau, deren Mann auch gesund, deren Bruder aber Bluter ist, die Gene in sich, mit denen sie die Krankheit an ihren Sohn weitergeben kann?

Dieses Fallbeispiel soll zeigen, wie hochempfindlich das Bayes-Theorem auf neue Beobachtungsdaten reagiert und in welcher Weise neue Beobachtungen die alten aufbessern. Es zeigt auch, dass bereits *eine* neue Beobachtung die Wahrscheinlichkeit einer Situation dramatisch verändern kann.

Wir beginnen mit der längst bekannten Tatsache, dass die gesunde Schwester eines Mannes, der Bluter ist, eine Chance von 50 zu 50 hat, das Blutergen zu tragen.

Zunächst zu den Symbolen: C bedeutet, dass die Mutter das Gen trägt, $\not{C}$ bedeutet das Gegenteil, nämlich dass die Mutter das Gen nicht trägt. H heißt, dass der Sohn gesund ist. P(C) ist die Apriori-Wahrscheinlichkeit, dass die Mutter Genträgerin ist. Wir wollen nun die aufgebesserte Wahrscheinlichkeit P(C|H) herausfinden.

Die Genetiker sagen uns, dass die Wahrscheinlichkeit eines gesunden Jungen bei einer Mutter mit Gen ½ beträgt, also gilt $P(H|C)=½$. Ist die Mutter nicht Genträgerin, ist der Sohn immer gesund, es gilt also $P(H|\not{C})=1$.

Mit der bekannten Familiengeschichte und aufgrund der Erkenntnisse der Genetiker sind unsere Apriori-Wahrscheinlichkeiten $P(C)=P(\not{C})=½$.

Eine neue Information liegt vor, wenn die Frau ihren ersten Sohn bekommt und er gesund ist. Mit dem Bayes-Theorem kann man nun die Wahrscheinlichkeit, dass sie Genträgerin ist, aktualisieren:

$$P(C|H) = \frac{P(C)P(H|C)}{P(C)P(C|H) = P(\not{C})P(H|\not{C})}$$

Ersetzt man die Symbole durch Zahlen erhält man:

$$P(C|H) = \frac{{}^1\!/_2 \cdot {}^1\!/_2}{{}^1\!/_2 \cdot {}^1\!/_2 + {}^1\!/_2 \cdot 1} = 1/3.$$

Die Wahrscheinlichkeit, dass die Mutter Genträgerin ist, ist von ½ auf ⅓ gefallen.

Auch ihr nächstes Kind ist ein gesunder Junge. Wenn wir nun unser Wissen über die genetische Disposition der Frau mit dieser neuen Information aufbessern wollen, müssen wir zum Glück nicht wieder die gesamte Geschichte aufrollen. Das Bayes-Theorem erlaubt uns, die zuletzt gewonnene Aposteriori-Wahrscheinlichkeit (⅓) als neue Apriori-Wahrscheinlichkeit zu verwenden und mit der neuen Information zu kombinieren, dass ein weiteres gesundes Kind geboren wurde. Die Wahrscheinlichkeit nach der ersten Geburt wird also nun der Prior für den zweiten Durchgang. Mit ⅓ als Ausgangspunkt und den eingesetzten Zahlen erhält man:

$$P(C|2H) = \frac{{}^1\!/_3 \cdot {}^1\!/_2}{{}^1\!/_3 \cdot {}^1\!/_2 + {}^2\!/_3 \cdot 1} = \frac{1}{5}$$

Bekommt die Frau noch ein drittes gesundes Kind, sinkt die Wahrscheinlichkeit, dass sie Genträgerin ist, von $1/5$ auf $1/9$.

Damit kann man allerdings nicht ganz ausschließen, dass sie *doch* Genträgerin ist. In dem Moment, in dem sie einen Sohn zur Welt bringt, der Bluter ist, steigt sofort die Wahrscheinlichkeit an, dass sie das Gen trägt und ihrem Kind weitergegeben hat: Die Wahrscheinlichkeit wird tragischerweise zur Gewissheit.

Psychologisch gesehen kann eine Suche schwierig sein. Bis das Zielobjekt gefunden ist, stellt jeder Tag einen Fehlschlag dar. Stone drückte es so aus: „Bayes sagt, je länger man sucht, ohne das Gesuchte zu finden, umso schlechter sind die Aussichten, weil die verbleibende Zeit bis zum Finden des Objekts länger und nicht kürzer wird.“[17] Aber jemand, der dem Bayes-Theorem vertraut, kann wenigstens die Fortschritte nachverfolgen. „Flächen, die man absucht, verlieren an Wahrscheinlichkeit“, erklärte Richardson, „und Flächen, die noch nicht abgesucht sind, steigen. Daher werden die Wahrscheinlichkeiten für noch nicht abgesuchte Flächen nach einem Update größer. … Ganz allgemein ist es immer optimal, dort zu suchen, wo die Wahrscheinlichkeit am größten ist. Am nächsten Tag liegt das Gebiet mit der größten Wahrscheinlichkeit woanders, am dritten Tag wieder woanders. Also muss man es immer wieder versuchen. Und wenn man keinen groben Fehler macht, wird man schließlich finden, was man gesucht hat.“

Wie bei der Jagd nach der Wasserstoffbombe erwies sich als größtes Problem, dass man die Leistungsfähigkeit der Sensoren überschätzte. Die meisten von ihnen waren nie systematisch darauf getestet worden, wie gut sie ein Metallstück links oder rechts vom Detektor anzeigen. Als Richardson dieses Problem überdachte, stellte er fest: „Man hatte also zwei Unsicherheiten. Und wenn man zum Ziel hat, einen mathematischen Ausdruck dafür zu finden, wie man seine Ressourcen optimal einsetzt, ist das ein interessanter Punkt.“

Die Navy-Kommandeure kamen und gingen während der fünf Fahrten der *Mizar* im Suchgebiet. Dabei wurde das Bayes-Theorem zum kollektiven Gedächtnis der Suche und zum koordinierenden Prinzip. Zum ersten Mal wurde das Theorem vom Anfang bis zum Ende einer langwierigen Suche eingesetzt. Leider hielt nicht jeder die mit der Monte-Carlo-Methode erstellte Prioren-Karte für ein leistungsfähiges Instrument, um die *Mizar* zu steuern. Es dauerte fast einen Monat, bis die Karte für die Updates im Operationsgebiet zur Verfügung stand. Die Kommunikationsmöglichkeiten zwischen den Schiffen und Stationen an Land waren so dürftig, dass schließlich Stone am 12. August die Karte persönlich auf die Azoren brachte. Erst im Oktober bei der vierten und fünften Fahrt des Forschungsschiffs und fünf Monate nach dem Verschwinden der *Scorpion* lag die detaillierte Priorenverteilung vor, die auf Cravens und Andrews‘ Szenarien basierte.

Die fünfte und letzte Mission der *Mizar* hatte ursprünglich den Zweck, die Sensoren zu testen, das Unterwassersuchsystem zu verfeinern und die Konturen des Meeresbodens genauer zu analysieren. Mittlerweile hatte Craven akustische Experimente durchgeführt, um die Stelle der Blips besser lokalisieren zu können. Dazu löste man an genau bekannten Stellen in geringer Tiefe Unterwasserexplosionen aus, deren Schallwellen ausgewertet wurden, um die Informationen besser interpretieren zu können, die während der letzten Momente der *Scorpion* von den Navy-Lauschposten aufgezeichnet worden waren. Jeden Tag rückte die Stelle, die aus Cravens akustischen Analysen berechnet wurde, näher an die Stelle heran, wo Buchanan das glänzende Metallstück gefunden hatte.

Ende Oktober bekam der immer ungeduldiger werdende Buchanan, inzwischen mit Vollbart, endlich die Genehmigung, das glänzende Metallstück zu untersuchen. Als der Schlitten von *Mizar* seine 74. Spur auf dem Meeresboden zog, schlug sein Magnetometer in Zelle F6 einige Male heftig aus. Als die *Mizar* am 28. Oktober in das Gebiet zurückkam, versuchte sie, die Stelle wieder zu finden. Schließlich entdeckten ihre Kameras die *Scorpion* auf dem Meeresgrund, zum Teil von Sand bedeckt. Ein schlecht funktionierender Sonar-Detektor war einige Zeit vorher genau über dem U-Boot gewesen, ohne es anzuzeigen. Bald wurde bis in die Staaten erzählt, dass Buchanan seinen Bart abrasiert hat.

Richardson war schon wieder in den USA zurück, als er den erlösenden Anruf bekam: „Sie gaben mir die Stelle verschlüsselt durch, und ich zeichnete sie ein. Zuerst dachte ich, dass sie direkt in der Mitte der Zelle mit der hohen Wahrscheinlichkeit liegen würde und war wirklich aufgeregt." Stattdessen war der Fundort 260 m entfernt und nahe dem mysteriösen Stück aus glänzendem Metall, das man schon vor der eigentlichen Suche entdeckt hatte. Das Metallstück wurde später als Teil der *Scorpion* identifiziert. Aber immerhin, scherzte Richardson reumütig, sind 260 m Distanz in einem Gebiet von 360 Quadratkilometer auf offener See „nah genug für eine Arbeit im Staatsauftrag".

Jahre später behauptete Captain Andrews, Bayes habe nur einen Tag und eine halbe Meile hinter Buchanan zurückgelegen. Wenn Buchanan an jenem Tag nicht die *Mizar* zu dem Metallstück dirigiert hätte, wäre die *Scorpion* aufgrund der Wahrscheinlichkeiten gefunden worden, die Craven vor der Suche berechnet und mit seinen späteren akustischen Experimenten aktualisiert hatte.

Am 1. November, fünf Monate nachdem die Suche begonnen hatte, brachte Rosenberg, der Werkstudent von der Drexel University, die Fotos der *Scorpion* in die Staaten. Der Suchschlitten der *Mizar* hatte mit einer Geschwindigkeit von einem Knoten (1 Seemeile pro Stunde) gut 1 026 Meilen Meeresboden nach dem Wrack abgesucht. Zieht man die Zeit ab, die mit der Untersuchung eines magnetischen Felsens in Form eines Schiffsrumpfs verschwendet wurde, hatte die tatsächliche Suche umgerechnet 43 Tage gedauert und damit zwei Tage weniger als vorhergesagt.

Präsident Johnson erhielt die Mitteilung, „der Untergang des U-Boots sei mit größter Wahrscheinlichkeit durch einen Unfall an Bord verursacht wurde".[18] Diesmal mag er sich wohl mit einer „Wahrscheinlichkeit" zufrieden gegeben haben.

Die Analyse der Geräusche der *Scorpion* legte nahe, dass sie eher in Richtung Osten unterwegs war und nicht nach Westen, als sie sank. Zwanzig Jahre später brachte Craven in Erfahrung, dass das U-Boot eventuell von einem „heißgelaufenen" Torpedo zerstört worden war. Andere U-Boote der Flotte hatten ihre fehlerhaften Torpedobatterien schon ausgetauscht, die Navy wollte aber, dass die *Scorpion* zuvor ihre Mission erfüllte. Ein von der *Scorpion* abgefeuerter defekter Torpedo hatte vielleicht sein Übungsziel verfehlt, war möglicherweise zurückgekommen und hatte das eigene U-Boot zerstört.

Das Office of Naval Research war sehr darauf bedacht, die Methoden bei der Suche nach der *Scorpion* zu dokumentieren und beauftragte Stone, das Buch *Theory of Optimal Search* zu schreiben. Es erschien 1975 und ist ein unverhüllt Bayes'sches Buch, das auch angewandte Mathematik, Statistik, Operations Research, Optimierungstheorie und Computerprogramme mit enthält. Dank billigerer und leistungsfähigerer Computer konnte die Bayes'sche Suche aus einem mathematischen und analytischen Problem in Software-Algorithmen verwandelt werden. Stones Buch wurde zum Klassiker und zu einem wichtigen Buch für das Militär, die Küstenwache, die Fischer, die Polizei, Ölsucher und andere.

Während Stone sein Buch schrieb, erklärten sich die USA bereit, Ägypten bei der Säuberung des Suez-Kanals zu helfen, in dem noch Blindgänger aus dem Yom-Kippur-Krieg mit Israel von 1973 lagen. Die Munition machte das Ausbaggern gefährlich. Mit den SEPs, die in Palomares entwickelt worden waren, konnten die Effizienz der Suchaktion und die Wahrscheinlichkeit bestimmt werden, mit der man eine vorhandene Bombe auch entdecken würde. Aber wie konnte man die Zahl der Bomben abschätzen, die noch im Kanal lagen, wenn man nicht einmal wusste, wie viele es bei Kriegsende waren? Wagner Associates wählte drei Prioren mit verschiedenen Wahrscheinlichkeitsverteilungen um eine große, mittlere und kleine Bombenzahl auszudrücken. Dann benützten sie das handliche Verfahren mit konjugierten Prioren, das Raiffa und Schlaifer 1961 beschrieben hatten, und gingen davon aus, dass jeder Prior einen Posterior hatte, der zur gleichen Klasse von Wahrscheinlichkeitsverteilungen gehörte. Das führte zu drei Verteilungen (Poisson, binomial und negativ binomial), die man leicht handhaben konnte. Dazu erhielt man die üblichen statistischen Wunschdaten wie Mittelwert und Standardabweichung. Das Berechnen war ein „Kinderspiel", wie Richardson berichteten, aber es erwies sich als unmöglich, das System den harten Burschen zu erklären, die die Munition abräumten und dabei schon ein paar Finger verloren hatten. Letzen Endes sprach dann niemand am Suez-Kanal über Bayes.

Bis zu diesem Punkt hatte man nach dem Zweiten Weltkrieg mit Bayes nur nach stationären Objekten gesucht: Bomben in einem Kanal, Wasserstoffbomben oder U-Boote auf dem Meeresgrund. Technisch gesehen waren das einfache Probleme. Aber kurz nachdem der Suez-Kanal von Blindgängern und Schrott befreit und die *Theory of Optimal Search* veröffentlicht worden war, bemühte man sich intensiv, die Bayes'schen Methoden auf bewegte Ziele anzuwenden: etwa zivile Schiffe oder Schiffsbrüchige, die durch Wind und vorhersehbare Strömung abgetrieben wurden.

Die Technik passte genau zum Problem der US-Küstenwache. Ihre Koordinatoren für die Rettung aus Seenot, wie Joseph Discenza, mussten in den späten 1960er-Jahren oft auf Telefonanrufe wie diesen antworten: „Mein Mann ist mit meinem Sohn zum Fischen rausgefahren, und die beiden sind noch nicht zurück."[19] Nachdem Discenza dann bei allen Anlaufhäfen der Region nachgefragt hatte, nahm er gewöhnlich das „Search and Rescue"-Handbuch der Küstenwache und bestimmte „per Hand" den Ort des Schiffs und seine mögliche weitere Abdrift.

Wie besessen begann Discenza, das Handbuch auf den Gebrauch von Computern umzustellen.[20] Er studierte Suchtheorie und macht seinen Master an der Naval Postgraduate School im kalifornischen Monterrey und dann noch den Doktor an der New York University. In dieser Zeit fand Discenza auch heraus, dass die Küstenwache seit dem Zweiten Weltkrieg die von Koopman entwickelte Bayes'sche Suchtheorie angewandt hatte, um U-Boote zu finden, die irgendwo in der Tiefe der Weltmeere steckten. Discenza füllte die Lücke zwischen den 1940er- und 1970er-Jahren aus, die in der allgemeinen Erinnerung klaffte. „Die Küstenwache war sehr bayesianisch. Selbst wenn sie es ‚von Hand' machten, gingen sie bayesianisch vor", bestätigte Stone. Aber vor Discenza verhielten sie sich wie früher die Versicherungsexperten: Sie benützten Bayes, ohne es zu merken.

Wagner Assoiciates tat sich mit Discenza zusammen und entwickelte für die Küstenwache ein computergestütztes Suchsystem nach Bayes'schen Prinzipien. Als natürliche Weiterentwicklung der Suche nach der Wasserstoffbombe und der *Scorpion* kombinierte es die Angaben über den ursprünglichen Ort des Schiffs und die dann folgenden Bewegungen zu einer Reihe in sich konsistenter Szenarien, die dann nach ihrer Wahrscheinlichkeit gewichtet wurden.

Die Küstenwache legte fest, dass am Abschätzen der Wahrscheinlichkeit und der Gewichte alle beteiligt sein sollten. Jeder, der zuständig war, sollte die Szenarien „privat" gewichten, bevor sie gemittelt oder im Konsens kombiniert wurden. Vor allem sollte kein Szenario ausgeschlossen werden. Stone mahnte: „Subjektive Einschätzungen auszuschließen ist wie das Wegwerfen wertvoller Informationen, weil es keinen eindeutigen oder ‚wissenschaftlichen' Weg zu ihrer Quantifizierung gibt."[21]

Was war, wenn ein Schiff in Seenot per Funk seine Position durchgab, aber von einem kleinen Flugzeug eine Stunde später über hundert Kilometer entfernt entdeckt wurde? Einer hatte sich bei der Positionsbestimmung geirrt, aber dennoch sollte keine der beiden Meldungen ignoriert werden. Beiden sollte eine relative Glaubwürdigkeit zugeordnet werden. Stones Kommentar: „Eine der Informationen zu verwerfen, würde nichts anderes heißen, als das subjektive Urteil abzugeben, das Gewicht der einen Information sei null und das der anderen eins."

Das Bayes'sche Aufbessern der Prioren und, aufgrund von Richardsons Beharrlichkeit, die Monte-Carlo-Methoden wurden 1972 in das Verfahren der Küstenwache aufgenommen – mindestens zwei Jahrzehnte, bevor die Theoretiker an den Universitäten die Methode oder den Begriff „Filter" populär machten. Mit der Monte-Carlo-Methode wird für ein verloren gegangenes Schiff eine große Zahl von Längen- und Breitengraden, Geschwindigkeiten, Zeiten und Gewichtungen abgeschätzt, woraus man dann 10 000 mögliche Fundorte erhält.

Stone benützte auch ein Bayes'sches Verfahren, das die frühe Version eines Kalman-Filters darstellte, um Daten oder Signale nach bestimmten Kriterien zu trennen und zu bündeln und um jeden möglichen Weg eines Zielobjekts anhand seiner Glaubwürdigkeit zu gewichten. In der Forschung wurde die Technik erst in den 1990er-Jahren gebräuchlich, während sie schon in den 1960ern, als die Computer noch wenig leistungsfähig waren und der Speicherplatz knapp war, den Firmen, die für das Militär und die Raumfahrt arbeiteten, viel Zeit sparte. Bevor Rudolf E. Kalman und Richard Bucy das Verfahren 1961 erfanden, musste immer wieder jede vorhandene Beobachtung beim Eintreffen einer neuen komplett neu durchgerechnet werden. Mit dem Filter konnten neue Beobachtungen hinzugefügt werden, ohne dass man alles noch einmal machen musste. Kalman stritt vehement ab, dass seine Erfindung irgendetwas mit dem Bayes-Theorem zu tun hatte, aber Masanao Aoki bewies 1967 mathematisch, dass man sie direkt aus dem Bayes-Theorem ableiten kann. Heute nennt man das Verfahren Kalman- oder Kalman-Bucy-Filter.

Nachdem nun Monte-Carlo-Methoden und Filter genutzt wurden, gewann man selbst aus eigentlich unhaltbaren und höchst unwahrscheinlichen

Bewegungen des Ziels wertvolle Informationen, die Suchern bei der Berechnung halfen, welche der verbleibenden Wege wahrscheinlicher waren. Immer wenn Daten von Sensoren, von Flugzeugen der Küstenwache, aus Wetterberichten, aus den Gezeitentafeln und von Karten der vorherrschenden Strömungen und Winde eintrafen, wurden sie in Likelihood-Funktionen umgewandelt und dann mit Prioren der Bewegungen des Zielobjekts kombiniert, um daraus dessen vermutlichen Ort neu zu berechnen. Die Daten häuften sich Schritt für Schritt, und der Filter engte die Möglichkeiten auf eine relativ kleine Zahl höchst wahrscheinlicher Wege ein.

Das System der Küstenwache arbeitete bereits, als 1974 ein Thunfischfänger vor Long Beach in Kalifornien sank. Zwei Tage später entdeckte ein Frachter durch bloßen Zufall zwölf Überlebende in einem Rettungsboot. Mit ihrer neuen Technologie rechnete die Küstenwache vom Rettungsort rückwärts die wahrscheinlichste Stelle aus, an der das Schiff versunken war. Dann rechnete sie von dort wieder mit Bayes'schen Updates und den Informationen über die Meeresströmungen in die Zukunft. Ausgerüstet mit einer Bayes'schen Wahrscheinlichkeitskarte rettete die Küstenwache am nächsten Tag noch drei weitere Männer. Eine weitere erfolgreiche Suche fand zwei Jahre später statt, nachdem ein Schiff bei der Überquerung des Pazifiks gesunken war. Fünf Seeleute trieben in zwei Rettungsflößen auf dem Ozean. Nach 22 Tagen wurden wieder per Zufall zwei Überlebende in einem der Flöße gefunden. Weitere sechs Tage später wurde mithilfe des Programms der Küstenwache ein dritter Überlebender gefunden, der 28 Tage im Meer getrieben hatte.

Mit der Bayes'schen Methode wurden Objekte gefunden, die auf dem Meeresboden lagen und Schiffe aufgespürt, die von den Strömungen und vom Wind abgetrieben worden waren. Aber wie konnte man beispielsweise eine Beute lokalisieren und verfolgen, die sich entziehen will – etwa ein sowjetisches U-Boot oder ein anderes bewegliches Ziel, das von Menschen manövriert wird? Konnte man bei der Bayes'schen Methode das menschliche Verhalten mit einbeziehen?

„Es war Kalter Krieg, und es gab da draußen U-Boote, die eine Bedrohung der USA darstellten", rief Richardson in Erinnerung. „Das waren bewegliche Ziele, warum also nichts tun im Krieg gegen die U-Boote? … Es fing in den 1970er-Jahren an und ging über zwei Jahrzehnte. Ich selbst habe viel Arbeit hineingesteckt, U-Boote im Atlantik oder Mittelmeer aufzuspüren."

Als der spätere Vizeadmiral John „Nick" Nicholson 1975 das Kommando über die amerikanische U-Boot-Flotte im Mittelmeer übernahm, beschaffte er 100 000 Dollar vom Office of Naval Research (ONR), um Richardson für ein Jahr nach Neapel zu holen. Es war für das ONR einer seiner größten Aufträge, und Berater der Navy hielten es für Geldverschwendung. Aber das Mittelmeer war voller Schiffe und U-Boote der NATO und der Sowjets, die sich gegenseitig misstrauisch beobachteten. Allein die Sowjets hatten 50 Schiffe dort eingesetzt, darunter zehn U-Boote. In den frühen 1970er-Jahren war das Mittelmeer so voller Kriegsschiffe, dass die USA mit der Sowjetunion ein Abkommen schlossen, um die Zahl der Zusammenstöße zu verringern. Als die US-Navy 1976 routinemäßig begann, die Wege der sowjetischen U-Boote im Mittelmeer zu verfolgen, dachte Nicholson, dass Richardson und Bayes hilfreich sein konnten.

Richardson fing in Neapel bei null an und hackte Geheimdienstinformationen in einen antiquierten Computer: frühere Routen von U-Booten, besondere Typen sowjetischer U-Boote, die bestimmte Routen befuhren und bestimmte Manöver ausführen konnten, Daten von Sonar-Bojen und von passiven Lauschstationen, die von Flugzeugen für den Einsatz in festen Unterwasser-Überwachungssystemen abgeworfen wurden. Anders als Koopman mit seiner rein objektiven Analyse der Funksignale und Wege von U-Booten im Zweiten Weltkrieg traf Richardson auch subjektive Einschätzungen des Verhaltens sowjetischer Offiziere. Er benützte auch die Ergebnisse aktueller Suchergebnisse in Echtzeit, etwas, was die U-Boot-Jäger im Zweiten Weltkrieg für Science-Fiction gehalten hätten. Die Daten der Geheimdienste ergänzte Richardson mit Informationen über die natürlichen Hindernisse des Operationsgebiets wie Inseln, unterseeische Gebirge und schmale Durchfahrten, was sich als überraschend hilfreich erweisen sollte.

Zur Detektivarbeit gehören definitionsgemäß Ungewissheiten und Abschätzungen, die weit von den idealen Verhältnissen entfernt sind. Die Parameter ändern sich mit neuen Daten und, wie Stones schrieb, „um alles noch schlimmer zu machen: Informationen können bemerkenswert uninformativ sein und aus einer Vielzahl von Quellen stammen.“[22] Beispielsweise konnte ein optischer Scanner zwar ein Periskop erfassen, das für zehn Sekunden weniger als einen halben Meter über der Wasseroberfläche auftauchte, aber möglicherweise dabei versagen, es als Teil eines U-Boots zu erkennen. Die Beobachter von Radarsignalen konnten auf ihren Computerbildschirmen nicht immer ein U-Boot von einem Überwasserschiff unterscheiden. Über Hunderte von Meilen waren auf dem Meeresboden Netze mit Unterwassermikrofonen eingerichtet, um niederfrequente akustische Signale von U-Booten aufzufangen, aber ihre Daten waren oft höchst mehrdeutig. So verbreiteten beispielsweise verschiedene Zielobjekte akustische Signale der gleichen oder fast der gleichen Frequenz. Auch der Ozean selbst verzerrt Geräusche: Die Schallwellen werden durch Änderungen der Wassertemperatur abgelenkt, und das Geräusch sich brechender Wellen beeinflusst das Verhältnis von Rauschen und Signal. Die Bayes'sche Gemeinschaftswährung, die Wahrscheinlichkeiten, fasste Informationen von den verschiedensten Quellen und verschiedenster Qualität zusammen. Inmitten solch vager und flüchtiger Berichte war das Bayes-Theorem aber in seinem Element.

An einem Sommertag im Jahre 1976 schlüpfte ein sowjetisches Atom-U-Boot durch die Meerenge von Gibraltar und fuhr ins Mittelmeer ein. Es gehörte zur 5600-Tonnen-Klasse „Echo-II“ und war mit Marschflugkörpern bestückt, die von dem aufgetauchten U-Boot abgefeuert werden konnten. Die amerikanische Flotte verfolgte dessen Spur bis Italien, verlor sie dort aber. Niemand konnte sagen, wann das U-Boot durch die Straße von Sizilien ins östliche Mittelmeer gelangen würde.

Nicholson hatte nicht nur U-Bote unter seinem Kommando, sondern auch vier U-Boot-Zerstörer, die Schlitten hinter sich herzogen, auf denen drahtverbundene Sonar-Detektoren installiert waren. Wenn er die Zerstörer quer über die Straße von Sizilien verteilte, bestand die Chance, das sowjetische U-Boot bei der Durchfahrt zu entdecken. Nicholson wartete nervös. „Das Warten dauerte viel viel länger als all unsere Geheimdienstleute angenommen hatten“, erinnerte sich Nicholson Jahre später. „Tony ließ sein Programm laufen und sagte immer wieder, ‚Ich denke, es gibt immer noch eine Wahrscheinlichkeit von x %, dass es noch nicht durch ist‘.“[23]

Nicholsons Vorgesetze übten Druck auf ihn aus, seine U-Boote und die Überwasserschiffe ins östliche Mittelmeer zu verlegen, um dort nach dem U-Boot zu suchen. Aber unter Druck reagierte er wie ein alter Hase. Er war der erste Offizier und Navigator des zweiten Atom-U-Boots gewesen, das unter der arktischen Eiskappe zum Nordpol gefahren war, und er hatte das erste Atom-U-Boot kommandiert, das im Winter vom Pazifik zum Nordpol getaucht war.

Richardson, der immer noch über dem alten Computer grübelte, drängte Nicholson, seine Vorgesetzten zu ignorieren und riet: „Ich glaube, wir sollten noch mindestens einen oder zwei Tage zugeben.“ Er schätzte die Wahrscheinlichkeit, dass das U-Boot noch nicht ins östliche Mittelmeer durchgeschlüpft war, mit 55 % ein. Nicholson wusste nicht, wie weit man Richardsons Methode vertrauen konnte. Sie war neu, sie schloss subjektive Einschätzungen des menschlichen Verhaltens ein, und sie war eigentlich dazu da, Echtzeit-Entscheidungen zu treffen. Andererseits füllte Richardson eine Lücke aus, die andere Geheimdienstler und Militärstrategen nicht schließen konnten. Nicholson traf eine kühne Entscheidung, die seine Karriere hätte beenden können und entschloss sich, zu warten. „Und siehe da, wir bekamen Kontakt und waren in der Lage, den Weg des Burschen durch die Straße zu verfolgen.“ Die Sechste Flotte jubelte, und Richardson beschrieb die Reaktion der obersten Militärs so: „Fast alle wurden zu gläubigen Anhängern“ der Bayes’schen Suchmethoden.

Aus der Praxis – Anwendungen des Bayes-Theorems: Bayes hilft bei der Suche

Das folgende Fallbeispiel ist etwas kompliziert, es ist aber zu interessant, um darauf zu verzichten. Es stammt von dem schon mehrmals erwähnten Henry R. „Tony" Richardson, der die Bayes'sche Suchtheorie für die US-Navy entwickelt und bei der Suche nach sowjetischen U-Booten eingesetzt hat. Richardson hatte auch schon Jahrzehnte vor den akademischen Statistikern Monte-Carlo-Methoden für die US-Küstenwache entwickelt.

Das folgende Beispiel verdeutlicht das Bayes'sche „Updaten" oder Aktualisieren anhand der Suche nach einem vermissten Fischer.
Nehmen wir an, ein Fischer kommt nach einem Tag auf See nicht nach Hause, und seine Frau meldet ihn bei der Küstenwache als vermisst. Die Küstenwache befragt die Frau und seine Freunde, um herauszufinden, wo die beliebtesten Fanggründe des Fischers liegen und was er an diesem Tag vorhatte. Das Ergebnis dieser Befragungen sind drei mögliche Suchgebiete, die das folgende Schema zeigt.

Suchgebiete

Suchgebiet 1	Suchgebiet 2	Suchgebiet 3

Mit den Informationen aus den Befragungen und weiteren für den Fall relevanten Einzelheiten ordnen die Verantwortlichen der Küstenwache jedem der Suchgebiete eine subjektive Apriori-Wahrscheinlichkeit zu:

Apriori-Wahrscheinlichkeiten für den Ort des Fischers

P(1) = 5 %	P(2) = 70 %	P(3) = 25 %

Die Möglichkeiten zur Suche nach dem Fischer sind begrenzt. Man muss also einen Plan erarbeiten. Der besagt, sich zunächst auf die beiden wahrscheinlichsten Gebiete zu beschränken, also die Gebiete 2 und 3. Die abgeschätzte Effizienz der Suche in jedem Gebiet wird mit der „Search Effectiveness Probability" (SEP), der wahrscheinlichen Effizienz ausgedrückt. Man kann sich diesen Wert als den Prozentsatz der Fläche des Suchgebiets vorstellen, die gründlich abgesucht werden kann. Die geplanten SEPs sind die folgenden:

Geplante SEPs

E(1) = 0 %	E(2) = 80 %	E(3) = 30 %

Die Wahrscheinlichkeit P_D, den Fischer zu finden, wird nach der folgenden Formel berechnet:

$$P_D = P(1)E(1)+P(2)E(2)+P(3)E(3),$$

oder in kompakterer Schreibweise:

$$P_D = \sum_{k=1}^{3} P(k) \cdot E(k)$$

Das ist die Wahrscheinlichkeit, dass sich der Fischer in dem Gebiet aufhält, multipliziert mit der bedingten Wahrscheinlichkeit, dass er auch entdeckt wird – und das Ganze über alle Gebiete aufaddiert. Mit den Daten von oben ergibt die Formel, dass der Fischer mit einer Wahrscheinlichkeit P=63,5 % gefunden wird.

Jetzt gehen wir davon aus, dass die erste Suche erfolglos war. Die Analyse zeigt, dass die wirklich erreichten SEPs wie folgt aussehen:

Tatsächliche SEPs

E(1) = 0 %	E(2) = 90 %	E(3) = 20 %

Wie man sieht, war die Suche in Gebiet 2 effizienter als geplant, die in Gebiet 3 dagegen weniger effizient.

Um die Suche fortzusetzen, muss man die Wahrscheinlichkeit des Orts des Fischers aktualisieren, indem man die Tatsache berücksichtigt, dass er bei der ersten Suche nicht gefunden wurde. Mit dem Bayes-Theorem erhält man P'(j), die aktualisierte Wahrscheinlichkeit des Orts des Fischers im Suchgebiet j (für j=1, 2 und 3) mit k=1, 2 und 3:

$$P'(j) = \frac{P(j) \times (1 - E(j))}{\sum_{k=1}^{3} P(k) \times (1 - E(k))}.$$

Nimmt man nun die Apriori-Wahrscheinlichkeiten des Orts des Fischers und die *aktuellen* SEPs, die oben angegeben sind, kann man die aktualisierten Wahrscheinlichkeiten des Orts des Fishers wie folgt berechnen:

Zuerst berechnet man den Nenner, der benutzt wird:

$$\sum_{k=1}^{3} P(k) \cdot (1 - E(k)) = (0{,}05) \cdot (1) + (0{,}70) \cdot (0{,}10) + (0{,}25) \cdot (0{,}80) = 0{,}32.$$

Dann vervollständigt man die Rechnung und erhält:

$$P'(1) = \frac{(0{,}05) \cdot (1)}{0{,}32} = 0{,}16$$

$$P'(2) = \frac{(0,70) \cdot (0,10)}{0,32} = 0,22$$

$$P'(3) = \frac{(0,25) \cdot (0,80)}{0,32} = 0,62.$$

Insgesamt erhält man nun mit den schon bekannten Apriori-Wahrscheinlichkeiten des Orts des Fischers

P(1) = 5 %	P(2) = 70 %	P(3) = 25 %

und den aktuellen SEPs

E(1) = 0 %	E(2) = 90 %	E(3) = 20 %

die aktualisierte Wahrscheinlichkeiten des Orts des Fischers:

P′(1) = 16 %	P′(2) = 22 %	P′(3) = 62 %

Wie man sieht, ist die Wahrscheinlichkeit, dass der Fischer im Gebiet 2 ist, wesentlich kleiner geworden, während die größte Wahrscheinlichkeit nun Gebiet 3 hat. Kurz: Die Suche sollte so schnell wie möglich von Gebiet 2 in Gebiet 3 verlegt werden.

Dank der Sonar-Detektoren an den Schleppdrähten war immer einer von Nicholsons Zerstörern in der Nähe, wenn das sowjetische U-Boot im östlichen Mittelmeer an die Oberfläche kam. Die Schiffe hatten Befehl, dem U-Boot nicht zu nahe zu kommen, aber, wie Nicholson sagte, „diese Jungs auf den Zerstörern sind sooo ungehorsam".

Am 28. August 1976, einem ziemlich klaren Samstagmorgen, tauchte das sowjetisches U-Boot mit seinem „Segel", einer Metallstruktur mit Periskop und Masten, mehr als einen Meter aus dem Wasser. In der Nähe wartete ein

Zerstörer Nicholsons, das 3400-Tonnen-Schiff *Voge*. Zur Überraschung aller drehte das sowjetische U-Boot auf die *Voge* zu und nahm volle Fahrt auf.

Nicholson erzählte die Geschichte später so: „Alle an Bord machten Fotos von dem Ding, das U-Boot kam mit 20 Knoten und mit dem Segel über Wasser auf uns zu, als der Kapitän unseres Schiffs aus irgendeinem Grund langsamer fuhr. Der U-Boot-Kapitän hatte offensichtlich nicht genau hingeschaut, und schon rammte das U-Boot die *Voge* voll. Wir glauben, der sowjetische Kommandeur wollte versuchen, den Draht des Sonars zu kappen, das ihn so in Wut versetzt hatte."

Das U-Boot war schwer beschädigt, und sein Kommandant wurde noch am gleichen Tag abgesetzt. Die *Voge* wurde nach Frankreich zur Reparatur geschleppt. Der Vorfall bewies den Wert von Richardsons Detektivarbeit und der von einem Schiff am Draht nachgeschleppten Sonar-Systeme. Später wurden sowjetische U-Boote mit Bayes'schen Methoden auch im Atlantik und Pazifik verfolgt, wobei aber nach dem Zusammenbruch der UdSSR 1991 die russischen U-Boot-Einsätze außerhalb der russischen Gewässer erheblich reduziert wurden.

„Der Krieg gegen die U-Boote war so ziemlich das Highlight, was die wirklich Bayes'schen Dinge betraf", überlegte Richardson. „Es war wie damals in Spanien. Ich war zehn oder fünfzehn Jahre älter, blieb die ganze Nacht auf, ließ meinen Computer laufen und unterrichtete am Morgen den Admiral. ... Das ist schon eine Art höchstes Glück, wenn überall auf der Welt Dinge passieren, die auf Deinen Ideen beruhen."

Das Militär hatte die Bayes'sche Suchtheorie nur sehr zögerlich aufgegriffen. Mittlerweile war es aber dabei zu erforschen, ob sie helfen konnte, Asteroiden zu identifizierten, die auf die Erde zurasen, und sowjetische Satelliten im Weltraum zu lokalisieren. 1979 hielt die NATO in Portugal ein Symposium ab, um die Lösung von „realen Problemen" mit Bayes'schen Methoden anzuregen.

Die meisten Teilnehmer waren Militärs, aber auch Richardson und Stone hielten Vorträge über ihre U-Boot-Jagd, während andere über „Search and Rescue", die Suche nach Schiffsbrüchigen, sprachen und die Erforschung von Ölfeldern diskutierten. Unter den zivilen Teilnehmern war Ray Hilborn, der gerade in Zoologie promoviert hatte und sich für die Rettung von Fischpopulationen in den Weltmeeren interessierte. Er war zum ersten Mal mit einfachen Bayes'schen Anwendungen in der Ost-West-Denkfabrik[24] in Berührung gekommen, die 1972–1975 von Raiffa geleitet worden war.

Hilborn war von der Tatsache überrascht, dass sich die Leute auf der NATO-Konferenz mit praktischen Problemen herumschlugen, die Entscheidungen erforderten. Sein eigener Job bestand darin, gesetzliche artenspezifische Grenzen für den Fischfang festzulegen. Als er den Vorträgen zuhörte, sagte er sich: „Mein Gott, das ist wirklich die Art und Weise, die Fragen zu stellen, die ich stellen will. Jeder, der wirklich mit der realen Welt zu tun hat, macht seine Sachen auf Bayes'sche Weise. Die Grenzen des frequentistischen Ansatzes werden erst klar, wenn Du wirklich Entscheidungen treffen musst. Du musst in der Lage sein zu fragen, ‚Was sind die alternativen Zustände der Natur?' und ‚Wie sehr glaube ich, dass sie in der Realität eintreten können?' Ein Frequentist kann diese Fragen nicht stellen, während ein Bayesianer Hypothesen vergleichen kann."[25] Es sollte fast zehn Jahre dauern, ein Fischereiproblem für Bayes zu finden, aber Hilborn war ein geduldiger Mann.

Teil V

Der Sieg des Bayes-Theorems

16
Heureka!

Als die Computerrevolution die moderne Welt mit Daten überflutete, stand das Bayes-Theorem vor einer seiner schwersten Krisen seit 250 Jahren. War diese Theorie aus dem 18. Jahrhundert, die entdeckt wurde, als statistische Fakten rar waren und das Rechnen langsam und mühsam voranging, dem Ende geweiht? Das Theorem hatte schon fünf fast tödliche Schläge überlebt: Thomas Bayes hatte es in die Schublade verbannt. Price veröffentlichte es, aber es wurde ignoriert. Laplace entwickelte eine eigene Version, bevorzugte aber später seine Frequenztheorie. Die Frequentisten belegten es quasi mit einem Bann, und das Militär hielt es geheim.

Ab 1980 tippte jeder, der Umwelt, Wirtschaft, Gesundheit, Erziehung oder Sozialwissenschaften studierte, Daten in ein Terminal ein, das mit einem Großrechner verbunden war. „Datentypist/in" wurde zu einer Berufsbezeichnung. Krankenakten etwa umfassten nun Dutzende von Messwerten und Angaben: vom Alter über das Geschlecht, die Herkunft, den Blutdruck und das Gewicht bis zu Herzinfarkten und Rauchgewohnheiten. Zur Weinstatistik gehörten chemische Analysen und Qualitätsmerkmale für jeden Winzer, jede Rebsorte und jeden Jahrgang.

Aber wer wusste schon, welche der 20 und mehr Attribute eines Patienten oder eines Weins wichtig waren? Die Forscher müssen dazu gleichzeitig mehr als eine Unbekannte analysieren, die Beziehungen zwischen den verschiedenen Größen berechnen und die Auswirkungen bestimmen, die Änderungen einer einzelnen Variablen auf die anderen haben. Fakten aus dem realen Leben sind aber nicht immer normal verteilt und bilden hübsche Glockenkurven. Und immer, wenn die Variablen differenzierter werden, tauchen neue Unbekannte auf. Die Computer haben eine Revolution bei der Analyse mehrerer Variabler in die Wege geleitet und dabei eine wahre Plage von Unbekannten ausgelöst. Man nennt das den „Fluch der vielen Dimensionen". Die Statistiker mussten sich nun fragen, ob eine Methode, die für das Werfen von ein paar Goldmünzen ideal war, an diese neue Welt angepasst werden konnte.

Die Bayesianer waren in den frühen 1980ern immer noch eine kleine, abgegrenzte Schar von um die 100 Personen. Die Bayes'schen Rechnungen dauerten ewig, deshalb mussten sich die meisten Bayesianer immer noch auf „Spielzeug"-Probleme und Trivialitäten beschränken. Die Modelle waren nicht komplex genug. Das Thema einer Tagung 1982 hieß „Praktische Bayes'sche Statistik", was eher ein Witz war. Philip Dawid vom University College London, einer von Lindleys Studenten, organisierte das Treffen, gab aber zu, dass eine „irgendwie komplexere Bayes'sche Rechnung im Wesentlichen immer noch unmöglich war. … Was immer die philosophischen Qualitäten des Bayesianismus ausmachte: Die allgemeine und berechtigte Kritik war in diesen Tagen, der Bayesianismus sei einfach nicht praktikabel."[1]

Der „Fluch der vielen Dimensionen" lastete nicht nur auf den Bayesianern, sondern auch auf den Frequentisten. Viele in der mathematischen Community diskutierten immer noch, ob man überhaupt in eine computerintensive Analyse einsteigen sollte oder nicht. Die meisten Statistiker in dieser Zeit waren Mathematiker, und viele glaubten, ihre geliebten alten Rechenmaschinen – ihre mechanischen Brunsvigas und elektrischen Facits – seien nichts anderes als die neuen elektronischen Computer. Sie versuchten die neuen Daten mit Methoden zu untersuchen, die auf die alten Rechengeräte zugeschnitten waren. Ein Statistiker rühmte sich damit, dass seine Rechenarbeit nur darin bestand, in das Universitäts-Rechenzentrum zu gehen und dort zu sagen, sie sollen „damit weitermachen".[2] Dank Pionieren wie Schlaifer und Raiffa herrschten die Bayesianer in den Wirtschaftshochschulen und in der theoretischen Wirtschaftswissenschaft, während die Statistik-Fakultäten von Frequentisten dominiert wurden, die sich auf Datensätze mit wenigen Unbekannten konzentrierten und nicht auf solche, die mit Unbekannten vollgepackt waren.

Das hatte zur Folge, dass viele Statistik-Fakultäten nur zusahen, wenn Vertreter der physikalischen und biologischen Wissenschaften Daten über Plattentektonik, Pulsare, Evolutionsbiologie, Umweltverschmutzung, Wirtschaft, Gesundheit, Erziehung und Sozialwissenschaften analysierten. Schon bald erarbeiteten sich Ingenieure, Vertreter der Ökonometrie, Computerwissenschaftler und Informationstechnologen das Prestige, das den stumpfsinnigen Statistikern zu fehlen schien. Die Kritiker rochen förmlich, dass die Statistik-Fakultäten isoliert, passiv und auf dem Rückzug begriffen waren. Die führenden Statistik-Zeitschriften galten als derart mathematisch, dass sie nur wenige lesen konnten, und sie waren derart praxisfern, dass das auch nur wenige versuchen wollten. Die jüngere Generation schien zu denken, dass die Computer mit ihren Algorithmen die Mathematik vollständig ersetzen konnten.

Es hätte ein Durchbruch für den Computer werden können, als Lindley und sein Student Adrian F. M. Smith den Bayesianern zeigten, wie man Modelle entwickeln kann, indem man komplexe wissenschaftliche Prozesse in Stufen zerlegt, die Hierarchien genannt werden. Die Methode wurde später zum Bayes'schen „Arbeitspferd", aber damals kam es zu einer glatten Bauchlandung. Die Modelle waren für viele wissenschaftliche Anwendungen zu spezialisiert und stilisiert. Es sollte noch weitere 20 Jahre dauern, bis es ein Bayes'sches Lehrbuch gab, das hierarchische Modelle erklärte. Die Mainstream-Statistiker und -Wissenschaftler glaubten einfach nicht, dass Bayes jemals praxistauglich werden konnte. Bezeichnend für diese Haltung war, dass zwar Thomas Bayes' geistliche Vorfahren im britischen *Dictionary of National Biography* verzeichnet waren, er selbst jedoch nicht.

Angesichts dieser akademischen Zweifel ist es erstaunlich, dass eine Vertragsfirma der US-Air Force Bayes heranzog, um das Risiko eines *Challenger*-Unfalls zu analysieren. Die Air Force hatte schon während des Kalten Krieges Albert Madanskys Bayes'sche Studie bei der RAND Corporation gefördert, aber die NASA misstraute immer noch subjektiven Einschätzungen der Ungewissheit. So war es nur konsequent, dass die Air Force 1983 ein Gutachten finanzierte, das die NASA-Abschätzungen der Wahrscheinlichkeit eines Shuttleabsturzes überprüfen sollte. Die Vertragsfirma, Teledyne Energy Systems, verwendete eine Bayes'sche Analyse, die auf den schon vorliegenden Erkenntnissen aus 32 bestätigten ernsthaften Problemen bei 1 902 Raketenstarts aufbaute. Mit „subjektiven Wahrscheinlichkeiten und operationellen Erfahrungen" schätzte Teledyne die Wahrscheinlichkeit des Versagens einer Raketenstufe mit 1 zu 35 ein. Die Schätzung der NASA lag zu dieser Zeit bei 1 zu 100 000. Teledyne betonte, dass ihr „vernünftiger Ansatz auf einer konservativen Fehlerabschätzung beruhe, die sich auf vorausgegangene Erfahrungen stütze und auf die Analyse der Wahrscheinlichkeiten gründe."[3] Am 28. Januar 1986 explodierte die *Challenger* auf ihrer 25. Reise und riss alle sieben Besatzungsmitglieder in den Tod.

Es ist immer noch ein Rätsel, warum Bayes vom Militär zumindest zeitweise akzeptiert wurde, während die akademischen Statistiker das Verfahren ablehnten. Waren es die militärischen Erfahrungen des Geheimdiensts im Zweiten Weltkrieg oder während des Kalten Krieges, die das Vertrauen in die Methode stärkten? Hatte das Militär keine so große Angst, Computer zu benutzen? Oder hatte es einfach den leichteren Zugang zu leistungsfähigen Rechenanlagen? Da viele Quellen, die sich mit dem Zweiten Weltkrieg und dem Kalten Krieg befassen, noch immer geheim sind, werden wir die Antwort auf diese Fragen möglicherweise nie bekommen.

In den 1980er-Jahren experimentierten einige zivile Forscher bei bislang unlösbaren Problemen aus den Bereichen Gesundheit, Soziologie, Epidemiologie und Bildwiederherstellung damit, für die Bayes'sche Methode Computer einzusetzen. Der erste Anlauf wurde durch eine Kontroverse um die Auswirkungen von Dieselabgasen auf die Luftqualität und Krebserkrankungen ausgelöst. In den 1980ern verfügten die Krebsspezialisten über gesicherte Daten über die Auswirkungen des Zigarettenrauchens auf Menschen, Versuchstiere und Zellkolonien. Es gab aber nur ungenaue Informationen, was

Dieselabgase betraf. William H. Du Mouchel von der Mathematik-Fakultät des MIT und Jeffrey E. Harris von der dortigen Wirtschafts-Fakultät und dem Massachusetts General Hospital schlossen sich 1983 zusammen, um die Frage zu bearbeiten: „Kann man Informationen aus Tierversuchen auf den Menschen übertragen, extrapolieren und daraus nützliche Schlüsse ziehen?“[4] Solche Meta-Analysen mit der Kombination der Ergebnisse mehrerer ähnlicher Versuchsreihen waren für die Frequentisten zu komplex. Du Mouchel aber war ein Schüler von Smith und dessen „hierarchischer“ Arbeit mit Lindley.[5] Harris war kein Statistiker. Ihm war es egal, welche Methode angewandt wurde, solange sie Antworten auf die Fragen gab. Die beiden übernahmen den hierarchischen Bayes-Ansatz und holten sich Informationen von Laborversuchen mit Mäusen, Zellen von Hamsterembryos und chemischen Substanzen. Sie schlossen auch die Meinung von Experten über die biologische Relevanz der Resultate aus Tierversuchen für Menschen und der Resultate bezüglich des Zigarettenrauchs verglichen mit Dieselabgasen mit ein. Mit Bayes konnten sie die Ungewissheiten bei der artenübergreifenden Kombination von Informationen formal bestimmen.

Die ersten PC-Modelle waren noch nicht sehr verbreitet. Viele der Forscher, die die neue AIDS-Epidemie erforschten, machten ihre statistischen Rechnungen immer noch von Hand und waren für mathematische Rechentricks dankbar, die für sie veröffentlicht wurden. Harris programmierte das Diesel-Projekt in APL, einer Sprache, die für die Multiplikation von Matrizen entwickelt worden war, und schickte das Programm per Fernschreiber an das MIT-Rechenzentrum. Später erstellte er mithilfe eines MIT-Fotografen für alle verständliche Poster mit den Resultaten, um die Ergebnisse der Öffentlichkeit zu präsentieren.

Dank der Maus- und Hamsterstudien konnten Du Mouchel und Harris schließen, dass das Risiko von Lungenkrebs für den durchschnittlichen Großstadtbewohner verglichen mit dem Risiko eines typischen Zigarettenrauchers mit einem Päckchen pro Tag vernachlässigbar war, selbst wenn leichte Dieselfahrzeuge im Laufe der folgenden 20 Jahre 25 % des Marktes erobern würden. Das Risiko des Zigarettenrauchers war 42 000 Mal größer. Heute sind diese Bayes'schen Meta-Analysen statistisch ein alter Hut, aber bei Du Mouchel und Harris lief den Bayesianern das Wasser im Mund zusammen, vor allem, wenn sie an riesige Datenmengen dachten – und an Computer, die so leistungsfähig waren, dass sie damit umgehen konnten.

Während die Lungenkrebsforscher Bayes entdeckten, arbeitete Adrian Raftery am Trinity College in Dublin an altbekannten Statistiken tödlicher Kohlenstaubexplosionen in britischen Gruben des 19. Jahrhunderts. Die Forschung hatte zuvor mit frequentistischen Techniken gezeigt, dass sich die Rate der Unfälle in Kohlegruben im Laufe der Zeit verändert hatte. Es schien aber, dass diese Änderung kontinuierlich erfolgte. Raftery wollte nun überprüfen, ob er wirklich graduell oder vielleicht doch abrupt vonstatten gegangen war. Zuerst entwickelte er eine schwergewichtige frequentistische Mathematik zur Analyse der Daten. Dann experimentierte er aus reiner Neugier mit dem Bayes-Theorem und verglich eine Vielzahl theoretischer Modelle, um herauszufinden, welches mit der größten Wahrscheinlichkeit angeben konnte, wann sich die Unfallraten wirklich verändert hatten. „Ich fand es ganz leicht und löste alles sehr, sehr schnell", erinnerte sich Raftery. Bei seinem Vorgehen entdeckte er ein bemerkenswertes, bisher unbekanntes Ereignis in der britischen Geschichte. Rafterys Bayes'sche Analyse zeigte, dass die Unfallraten in den späten 1880er- und frühen 1890er-Jahren ganz plötzlich zurückgegangen waren. Ein befreundeter Historiker lieferte ihm den Grund: 1889 hatten die britischen Bergleute die militante Miners' Federation gegründet, aus der später die National Union of Mine Workers hervorging. Für die Gewerkschaft war Sicherheit das Thema Nummer eins. Praktisch über Nacht wurden die Kohlegruben sicherer.

„Das war ein Moment, um Heureka zu rufen", erinnerte sich Raftery. „Es war ein richtiger Kick. Und ohne Bayes'sche Statistik wäre es weit schwieriger gewesen, diese Hypothese zu testen."[6] Statistik auf frequentistischer Grundlage funktioniert gut, wenn die eine Hypothese der Spezialfall der anderen ist und in beiden eine graduelle Entwicklung angenommen wird. Wenn aber Hypothesen konkurrieren und auch nicht als Spezialfall auseinander hervorgehen, ist der Frequentismus nicht so hilfreich, insbesondere wenn die Daten abrupte Änderungen aufweisen, wie es die Gründung einer streitbaren Gewerkschaft war.

Raftery veröffentlichte schließlich 1986 mehrere Arbeiten über die Modellierung abrupter Änderungen von Raten. Die erste war lang, frequentistisch, kompakt und wurde praktisch nicht gelesen. Die zweite, Bayes'sche, war dagegen kürzer, einfacher und hatte viel größere Auswirkungen. Rafterys dritte Arbeit von 1986 war gerade noch 1 ¼ Seiten stark und hatte auf die Soziologen gewaltigen Einfluss. Sie erschien gerade, als viele Soziologen dabei waren, die kontrovers diskutierten p-Werte der Frequentisten aufzugeben. Ein typischer Soziologe arbeitete mit Datensätzen von Tausenden von Personen, von denen jeweils Hunderte von Variablen bekannt waren – Alter, Herkunft, Religion, Klima, Familienstruktur usw. Wenn die Forscher nun die Relevanz dieser Variablen mit frequentistischen Methoden bestimmen wollten, die von Fisher und Karl Pearson für nur 50 oder 200 Personen entwickelt worden waren, gab es oft bizarre Ergebnisse. Obskure Effekte wurden plötzlich wichtig oder gingen in die entgegengesetzte Richtung oder wurden von späteren Studien widerlegt. Wenn die Frequentisten ein einziges Modell für große Datensätze auswählten, ignorierten sie die Ungewissheiten dieses Modells.

Nur wenige Sozialwissenschaftler konnten ihre Umfragen oder ihre Experimente unter genau den gleichen Bedingungen wiederholen. In den frühen 1980er-Jahren kamen viele Soziologen zu dem Schluss, dass ihre Intuition für den Test von Hypothesen genauer war als der Frequentismus.

Bayes schien andererseits Resultate zu produzieren, die der Intuition der Soziologen näherkamen. Raftery sagte seinen Kollegen: „Der Punkt ist, dass wir die Modelle miteinander *vergleichen* sollten und nicht nur auf mögliche kleine Diskrepanzen zwischen einem der Modelle und den Daten schauen sollten.“[7] Forscher wollen wirklich wissen, welches ihrer Modelle bei vorgegebenen Daten die Wirklichkeit besser wiedergibt. Mit Bayes konnten die Forscher bei vielen Prozessen plötzliche Sprünge von einem stabilen Zustand in den anderen untersuchen. Beispiele waren biologische Wachstumsphasen, die Beziehung von Handelsdefiziten und ökonomischem Verhalten, das Verlassen und Wiederbesiedeln archäologischer Stätten, Abstoßungsreaktionen und die Gesundung bei Organtransplantationen oder die Gehirnwellen bei Parkinson. Das Bayes'sche Testen von Hypothesen überschwemmte die Soziologie und Demografie, und Rafterys kurzer Aufsatz gehört immer noch zu den von den Soziologen am meisten zitierten.

Inzwischen hatte die Verarbeitung und Analyse von Bildern für das Militär, die Automation in der Industrie und die medizinische Diagnose entscheidende Bedeutung erlangt. Aus Militärflugzeugen, von Infrarotsensoren, aus Ultraschallgeräten, Photonen-Emissions-Tomografen (SPECT), Magnet-Resonanz-Tomografen (MRT), Elektronenmikroskopen und astronomischen Teleskopen kommen verschwommene, gestörte und mangelhafte Bilder. All diese Bilder müssen verarbeitet werden: Das Rauschen muss beseitigt, und die Schärfe muss verbessert werden, um sie erkennbar zu machen. Das alles waren inverse Probleme, die reif für eine Bayes'sche Analyse waren.

Der erste bekannte Ansatz zur Verarbeitung und Aufbereitung von Bildern mit Bayes bezog sich auf die Tests von Atombomben am Los Alamos National Laboratory. Bobby R. Hunt schlug das Bayes-Theorem dort vor und benützte es 1973 und 1974. Die Arbeit war geheim, aber er schrieb mit Harry C. Andrews in dieser Zeit ein Buch mit dem Titel *Digital Image Restauration* über die grundlegenden Methoden. Das Laboratorium gab die Arbeit frei und erlaubte 1976 die Veröffentlichung. Der US-Kongress beauftragte 1977 und 1978 Hunt damit, die Bilder von der Ermordung Präsident Kennedys zu analysieren. In seiner Anhörung berief sich Hunt allerdings nicht auf Bayes: „Für eine Anhörung im Kongress war das zu kompliziert“, sagte er später dazu.

Etwa gleichzeitig, als Hunt Bildanalysen für das Militär durchführte, versuchte in England Julian Besag von der University Durham mit erkrankten Tomatenpflanzen die Ausbreitung von Epidemien zu untersuchen. Bayes half ihm, lokale Regelmäßigkeiten und Beziehungen zwischen Nachbarn unter den Pflanzen festzustellen, die in einem pixelartigen Gittersystem aufgestellt wuchsen. Wenn Besag auf ein Pixel blickte, konnte er die Wahrscheinlichkeit abschätzen, mit der ein Nachbar die gleiche Farbe hatte – was ein nützliches Instrument darstellt, um Bilder zu verbessern. Aber Besag war kein eingefleischter Bayesianer, und seine Arbeiten blieben seinerzeit weitgehend unbeachtet.

Eine Forschergruppe an der Brown University mit Ulf Grenander versuchte, mathematische Modelle für die Bildgebung in der Medizin zu erstellen, indem sie den Effekt untersuchte, den ein Pixel auf einige seiner Nachbarn haben kann. Die Berechnungen bezogen leicht eine Million und mehr Unbekannte mit ein. Grenander dachte, dass die philosophischen Einwände gegen Bayes abnehmen würden, wenn es einmal in ein realistisches Problem eingebaut wäre.

Stuart Geman nahm an Grenanders Seminar über die Patterntheorie teil. Er und sein Bruder Donald versuchten, das unscharfe Foto eines Straßenschilds zu restaurieren. Die Brüder interessierten sich für die Reduktion des Rauschens und wollten Pattern, also charakteristische Muster finden, um die Linien und Kanten unscharfer Fotos zu schärfen. Stuart hatte als Hauptfach Physik und kannte Monte-Carlo-Methoden. Die Brüder entwickelten nun eine Monte-Carlo-Variante, die besonders darauf zugeschnitten war, Bildprobleme mit vielen Pixeln und Gitterpunkten zu lösen.

Donald Geman saß in Paris beim Essen und dachte darüber nach, wie sie ihr Verfahren nennen könnten. Damals war ein beliebtes Muttertagsgeschenk eine Pralinenpackung der Firma Whitman mit dem Namen „Whitman's Sampler". Ein Diagramm auf der Packung beschrieb die jeweilige Füllung der darunterliegenden Leckerbissen. Für Geman war das Diagramm eine Matrix mit unbekannten, aber verführerischen Variablen. „Lasst es uns ‚Gibbs Sampler' nennen", sagte er mit Bezug auf Josiah Willard Gibbs, den amerikanischen Physiker aus dem 19. Jahrhundert, der statistische Methoden auf physikalische Systeme angewandt hatte.[8]

Die Puzzelsteinchen fügten sich langsam zu zusammen. Aber die Gemans arbeiteten wie Besag in einer kleinen Nische, dem Gebiet der räumlichen Statistik. Und anstatt an ihrem Problem Pixel für Pixel herumzukauen, versuchten die Gemans, es als Ganzes anzugehen. Sie bearbeiteten die 64×64 Pixel eines Fotoausschnitts, erzeugten dabei aber derart viele Unbekannte, dass die damaligen Computer sie nicht verdauen konnten. Sie schrieben ihren „Sampler" in einem beeindruckend schwierigen Aufsatz nieder und veröffentlichten ihn 1984 in *IEEE Transactions on Pattern Analysis and Machine Intelligence.* Spezialisten der Bildverarbeitung, neuraler Netzwerke und Expertensysteme übernahmen die Methode sehr schnell, und sie erlangte mit der zunehmenden Leistung der Computer auch das Interesse einiger Statistiker.

Die Brüder verbrachten das folgende Jahr damit, mit einem Vortrag über die Methode um die Welt zu reisen.

Donald Geman benützte den Gibbs Sampler, um Satellitenbilder zu verbessern, Stuart für medizinische Scans. Einige Jahre später bemerkten Statistiker außerhalb der kleinen Community der räumlichen Statistik, dass allgemeiner ausgelegte Versionen sehr nützlich sein konnten. Die Flexibilität und Zuverlässigkeit des Gibbs Samplers machten ihn zum beliebtesten Monte-Carlo-Algorithmus. Später erfuhren die westlichen Wissenschaftler, dass der russische Dissident und Mathematiker Valentin Fydorovich Turchin den Gibbs Sampler schon 1971 entdeckt hatte, seine Arbeit wurde aber in russischsprachigen Zeitschriften veröffentlicht, bezog keine Computer ein – und wurde übersehen.

Um 1985 verlor der alte Streit zwischen den Bayesianern und den Frequentisten seine polarisierende Schärfe. Laut Glenn Shafer von der Rutgers University war er zu „einer sterilen, gut einstudierten Argumentiererei versteinert". Persi Diaconis machte eine ähnliche aber trotzdem überraschende Beobachtung, eine Beobachtung, die sich niemand, der mit den Schlachten zwischen den Bayesianern und Karl Pearson, Ronald Fisher und Jerzy Neyman vertraut war, hätte vorstellen können. „Es ist schön, dass unser Arbeitsgebiet so frei von Konkurrenz ist", freute sich Diaconis, „betrachtet man viele andere Gebiete, beispielsweise die Biologie, so schlitzen sich die Leute dort einfach gegenseitig auf".[9]

Es herrschte aber immer noch die Überzeugung, dass man ohne leistungsfähige und leicht zugängliche Computer und ohne eine benutzerfreundliche und preiswerte Software reale Probleme mit Bayes nicht durchrechnen konnte.

Lindley hatte seine Computer seit 1965 selbst programmiert und sah Bayes als ideal für Computer an: „Man gibt einfach die Axiome und die Daten ein und erlaubt dem Computer, den Gesetzen der Arithmetik zu folgen." Er nannte das „die Bayes'sche Kurbel drehen". Sein Student Smith erkannte aber etwas, was sein älterer Kollege nicht sah: Der Schlüssel, um Bayes für die tägliche Arbeit nützlich zu machen, war eine weitere Erleichterung der Rechnungen, nicht eine noch ausgefeiltere Theorie. Später schrieb Lindley: „Der Hauptfehler meines beruflichen Lebens war, nicht eingesehen zu haben, dass das Rechnen notwendiger war als die mathematische Analyse."[10]

Smith ignorierte die Abwehrhaltung vieler Statistik-Fachbereiche und startete eine Offensive in eine radikal neue Richtung. Smiths Freunde haben ihn als einen lebendigen, praktisch denkenden Mann mit gesundem Menschenverstand in Erinnerung, der wusste, wo's lang ging, über soziale Kompetenz verfügte und die Dinge anpackte. Er war jemand, der lieber in Shorts herumlief als im Anzug eines Gelehrten. Er war gewiss bereit, die Knochenarbeit zu leisten, die nötig war, um Bayes praktisch anwendbar zu machen. Smith lernte

Italienisch, um bei der Übersetzung und Veröffentlichung von de Finettis zweibändiger *Teoria delle Probabilità* mitzuwirken. Damit wurde zum ersten Mal de Finettis subjektivistischer Ansatz für die anglo-amerikanischen Statistiker problemlos zugänglich. Smith entwickelte auch Filter und praktische Zusatzgeräte für Computer, die die Bayes'schen Rechnungen erheblich erleichterten.

Dann initiierte Smith mit Lindley, José M. Bernardo und Morris De Groot eine Reihe internationaler Konferenzen für Bayesianer im spanischen Valencia. Diese Konferenzen werden seit 1979 regelmäßig abgehalten. Smith erwartete „die übliche Kritik von Nicht-Bayesianern als Reaktion auf alles was ich sage“. Gewiss, die Frequentisten griffen die Bayesianer wegen ihres sektiererischen Verhaltens, ihrer Treffen in abgelegenen Orten und ihrer hohnvollen Kabaretteinlagen mit Parodien und Songs über Bayes'sche Themen an. Aber natürlich haben andere Disziplinen das Gleiche gemacht. Die Konferenzen spielten eine Schlüsselrolle für den Aufbau einer kollegialen Gemeinschaft in einem kleinen Arbeitsgebiet, das unter Beschuss stand.

1984 verfasste Smith ein Manifest mit der Parole „Effiziente numerische Integrationsprozeduren sind der Schlüssel für eine größere Verbreitung der Nutzung Bayes'scher Methoden“.[11] Sobald Daten von Computern gesteuert gesammelt und gespeichert wurden, wurden Analysen von Hand unmöglich. Als Workstations auf den Markt kamen, die an schnelle Netzwerke mit der Möglichkeit einer grafischen Verarbeitung und riesigen Speichern angeschlossen waren, konnten die Analysten schließlich hoffen, so locker zu improvisieren, wie sie es mit Papier und Bleistift getan hatten. Mit seinem charakteristischen praktischen Denken ließ Smith seine Studenten an der University of Nottingham effiziente, benutzerfreundliche Software für Bayes'sche Probleme der räumlichen Statistik und der Epidemiologie zu schreiben.

Alan E. Gelfand von der University of Connecticut war fasziniert von Smiths Projekten und bat ihn, ein Sabbatjahr in Nottingham verbringen zu dürfen. Als Gelfand eintraf, schlug ihm Smith vor, zusammen etwas Neues zu starten. Gelfand erinnerte sich: „Er gab mir diesen Aufsatz von Tanner und Wong und sagte, ‚Das ist eine interessante Arbeit. Es muss noch mehr dran sein.‘“ Martin A. Tanner und Wing Hung Wong von den Universitäten von Wisconsin und Chicago waren an der Analyse räumlicher Bilder interessiert, um Genkopplungen zu identifizieren und das Gehirn mit Positronen-Emissions-Tomografen (PET) zu untersuchen. Wong hatte für die Bayesianer den Expectation-Maximization-Algorithmus (EM) überarbeitet, ein iteratives System, das von der NSA während des Zweiten Weltkrieges und in den frühen Jahren des Kalten Krieges unter Geheimhaltung entwickelt worden war. Arthur P. Dempster und sein Student Nan Laird in Harvard entdeckten EM unabhängig davon eine Generation später und publizierten den Algorithmus 1977 für den zivilen Gebrauch. Wie der Gibbs Sampler arbeitet auch der

EM-Algorithmus iterativ, um aus einer kleinen Datenmenge Schätzungen zu gewinnen, die auch auf eine Gesamtpopulation übertragen werden können.

Gelfand studierte die Arbeit von Tanner und Wong, als David Clayton von der University of Leicester, der einen nie veröffentlichten technischen Bericht über den Gibbs Sampler geschrieben hatte, vorbeikam und sagte: „Oh, ich glaube die Arbeit von Geman und Geman hat etwas damit zu tun." Als Gelfand die Arbeit der Gemans sah, waren alle Teile des Puzzles beieinander: Bayes, Gibbs Sampler, Markov-Ketten und Iterationen. Eine Markov-Kette kann aus einer Menge Glieder zusammengesetzt werden. Für jedes muss nacheinander eine Auswahl möglicher Variabler gesammelt und berechnet werden. Wer einen seltenen und wenig auffälligen Effekt untersuchen und die Seltenheit quantitativ ausdrücken will, muss jede Kette wieder und wieder durchrechnen, um eine ausreichend große Zahl zu bekommen. Die dabei auftretenden Zahlen werden gewaltig, und die Dauer und Eintönigkeit dieser Rechnungen schreckte die meisten Forscher ab.

Aber Gelfand und Smith erkannten, dass es ein wunderbares Recheninstrument für die Bayesianer ergeben würde, die schwierige Integration durch Sampling zu ersetzen. „Es ging zu den ganz grundlegenden Dingen zurück, die man im Einführungskurs für Statistik lernt", erklärte Gelfand. „Wenn man etwas über eine Verteilung oder eine Population erfahren will, nimmt man eine Stichprobe. Aber man macht das nicht direkt." Die mit Bildern und Räumen befassten Statistiker hatten aus lokalen Modellen auf das Ganze geschlossen, aber Gelfand und Smith erkannten, dass sie lange Ketten bilden sollten, Beobachtungsreihen, von denen ein oder zwei nacheinander erzeugt wurden. Gelfand erklärte es so: „Der Trick war, immer nur auf eine einfache Verteilung zu schauen und nie auf das Ganze. Der Wert einer Verteilung hängt nur vom vorausgegangenen Wert ab. Man bricht das Problem in kleine Stücke, die leicht zu lösen sind, und macht dann Millionen von Iterationen. Dadurch ersetzt man eine hoch-dimensionale Zeichnung durch eine Menge nieder-dimensionaler Zeichnungen, die leicht zu handhaben sind. Die Technologie gibt es schon. Auf diese Weise kann man den Fluch der vielen Dimensionen brechen."[12]

Smith und Gelfand schrieben ihren Artikel so schnell sie konnten. Die Elemente ihrer Methode waren schon bekannt, aber ihre umfassende Synthese war neu. Es bestand die Gefahr, dass andere darüber nachdenken und auch auf die Bedeutung der Methode stoßen könnten.

Smith zeigte im Juni 1989 auf einem Workshop in Quebec in einem Vortrag, dass MCMC (Markov-Ketten-Monte-Carlo) auf fast alle statistischen Probleme angewandt werden kann. Das war eine Offenbarung. Die Bayesianer standen unter „Schock, ausgelöst von der schieren Bandbreite an Anwendungen für diese Methode".[13] Indem man die Integration durch Markov-Ketten ersetzte, konnte man nach 250 Jahren endlich mit dem Bayes-Theorem realistische Prioren und Likelihood-Funktionen berechnen und die schwierigen Rechnungen durchführen, die für die Bestimmung der Aposteriori-Wahrscheinlichkeiten nötig waren.

Für Außenseiter ist einer der erstaunlichsten Aspekte der Geschichte von Bayes, dass Physiker und Statistiker schon seit Jahrzehnten von den Markov-Ketten wussten. Um dieses merkwürdige Missverhältnis zu erklären, muss man ein wenig zurückblicken. Monte Carlo begann 1906, als Andrei Andrejewitsch Markov, ein russischer Mathematiker, die Markov-Ketten von Variablen erfand. Die Rechnungen dauerten jedoch so lange, dass Markov selbst seine Ketten nur für die Untersuchung der Vokale und Konsonanten in einem Gedicht von Puschkin verwendete.

30 Jahre später untersuchte in der Anfangszeit der Kernphysik der italienische Physiker Enrico Fermi das Verhalten von Neutronen bei Stoßreaktionen. Fermi bekämpfte seine Schlaflosigkeit indem er nachts im Kopf Markov-Ketten berechnete, die den Weg dieser Neutronen beschrieben. Zur Überraschung seiner Kollegen konnte er am nächsten Morgen den Ausgang ihrer Experimente vorhersagen. Mit einer kleinen mechanischen Addiermaschine bildete Fermi auch Markov-Ketten zur Lösung anderer Probleme. Die Physiker nannten die Ketten „statistisches Sampling".

Fermi veröffentlichte seine Methoden nicht, und laut Jack Good blieben die Markov-Ketten auf Anordnung der Regierung während des Zweiten Weltkrieges streng geheim. Nach dem Krieg half Fermi John von Neumann und Stanislaw Ulam bei der Entwicklung der Wasserstoffbombe mithilfe des neuen ENIAC-Computers der University of Pennsylvania. Um die kritische Masse der Neutronen zu berechnen, die für die Auslösung einer thermonukleare Explosion nötig ist, simulierte Maria Goeppert-Mayer, die später den Physik-Nobelpreis erhielt, den Prozess mit Markov-Ketten. Sie folgte dabei jeweils einem Neutron und entschied an verschiedenen Stellen, wie wahrscheinlich es war, dass das Neutron absorbiert wurde, entkam, zerfiel – oder dass es zu einer Kernspaltung kam. Die Rechnungen waren für die vorhandenen IBM-Computer zu kompliziert, und viele dachten, die Aufgabe sei für Computer überhaupt unlösbar. Aber Goeppert-Mayer war der Ansicht, sie „würde die Kapazität des ENIAC nicht überfordern."[14] 1949 sprach sie auf einem Symposium für Physiker, das vom National Bureau of Standards, dem Oak Ridge National Laboratory und RAND veranstaltet wurde, um Mathematiker und Statistiker über die bisher geheimen Anwendungen zu unterrichten.

Im gleichen Jahr beschrieb Nicholas Metropolis, der den Algorithmus nach Ulams dem Glücksspiel verfallenen Onkel „Monte Carlo" genannt hatte, zusammen mit Ulam die Methode für Statistiker im angesehenen *Journal of the American Statistical Association* in einer allgemein verständlichen Sprache.

In aller Ausführlichkeit beschrieb er aber die moderne Form des Algorithmusses erst 1953 im *Journal of Chemical Physics*, das gewöhnlich nur in den Bibliotheken der Physiker und Chemiker zu finden ist. Dort befassten er und zwei Ehepaare – Arianna und Marshall Rosenbluth sowie Augusta und Edward Teller – sich mit Teilchen, die in einem Viereck herumwandern, verallgemeinerten aber die Methode nicht für andere Anwendungen. Pioniere der Monte-Carlo-Methode waren also die Physiker und Chemiker. Bei der Arbeit mit Computern, deren Arbeitsspeicher zwischen 400 und 80 000 Bytes groß war, mussten sie sich mit Datenverlusten, nicht lesbaren Magnetbändern und ausfallenden Vakuumröhren herumschlagen und ihre Programme in Assembler schreiben. Einmal dauerte es wirklich Monate, um einen kleinen Programmierfehler aufzuspüren. In den 1950er-Jahren veranstaltete RAND eine Vortragsreihe über Monte-Carlo-Techniken und setzte sie in einem extra errichteten Simulations-Labor ein, um Test auf Test von Problemen durchzuführen, die für mathematische Formeln zu komplex waren.

Während dieser schwierigen Zeit wurde den Statistikern etliche Male geraten, Monte Carlo mit oder ohne Computer zu verwenden. 1954 empfahlen zwei Statistiker, die mit dem British Atomic Energy Research Establishmentin Verbindung standen, den Lesern des *Journal of the Royal Statistical Society*, es doch mit „Monte Carlo für den armen Mann" zu versuchen und Rechnungen per Hand durchzuführen. John M. Hammersley und Keith W. Morton sagten, Monte Carlo sei so leicht wie „einfaches Stricken". Lindley beschrieb 1965 Markov-Ketten in einem Text für College-Studenten.

Ein besonders bewegender Fall war, als der Mathematiker W. Keith Hastings von der University of Toronto von Chemikern um Rat gebeten wurde, die 100 Teilchen untersuchten, die alle miteinander wechselwirkten und dabei von äußeren Kräften beeinflusst wurden. Da es in diesem Fall 600 Variablen gab, sagte Hastings, er habe sofort die Wichtigkeit der Markov-Ketten für die Mainstream-Statistik erkannt und ihnen seine ganze Zeit gewidmet: „Ich war aufgeregt, weil die zugrundeliegende Idee bis auf Metropolis zurückging. Als ich das erkannte, startete ich durch. Ich musste daran arbeiten. Ich hatte keine Wahl." 1970 veröffentlichte er in *Biometrika* eine Arbeit, in der er den Algorithmus von Nicholas Metropolis verallgemeinerte. Wieder war es so, dass die Bayesianer die Arbeit ignorierten. Heute verwenden Computer routinemäßig den Hastings-Metropolis-Algorithmus bei der Bearbeitung von Problemen, bei denen es um mehr als 500 000 Hypothesen und Tausende paralleler Probleme des Schlussfolgerns geht.

Hastings war seiner Zeit um 20 Jahre voraus. Hätte er seine Arbeit veröffentlicht, nachdem leistungsfähige Computer für alle verfügbar waren, wäre seine Karriere sicher anders verlaufen. Er erinnerte sich: „Viele Statistiker waren nicht am Rechnen interessiert. Sie besuchten diese theoretischen

Kurse, warfen theoretische Artikel auf den Markt, und einige von ihnen wollten eine exakte Antwort."[15] Der Hastings-Metropolis-Algorithmus liefert aber Abschätzungen, keine exakten Werte. Hastings verließ die Forschung und ging 1971 an die University of Victoria in British Columbia. Die Bedeutung seiner Arbeiten wurde ihm erst 1992 nach seiner Emeritierung klar.

Warum brauchten die Statistiker so lange, um zu verstehen, was in der alten Methode steckte? Und warum waren Gelfand und Smith die ersten? „Das Beste, was ich über uns sagen kann, ist dass wir irgendwie drüber gestolpert sind. Wir hatten Glück", sagt Gelfand heute. „Es war so, wie wenn man rumsitzt und auf Leute wartet, die die Stücke zusammenzufügen."

Das Timing war wichtig. Gelfand und Smith veröffentlichten ihre Synthese gerade, als billige, schnelle Desktop-Computer endlich leistungsfähig genug waren, um auch große Softwarepakete speichern zu können, mit denen man die Beziehungen zwischen verschiedenen Variablen untersuchen konnte. Bayes fing an, nach einer Theorie auszusehen, der es nach einem Computer verlangte. Die Rechnungen, die Laplace in den 1780er-Jahren irritiert hatten und die die Frequentisten mit ihren variabelarmen Datensätzen vermieden, waren das Problem – nicht die Theorie selbst.

Smith und Gelfand dachten aber immer noch, dass Monte Carlo ein letztes Mittel war, das man nur in der Verzweiflung für komplizierte Fälle heranziehen konnte. Sie schrieben ganz zurückhaltend und benützten das B-Wort auf zwölf Seiten nur fünf Mal. „Es gab immer noch Bedenken, dieses B-Wort zu verwenden, eine natürliche Verteidigungshaltung der Bayesianer, um keinen Staub aufzuwirbeln", sagte Gelfand. „Wir waren immer eine unterdrückte Minderheit und versuchten, ein wenig Anerkennung zu erhalten. Und selbst wenn *wir* dachten, *wir* seien auf dem richtigen Weg, waren wir doch nur ein kleiner Teil der statistischen Gemeinde, und unsre Reichweite in der wissenschaftlichen Gemeinde war gering."[16]

Die Arbeit von Gelfand und Smith war „eine Offenbarung in der Welt der Statistik", verkündeten die Bayesianer Christian P. Robert und George Casella. Und für den Fall, dass das jemand vergessen könnte, fügten sie hinzu: „Definition: Offenbarung, *Subst.,* ein spirituelles Ereignis, ein plötzlicher Blitz der Erkenntnis." Noch Jahre später beschrieben sie ihre Auswirkungen mit Begriffen wie „Funken", „Blitz", „Schock", „Einschlag" und „Explosion".[17]

Gelfand und Smith gaben ihre Zurückhaltung auf und schrieben sechs Monate später eine zweite Arbeit zusammen mit Susan E. Hills und Amy Racine-Poon. Diesmal unterstrichen sie ihre Mathematik überschwänglich mit Begriffen wie „überraschend", „Universalität", „Vielseitigkeit" und „trivial umgesetzt". Sie schlossen fast großspurig: „Das Potenzial der Methode ist enorm, sie macht die Analyse einer Anzahl von Problemen möglich, die bisher aus Bayes'scher Sicht unlösbar waren."[18] Luke Tierney von der Carnegie

Mellon University verknüpfte die Technik mit der Methode von Metropolis, und das ganze Verfahren, das die Physiker Monte Carlo genannt hatten, wurde nun Markov-Ketten-Monte-Carlo oder MCMC getauft. Die Kombination von Bayes und MCMC galt „als der wohl wirkungsvollste Mechanismus, der je für die Verarbeitung von Daten und Wissen entwickelt wurde".[19]

Als Gelfand und Smith Anfang 1991 einen MCMC-Workshop an der Ohio State University durchführten, waren sie erstaunt, dass fast 80 Wissenschaftler kamen. Es waren keine Statistiker, aber sie hatten Monte Carlo in der Archäologie, der Genetik, der Ökonomie und auf anderen Gebieten schon jahrelang benützt.

Die nächsten fünf Jahre vergingen wie ein aufregender Rausch. Probleme, die früher ein Albtraum waren, waren nun so leicht zu knacken wie ein Ei für das Omelett. Ein Dutzend Jahre zuvor war das Konferenzthema „Praktische Bayes'sche Statistik" ein Witz. Aber nach 1990 konnten die Bayes'schen Statistiker Datensätze der Genomik oder Klimatologie untersuchen und Modelle bauen, die weit größer waren, als es sich die Physiker jemals vorstellen konnten, als sie die ersten Markov-Ketten bildeten. Zum ersten Mal mussten die Bayesianer ihre Anwendungen nicht auf „Spielzeug"-Format reduzieren.

Im nächsten Jahrzehnt war der in der mathematischen Wissenschaft am häufigsten zitierte Artikel eine Studie über praktische Bayes'sche Anwendungen in Genetik, Sport, Ökologie, Soziologie und Psychologie von Robert Kass und Adrian Raftery.[20] Die Zahl der Publikationen, in denen MCMC vorkam, wuchs exponentiell an.

Fast augenblicklich veränderten MCMC und das Gibbs Sampling völlig die Methoden, mit denen Statistiker Probleme angingen. Es fand ein „Paradigmenwechsel" statt – um diesen Begriff von Thomas Kuhn aufzugreifen.[21] MCMC löste reale Probleme, verwendete Computeralgorithmen statt Theoremen und führte die Statistiker und Naturwissenschaftler in eine Welt, wo „exakt" gleichbedeutend mit „simuliert" war und immer wieder ablaufende Computeroperationen mathematische Gleichungen ersetzten. Es war ein Quantensprung in der Statistik.

Als Gelfand und Smith ihre Arbeit veröffentlichten, konnten die Frequentisten damit noch weit mehr anfangen als die Bayesianer. Aber in den nächsten Jahren kehrte sich das um, und die Bayesianer zogen an den Frequentisten vorbei. In der Aufregung, die folgte, zeigte der Statistiker Jun S. Lio von Stanford, der mit dem Biologen Charles E. Lawrence zusammenarbeitete, den Genomanalysten, dass Bayes und MCMC Sequenzmotive in Proteinen und der DNA finden können. Das internationale Projekt zur Entschlüsselung des menschlichen Genoms, das 1990 gestartet wurde, erbrachte eine Riesenmenge an Daten. Liu zeigte, dass schon ein paar Sekunden Rechnung auf einer Workstation, die für Bayes und das iterative MCMC-Sampling programmiert war, feine, eng verwandte Muster in Protein- und Nukleinsäure-Sequenzen finden konnten. Er und Lawrence konnten dann auf kritische fehlende Daten schließen, die Hinweise auf gemeinsame Vorfahren, Strukturen und Funktionen gaben. Schon bald wurden Genomik und Bioinformatik derart von Forschern überlaufen, dass Gelfand beschloss, anderswo nach einem neuen Forschungsprojekt Ausschau zu halten.

Zwischen 1995 und 2000 entwickelten die Bayesianer Filter wie den Kalman-Filter und Echtzeit-Anwendungen für Finanzwelt, Bildanalyse, Signalverarbeitung und Künstliche Intelligenz. Die Zahl der Teilnehmer an den Bayes-Konferenzen in Valencia vervierfachte sich in 20 Jahren. 1993 konnte sich Thomas Bayes, mehr als 200 Jahre nach seinem Tod, im *Dictionary of National Biography* zu seinen geistlichen Verwandten gesellen.

Inmitten des Rauschs in der Bayes'schen Community wegen MCMC und dem Gibbs Sampling entstand eine Software, die die Bayes'schen Ideen in die Welt der Wissenschaft und der Computer übertrug.

Es war ein glücklicher Zufall, dass in den späten 1980er-Jahren nur 130 km voneinander entfernt zwei Gruppen unabhängig voneinander verschiedene Aspekte des gleichen Problems bearbeiteten. Während Smith und Gelfand in Nottingham die Theorie von MCMC entwickelten, arbeitete Smiths Student David H. Spiegelhalter in Cambridge in der biostatistischen Abteilung des Medical Research Council. Er hatte eine ganz andere Sichtweise, was den Gebrauch von Bayes für Computersimulationen betraf. Statistiker hatten nie gedacht, Teil ihrer Arbeit könne sein, Software für andere zu entwickeln. Für Spiegelhalter, der von der Computerwissenschaft und der Künstlichen Intelligenz beeinflusst war, gehörte das zu seinem Job. Er begann 1989 mit der Entwicklung einer Software für alle, die grafische Modelle für Simulationen verwenden wollten. Wieder einmal hatte Clayton großen Einfluss. Spiegelhalter stellte sein kostenloses Programm BUGS (Bayesian Statistics Using Gibbs Sampling) 1991 zur Verfügung.

Die Popularität von Bayes machte dank BUGS einen bisher nie gesehenen Sprung. Es ist immer noch die beliebteste Software für Bayes'sche Analysen und verbreitet Bayes'sche Methoden auf der ganzen Welt.

„Es war kein besonders großes Projekt", gab Spiegelhalter zu, „es war eine erstaunlich einfache und wirkungsvolle Idee, die das Gibbs Sampling mit grafischen Methoden zusammenbrachte und zu dem Programm führte".[22] Sein einfacher Quellcode ist bis heute fast noch der gleiche wie 1991.

Ökologen, Soziologen und Geologen übernahmen sehr schnell BUGS und seine Varianten WinBUGS für Microsoft-Benutzer, LinBUGS für Linux und OpenBUGS. Aber auch die Computerwissenschaft, das maschinelle Lernen und die Künstliche Intelligenz nahmen BUGS dankbar an. Seitdem ist es für die unterschiedlichsten Probleme verwendet worden: von der Kartierung von Krankheiten über Pharmakometrie, Ökologie, Gesundheitsökonomie, Genetik, Archäologie, Psychometrie, Ingenieurswesen für Küstenbereiche, Schulleistungen, Verhaltensstudien, Ökonometrie und automatisierte Musiktranskription bis zur Modellierung von Sport, der Pflege von Fischbeständen und dem Versicherungswesen. Ein Bayesianer, der eine Meeresforschungsstation besuchte, war erstaunt, dass dort alle Wissenschaftler BUGS benützten, obwohl weit und breit kein Statistiker zu sehen war.

Medizinische Forschung und diagnostische Untersuchungen gehörten zu den ersten Nutznießern der neuen Popularität von Bayes. Gerade als der MCMC-Rausch abzuflauen schien, zeigte Peter Green von der Bristol University den Bayesianern, wie man die ausgefeilten Hypothesen vergleicht, die von den Wissenschaftlern Modelle genannt werden. Vor 1996 konnte sich jemand, der beispielsweise das Risiko eines Schlaganfalls abschätzen wollte, nur auf ein einziges Modell konzentrieren. Green zeigte, wie man von Modell zu Modell springen kann, ohne für jedes unendlich viel Zeit zu brauchen. Vorangegangene Studien hatten zehn mögliche Faktoren identifiziert, die bei einem Schlaganfall eine Rolle spielen. Green fand die vier wichtigsten heraus: den systolischen Blutdruck, die körperliche Fitness, Diabetes und die tägliche Aspirineinnahme.

Insbesondere die medizinischen Untersuchungen profitierten von der Bayes'schen Analyse. Bei vielen mussten Bilder gemacht werden, und Larry Bretthorst, der bei dem Bayes'schen Physiker Edwin T. Jaynes studiert hatte, verbesserte 1990 bei der Kernspinresonanz-Methode (Nuclear Magnetic Resonancing, NMR) die Signalstärke um mehrere Größenordnungen. Bretthorst hatte solche Bildgebungsprobleme untersucht, als er beim Army Missile Command das Erkennen von Radarsignalen verbessern sollte.

1991 forderte die Öffentlichkeit, die vor einer epidemischen Ausbreitung von AIDS Angst hatte, ein universelles Screeningverfahren für den HI-Virus. Die Biostatistiker setzten sehr schnell Bayes ein, um zu zeigen, dass das Screening der gesamten Bevölkerung bei einer derart seltenen Krankheit kontraproduktiv ist. Wesley O. Johnson und Joseph L. Gastwirth konnten zeigen, dass ein empfindlicher Test wie der für den HIV bei vielen Patienten ergeben würde, sie seien infiziert, obwohl sie es in Wirklichkeit gar nicht waren. Die Medien berichteten schon über einige Selbstmorde von Leuten, die ein positives HIV-Testresultat erhalten hatten, denen aber nicht klar war, dass sie möglicherweise den Virus gar nicht in sich trugen. Gesunden Menschen Angst einzujagen und sie dann mit ausgefeilteren Methoden noch einmal zu testen, wäre äußerst kostspielig gewesen.

Fast auf die gleiche Weise, aber weit umstrittener zeigte ein Bayes'scher Ansatz, dass ein teurer MRI-Test auf Brustkrebs zwar für die Frauen angemessen ist, in deren Familie viele Fälle von Brustkrebs vorkommen, aber nicht pauschal für alle Frauen zwischen 40 und 50. Eine Frau, die zehn Jahre lang jedes Jahr eine Mammografieanfertigen lässt, kann zu fast 100 % sicher sein, dabei einmal ein falsches positives Resultat zu bekommen. (Zur Methode, das Brustkrebsrisiko mit der Bayes-Regel durchzurechnen, siehe die Textbox.)

Aus der Praxis – Anwendungen des Bayes-Theorems: Mammografie und Brustkrebs

Eine Task-Force der US-Regierung für das Screening von Brustkrebs hat 2009 den meisten Frauen in ihren 40ern geraten, *keine* jährliche Mammografie machen zu lassen. Die Reaktionen in der Öffentlichkeit waren gewaltig und zum großen Teil entrüstet. Hier folgt eine einfache Bayes'sche Rechnung, die auf den Kern dieser Kontroverse zielt.

Eine 40 Jahre alte Frau ohne jegliche Symptome oder Fälle von Brustkrebs in der Familie lässt als Teil eines allgemeinen Gesundheitschecks eine Mammografie machen. Nach einer Woche bekommt sie einen Brief mit der Nachricht, das Testergebnis sei „auffallend". Sie muss zur Abklärung weitere Tests über sich ergehen lassen. Wie groß ist die Wahrscheinlichkeit, dass sie wirklich Brustkrebs hat?

Die erstaunliche Antwort ist: ziemlich gering!

Viele Statistikstudenten in den ersten Semestern und viele Ärzte finden das überraschend, denn Mammografien sind als halbwegs genaue Testverfahren anerkannt. Sie entdecken bei 40-jährigen Frauen ungefähr 80 % der Fälle, in denen wirklich schon Brustkrebs vorhanden ist, und diagnostizieren nur in 10 % der Fälle Brustkrebs bei gesunden Frauen.

Brustkrebs ist aber relativ selten – ein Fall für Bayes! Das Bayes-Theorem bezieht auch Hintergrundinformationen wie beispielsweise Krankheitsraten in das Apriori-Wissen, also die Prioren mit ein. Bayes hebt damit die Tatsache heraus, dass nicht jeder, der positiv getestet wird, auch krank ist (Achtung, hier steht „positiv" für einen krankhaften Befund!). Und es unterstreicht die Tatsache, dass die Wahrscheinlichkeit, Brustkrebs zu haben größer ist, wenn eine Frau einen Knoten ertastet hat, als wenn sie eine Routine-Mammografie gemacht und ein positives Ergebnis präsentiert bekommen hat.

Die Gleichung für das Bayes-Theorem lautet:

$$P(A|B) = \frac{P(A)\,P(B|A)}{P(B)}$$

Dabei sind A die Hypothese und B die Daten. Für unser Beispiel gilt:

$$\left(\begin{array}{l}\text{Wahrscheinli-}\\ \text{chkeit von}\\ \text{Brustkrebs bei}\\ \text{einer positiven}\\ \text{Mammografie}\end{array}\right) = \left(\begin{array}{l}\text{Wahrscheinlichkeit}\\ \text{einer positiven}\\ \text{Mammografie bei}\\ \text{vorhandenem}\\ \text{Brustkrebs}\end{array}\right) \times \frac{\left(\begin{array}{l}\text{Wahrscheinlichkeit,}\\ \text{Brustkrebs zu haben}\end{array}\right)}{\left(\begin{array}{l}\text{Wahrscheinlichkeit,}\\ \text{eine positive Mam-}\\ \text{mografie zu erhalten}\end{array}\right)}.$$

Wenn wir diese Formel anwenden wollen, brauchen wir für ihre rechte Seite drei Informationen:

(1) Die Wahrscheinlichkeit, Brustkrebs zu haben: Das ist unser Apriori-Wissen über den Hintergrund, nämlich die Brustkrebsrate bei Frauen in den 40ern in dem Moment, in dem sie die Mammografie machen lassen. Nach *Cancer* und *JAMA* beträgt sie etwa 0,4 %. Das heißt, dass von 10 000 Frauen in ihren 40ern, die Mammografien machen lassen, ungefähr 40 wirklich Brustkrebs haben. Der Zahlenwert ist also 40/10 000.

(2) Die Wahrscheinlichkeit einer positiven Mammografie bei vorhandenem Brustkrebs: Nach Angaben des National Cancer Institute und den Ergebnissen der Mammografie erhalten ungefähr 32 der 40 Frauen, die Brustkrebs haben, ein positives Resultat. Der Zahlenwert ist 32/40.

(3) Die Wahrscheinlichkeit, eine positive Mammografie zu erhalten: Die Gesamtzahl der Frauen, die positive Resultate erhalten – unabhängig davon, ob sie Brustkrebs haben oder nicht – schließt auch Frauen ein, die informiert wurden, eine positive („auffallende") Mammografie erhalten zu haben, aber gesund sind. Diese Fälle werden „falsch-positiv" Getestete genannt. Bei der Mammografie ist diese Rate ziemlich hoch, sie beträgt laut *New England Journal of Medicine* ungefähr 10 %. Von den 10 000 Frauen in den 40ern bekommen 996 gesunde Frauen einen Brief mit der Mitteilung eines „auffallenden" Tests. Um Brustkrebs auszuschließen, müssen diese Frauen eine weitere Mammografie und Ultraschalluntersuchungen machen, eine Biopsie durchführen und Gewebeprobe nehmen lassen. Zu dieser Zahl müssen die 32 Brustkrebskranken unter den 10 000 addiert werden, die ein positives Testergebnis erhalten. Die Gesamtzahl ist also 1 028/10 000 oder etwas mehr als 10 % der untersuchten Frauen.

Nun setzt man die Zahlen in die Formel ein:

$$\frac{P(A)P(B|A)}{P(B)} = \frac{\left(\frac{40}{10\,000}\right) \times \left(\frac{32}{40}\right)}{\left(\frac{1028}{10\,000}\right)}$$

Man erhält als Ergebnis für die Wahrscheinlichkeit von Brustkrebs bei einer positiven Mammografie 0,03 oder 3 %. In 97 von 100 Fällen ist die getestete Frau gesund, obwohl sie die Information über eine „auffallende" Mammografie erhalten hat.

Keine dieser Zahlen liegt für ewig fest. Immer wenn neue Forschungsdaten verfügbar sind, sollte das Bayes-Theorem neu durchgerechnet werden.

Wie Bayes zeigt, versetzt das Screening bezüglich einer Krankheit, die nicht mehr als 0,4 % der fraglichen Personengruppe (hier: Frauen in den 40ern) haben, viele an sich Gesunde in unnötige Ängste und führt zu zusätzlichen Tests und Behandlungen, die möglicherweise ihre eigenen medizinische Probleme mit sich bringen. Dazu kommt, dass man das Geld, das für ein allgemeines Screening aufgewandt wird, besser für sinnvollere Projekte einsetzen könnte. Bayes macht somit deutlich, wie wichtig es ist, bessere Screeningtechniken zu entwickeln, um zum einen die Zahl der „falsch-positiv" Getesteten zu verringern, und zum anderen, um die 20 % der Fälle zu vermeiden, in denen an Brustkrebs erkrankte Frauen negativ getestet werden!

Im Fall von Prostatakrebs ist der Test auf hohe Werte des prostata-spezifischen Antigens (PSA) als Indikator einer Erkrankung zwar sehr präzise, weil aber die Krankheit so selten ist, hat trotzdem fast jeder, der ein positives Resultat bekommt, keinen Krebs.

Andererseits zeigt Bayes aber, dass auch Menschen, deren Tests auf Brustkrebs oder Prostatakrebs negativ waren, nicht sicher sein konnten, *keinen* Krebs zu haben. Der Test auf PSA ist eben nicht zu 100 % genau, sodass eine gute Nachricht dem Mann keine Sicherheit bietet, gesund zu sein. Das Gleiche gilt etwas weniger stark bei der Mammografie: Ihre Empfindlichkeit beträgt 85 bis 90 %, das heißt, dass eine Frau, die ein paar Monate nach der negativen Mammografieeinen Knoten findet, trotzdem sofort den Arzt aufsuchen muss. Ein strenger Bayesianer teilt Patienten nur Wahrscheinlichkeiten für Krebs mit, aber kein kategorisches Ja oder Nein.

Weil in der Genetik extrem seltene Krankheiten betrachtet werden und die entsprechenden Tests nicht perfekt sind und bei komplizierten Problemen schon die kleinsten Daten- oder Rechenfehler die Ergebnisse beeinflussen, werden Bayes'sche Wahrscheinlichkeiten bei diagnostischen Untersuchungen immer wichtiger.

Spiegelhalter verbrachte mehr als zehn Jahre damit, BUGS an die Mediziner als den mathematischen Weg zu verkaufen, aus der Erfahrung zu lernen. Er argumentierte, dass „Fortschritte in der medizinischen Versorgung eher aus kleinen Fortschritten des Wissens als auf großen Durchbrüchen mit Paradigmenwechseln resultieren. Daher ist dieser Bereich besonders geeignet für die Bayes'sche Perspektive". Statistische Standardmethoden dienen dazu, die Erkenntnisse von einzelnen Studien zusammenzufassen oder mit den Erkenntnissen ähnlicher Studien zu vereinen. Ein Problem dabei ist aber die Komplexität, die dadurch entsteht, dass die Quellen der Erkenntnisse oft so unterschiedlich sind."[23] Während die Frequentisten nur bestimmte Fragen stellen können, kann ein Bayesianer jede Frage formulieren.

Mit der Einführung von sehr leistungsfähigen Workstations in den 1980er-Jahren wurde es möglich, mit Bayes'schen Netzwerken die vielen voneinander abhängigen Variablen in der Medizin zu verarbeiten. So wird ein Patient mit erhöhter Temperatur in der Regel auch vermehrt weiße Blutkörperchen haben. Bayes'sche Netzwerke sind grafische Darstellungen mit Knoten und Linien, die Zusammenhänge von Ursache und Wirkung veranschaulichen. Die „Netze" suchen nach bestimmten Mustern, weisen bestimmten Teilen der Muster Wahrscheinlichkeiten zu und aktualisieren diese Wahrscheinlichkeiten mit dem Bayes-Theorem. Zur Entwicklung der Bayes'schen Netzwerke, die 1988 in einem Buch von Judea Pearl, einem Computerwissenschaftler an der UCLA, bekannt gemacht wurden, haben eine ganze Reihe von Forschern beigetragen. Indem Pearl Ursache und Wirkung als quantifizierbare Bayes'sche Annahmen behandelte, trug er mit dazu bei, das Feld der Künstlichen Intelligenz wieder neu zu beleben.

Ron Howard, der sich während seiner Zeit in Harvard zum ersten Mal für Bayes interessierte, arbeitete am Department für Ökonomisches Ingenieurwesen in Stanford an Bayes'schen Netzen. Der Medizinstudent David E. Heckerman zeigte auch Interesse und schrieb für seine Dissertation ein Programm, das Pathologen helfen sollte, Lymphknotenerkrankungen zu diagnostizieren. Man hatte schon Jahrzehnte zuvor versucht, computergestützte Diagnosen durchzuführen, die Idee aber wieder aufgegeben. In Heckermans Doktorarbeit in Bioinformatik ging es zwar um Medizin, trotzdem erhielt seine Software 1990 einen angesehenen Preis von der Association for Computing Machinery, der Berufsorganisation für das Computerwesen. Zwei Jahre später ging Heckerman zu Microsoft, um dort an Bayes'schen Netzwerken zu arbeiten.

Die Federal Drug Administration (FDA) erlaubt den Herstellern medizinischer Geräte, Bayes bei ihren Anträgen auf Zulassung durch die FDA zu benützen. Zu den „Geräten" zählen fast alle medizinischen Dinge außer Medikamente und biologische Produkte, also Latexhandschuhe, Intraokularlinsen, Brustimplantate, Thermometer und Erste-Hilfe-Kästen für zuhause sowie künstliche Hüftgelenke und Herzen. Da sie gewöhnlich lokal verwendet und Schritt für Schritt verbessert werden, sollten bei neuen Modellen Apriori-Informationen einbezogen werden.

Bei Medikamenten ist es anders. Im Gegensatz zum medizinischen Zubehör und zu medizinischen Geräten sind Medikamente gewöhnlich Entdeckungen und nicht das Ergebnis einer Entwicklung in kleinen Schritten. Daher kann die Pharmaindustrie im Prinzip die Bayes'schen Apriori-Annahmen subjektiv einfärben. Die FDA widersteht daher seit Langem dem Druck, den Pharmafirmen ausüben, die Bayes im Rahmen des amerikanischen Zulassungsverfahrens für ein Medikament verwenden wollen.

Laut Spiegelhalter sind die gleichen Kämpfe in England jedoch abgeflaut. Die dortige Pharmaindustrie benützt BUGS extensiv, wenn sie ihre Produkte für die Bezahlung durch den English National Health Service anerkennen lassen will. Der Prozess ist nach Spiegelhalters Worten „sehr bayesianisch, ohne dass das B-Wort benutzt wird", denn er benutzt wertende Prioren bezüglich des Kosten-Nutzen-Faktors des Produkts. Auch internationale Richtlinien erlauben Bayes'sche Gesuche zur Zulassung von Medikamenten, aber diese Richtlinien werden weitgehend als zu vage angesehen, um effizient sein zu können.

Jenseits der Diagnostik und des Testens von medizinischem Zubehör hatten die Bayes'schen mathematischen Prozeduren wenig Einfluss auf die klinische Grundlagenforschung und Praxis. Die Ärzte haben immer schon eine intuitive, ganz unmathematische Form von Bayes angewandt, wenn sie ihre Diagnosen stellten. Die größte Unbekannte in der Medizin ist am Ende doch, was die

Symptome des Patienten verursacht. Die traditionellen Lehrbücher sind aber nach Krankheiten geordnet. Sie sagen, dass jemand mit Masern wahrscheinlich rote Flecken hat. Hat der Arzt aber einen Patienten mit roten Flecken vor sich, stellt sich ihm die umgekehrte Frage: „Mit welcher Wahrscheinlichkeit hat der Patient mit den roten Flecken Masern?" Einfache Bayes'sche Probleme der Art „Mit welcher Wahrscheinlichkeit kann ein Belastungskardiogramm eine Herzkrankheit vorhersagen?" tauchten ab 1992 in den Prüfungsfragen der angehenden Mediziner auf.

Nur in wenigen Fällen führen Ärzte wenigstens grobe Bayes'sche Rechnungen durch. Ein Beispiel ist, wenn der Patient Symptome hat, die sowohl auf einen lebensbedrohenden Herzinfarkt hinweisen wie auch auf eine tief liegende Venenthrombose oder eine Lungenembolie. Um die Gefahren abschätzen zu können, gibt der Arzt jedem der Risikofaktoren des Patienten Punkte und zählt sie dann zusammen. Der Herzinfarkt-Algorithmus berechnet dann die Wahrscheinlichkeit, dass der Patient in den nächsten zwei Wochen stirbt, einen Herzinfarkt hat oder einen Eingriff benötigt, bei dem seine Herzkranzgefäße geweitet werden. Die Punkte für Thrombose und Embolie sagen, ob der Patient ein geringes, mittleres oder hohes Risiko für die Bildung eines Blutgerinnsels hat und welche Untersuchung am besten eine Diagnose liefern könnte. Es wird vermutlich bald Software auf den Markt kommen, die Ärzten und Patienten automatisch mitteilt, welche Folgerungen aus bestimmten Testergebnissen für die Diagnose gezogen werden sollten.

Abgesehen von der Medizin waren gefährdete Bestände von Fischen, Walen und anderen Säugetieren unter den ersten, die von dem neuen rechnerischen Potenzial der Bayes'schen Analyse profitierten. Trotz des US-Marine Mammal Protection Act von 1972 wurden nur einige durch die Medien bekannt gewordene Wale, Delfine und andere Meeressäuger geschützt. Einige ausgebeutete Bestände, wozu auch etliche Walarten in der Antarktis gehörten, verschwanden, während sie „betreut" wurden. Hatten die Bayesianer und die Frequentisten ausreichende aussagekräftige Informationen über eine Art, kamen sie zu den gleichen Ergebnissen und konnten für die gleichen Entscheidungen plädieren. Waren aber die Informationen rar, wie es bei Meeressäugern oft der Fall war, konnte nur Bayes die Ungewissheiten in den verfügbaren Daten berücksichtigen und klar zeigen, ob noch mehr Daten erforderlich waren.

Die meisten Walbestände erholten sich in den 1980er-Jahren, aber 1993 schrieben zwei bei der Regierung arbeitende Biologen, Barbara L. Taylor und Timothy Gerrodette: „Zumindest ein Teil der Schuld an der spektakulären Überfischung der großen Wale tragen die Wissenschaftler, die unfähig waren, einen klaren Weg zu finden, mit der statistischen Ungewissheiten umzugehen. … Unter bestimmten Umständen kann ein Bestand verschwinden, ohne dass zuvor eine deutliche Abnahme registriert wird."[24] Unter Bill Clinton wurde der Wildlife Protection Act abgeändert, sodass nun auch Bayes'sche Analysen durchgeführt werden, um die Umweltschützer frühzeitig zu alarmieren, dass mehr Daten nötig sind.

Wissenschaftler, die die internationale Walkommission beraten, waren über die Unsicherheit ihrer Zählungen besonders besorgt. Jedes Jahr legt die Kommission die Zahl der gefährdeten Grönlandwale fest, die von den Eskimos im arktischen Meer gejagt werden dürfen. Um das langfristige Überleben der Grönlandwale sicherzustellen, berechnen die Wissenschaftler jedes Jahr zwei Zahlen: die Zahl der Grönlandwale und ihre Zuwachsrate. Die Wale, die vielleicht die ältesten Säugetiere auf der Erde sind, können bis zu 20 m lang werden und mehr als 60 Tonnen wiegen. Sie fressen täglich zwei Tonnen und verbringen nur 5 % ihrer Zeit an der Meeresoberfläche, da sie bis zu 30 min tauchen können. Sie benützen ihre gewaltigen Köpfe, um durch das Eis zu stoßen, wenn sie zum Luftschnappen an die Oberfläche müssen. Im Frühjahr standen Wissenschaftlerteams auf Anhöhen, um die Grönlandwale zu beobachten, die bei ihrer jährlichen Wanderung in die westliche Arktis den Point Barrow in Alaska umschwimmen. Diese Zählung war mit Ungewissheiten überladen.

Die Wissenschaftler, deren Einstellungen und Interessen ein breites Spektrum umfassten – von Greenpeace bis zu den Walfangnationen – sorgten sich, dass das Fehlen vertrauenswürdiger Daten über die Grönlandwale ein zu hohes Risiko für die Bestände darstellen könnte. Während einer wochenlangen Konferenz, bei der das Problem 1991 diskutiert wurde, fragte der Vorsitzende: „Was können wir tun?"[25] Es herrschte große Stille. Die Wissenschaftler waren die weltbesten Experten für Grönlandwale – aber keiner von ihnen konnte die Frage beantworten.

Als Judith Zeh, die Vorsitzende des Ausschusses, zum Statistik-Department der University of Washington in Seattle zurückkam, sprach sie mit Raftery, der kurz zuvor aus Dublin gekommen war. Es war wenig überraschend, dass Raftery nach seinen Erfahrungen bei der Analyse der Grubenunglücke dachte, hier könne Bayes helfen. Der Ausschuss nutzte die Gelegenheit und konnte nun die Unsicherheiten all seiner Daten angeben und die Daten von der Sichtung von Walen mit den Aufzeichnungen der Walgesänge unter Wasser aufstocken, die von Unterwasser-Mikrofonen aufgezeichnet worden waren.

Glücklicherweise war das Frühjahr 1993 eine gute Zeit für die Zählung der Grönlandwale, und die Sichtungen zeigten zusammen mit den Tonaufzeichnungen, dass die Zahl der Wale so gut wie sicher in einem gesunden Maß zunahm. Die Erholung der Bestände des Grönlandwals zeigte, dass auch der Schutz anderer großer Wale gegen das kommerzielle Abschlachten helfen könnte, die Bestände zu sichern.

Das ganze Verfahren, in dem die konkurrierenden Methoden der Bayesianer und Frequentisten ebenso eine Rolle spielten wie die stark gegensätzlichen

Vorstellungen der an Walen interessierten Gruppierungen, verlief oft ziemlich kontrovers. Aber die Zeiten hatten sich geändert. Es herrschte Pragmatismus. Umfassende Bayes'sche Analysen mit der Kombination von optischen und akustischen Daten waren teuer. Sie wurden daher eingestellt, auch weil sie die früheren Ergebnisse der Frequentisten bestätigten. Raftery ging nun dazu über, Bayes für eine 48-stündige Wettervorhersage zu verwenden.

Stattdessen übernahmen andere Wildtierforscher die Bayes'sche Flagge. Als sich Paul R. Wade 1988 dafür entschied, Bayes für seine Dissertation zu verwenden, sagte er: „Ich war zwar weit vom Schuss in diesem kleinen Gebiet der Meeressäugerbiologie, aber ich hatte das Gefühl, im Zentrum einer Revolution in den Wissenschaften zu sein." Zehn Jahre später verglich er in der National Oceanic and Atmospheric Administration (NOAA) frequentistische und Bayes'sche Analysen einer kleinen isolierten Population von 200 bis 300 Belugawalen in den arktischen und subarktischen Gewässern um Cook Inlet, einer Bucht in Alaska. Einheimische Fänger durften pro Jahr 87 Belugas erlegen. Mit frequentistischen Methoden hätte man etwa sieben Jahre lang Daten erheben müssen, um beurteilen zu können, ob diese Fangquote hinnehmbar war. Bayes zeigte schon nach fünf Jahren ziemlich deutlich, dass der Bestand an Belugawalen erheblich abnahm. Man konnte also die Untersuchungen einstellen. „Bei einem derart kleinen Bestand kann schon eine Verspätung von zwei Jahren entscheidend sein", sagte Wade.[26] Im Mai 1999 wurde ein Fang-Moratorium für die Belugas von Cook Inlet erlassen.

Unterdessen hat ein Ausschuss des National Research Council der National Academy of Sciences nachdrücklich empfohlen, Bayes'sche Methoden offensiv zu nutzen, um auch die Bestände an Seefisch abzuschätzen. Mitglieder des Ausschusses betonten 1998, dass die Manager der Bestände wild lebender Tiere eine realistische Bestimmung der Ungewissheiten in ihren Beobachtungen und Modellen brauchen, weil die Meere riesig groß und undurchsichtig sind. Anderenfalls können die Politiker die potenziellen Risiken für die Wildtiere nicht abschätzen. Heute fordern selbst viele Zeitschriften für Fischfang Bayes'sche Analysen.

Lindley hatte vorhergesagt, das 21. Jahrhundert werde eine Bayes'sche Zeit sein, weil die überlegene Logik des Bayes-Theorems die frequentistischen Methoden wegfegen werde. David Blackwell von Berkeley war nicht dieser Meinung: „Wenn der Bayes'sche Ansatz in der Welt der Statistik zunimmt, so ist das nicht dem Einfluss anderer Statistiker zu verdanken, sondern den Versicherungsleuten, Ingenieuren, Leuten aus der Wirtschaft und anderen, die den Bayes'schen Ansatz lieben und ihn benützen."[27] Es erwies sich, dass Blackwell recht hatte: Pragmatismus kann zu einem Paradigmenwechsel führen. Die Philosophie der Wissenschaft änderte sich nicht. Neu war, dass Bayes endlich funktionierte.

Diaconis hatte sich viele Jahre gefragt: „Wann kommt unsere Zeit?" 1997 stellte er fest: „Unsere Zeit ist gekommen."[28]

Smith wurde 1995 der erste Bayes'sche Präsident der Royal Statistical Society. Drei Jahre später verblüffte er seine Freunde, als er die Statistik aufgab und Rektor des Queen Mary College der London University wurde. Als Befürworter einer auf Beweise gegründeten Medizin wollte er dazu beitragen, dass sich auch die öffentliche Politik mehr auf Beweise stützte. Bestürzte Kollegen schalten ihn dafür, dass er sich damit von dem Bayes-Theorem abwandte. Aber Smith sagte Lindley, dass alle Probleme der Statistik gelöst seien, man habe das Denkmuster und wisse, wie es mit MCMC realisiert werden kann. Gegenüber Diaconis äußerte er, dass es bezüglich statistischer Probleme nichts mehr zu tun gebe, als sie in den Computer zu stecken und die Bayes'sche Kurbel zu drehen.

2008 wurde Smith Generaldirektor für Wissenschaft und Forschung im britischen Ministerium für Wissenschaft, Innovation und Berufsbildung, und ein Sprecher der Royal Society gab preis, dass unter den britischen Premierministern drei Statistiker gewesen sind.[29]

17
Bayes und die babylonische Sprachverwirrung

250 Jahre nachdem Bayes und Laplace einen Weg gefunden hatten, mathematische Überlegungen auch über höchst ungewisse Situationen anzustellen, hatte ihre Methode Flügel bekommen und drang nun in die Wissenschaft und ins Internet ein, grub sich durch unser Alltagsleben, löste Sprachbarrieren auf und kann vielleicht irgendwann sogar die Funktion unseres Gehirns erklären. Die Tage sind vorbei, in denen ein paar von dieser Idee Getriebene die Akten von Waisenhäusern oder verschlüsselte Funksprüche nach Daten durchforsteten und ganze Scharen von Frauen und Studenten einsetzten, um sie mühsamen Rechnungen durchführen zu lassen. Heute erfreuen sich die Bayesianer riesiger Archive mit Internetdaten. Sie verfügen über Software von der Stange, über Werkzeuge wie MCMC und eine Computerleistung, die fast umsonst zu haben ist.

Der Kampf zwischen den Bayes'schen und frequentistischen Kriegern hat sich abgekühlt. Der Bayesianismus als ein alles umfassender Rahmen wurde durch nützliche Anwendungen und Rechenprogramme ersetzt. Die Computerwissenschaftler, die sich der bayesianischen Gemeinde angeschlossen haben, interessieren sich für Ergebnisse und nicht für Theorie oder Philosophie. Und selbst die Theoretiker, die einst darauf bestanden haben, strikt an fundamentalen Prinzipien festzuhalten, akzeptieren nun John Tukeys schon einmal zitierte Ansicht aus den 1950er-Jahren: „Es ist weit besser, eine ungefähre Antwort auf die richtige Frage zu haben, als … eine exakte Antwort auf die falsche Frage." Die Forscher wählen den Ansatz, der am besten zu ihren Bedürfnissen passt.[1]

In dieser ökumenisch-friedlichen Atmosphäre beendeten zwei langjährige Gegner – das Bayes-Theorem und Fishers Likelihood-Ansatz – ihren Kalten Krieg und unterstützten in einer großartigen Synthese eine Revolution bei der Bildung von Modellen. Viele der neueren praktischen Anwendungen statistischer Methoden sind das Ergebnis dieses Waffenstillstands.

Auch als ein Füllhorn rechnerischer und statistischer Mittel ist „Bayes" immer noch vom Bayes-Theorem bestimmt und beinhaltet immer noch die Idee, deren Anhänger de Finetti, Ramsey, Savage und Lindley waren, dass nämlich die Wahrscheinlichkeit ein Maß für den Glauben ist und dass man mit ihr, wie es Lindley ausgedrückt hat, „den Wiederholungen entkommen und zur Einmaligkeit gelangen kann." Die meisten modernen Bayesianer akzeptieren heute, dass der Frequentismus eines Fisher, Neyman und Egon Pearson für die meisten statistischen Probleme immer noch eine effiziente Methode darstellt. Er liefert einfache, standardmäßige Analysen, mit denen man prüfen kann, wie gut eine Hypothese mit den Daten übereinstimmt, und stellt die Grundlage vieler moderner Technologien in Gebieten wie dem maschinellen Lernen dar.

Auch prominente Frequentisten haben ihre festen Standpunkte gelockert. Bradley Efron, der mit der National Medal of Science ausgezeichnet worden ist und 1986 eine klassische Verteidigung des Frequentismus verfasst hat, teilte kürzlich einem Blogger mit: „Ich war schon immer ein Bayesianer." Efron, der mit dazu beigetragen hat, empirische Bayes'sche Verfahren zu entwickeln, während er ein engagierter Frequentist blieb, sagte mir, Bayes sei „einer der großen Zweige des statistischen Schlussfolgerns. ... Die Bayesianer sind heute toleranter geworden, und die Frequentisten sehen, dass man Bayes'sche Formen des Schlussfolgerns braucht. Wir steuern daher vielleicht auf eine Art Zusammengehen zu."

Das Bayes-Theorem ist auf eine Weise einflussreich, die sich seine Pioniere nie vorstellen konnten. Robert E. Kass von der Carnegie Mellon University stellte fest, dass „weder Bayes noch Laplace eine wichtige Konsequenz ihres Ansatzes erkannt haben: Das Sammeln von Daten bringt unvoreingenommene Beobachter der Übereinstimmung mit der Wahrheit immer näher. Auch Harold Jeffreys, der moderne Erfinder des Bayes'schen Schlussfolgerns bei wissenschaftlichen Untersuchungen, nahm die Bedeutung des Theorems für die Entscheidungsfindung nicht wahr. Und die loyalen Bayesianer der 1960er- und 1970er-Jahre erkannten nicht, dass Bayes schließlich nicht wegen seiner überlegenen Logik akzeptiert werden würde, sondern weil Modelle auf der Basis der Wahrscheinlichkeit auf so meisterhafte Weise die Variationsbreite der Daten in der realen Welt nachbilden können."

Bayes hat sich erheblich ausgebreitet – bis zu dem Punkt, an dem es sich mit der Computerwissenschaft, dem maschinellen Lernen und der Künstlichen Intelligenz überschneidet. Es ist mit Techniken aufgerüstet worden, die sowohl von tiefgläubigen Bayesianern während ihrer Jahrzehnte im inneren Exil als auch von Agnostikern der jüngsten Computerrevolution entwickelt wurden. Sie erlauben, Ungewissheiten selbst dann noch abzuschätzen, wenn Hunderte oder Tausende theoretischer Modelle berücksichtigt werden müssen. Sie erlauben auch, unvollständige Erkenntnisse aus den verschiedensten Quellen zu kombinieren und Kompromisse zwischen Modellen und Daten zu schließen, mit rechentechnisch intensiven Datenanalysen und dem maschinellen Lernen umzugehen, und, wie durch Magie, Muster und systematische Strukturen zu finden, die tief im Chaos der Beobachtungen versteckt sind. Bayes hat sich weit jenseits der Schranken der Mathematik und Statistik ausgebreitet – bis in die Finanzwelt, die Astronomie, Physik, Genetik, Bildgebung und Robotertechnik, beim Militär und im Anti-Terrorkampf, bei der Internet-Kommunikation und im E-Kommerz, bei der Spracherkennung und der maschinellen Übersetzung. Bayes weist sogar den Weg zu neuen Lerntheorien, und es wurde zum Bild für das Arbeiten des menschlichen Gehirns.

Eine der Überraschungen ist, dass „Bayes" zu einem schicken Mode- und Kultwort geworden ist.[2] Der Biologe Stephen H. Schneider von der Stanford University wollte eine maßgeschneiderte Krebsbehandlung, rief „seinen" logischen Bayesianer an und bekam seine Therapie. Die Krankheit klang ab, und er schrieb ein Buch über seine Erfahrungen.[3] Stephen D. Unwin wiederum erfand einen persönlichen „Glaubens-Faktor" von 28 %, um die 67 % „Bayes'sche Wahrscheinlichkeit", dass Gott existiert auf 95 % hochzukitzeln. Sein Buch wurde ein Bestseller.[4] Der modische Ausdruck „Wir sind jetzt alle Bayesianer" spielt auf Kommentare an, die vor Jahren Milton Friedman und Präsident Richard Nixon mit ihrem „Wir sind jetzt alle Keynesianer" abgaben.[5] Und der CIA-Agent in Robert Ludlums Thriller *The Ambler Warning* (*Die Ambler-Warnung*) sagt dem Helden: „*Glück?* Sie haben mir offenbar überhaupt nicht zugehört. Es ging darum, das Bayes-Theorem anzuwenden, um die konditionellen Wahrscheinlichkeiten auszurechnen. Wenn man die *vorherigen* Wahrscheinlichkeiten ausreichend beachtet, vermeidet man den Trugschluss, dass …"[6]

Nicht jeder teilt diesen Enthusiasmus. In einigen wichtigen Aufgabenbereichen blieb es bei der alten, gegensätzlichen Orientierung. Die vielleicht größte Ironie stellt dar, dass eine voreingenommene Parteipolitik dafür gesorgt hat, die amerikanische Bevölkerungsstatistik anti-bayesianisch zu belassen – ganz gegen Laplaces Vision, aufgeklärte Regierungen würden Bayes annehmen.

Auch die anglo-amerikanischen Gerichte sind noch immer für Bayes weitgehend verschlossen. Zu den wenigen Ausnahmen zählte ein Fall, bei dem 1994 mit Bayes demonstriert wurde, dass die Verkehrspolizisten von New Jersey bei Verkehrskontrollen besonders gern Afroamerikaner herauswinken. Bei einem Vergewaltigungsprozess in den 1990er-Jahren versuchten britische Anwälte, den Richtern und Schöffen zu erklären, wie man Beweise mithilfe der Bayes'schen Wahrscheinlichkeiten einschätzen kann. Die Richter kamen aber zum Schluss, dass die Methode „das Gericht in unangemessene und unnötige Bereiche der Theorie und Komplexität stürzt".[7] In den forensischen Labors in Großbritannien und auf dem Kontinent liegen die Dinge anders. Im Gegensatz zu den FBI-Laboren in den Staaten folgte die britische

Kriminaltechnik Lindleys Rat und verwendet nun extensiv Bayes'sche Methoden, um Beweisstücke einzuschätzen. Die Labors auf dem Kontinent haben für verschiedene Grade der Beweiskraft Maßzahlen entwickelt, so wie Turing und Shannon Bayes verwendet haben, um ihre Bans und Bits als Maßzahlen für die Kryptografie und die Computer zu entwickeln. Man wendet das Bayes-Theorem, das in forensischen Kreisen gern taktvoll mit „logischer Ansatz" oder „Ansatz nach dem Likelihood-Verhältnis" umschrieben wird, mit Erfolg in Fällen an, wo Zahlen vorliegen, insbesondere bei der Erstellung von DNA-Analysen. Da DNA-Datenbanken Wahrscheinlichkeiten von unvorstellbarer Kleinheit – 1 zu 20 Mio. oder 1 zu 1 Mrd. – liefern, werden sie wahrscheinlich bald den Bayes'schen Methoden noch weitere Gerichte öffnen.

Im Jahr 2000 machte Bayes Schlagzeilen, als es einen DNA-Beweis mit statistischen Daten aufbesserte, wonach Thomas Jefferson fast sicher der Vater von sechs Kindern war, die seine Sklavin Sally Hemings zur Welt gebracht hat. DNA-Spuren der Familien Jefferson und Hemings hatten schon starke Beweise dafür geliefert, dass der dritte Präsident und Verfasser der Unabhängigkeitserklärung Hemings jüngsten Sohn gezeugt hatte. Aber Fraser D. Neiman, der Leiter der Archäologie auf Jeffersons Plantage in Monticello, untersuchte nun noch, ob Frau Hemings ihre anderen Kinder zu Zeiten empfangen hat, zu denen Jefferson Monticello besucht hatte. Dann wandte er Bayes an und kombinierte die bekannten historischen Zeugnisse mit dem DNA-Nachweis und mit wahrscheinlichen Hypothesen, die auf Jeffersons Kalender beruhten. Mit der Annahme, dass die Apriori-Vermutung 50 zu 50 richtig war, schloss Neiman mit einer fast 100 % Sicherheit (genauer gesagt: zu 99 %), dass Jefferson der Vater der sechs Kindern von Frau Hemings war.

Im Bereich Wirtschaft und Finanzen tauchte Bayes auf den verschiedensten Ebenen auf: Das reichte von der theoretischen Mathematik über die Philosophie bis zum harten Kern der Geldvermehrung. Die Methode spielte bei vier Nobelpreisen für Wirtschaftswissenschaften eine große Rolle: 1990, 1994, 2002 und 2011. Beim ersten dieser Nobelpreise ging es um den italienischen Bayesianer de Finetti, der die Arbeiten von einem der Preisträger, Harry Markowitz, mehr als ein Jahrzehnt vorweggenommen hatte. Die mathematischen Spieltheoretiker John C. Harsanyi und John Nash (der Letztere wurde später der Held eines Buches und des Films *A Beautiful Mind*)[8] teilten sich 1994 einen Bayes'schen Nobelpreis. Harsanyi benützte Bayes oft, um Konkurrenzsituationen abzuschätzen, in denen Menschen unvollständige oder unsichere Informationen voneinander oder bezüglich der Regeln haben. Harsanyi zeigte auch, dass Nashs Gleichgewicht bei Spielen mit unvollständigen oder nicht perfekten Informationen eine Form des Bayes-Theorems ist.

2002 erhielt Bayes vielleicht keinen ganzen Nobelpreis, aber sicher einen Teil von ihm. Der Psychologe Amos Tversky, der vor der Überreichung des

Preises starb, und Daniel Kahnemann zeigten, dass Menschen ihre Entscheidungen nicht nach rationalen Bayes'schen Verfahren treffen. Sie antworten auf Umfragen je nach Formulierung der Fragen, und Ärzte entscheiden bei Krebspatienten zwischen Operation und Bestrahlung danach, ob die Behandlung mit Sterberaten oder Überlebensraten beschrieben wird. Obwohl Tversky weithin als philosophischer Bayesianer bezeichnet wurde, verkündete er seine Ergebnisse mit frequentistischen Methoden. Als ihn Jim Berger von der Duke University nach dem Grund fragte, gestand Tversky, das sei nur eine Frage der Zweckmäßigkeit: Während der 1970er-Jahre war es schwieriger, Bayes'sche Forschung zu veröffentlichen. „Er wählte einfach den leichteren Weg", meinte Berger dazu. 2011 erhielten schließlich noch die beiden Amerikaner Thomas Sargent und Christopher Sims den Nobelpreis für ihre Untersuchungen des Wirkungszusammenhangs von staatlichen Entscheidungen und Volkswirtschaft.

Alan Greenspan, der frühere Vorsitzende der amerikanischen Notenbank, benützte nach eigenen Aussagen Bayes'sche Ideen, um die Risiken der Geldpolitik abzuschätzen: „Im Wesentlichen ist der Ansatz des Risikomanagements bei der Geldpolitik eine Anwendung der Bayes'schen Entscheidungsfindung", stellte Greenspan 2004 auf einem Meeting der American Economic Association fest.[9] Die Ökonomen aus der Forschung und vonseiten der Regierung stöhnten auf. Nur wenige Finanzexperten analysierten empirische Daten mit Bayes.

Wirklich die Luft weg blieb den Ökonomen, als Martin Feldstein, Ökonomie-Professor in Harvard, bei eben diesem Meeting aufstand und einen Crashkurs in Bayes'scher Theorie gab. Feldstein war Ronald Reagans wichtigster Berater in ökonomischen Fragen und Präsident des National Bureau of Economic Research, einer führenden Forschungseinrichtung. Er kannte die Bayes'sche Theorie aus den Seminaren von 1960 unter Leitung von Raiffa und Schlaifer an der Harvard Business School. Feldstein erklärte, dass durch Bayes die Notenbank das wenig wahrscheinliche Risiko eines Desasters schwerer gewichtet als ein wahrscheinlicheres Risiko, das nur wenig Schaden anrichtet. Er verglich Bayes mit einem Mann, der sich entscheiden muss, ob er trotz der geringen Regenwahrscheinlichkeit einen Schirm mitnimmt. Hat er einen Schirm dabei und es regnet nicht, ist das lästig. Hat er aber keinen Schirm dabei, und es gießt, wird er pudelnass. Feldstein schloss: „Ein guter Bayesianer hat an vielen Tagen, an denen es nicht regnet, einen Schirm dabei."[10]

Vier Jahre später überflutete der Regen die schirmlosen Finanzmärkte und Banken. Greenspan, der seinen Job bei der Notenbank damals schon aufgegeben hatte, sagte vor dem Kongress aus, den Zusammenbruch der Immobilienblase von 2008 habe er nicht vorhergesehen. Er machte dafür aber nicht die Theorie verantwortlich, die er benützt hatte, sondern seine Wirtschaftsdaten, die „im Allgemeinen nur die letzten zwei Jahrzehnte abgedeckt hatten, eine Zeit der Euphorie … und nicht Zeiten von Belastungen."[11]

Aber hatte Greenspan wirklich die Bayes'sche Statistik verwendet, um die empirischen ökonomischen Daten zu beurteilen? Oder waren die Bayes'schen Konzepte für Ungewissheiten nur eine praktische Schutzbehauptung? Der ehemalige Vizepräsident der Notenbank, Alan S. Blinder von Princeton, vermutete das Letztere, und als er das einmal während eines Vortrags äußerte, saß Greenspan unter den Zuhörern und widersprach nicht.

Im pragmatischen Gegensatz zum abstrakten Bayes bei den Nobelpreisen und dem philosophischen Bayes der Notenbank stand das Bayes-Theorem hinter einem der erfolgreichsten Hedgefonds der USA. 1993 warb Renaissance Technologies (RenTech) eine Gruppe Forscher von IBM ab, die sich dort mit der Spracherkennung befasst hatten. Die Gruppe führten Peter F. Brown und Robert L. Mercer an, die stellvertretende Leiter bei RenTech wurden. Über mehrere Jahre brachte ihr „Medallion Fund", der nur für frühere und aktuelle Mitarbeiter offen war, im Durchschnitt jährlich 35 % Gewinn. An einem Tag im Jahre 1997 kaufte und verkaufte der Fonds Anteile so schnell, dass auf ihn 10 % des gesamten NASDAQ-Handels entfielen.

Um bestimmte Muster und Entwicklungen im Marktgeschehen zu finden, die nicht zufällig waren und helfen konnten, den Marktverlauf vorauszusehen, sammelte RenTech so viele Informationen wie möglich. Das fing mit dem Apriori-Wissen über die Geschichte der Preise, ihre Fluktuation und ihre Korrelation untereinander an. Diese Prioren wurden dann ständig aktualisiert. Mercer erinnerte sich: „RenTech erhielt jeden Tag eine Billion Bytes an Daten – aus Zeitungen, von AP, von allen Handelsplätzen, die Quoten, Wetter- und Energieberichte, Regierungsmitteilungen usw. All das hatte das Ziel herauszufinden, welchen Preis etwas in jedem beliebigen Moment der Zukunft haben würde. … Wir wollten wissen, wie es in drei Sekunden, drei Tagen, drei Wochen und drei Monaten aussehen wird. Die Information, die wir heute haben, ist eine durcheinander gewürfelte Version dessen, wie die Preise nächste Woche aussehen werden. Die Leute begreifen nicht, wie viel statistisches Rauschen der Markt aufweist. Es ist sehr schwer, ‚echte' Informationen zu finden, aber es gibt sie, und in einigen Fällen steckten sie schon lange, lange Zeit drin. Das ähnelt sehr dem Problem der Wissenschaft, eine Nadel im Heuhaufen zu finden."

Wie die Investoren von RenTech benützten Astronomen, Physiker und Genetiker Bayes, um schwer zu fassende Phänomene aufzuspüren, die in einer Unzahl von Unbekannten versteckt waren. Ein Wissenschaftler kann vor Hunderten und Tausenden Variablen stehen, ohne zu wissen, welche die besten Vorhersagen liefern. Bayes hilft ihm, die wahrscheinlichsten Werte der unbekannten Größen herauszufinden.

Als die Supernova 1987A explodierte, registrierten die Astronomen genau 18 Neutrinos. Die Teilchen stammten aus dem tiefsten Inneren des Sterns und waren die einzigen Informationen über sein Inneres. Deshalb wollten die Astronomen aus diesem winzigen Datenhaufen so viele Informationen wie möglich herausquetschen. Tom Loredo, der Doktorand an der University of Chicago war, sollte herausfinden, was man mit den Daten anfangen konnte. Weil die Supernova ein einmaliges Ereignis war, konnte man keine frequentistischen Verfahren anwenden. Loredo begann, Arbeiten von Lindley, Jim Berger und anderen führenden Bayesianern zu lesen und fand heraus, dass er mit Bayes verschiedene Hypothesen über seine Beobachtungen vergleichen und die wahrscheinlichste auswählen konnte. Seine Doktorarbeit von 1990 führte schließlich zum ersten Mal Bayes'schen Methoden in die Astronomie ein.

Inzwischen hat Bayes in der Hochenergie-, Röntgen- und Gammastrahlenastronomie, der Untersuchung der kosmischen Strahlung, der Neutrino-Astrophysik und der Bildanalyse eine komfortable Nische gefunden. In der Physik jagt man mit Bayes nach schwer zu fassenden Neutrinos, Higgs-Bosonen und Top-Quarks. Bei all diesen Problemen handelt es sich um Nadeln im Heuhaufen, und Loredo benützt heute noch Bayes an der Cornell University in einem neuen Gebiet, der Astrostatistik.

Auf ganz ähnliche Weise sind Biologen, die genetische Variationen untersuchen, auf kleine Informationsabschnitte aus, die in einem Riesenberg bedeutungsloser und höchst variabler Daten in den Chromosomen fast verloren gehen. Sie suchen nun per Computer genetische Muster, Sequenzmotive, Marker und Krankheiten verursachende „Schreibfehler" und müssen dabei die schwachen, aber wichtigen Signale aus dem taub machenden Hintergrundrauschen herausfiltern, das sich als Information tarnt.

Susan Holmes, Professorin an der Statistik-Fakultät der Stanford University, arbeitet im Bereich Computer- und Molekularbiologie über Aminosäuren. Einige sind äußerst selten, und wenn sie frequentistische Methoden verwenden würde, müsste sie ihnen die Wahrscheinlichkeit null zuweisen. Mit der kryptografischen Technik, die Turing und Good in Bletchley Park entwickelt hatten, versucht sie, den genetischen Code zu knacken, indem sie fehlenden Arten eine kleine, aber von null verschiedene Wahrscheinlichkeit zuweist.

Was unterscheidet eine Nierenzelle von einer Gehirnzelle, wenn man davon ausgeht, dass die DNA jeder biologischen Zelle die kompletten Anweisungen enthält, um im Körper jede Art von Protein zu erzeugen? Die Antwort hängt davon ab, ob ein bestimmtes Gen an- oder abgeschaltet ist und ob die Gene zusammenarbeiten oder nicht. Holmes stellte große Microarrays genetischer Daten zusammen, die mit Rauschen oder anderen Störungen überdeckt sind, aber vielleicht ein paar wichtige Signale von angeschalteten Genen verbergen. Jedes Microarray besteht aus vielen Genen, die in einem regelmäßigen

Muster auf einer kleinen Glasplatte oder einer Membran angeordnet sind. Damit kann Holmes die Botschaft von mehreren Tausend Genen auf einmal analysieren.

Holmes sagte dazu: „Es ist alles sehr dürftig. Stellen Sie sich eine Stadt bei Nacht vor, etwa Toronto oder Paris, mit ihrer dichten Bevölkerung und den vielen Häusern. Um 2 Uhr nachts registrieren Sie, welche Lichter in den Häusern an sind, dann wieder um 3 und 4 Uhr. So entsteht ein Muster der Räume, in denen Licht brennt. Daraus schließen Sie, wer in der Stadt wen kennt. Genauso spärlich ist das Signal, und so große Sprünge müssen Sie machen, um zu sehen, welche Gene zusammenarbeiten. Sie haben nicht einmal Telefonverbindungen. Aber das Bild von etwas, was aufleuchtet, ist ein wenig wie das Bild der Microarrays. Diese sind so verrauscht, dass es zum Verrücktwerden ist. Sie haben ein Rascheln, das Wispern eines Signals – und dann eine Menge Rauschen. Sie verbringen viel Zeit damit, auf ganz viele Daten zu schauen.“ Weil man Apriori-Informationen braucht, um die Netzwerke zusammenzustellen, werden viele Microarrays mit Bayes'schen Methoden analysiert.

Daphne Koller, eine führende Forscherin in den Bereichen Künstliche Intelligenz und computergestützte Biologie in Stanford, arbeitet ebenfalls mit Microarrays. Sie wollte nicht nur sehen, welche Gene an- oder ausgeschaltet sind, sondern auch, was sie kontrolliert und steuert. Indem sie auf die Aktivitätsniveaus von Genen von Hefe schaute, fand sie heraus, wie sie gesteuert wurden. Dann ging sie zu Maus- und Menschenzellen über, um die Unterschiede der genetischen Steuerung bei gesunden Menschen und Patienten mit Krebs oder Diabetes II (insbesondere bei Vorliegen des metabolischen Syndroms, der Insulinresistenz) zu bestimmen.

Was das schwierige Thema der Prioren betrifft, setzt Koller auf einen mittleren Weg. Im Gegensatz dazu haben Bayes'sche Puristen wie Michael I. Jordan von Berkeley und Philip Dawid von Cambridge etwas gegen den Begriff „Bayes'sches Netzwerk“. Sie halten Judea Pearls Namensgebung für einen Missgriff, weil Bayes'sche Netzwerke nicht immer Prioren besitzen und Bayes ohne Prioren nicht Bayes ist. Aber Koller besteht darauf, dass ihre Netzwerke ganz und gar bayesianisch sind, da sie für ihre Variablen sorgfältig Prioren konstruiert.

Die Faszination, die Koller für die Ungewissheit empfand, hat sie von der Genetik zur Bildbearbeitung und zur Robotertechnologie gebracht. Typischerweise haben Bilder variable und mehrdeutige Merkmale, die im Hintergrundrauschen verborgen sind. Das Auge des Menschen schickt pro Sekunde zehn Millionen Signale ins Gehirn, wo Milliarden von Neuronen zufällige Fluktuationen und unwesentliche oder mehrdeutige Informationen aussondern, damit Form, Farbe, Struktur, Schatten, Oberflächenreflexion, Rauigkeit und andere Merkmale deutlich werden. Der Mensch kann daher auf ein unscharfes, gestörtes und verrauschtes Bild schauen und trotzdem eine Tomate, ein Auto oder ein Schaf erkennen. Ein Computer, der auf dem neuesten Stand ist und darauf trainiert wurde, Tomaten, Autos und Schafe zu erkennen, kann dagegen möglicherweise nur unsinnige Rechtecke identifizieren. Der Unterschied ist, dass das menschliche Gehirn Apriori-Kenntnisse hat, die es mit den neuen Bildern in Übereinstimmung bringen kann.

Für Koller ist das „Schwindel erregend". Das Problem ist nicht die Hardware des Computers, es ist die Software: „Ein Computer kann leicht darauf trainiert werden, eine Wüste von einem Wald zu unterscheiden, aber wo die Straße ist und wo man in Begriff ist, über eine Klippe zu stürzen, das ist viel schwerer zu erkennen."

Um solche Abbildungsprobleme zu untersuchen, baute Sebastian Thrun von Stanford einen Serienwagen in ein fahrerloses Auto namens Stanley um. Die Defence Advanced Research Projects Agency (DARPA) organisierte einen Wettbewerb und setzte einen Preis von 2 Mio. $ für das beste fahrerlose Auto aus. Das Militär würde nämlich gern mit Robotern statt mit bemannten Fahrzeugen in die Schlacht ziehen. Es gilt als Wendepunkt der Robotertechnik, als Stanley 2005 den Wettbewerb gewann, nachdem er in sieben Stunden 210 km der Wüste von Nevada durchquert hatte.

Während Stanley mit knapp 60 km/h fuhr, machte seine Kamera Aufnahmen der Route, und sein Computer schätzte die Wahrscheinlichkeit verschiedener Hindernisse ab. Der Roboter umschiffte scharfe Kurven oder Klippen und blieb insgesamt gesehen auf Kurs. Er konnte mit 90 % Wahrscheinlichkeit abschätzen, dass neben der Straße eine Wand aufragte und mit zehnprozentiger Wahrscheinlichkeit, dass dort ein tiefer Graben lag. Im unwahrscheinlichen Fall eines Absturzes in den Graben wäre er vermutlich zerstört worden. Wie ein Bayesianer auch an sonnigen Tagen seinen Schirm dabei hat, wurde daher Stanley im Zweifelsfall langsamer, um auch unwahrscheinliche Katastrophen zu vermeiden. Thruns Team für Künstliche Intelligenz trainierte die Sensoren von Stanley und schrieb Algorithmen für maschinelles Lernen und Software, die auf die Durchquerung von Wüsten und Bergen zugeschnitten war.

Thrun schrieb den Sieg Stanleys den Kalman-Filtern zu. „Jeder Bolzen dieses Autos war bayesianisch", sagte Diaconis stolz. Nach den Rennen erhielt Stanley einen ruhmvollen Platz im Smithsonian-Museum für amerikanische Geschichte in Washington.

Im nächsten Jahr gewann ein Bayes'sches Team von der Carnegie Mellon University und General Motors einen weiteren Preis der DARPA in Höhe von 2 Mio. $, nachdem sie ein Roboterauto durch den Stadtverkehr manövriert hatten. Es wich sicher anderen Autos aus und hielt alle Verkehrsregeln ein.

Städteplaner hoffen, mit fahrerlosen Autos künftig Verkehrsstaus vermeiden zu können. Ein weiteres Team der Carnegie Mellon baute auf das Bayes-Theorem und Kalman-Filter und gewann eine internationale Fußballmeisterschaft für schnell bewegliche Multiroboter.

Das US-Militär befasst sich intensiv mit Bildverarbeitung. Seine Technologie zur automatischen Zielerkennung (Automatic Target Recognition, ATR) benützt auf breiter Front Bayes'sche Methoden für die elektronische Kriegsführung und den Krieg mit Robotern, für Kampffahrzeuge, Marschflugkörper, fortgeschrittene Elektronik in der Luftfahrt, „smarte" Waffen, Spionage, Überwachung und Aufklärung. ATR-Systeme setzen Radar, Satelliten und andere Sensoren ein, um beispielsweise zwischen einem zivilen Lastwagen und einer Raketen-Abschussrampe zu unterscheiden. Einige ATR-Computerprogramme starten mit den umstrittenen 50 zu 50-Prioren, obwohl das bei seltenen Ereignissen einen großen Einfluss haben kann und obwohl möglicherweise bessere Informationen verfügbar sind. Kürzlich bezog sich ein anonym gebliebener ATR-Analyst auf Generationen von Kritikern und bezeichnete Bayes als einen „Affront, einen billigen Trick. … Bayes beruht auf einer Apriori-Vermutung. Und doch sieht es aus, als sei es eine effiziente Annäherung, die viele Probleme der Welt zu lösen vermag. Das Bayes-Theorem ist also falsch … abgesehen von der Tatsache, dass es funktioniert." Andere Ansätze sind weit teurer, was die Rechenarbeit betrifft, und liefern keine besseren Antworten.

Von den Bildverarbeitungsproblemen abgesehen, verwendet das Militär Bayes bei der Zielverfolgung, dem Testen von Waffen und beim Antiterrorkampf. Reagans ballistische Raketenabwehr setzte Bayes ein, um den Weg anfliegender feindlicher Raketen zu verfolgen. Wenn es dann ausreichend wahrscheinlich war, dass man wirklich eine Rakete entdeckt hatte, erlaubte Bayes den Sensoren, nur ihre allerletzten Daten zu übermitteln, sodass das Problem nicht immer wieder von Anfang an durchgerechnet werden musste. Das National Research Council der National Academy of Sciences forderte die US-Army nachdrücklich auf, Bayes'sche Methoden für das Testen von Waffensysteme einzusetzen, insbesondere für die Stryker-Familie leichter, bewaffneter Radpanzer. Viele militärische Systeme können überhaupt nicht in der großen Anzahl getestet werden, die von frequentistischen Methoden gefordert wird. Der Bayes'sche Ansatz erlaubt den Analysten, Testdaten mit Informationen von ähnlichen Systemen und von früheren Tests in der Entwicklungsphase zu kombinieren. Auch die Gefahr durch Terroristen wird mit Bayes'schen Methoden abgeschätzt. Kurz vor dem Anschlag vom 11. September 2001 identifizierte der „digitale Sandkasten" von Tyson's Corner, Virginia, mithilfe Bayes'scher Netzwerke das Pentagon als mögliches Ziel. Bayes kombiniert Expertenkenntnisse mit subjektiven Meinungen über mögliche Ereignisse, die es zuvor noch nicht gegeben hat.

Die USA sind nicht das einzige Land, das versucht, Anschläge von Terroristen vorherzusagen. Als Großbritannien beschloss, eine nationale Datenbank einzurichten, um potenzielle Terroristen ausfindig zu machen, schlugen die Bayesianer in gleicher Weise Alarm wie beim Massen-Screening auf HIV. Terroristen sind so selten, dass die Definition eines Terroristen extrem präzise sein müsste, sonst würden sehr, sehr viele Personen als gefährlich eingestuft werden, obwohl sie es überhaupt nicht sind.[12]

Im Internet ist Bayes bis in die Adern des modernen Lebens vorgedrungen. Bayes hilft, Spams herauszufiltern, Bücher, Musik und Filme zu verkaufen, nach Websites zu suchen, fremde Sprachen zu übersetzen und gesprochene Sprache zu erkennen. David Heckerman, der Bayes'sche Netzwerke verwendet hat, um für seine Doktorarbeit Lymphknotenerkrankungen zu diagnostizieren, hat gegenüber Bayes die offene Haltung des modernen Praktikers: „Ein Bayesianer zu sein, heißt nichts weiter, als dass für dich jede Wahrscheinlichkeit Ungewissheit darstellt. Immer wenn man auf Ungewissheit stößt, drückt man sie mit Wahrscheinlichkeiten aus. Und das ist weit mehr als das bloße Bayes-Theorem."

1992 ging Heckerman von Stanford zu Microsofts Forschungsabteilung, wo er die Gruppen für maschinelles Lernen und angewandte Statistik gründete und leitet. Die dort auftretenden Probleme sind ganz anders. Weil Stanford viele Experten, aber wenige Daten hatte, bildete er ein Bayes'sches Netz mit Prioren, die auf Expertenwissen beruhten: „Aber Microsoft hat viele Daten und nur ein paar Experten. Deshalb begannen wir, Expertenwissen und Daten zu kombinieren." Eine der ersten Bayes'schen Anwendung von Microsoft sollte Eltern kranker Kinder helfen, deren Symptome einzugeben, um das optimale weitere Vorgehen herauszufinden. 1996 sorgte Bill Gates, der Mitgründer von Microsoft, für eine Bayes'sche Schlagzeile, als er verkündete, der Vorteil von Microsoft im Konkurrenzkampf beruhe auf der hervorragenden Kenntnis Bayes'scher Netzwerke.

Im gleichen Jahr begannen Heckerman, Robert Rounthwaite, Joshua Goodman, Eric Horvitz und andere Bayes'sche Anti-Spamtechniken zu entwickeln. Denken Sie an vVi-@-gra, 10w mOrtg@ge rates, PARTNERSHIP INVESTMENT und!lll PharammcyByMAIL. Unerwünschte und oft pornografische oder betrügerische Werbemails werden ohne Erlaubnis an Millionen von Adressaten verschickt. Schon früh bestand mehr als die Hälfte aller Mails im Internet aus Spam, und einige Benutzer brauchen jeden Tag eine halbe Stunde, um die Spammails auszusortieren.

Bayes attackiert Spam, indem es Wörter oder Wendungen in einer Nachricht herausgreift und abschätzt, mit welcher Wahrscheinlichkeit die

Nachricht unerwünscht ist. Eine Durchsuchung von Mails auf Spam kann eine bis zu 99,99 % Sicherheit erreichen, wenn Wortgruppen wie „unser Preis“ oder „nur solange Vorrat reicht“ enthalten sind oder Begriffe wie „genierc virgaa“ (statt „generisches Viagra“), Großbuchstaben und Zeichenketten wie!!! oder $$$ auftreten. Nachrichten mit vielen derartigen Merkmalen werden automatisch als Junk klassifiziert und in den Spam-Ordner gelegt. Der Benutzer kann seine persönlichen Filter verfeinern, indem er Nachrichten mit wenigen Spam-Merkmalen auswertet und sie entweder annimmt oder in den Trash- oder Junk-Ordner verschiebt. Dieser Gebrauch Bayes'scher optimaler Klassifizierungen ähnelt der Technik, die einst von Frederick Mosteller und David Wallace verwendet wurde, um die Autoren der *Federalist*-Artikel herauszufinden.

Die Bayes'sche Theorie ist tief ins Windows-Betriebssystem von Microsoft integriert. Darüber hinaus verwendet Microsoft Bayes'sche Techniken bei der Handschriftenerkennung, bei Empfehlungssystemen, bei der „Suchen“-Funktion, bei der Software, mit der man Einkauf und Verkauf verfolgen kann, für das Hochladen von Anwendungen, die der Kunde will, aber noch nicht angefordert hat, oder auch für eine Software, die den Verkehr auf dem Weg zur Arbeit vorhersagt.

Bayes wurde – laut Heckerman und Horvitz unberechtigterweise – für „Clippy“ von Microsoft verantwortlich gemacht, jenes denkwürdige nervige Hinweistäfelchen mit der Büroklammer, das in der deutschen Version „Karl Klammer“ hieß. Der Cartoon war ursprünglich mit Bayes'schen Netzwerken programmiert worden, um herauszufinden, was der Benutzer über das Schreiben von Texten schon wusste oder noch nicht begriffen hatte. Nachdem der Schreiber sein Maß an Ignoranz und Frust erreicht hatte, tauchte Karl Klammer auf und verkündete freundlich die Botschaft: „Anscheinend möchten Sie einen Brief schreiben. Brauchen Sie Hilfe?“ Bevor Clippy weltweit von der Leine gelassen wurde, hatten Nicht-Bayesianer einen gröberen Algorithmus geschrieben, der ihn irritierend oft auftauchen ließ. Das Programm war so unbeliebt, dass es zurückgezogen wurde.

Bayes und Laplace wären vielleicht entsetzt, wenn sie erfahren würden, dass ihr Werk so oft dafür verwendet wird, Produkte zu verkaufen. Vieles am E-Kommerz stützt sich auf Empfehlungs-Filter, die auch Kollaborations-Filter genannt werden und auf der Annahme gegründet sind, dass Leute, die mit einem Produkt zufrieden sind, auch ein anderes gut finden werden. Es gibt im E-Kommerz immer wieder auftauchende Formulierungen wie: „Kunden, die diesen Artikel gekauft haben, kauften auch …“ oder „Wird oft zusammen gekauft mit …“. Das Updaten, das für das maschinelle Lernen verwendet wird, muss dem Bayes-Theorem nicht notwendig formal folgen, aber ihm „liegt die gleiche Sichtweise zugrunde“. Ein Wettbewerb, der von Netflix.com mit

1 Mio. $ gesponsert wurde, illustriert die herausragende Rolle des Bayes'schen Konzepts im modernen E-Kommerz und für die Lerntheorie. 2006 startete der Online-Filmverleih eine Suche nach dem besten Empfehlungssystem, um seinen eigenen Algorithmus zu verbessern. 50 000 Teilnehmer aus 186 Ländern wetteiferten über vier Jahre um den Preis. Das Team von den AT&T-Labs um Yehuda Koren, Christopher T. Volinsky und Robert M. Bell gewann den Preis im September 2009.

Obwohl keiner der Teilnehmer Bayes als legitime Methode infrage stellte, entwarf interessanterweise fast niemand ein formal Bayes'sches Modell. Die Siegergruppe berief sich auf das empirische Bayes, schätzte aber die anfänglichen Prioren entsprechend ihrer Häufigkeiten ab. Der Datensatz des Filmverleihs war zu groß und allzu sehr mit Unbekannten angefüllt, um – möglichst sofort – ein Modell bilden zu können, Prioren zuzuweisen, immer wieder Posterioren aufzubessern und den Kunden Filme zu empfehlen. Der Sieger-Algorithmus hatte stattdessen eine Bayes'sche Sichtweise und roch auch sehr bayesianisch. Die bei Weitem wichtigste Lehre, die man aus dem Wettbewerb von Netflix ziehen konnte, erwies sich als Bayes'sche Idee: das „Sharing" oder gemeinsame Benützen.

Volinsky hatte die Bayes'sche Mittelbildung von Modellen verwendet, um komplementäre Modelle mitzuverwenden, als er 1997 an seiner Dissertation über die Vorhersage der Wahrscheinlichkeit arbeitete, dass ein Patient einen Schlaganfall bekommen wird. Das Team von Volinsky und Bell verwendete die Methode zwar nicht direkt für Netflix, aber Volinsky hob hervor: „Dank meiner Vertrautheit mit dem Bayes'schen Mitteln von Modellen war es für mich unmittelbar einsichtig, dass die Kombination von Modellen der beste Weg war, um die Vorhersagen zu verbessern. Studien über das Bayes'sche Mitteln von Modellen zeigen, dass bei zwei Modellen, die nicht sehr stark korreliert sind und in intelligenter Weise kombiniert werden, die Kombination oft bessere Ergebnisse liefert als jedes Modell für sich." Der Wettbewerb brachte Bayes den Ruf ein, einen fruchtbaren Ansatz zum Lernen zu bieten, der weit über die bloße Bayes'sche Technologie hinausging.

Die Benutzer des Webs verwenden einige Varianten von Bayes, wenn sie auf der Suche nach Antworten Milliarden von Dokumenten durchsuchen. Bevor das möglich ist, muss von jedem Dokument ein Profil erstellt werden, man muss es kategorisieren, organisieren und sortieren, und seine möglichen Querverbindungen zu anderen Dokumenten müssen berechnet werden. Erst dann kann man in die Suchmaschine Suchwörter eingeben, beispielsweise „Papageien", „Madrigale" und „Afghanisch". Das Bayes-Theorem durchfegt Milliarden von Seiten und findet innerhalb von 0,31 Sekunden zwei Dokumente, in denen alle drei Wörter enthalten sind. Peter Hoff von der University of Washington in Seattle gibt dazu aber zu bedenken: „Es geht um Probleme des Schlussfolgerns. Hat man ein relevantes Dokument gefunden, kann man dann auch andere Dokumente finden, die von Interesse sind?"

Wenn Google Projekte startete, die große Datenmengen einbezogen, begannen seine gigantischen Suchmaschinen oft zuerst mit einer naiven Variante der Bayes'schen Methoden. Das „naive" Bayes nimmt vereinfachend an, dass alle Variablen voneinander unabhängig sind. Damit werden das Fieber eines Patienten und die erhöhte Zahl weißer Blutkörperchen so behandelt, als hätten sie nichts miteinander zu tun. Laut Peter Norvig, dem Forschungschef von Google, gilt: „Wir haben wohl Dutzende von Projekten mit dem naiven Bayes begonnen, weil es so einfach ging, und wir nahmen uns fest vor, es später durch etwas Ausgefeilteres zu ersetzen. Am Ende war aber wegen der großen Menge der Daten eine komplexere Technik gar nicht nötig."

Google verwendet Bayes'sche Techniken auch, um Spam und Pornografie zu klassifizieren und um verwandte Wörter, Redewendungen und Dokumente zu finden. Ein sehr großes Bayes'sches Netzwerk findet Synonyme von Wörtern und Phrasen. Statt Wörterbücher herunterzuladen, um die Rechtschreibung zu überprüfen, führt Google eine Volltext-Suche im gesamten Internet nach allen möglichen Schreibweisen des Worts durch. Das Ergebnis ist ein flexibles Verfahren, das erkennt, dass „shaorn" eigentlich „Sharon" geschrieben werden muss, und daraufhin die Eingabe korrigiert.

Während Bayes das moderne Leben im Web zu revolutionieren hilft, trägt es auch dazu bei, das babylonische Sprachgewirr, das die Sprachgemeinschaften über Jahrtausende hinweg getrennt hat, zu entwirren. Während des Zweiten Weltkrieges war Warren Weaver von der Rockefeller Foundation davon beeindruckt, wie sehr „die Vielfalt von Sprachen den kulturellen Austausch zwischen den Völkern der Erde erschwert und ein ernsthaftes Hindernis für die internationale Verständigung darstellt".[13] Angesichts der Leistungsfähigkeit der mechanisierten Kryptografie und der neuen Informationstheorie von Claude Shannon schlug Weaver vor, dass computerisierte statistische Methoden Übersetzungen als ein kryptografisches Problem angehen sollten. Ohne leistungsfähige Computer und ohne eine Fülle von maschinenlesbarem Text lag aber Weavers Idee für Jahrzehnte auf Eis.

Seitdem ist der heilige Gral der Übersetzer eine Allround-Maschine, die geschriebenes und gesprochenes Wort automatisch von der einen in eine andere Sprache übertragen kann. Als Teil dieser Bemühungen haben Linguisten wie Noam Chomsky Regeln für die Struktur englischer Sätze, Subjekte, Verben, Adjektive und die Grammatik aufgestellt, ohne dabei einen Algorithmus gefunden zu haben, der erklären konnte, warum eine Folge von Wörtern einen englischen Satz bildet, eine andere aber nicht.

In den 1970ern arbeiteten bei IBM zwei konkurrierende Teams an einem ähnlichen Problem: der Spracherkennung. Die eine Gruppe, in der viele

Linguisten saßen, untersuchte die Grammatikregeln. Die andere Gruppe unter Mercer und Brown, die später zu RenTech ging, war mit mathematisch ausgerichteten Kommunikationsexperten, Computerwissenschaftlern und Ingenieuren besetzt. Sie wählte einen anderen Weg und ersetzte die logische Grammatik durch das Bayes-Theorem – und wurde ein Jahrzehnt lang ignoriert.

Mercer hatte den Anspruch, Computer intelligente Dinge tun zu lassen, und die Spracherkennung schien ein Weg zu sein, um dieses Ziel zu erreichen. Für Mercer und Brown bestand bei der Spracherkennung das Problem hauptsächlich darin, ein Signal zu nehmen, das durch einen verrauschten Kanal (wie beispielsweise eine Telefonleitung) gegangen war, und dann den wahrscheinlichsten Satz herauszufinden, den der Sprecher im Kopf hatte. Sie ignorierten dabei die Grammatikregeln und beschlossen, die statistische Wahrscheinlichkeit herauszufinden, dass bestimmte Wörter und Phrasen in einer Sprache vorkommen und als bestimmte Wörter und Phrasen in einer anderen Sprache landen. Dazu mussten sie keine der Sprachen kennen. Sie berechneten einfach nur, wie wahrscheinlich ein *bestimmtes* Wort angesichts *aller* Wörter war, die ihm im Satz vorausgingen. Bei der Untersuchung von Paaren englischer Wörter stellten sie beispielsweise fest, dass das Wort „*the*" mit großer Wahrscheinlichkeit nicht vor „*the*" oder „*a*" steht, mit etwas größerer Wahrscheinlichkeit aber vor „*cantaloupe*" und noch wahrscheinlicher vor „*tree*".

„Es hing alles vom Bayes-Theorem ab", erinnerte sich Mercer. „Wir hatten einen akustischen Output und wollten anhand der akustischen Sequenz die wahrscheinlichste Folge von Wörtern finden." Das Apriori-Wissen bestand in der wahrscheinlichsten Folge von Wörtern in einem englischen Satz, eine Folge, die sie aus einer immensen Menge englischer Texte herausholten.

Ein großes Problem war in den 1970er-Jahren, genug Daten zu finden. Mercer und Brown benötigten große Mengen von Text zu einem relativ eng umschriebenen Thema, aber nicht etwas so „Ausgereiftes" wie die *New York Times.* Zuerst arbeiteten sie sich durch alte, nicht mehr dem Copyright unterliegende Kinderbücher, durch 1 000 Wörter aus einem Experiment mit Lasertechnologie vom US-Patentamt und durch 60 Mio. Wörter von Texten in Blindenschrift vom American Printing House for the Blind.

Bei einem internationalen Meeting über Akustik, Sprache und Signale trug die Gruppe identische T-Shirts mit dem Aufdruck „Fundamental Equation of Speech Recognition" – Grundgleichung der Spracherkennung – gefolgt vom Bayes-Theorem. Mercer erinnerte sich: Wir entwickelten „ein wenig Stolz, das muss ich eingestehen. … Wir waren damals ein unausstehlicher Haufen."

Ein großer Durchbruch kam in den späten 1980er-Jahren, als sie Zugang zu französischen und englischen Übersetzungen der täglichen Debatten im kanadischen Parlament erhielten, die etwa 100 Mio. Wörtern umfassten und vom Computer gelesen werden konnten. Aus diesen Texten extrahierte IBM etwa 3 Mio. Satzpaare, von denen fast 99 % echte wörtliche Übersetzungen waren. Das war der „Stein von Rosette“[14] für Englisch und Französisch. „Man hatte die Tagesausbeuten in Englisch und Französisch, die nun nebeneinander aufgereiht waren. Wir wussten aber nicht, zu welchem Wort oder Satz gerade *dieses* Wort oder *dieser* Satz gehörten. Wenn beispielsweise in Englisch ‚Hear! Hear!‘ gerufen wurde, brüllten die Franzosen nur ‚Bravo!‘. Also arbeiteten wir daran, diese Sätze besser aufeinander zu beziehen. Wir verwendeten die gleichen Methoden wie für die Spracherkennung: das Bayes-Theorem und versteckte Markov-Modelle.“ Letztere sind besonders nützlich, um Muster zu finden, in denen wahrscheinliche Wortfolgen stecken, zum Beispiel, indem sie ein Wort aufgrund der vorausgegangenen Wörter vorhersagen.

1990 veröffentlichte die Gruppe einen Aufsatz, der einen Meilenstein darstellte: Das Bayes-Theorem wurde auf ganze Sätze angewendet. Die Wahrscheinlichkeit war nur gering, dass der Satz „Präsident Lincoln war ein guter Rechtsanwalt“ gleichbedeutend mit „Le matin je me brosse les dents“ war, sie war aber relativ groß, dass er mit „Le president Lincoln était un bon avocat“ übereinstimmte.[15] Nach diesem Aufsatz wurde in einige der besten maschinellen Übersetzungssysteme das Bayes-Theorem eingebaut.

Geködert von Geld und der neuen Herausforderung gingen Mercer und Brown 1993 von IBM und der maschinellen Übersetzung zu RenTech, wo sie zu Vizepräsidenten und Portfoliomanager aufstiegen. Ihnen folgten so viele Mitglieder der IBM-Spracherkennungs-Gruppe, dass Kritiker klagten, das Arbeitsfeld der maschinellen Übersetzung sei um fünf Jahre zurückgeworfen worden.

Nach den Anschlägen vom 11.9. und dem Beginn des zweiten Irakkrieges steckten das Militär und die Geheimdienste viel Geld in die maschinelle Übersetzung. DARPA, die US-Air Force und die Geheimdienste wollten die Arbeit der menschlichen Übersetzer erleichtern, die wenig verbreitete Sprachen wie Usbekisch, Paschtunisch, Dari oder Nepalesisch sprachen.

Die maschinelle Übersetzung bekam einen weiteren Schub, als Google das Internet nach noch mehr „Steinen von Rosette“ absuchte: nach neuen Geschichten und Dokumenten, die sowohl in Englisch als auch einer anderen Sprache veröffentlicht worden sind. Allein die Dokumente der UNO trugen 200 Mrd. Wörter bei. Mittlerweile spuckte das Web, für die, die danach suchten, kostenlos enorme Textmengen aus. Google durchkämmte das Netz nach englischen Wörtern und zählte beispielsweise ab, wie oft die Kombination *„of the“* vorkam. Um zu bestimmen, welche Wörter im englischen Satz mit welchen Wörtern der anderen Sprache korrespondierten, versuchte Google mit Bayes, die Sätze in der wahrscheinlichsten Weise zur Deckung zu bringen.

2005 gewann Google einen bedeutenden Wettbewerb für maschinelle Übersetzungen, der vom National Institute of Standards and Technology gesponsert wurde. Er zeigte, dass der Fortschritt nicht aus besseren Algorithmen resultierte, sondern aus mehr Übungsdaten. Computer „verstehen" rein gar nichts, aber sie erkennen Muster. Google bietet heute Online-Übersetzungen in Dutzende von Sprachen an, die von Englisch über Afrikaans, Arabisch, Bulgarisch, Chinesisch, Dänisch, Estnisch, Finnisch, Französisch, Katalanisch, Kroatisch, Niederländisch bis Weißrussisch reichen. Der Turm von Babel bröckelt also.

Sogar während das Bayes-Theorem dabei war, die menschliche Kommunikation zu verbessern, führte der Weg zu der fundamentalen Frage zurück, die schon Bayes, Price und Laplace bewegt hatte: Wie lernen wir? Unter Verwendung des Bayes-Theorems lernen jedes Jahr eine halbe Millionen Studenten in den USA die Antwort auf diese Frage: Wir kombinieren altes mit neuem Wissen. Ungefähr 2600 weiterführende Schulen unterrichten in den USA Algebra und Geometrie mit Bayes'schen Computerprogrammen, die ab den späten 1980er-Jahren von der Carnegie Mellon University entwickelt worden sind. Es gibt diese Software auch für Französisch, Englisch als Fremdsprache, Chemie, Physik und Statistik.

Die Programme, die unter „Cognitive Tutor" laufen, beruhen auf John R. Andersons Idee, dass Bayes widerspiegelt, wie wir auf natürliche Weise lernen, nämlich Schritt für Schritt. Die Fähigkeit, Erkenntnisse anzuhäufen, ist eine optimale Überlebensstrategie, aber unser Gehirn kann nicht allem eine hohe Priorität zuweisen. Deshalb müssen die meisten Studenten ganz oft mit einem mathematischen Konzept arbeiten, bis sie es ganz nach Wunsch anwenden können. Unsere Fähigkeit, so zu handeln, hängt davon ab, wie oft wir das Konzept studiert haben und wie lange das her ist.

Der „Cognitive Tutor" berechnet dann noch mit Bayes den „Skillometer" für jeden Schüler. Das ist die Wahrscheinlichkeit, dass er ein Thema begriffen hat und nun für eine neue Herausforderung bereit ist. Zehn Jahre nachdem dieses Bayes'sche Schwert mit seinen zwei Schneiden zum ersten Mal eingesetzt wurde, lernen die Schüler so viel wie mit der konventionellen Methode oder sogar mehr – in einem Drittel der Zeit.

Das Aufblühen Bayes'scher Netzwerke, neuronaler Netze und von Netzen der Künstlichen Intelligenz hat Neurologen ermöglicht zu untersuchen, wie die Neuronen des Gehirns Informationen verarbeiten, die direkt oder indirekt eintreffen, aber nur in wenigen Fällen gleichzeitig und in oft kleinen, widersprüchlichen Paketen. Als ein Rechenwerkzeug und eine Lerntheorie wurde Bayes für das Kartieren des Gehirns und die Analyse seiner Schaltkreise ebenso einbezogen wie bei der Entschlüsselung der Signale von Neuronen und bei dem Versuch, sie für bessere Prothesen und Roboter nutzbar zu machen.

Im Wachzustand bombardieren unsere Sinneszellen das Gehirn mit Hunderten von Megabits an Informationen pro Sekunde. Aus diesem Datenstrom extrahieren zehn Milliarden Nervenzellen Informationen und korrigieren alle 100 Millisekunden ihre Apriori-Erkenntnisse. Herauszufinden, welcher Reiz von welcher Sinneszelle welche Reaktion der Neuronen hervorruft, ist ein kompliziertes Problem: Man kann nicht voraussagen, wann die Neuronen „feuern", die Forscher können nicht alle zur gleichen Zeit beobachten, und das Gehirn kombiniert Reize aus ganz verschiedenen Quellen. Die visuellen Bereiche unseres Gehirns erschaffen zum Beispiel dreidimensionale Objekte und Szenerien. Dabei gründen sie sich auf unser schon vorhandenes Wissen über wiederkehrende Muster und Gesetzmäßigkeiten unserer Umgebung, zum Beispiel, dass das Licht meist von oben kommt und dass gerade Linien, die einen Winkel von 90 Grad bilden, in der Regel vom Menschen gemacht sind. Aber unser Gehirn verfeinert ständig unser Wissen mit neuen Daten über Tiefe, Konturen, Symmetrie, Kurvenformen, Struktur, Schattenwurf, Reflexion, Perspektive und Bewegung.

1998 stellte der Neurostatistiker Emery N. Brown vom MIT und dem Massachusetts General Hospital fest, dass Bayes'sche Methoden mit diesen Ungewissheiten möglicherweise etwas anfangen können. Mit Kalman-Filtern konnten er und sein Kollege Matthew A. Wilson, ein Neurologe vom MIT, das Gehirn einer Ratte analysieren, als es Informationen über seinen Aufenthaltsort verarbeitete. Ungefähr 30 sogenannte Platzneuronen im Hippocampus sorgen dafür, dass die Ratte weiß wo sie ist. Als eine Laborratte in ihrer Box nach zufällig verteilten Schokoladenleckereien stöberte, zeigten die in ihr Gehirn implantierten Elektroden einige der Platzneuronen, als sie feuerten. Ein Bayes'scher Filter brachte immer wieder den Ort der Ratte auf den neuesten Stand. Die Forscher konnten weder die Ratte noch die Box sehen, sie konnten aber die Bewegungen der Ratte verfolgen, indem sie das Feuern der Neuronen beobachteten. Dank Bayes konnte Brown den Weg der schokoladenlüsternen Ratte mit nur einem Fünftel oder Zehntel der Neuronen verfolgen, die für vorangegangene Versuche nötig waren.

Um zu erforschen, ob es in der Praxis möglich ist, das lebende Gehirn zur Steuerung von Prothesen und Robotern zu verwenden, wurde Browns statistische Methode mit ein paar Dutzend motorischen Neuronen, einem Bayes'schen Algorithmus und Bayes'schen Teilchenfiltern neu formuliert. Ziel war, einen künstlichen Arm zu entwickeln, der vorsichtig nach etwas greifen kann und in der Lage ist, die Hand zu drehen, die Finger unabhängig voneinander zu bewegen sowie Objekte zu greifen und herzuholen. Um die Möglichkeiten dieser Methode zu illustrieren, musste ein Rhesusäffchen im Labor von Andrew B. Schwartz an der University of Pittsburgh lange auf einen Leckerbissen warten. Seine Arme waren in Plastikröhren fixiert, und ihm lief schon das Wasser im Mund zusammen. Die motorischen Neuronen in seinem Gehirn feuerten immer wieder und aktivierten den Roboterarm. Die Kontrolle durch den Affen war so präzise, dass er den künstlichen Arm ausstrecken, die Belohnung schnappen und sie heranholen konnte, um sie zu essen. Frequentistische Methoden können mit einfachen Vorwärts-Rückwärts-Bewegungen umgehen, aber Bayes'sche Neurostatistiker glauben, dass ihre Algorithmen leistungsfähig und flexibel genug sein werden, um Position, Drehung, Beschleunigung, Geschwindigkeit, Impuls und die Kraft, mit der der Roboterarm zupackt, zu kontrollieren.

Diese Versuche, all die Informationen zu verwerten, die in Neuronen stecken, werfen Fragen auf: Was macht eigentlich das Gehirn? Maximiert es die Informationen, die es von einer ungewissen Welt erhält, indem es bayesartige Berechnungen durchführt? Bei der Diskussion dieser Fragen ist Bayes mehr als nur ein Hilfswerkzeug zur Datenanalyse und Entscheidungsfindung geworden: Es kann als theoretisches Modell dienen, um das Funktionieren des Gehirns zu erklären. Tatsächlich ist das „Bayes'sche Gehirn" zu einer Metapher für das menschliche Gehirn schlechthin geworden, das die Wahrscheinlichkeit nachahmt.

In unserem Kampf ums Überleben in einer unsicheren und sich wandelnden Welt produzieren unsere Sinnesorgane und motorischen Systeme oft Signale, die unvollständig, zweideutig, veränderlich oder von Zufallsfluktuationen gestört sind. Wenn wir eine Hand unter den Tisch halten und ihren Platz abschätzen, können wir leicht um zehn Zentimeter daneben liegen. Immer wenn das Gehirn einen Befehl für eine Aktivität gibt, erzeugen wir eine etwas andere Bewegung. In dieser verwirrenden Welt hat sich Bayes als nützliches theoretisches Stützwerk erwiesen. Es hilft uns zu erkennen, wie das Gehirn vielleicht lernt. Und es zeigt mathematisch, wie wir zwei Arten von Informationen kombinieren: unsere Apriori-Annahmen über die Welt mit den fehlerbehafteten Hinweisen, die unsere Sinne liefern.

Wie schon Lindley Jahre zuvor betonte, verlassen wir uns auf unsere Sinne, wenn wir uns ihrer Resultate sicher sind. Wenn wir aber mit Sinneseindrücken konfrontiert werden, denen wir nicht vertrauen, greifen wir auf unsere Sammlung von Apriori-Annahmen über die Welt zurück.

Als Daniel Wolpert von der Cambridge University diese Theorie mit einem virtuellen Tennisspiel testete, zeigte sich, dass die Spieler unbewusst ihre pauschalen Apriori-Kenntnisse über das Schlagen der Bälle mit sensorischen Daten über einen bestimmten Ball kombinierten, der über das Netz kam. Kurz gesagt: Sie verhielten sich unbewusst wie gute Bayesianer. Darüber hinaus ist laut Wolpert das Schöne an Bayes, dass es keine einzelne Zahl liefert. Es macht auf der Basis der Sinneseindrücke multiple Prognosen über jeden möglichen Zustand. Also wird der Tennisball am wahrscheinlichsten an einer bestimmten Stelle aufprallen, aber es gibt auch eine merkliche Chance, dass er woanders landet.

Nach Bayes speichert das Gehirn einen weiten Bereich von Möglichkeiten, aber es rechnet ihnen große oder kleine Wahrscheinlichkeiten zu. Bekanntlich funktioniert das Farbensehen auf diese Weise. Wir denken, wir sehen Rot, aber in Wirklichkeit sehen wir ein ganzes Spektrum von Farben, ordnen Rot die größte Wahrscheinlichkeit zu *und* merken uns am Rande, dass die Farbe auch Pink oder Purpurrot sein kann.

Wolpert schloss, dass jeder menschlichen Aktivität das Bayes'sche Denken zugrunde liegt – vom Sprechen bis zum Handeln. Das biologische Gehirn hat sich so entwickelt, dass es die Ungewissheiten der Welt minimiert, indem es auf Bayes'sche Weise denkt. Kurz: Es wird immer deutlicher, dass wir Bayes'sche Gehirne haben.

Wie wird die Zukunft aussehen, wenn wir von der kontroversen Vergangenheit von Bayes und seinen Erfolgen in der Gegenwart ausgehen? Der Ansatz hat seinen Wert schon bewiesen, indem er Wissenschaft und Technik vorangebracht hat. Das reicht von den Finanzmärkten über den E-Kommerz, die Soziologie, das maschinelle Lernen bis zur Astronomie und Neurophysiologie. Bayes ist der fundamentale Ausdruck für unsere Art zu denken und die Welt zu sehen. Seine mathematische Einfachheit und Eleganz werden seine Benutzer weiterhin in ihren Bann ziehen.

Aber was wird sich in den kommenden Jahren entwickeln? Die brachiale Macht der Computer kann immense Datenmengen organisieren, aber die Daten nur auf holprige Weise sinnvoll gruppieren und mit Suchmaschinen durchforsten. Nur das Gehirn untersucht Dokumente und Bilder nach ihrem Sinn und Inhalt. Welcher Ansatz wird nützlicher sein? Werden die Computer so leistungsfähig werden, dass allein schon riesige Datenberge uns alles sagen? Werden die Wissenschaftler irgendwann keine Theorien und Hypothesen mehr aufstellen müssen, bevor sie experimentieren oder Daten sammeln? Oder werden die Organisationsprinzipien von Bayes grundlegend? Die derzeitigen Strategien zum Bau von Computern, die biologisches Niveau erreichen sollen, stützen sich auf so alte Prinzipien wie widerverwendbare Teile, hierarchische Strukturen, Variation der Themen und Regelsysteme.

Der springende Punkt bei dieser Debatte ist Bayes und seine Prioren, sagt Stuart Geman, dessen Gibbs Sampler dazu beitrug, die moderne Bayes'sche Revolution einzuleiten: „In dieser Debatte gibt es kein stärkeres Argument für Bayes, als dass es die inneren Strukturen und die Apriori-Erwartungen des Gehirns erkennt." Die alten Kontroversen zwischen Bayesianern und Frequentisten werden nun in Sätzen wie „Verwenden wir Wahrscheinlichkeiten oder nicht?" neu formuliert. Alt oder neu – die Themen sind ähnlich, wenn nicht gleich, sagt Geman. Und in seinem neuen Gewand stehen das Bayes'sche Lernen und seine Prioren im Mittelpunkt der Debatte.

Werden in Zukunft Computer mit unseren Gehirnen konkurrieren können, was das Verstehen betrifft? Werden sie mit Bayes programmiert werden? Oder mit etwas anderem?

Wie immer diese Revolution ausgeht: Diaconis beharrt darauf, dass Bayes eine Rolle spielen wird. „Bayes ist noch jung. Bis 1700 hatte die Wahrscheinlichkeit noch nicht viel mit Mathematik zu tun. Bayes wuchs in einer datenarmen Zeit auf, in der umfangreiche Rechnungen schwierig waren. Es ist noch nicht ganz angekommen. Aber wir können ihm Zeit geben. Wir starten gerade erst durch."

18 Epilog: Der Air France-Flug 447 Rio de Janeiro – Paris

Das Bayes-Theorem kam im April 2011 auf spektakuläre Weise ins Spiel, als es darum ging, eines der mysteriösesten Unglücke der zivilen Luftfahrt aufzuklären. Fast zwei Jahre zuvor war ein Flugzeug abgestürzt, und man wollte wissen, wo die Wrackteile liegen.

Es war am Abend des 31. Mai 2009, als die Maschine des Air-France-Flugs 447 von Rio de Janeiro nach Paris abhob. In den frühen Morgenstunden des 1. Juni geriet sie über dem Südatlantik in großer Höhe in ein Gewitter und verschwand mit 228 Personen an Bord, ohne eine Spur zu hinterlassen.

Der Jet flog außerhalb aller Radarsysteme und war fast 1 000 km von der brasilianischen Küste entfernt, als ein automatisches GPS-System am 1. Juni um 02:10 über Satellit seine letzte Position durchgab. Viereinhalb Minuten später brach jeder Kontakt ab, und die offiziellen Vertreter des französischen Bureau d'Enquêtes et d'Analyses (BEA), dem Gegenstück zur deutschen Bundesstelle für Flugunfalluntersuchung (BFA), stellten fest, dass das Flugzeug vermutlich innerhalb eines Radius von etwa 70 km um die letzte Position abgestürzt war. Unglücklicherweise bedeutete das, dass der Airbus irgendwo in einem Gebiet von gut 16 000 Quadratkilometer Fläche im Südatlantik liegen musste.

Um nach Überlebenden und Spuren der Maschine zu suchen, organisierte das BEA sofort eine Suche mit Flugzeugen durch die brasilianische und französische Luftwaffe und durch Schiffe in der Nähe. Es verging jedoch fast eine Woche, bevor man die ersten Trümmer und die Leichen von 33 Passagieren etwa 70 km nördlich der letzten bekannten Position des Flugzeugs fand.

Es musste also eine Unterwassersuche begonnen werden, und die BEA beauftragte Olivier Ferrante, sie zu koordinieren. Ferrante, ein Franzose, der seinen Master-Abschluss in Luftfahrttechnik gemacht hatte, war auch Pilot und Taucher. Er beschrieb sich selbst als das Mitglied einer lose verbundenen internationalen Gemeinschaft von Zivilluftfahrt-Experten, die sich oft trafen und zusammenarbeiteten. Er hatte schon eine Unterwassersuche nach einer Boeing 737 der Flash Airlines koordiniert, die 2004 in Ägypten vor Scharm El-Scheich abgestürzt war. Ferrante hatte außerdem zwei Jahre bei der Federal Aviation Association (FAA) in Renton, Washington, zugebracht und bei einem gemeinsamen Projekt mitgearbeitet, bei dem es um Datenaustausch und Risikoabschätzung ging.

Ferrante brachte die nächsten zwei Jahre damit zu, die längste, schwierigste und teuerste Hightec-Unterwassersuche zu koordinieren, die es je gab. Selbst der in Frankreich für die BEA zuständige Minister glaubte nicht daran, dass man das Flugzeug je finden würde. Luftfahrtexperten und Ozeanografen von staatlichen Einrichtungen, Forschungslabors und der Industrie weltweit leisteten Hilfe. Die Kosten betrugen insgesamt etwa $ 45 Mio. Sie wurden zwischen Frankreich (25 %), Airbus (25 %) und der BEA (50 %) aufgeteilt.

Im ersten Monat arbeiteten die Suchteams gegen die Zeit, um die zwei Unterwasser-Ortungssender des Flugzeugs zu finden. Diese zigarrengroßen „Pinger" oder Klingeln sind so ausgelegt, dass sie jeden Absturz überleben und dann im Augenblick des Auftreffens auf Wasser ein hochfrequentes Signal aussenden. Die Batterien reichen aber nur für 30 Tage. Die Pinger waren so wichtig, weil sie an den beiden „Blackboxes" angebracht waren, von denen eine den Flugschreiber, der die Flugdaten aufzeichnet, die andere die Stimmaufzeichnung aus dem Cockpit enthielt. Wollte die BEA herausfinden, was die Tragödie verursacht hatte, mussten die beiden Flugschreiber gefunden werden.

Entgegen ihrem Namen „Blackbox" sind die beiden Flugschreiber, die überall in der Luftfahrt benützt werden, nicht schwarz, sondern rot und weiß. Sie sind nur so groß wie eine Schuhschachtel und lagen nun auf dem Ozeangrund in einem Gebiet, das fast so groß und auch so gebirgig wie die Schweiz war, in der Nähe des mittelatlantischen Rückens zwischen den tektonischen Platten von Amerika und Afrika. Das Gebiet war zudem so weit abgelegen, dass die Wissenschaftler den Ozeanboden noch nicht genau kartiert hatten.

Die US-Navy schickte die beiden weltweit einzigen Unterwassermikrofone, die bis in 6 500 m Tiefe im Ozean arbeiten können. Sie sollten den geplanten Flugweg absuchen und mit ihren akustischen Sensoren die Geräusche der Pinger auffangen, von denen man annahm, dass sie noch arbeiteten. Den Inspektionen vor Ort nach funktionierten die Mikrofone perfekt, fingen aber keine Signale auf – Walgesänge ausgenommen, die ungefähr dieselbe Frequenz haben. Die Unterwassermikrofone wurden abgezogen, und die Suche ging weiter.

Nachdem jede Hoffnung verflogen war, die Pinger zu hören, blieben Sonar-Geräte als einziger Weg, das Wrack zu orten. Ein Sonar-Gerät sendet Schallwellen aus, die reflektiert werden, wenn sie unter Wasser auf feste Gegenstände treffen. Die Reflexe werden dann analysiert und zu Bildern verarbeitet.

Die Sonar-Experten suchten nach Reflexen einer knapp 300 m langen Anomalie, was ungefähr der Länge des Trümmerfelds entsprach, das 2008 beim

Absturz einer B-52 vor Guam entstanden war, die in ähnlicher Tiefe liegen geblieben ist. Die Trümmer eines Flugzeugs sind jedoch, verglichen mit den unterseeischen Gebirgsketten, sehr klein. Und das Sonar zeigte auch Objekte an, die sich als Felsbrocken und Muschelschalen oder als Ölfässer entpuppten, die von vorbeifahrenden Schiffen ins Meer geworfen worden waren. „Die Geologen waren total begeistert, wir aber nicht", erinnerte sich Ferrante.

Während zweier weiterer vergeblicher Suchfahrten im nächsten Sommer setzten Experten von internationalen ozeanografischen Instituten, zu denen auch das von Woods Hole, Massachusetts, gehörte, auch Sonar-Geräte ein, die weit nach den Seiten Ausschau hielten und das Gebiet nördlich der geplanten Flugroute absuchten. Ferrante und Larry Stone, ein Berater in Sachen Bayes, waren reichlich verblüfft, dass man dort suchte. Die Ozeanografen hatten das Gebiet ausgewählt, nachdem sie abgeschätzt hatten, wie die Trümmer des Flugzeugs möglicherweise abgetrieben waren. Die Bayes'sche Software, die von der US-Küstenwache benützt wird, kann zwar oft den Weg von im Meer treibenden Objekten anhand der bekannten Strömungen zum Unglücksort zurückverfolgen, weil aber zwischen Unglück und Auffinden von Trümmern schon sechs Tage verstrichen waren, war das Zurückrechnen ziemlich schwer. Das Problem war besonders kompliziert, weil in Äquatornähe die Winde und Meeresströmungen in dieser Zeit turbulent waren und, der Jahreszeit gemäß, Gegenströmungen einsetzten. Als die französische Kriegsmarine Anfang Juni 2010 neun Treibbojen in der Nähe der Unfallstelle absetzte, trieben sie sehr schnell in alle möglichen Richtungen ab.

Nach dem Fehlschlag der Suche durch die Ozeanografen entschloss sich die BEA zu einer weiteren Suchfahrt. Sollte das Flugzeug auch dabei nicht gefunden werden, wollte die BEA abwarten, bis eine bessere Ausrüstung zur Verfügung stand, und erst dann einen neuen Versuch starten.

Man hatte schon einiges gelernt: Erstens, sobald bei einem Flug mit Passagieren an Bord auf langen Strecken über dem Meer ein Notfall eintritt, muss die Position sofort und weit öfter als im sonst üblichen Zehn-Minuten-Abstand gemeldet werden. Das würde das Suchgebiet erheblich verkleinern. Zweitens, das erste Flugzeug, das über der Unglücksstelle eintrifft, muss sofort Bojen abwerfen, um die Strömungen zu messen. Drittens, die Batterien der Pinger müssen auf 90 Tage statt auf 30 ausgelegt werden. Zudem müssen sie tiefere Frequenzen aussenden, die auch die Wasseroberfläche erreichen und dann von den meisten Kriegsschiffen gehört werden können.

Inzwischen hatte Ferrante ausführlich mit Johan Strumpfer gesprochen, einem südafrikanischen Experten, der mit Erfolg einen ähnlichen Absturz einer Boeing 747 bei Taipeh 1987 untersucht hatte. Strumpfer klärte Ferrante über die Bayes'sche Theorie auf und berichtete von einem Auftragnehmer des Militärs, Metron Inc. aus Reston, Virginia, der sie einsetzte.

Im Juli 2010, ein Jahr nach dem Absturz, beauftragte die BEA Metron mit einer ausführlichen Bayes'schen Analyse der bisherigen Suchanstrengungen. Larry Stone von Metron hatte schon mit Tony Richardson Bayes'sche Methoden bei der Suche nach der *Scorpion* und später auch bei anderen Suchen angewandt.

Metron stellte ein AF-447-Team zusammen, zu dem neben Stone und Strumpfer noch Tom Kratzke und Colleen Keller gehörten. Mit der Bayes'schen Methode, wie sie Richardson und Craven bei der Suche nach der *Scorpion* entwickelt hatten, sollten sie Szenarien entwerfen, dabei auch die *nicht* erfolgreichen Suchen bewerten und alle verfügbaren Daten samt den mit ihnen verbundenen Ungewissheiten einbeziehen.

Zu diesen Daten gehörte alles, was über die Flugzeugdynamik, die Winde und die Strömungen im fraglichen Gebiet bekannt war. Dazu kamen Daten aus Russland über neun Unfälle von Verkehrsflugzeugen, bei denen die Piloten die Kontrolle über die Maschine verloren hatten. All diese Flugzeuge schlugen innerhalb von 35 und nicht von 70 km um den Punkt auf, von wo der erste Notruf kam. Metron wies der Kredibilität dieser Flugdaten eine Wahrscheinlichkeit von 70 % zu. Auch die Positionen und die Zeit bis zum Auffinden der Leichen und Trümmer zwischen 6. und 9. Juni 2009 wurden in die Apriori-Wahrscheinlichkeit einbezogen, sie wurden aber wegen der turbulenten Strömungen in Äquatornähe nur mit 30 % Wahrscheinlichkeit bewertet. All diese Informationen wurden zu konsistenten Szenarien geordnet, alle Ungewissheiten wurden quantifiziert und gewichtet.

Um diese Informationen aus der Zeit *vor* der Suche aufzubessern, wurden alle verfügbaren Daten der Suchen aus der Luft sowie auf und unter dem Wasser gesammelt. Die Meinung der Sensor-Experten, der Zustand des Ozeans, die Sicht, die unterseeische Geografie und die Eigenschaften der Wassersäule bis zum Ozeanboden wurden beurteilt, um die Leistungen der Sensoren zu quantifizieren. Die Ozeanografen hatten den Norden schon so intensiv mit Sonar-Geräten abgesucht, dass man diese Gebiete ausschließen konnte. Zuletzt wurde das Bayes-Theorem verwendet, um die Informationen *vor* der Suche mit den Daten *während* der Suchaktion aufzubessern.

Das Team von Metron und insbesondere Strumpfer hatten aber große Zweifel, ob die beiden Pinger nach dem Absturz richtig funktioniert hatten. Deshalb machten sie zwei Analysen. Nach der einen Analyse waren die Pinger in Ordnung, nach der zweiten waren sie aber zerstört worden oder hatten schlecht funktioniert. Das Einbeziehen dieser Ungewissheit ergab eine Suchfläche mit höchster Priorität, die noch nie mit Sonar-Geräten abgesucht worden war: das Zentrum des Kreises um die letzte bekannte Position des Flugzeugs. Dort hatte zwar in den ersten Wochen nach dem Unglück die US-Navy mit akustischen Sensoren gesucht, da sie aber nichts gehört hatten, nahm man an, dass die Pinger irgendwo anders liegen müssten. Deshalb waren die Ozeanografen weiter im Norden gekreuzt.

Im April 2011 begann nach zwei Jahren ergebnisloser Suche die Jagd von Neuem. Bayes konnte nun etwas liefern, was Ferrante ein externes, neutrales und rationales Auge nannte. Dieses Auge hatte alle Daten aufgenommen, die vor und nach dem Crash gesammelt worden waren. Mit Bayes wurden Wahrscheinlichkeitskarten gezeichnet und ein Einsatzplan entworfen, mit dem die verfügbare Ausrüstung jeden Tag optimal und effizient eingesetzt werden konnte, bis man das Flugzeug gefunden hatte. Das Bayes'sche Verfahren lieferte zwar nur Annahmen, aber diese waren klar und deutlich gekennzeichnet. Die Suche begann aufgrund des Bayes'schen Vorschlags in der Mitte des Gebiets, das die höchste Wahrscheinlichkeit hatte, und arbeitete sich von der letzten bekannten Position des Flugzeugs nach außen vor.

Nach gerade mal einer Woche kam es zu dem lang ersehnten Durchbruch. Am 2. April 2011 zeigten Bilder, die ein Sonar-Gerät produziert hatte, das auch zur Seite blicken konnte, eine Fülle von Reflexen in einem Gebiet von 700 × 200 m. Am nächsten Tag zeigten weitere Bilder Flügel und Triebwerk des Flugzeugs, Teile des Rumpfs und das Fahrwerk. Der Airbus von AF-447 lag in 4 000 m Tiefe und zwölf Kilometer nordnordöstlich der letzten Position, die das Flugzeug zwei Jahre zuvor gemeldet hatte.

Bayes hatte geholfen, eine zwei Jahre dauernde Unterwassersuche innerhalb einer Woche erfolgreich zu beenden. Bemerkenswert ist die Tatsache, dass die französische Regierung ausdrücklich die Rolle des Bayes-Theorem anerkannte, den Platz von AF-447 so schnell gefunden zu haben – nachdem das Wort „Bayes“ über viele Jahrzehnte des 20. Jahrhunderts zu kontrovers diskutiert wurde, als dass es genannt werden durfte.

Ferrante kehrte sofort mit einem Bergungsschiff an den Ort der Wrackteile zurück. Beide Flugschreiber wurden gefunden, und beide funktionierten. Der Rücken des Flugzeugs, wo die Flugschreiber untergebracht waren, hatte das Schlimmste des Crashs abgefangen. Auch einer der Pinger wurde gefunden, er hatte aber an einem Ende eine kleine Scharte und funktionierte auch mit neuen Batterien nicht. Der zweite Pinger wurde nie gefunden. Hätte einer der Pinger wie erwartet funktioniert, wäre die Suche nach dem Flugzeug nach einem Monat zu Ende gewesen.

Die Aufzeichnungen der Flugschreiber und die Untersuchung der geborgenen Flugzeugteile zeigten, dass wahrscheinlich die Geschwindigkeitsmesser in dem Gewitter vereist waren. Als es beim Flugzeug zu einem Strömungsabriss kam, hatten wahrscheinlich widersprüchliche Anzeigen der Geschwindigkeit die Piloten in die Irre geführt.

Was die Jagd auf das Wrack betraf, so war es nach den Worten Ferrantes „eine große kollektive Anstrengung". Das Unternehmen endete am 16. Juni 2011, zwei Jahre und zwei Wochen nach dem Absturz von AF-447, als ein Schiff mit den sterblichen Überresten von 104 Opfern in Bayonne anlegte, wo Familien, Freunde und Verwandte warteten.

Anmerkungen

1. Die Frage nach den Ursachen

1. Aufsätze über Bayes verbreiten immer wieder zwei Irrtümer: Der erste betrifft seinen Todestag. Nach den Unterlagen des Friedhofs, auf dem er begraben liegt, und nach anderen Dokumenten, die seine Biografen Andrew Dale und David Bellhouse fanden, starb Bayes am 7. April 1761. Fälschlicherweise wird oft der Tag seiner Beerdigung, der 15. April, als Todestag genannt. Der schlechte Zustand seiner Grabstätte hat möglicherweise zu dem Irrtum beigetragen.
   Der zweite Irrtum ist, dass das oft reproduzierte Portrait von Thomas Bayes vermutlich jemand anderen mit dem Namen „T. Bayes" abbildet. Das Portrait erschien zuerst 1936 in Terence O'Donnells *History of Life Insurance in its Formative Years*. Die Bildunterschrift auf S. 335 besagt, dass es sich um einen „Rev. T. Bayes" handelt, der eine Methode zur Erstellung von Sterbetafeln von George Barrett verbessert hatte. Barrett entwickelte diese Methode aber erst 1810, ein halbes Jahrhundert nach dem Tod „unseres" Rev. T. Bayes.
   David Bellhouse stellte zudem als Erster fest, dass die Frisur des Herrn auf dem Portrait nicht der Zeit von Bayes entspricht (Bellhouse 2004). Sharon North, die Kuratorin für Stoffe und Mode am Victoria and Albert-Museum in London ist auch dieser Meinung: „Diese Frisur sieht sehr nach dem 20. Jahrhundert aus. Das Gewand von Geistlichen ist immer schwer zu beurteilen, da sich die Roben und Kollare im Laufe der Zeit nur wenig geändert haben. Ich würde jedoch sagen, dass die Haare des Mannes … nicht zu den 1750er Jahren passen. Er hätte für ein Portrait eine Perücke getragen. Geistliche trugen eine Art von Bob-Perücke, die später als ‚Priester-Perücke' bekannt wurde, eine kurze, sehr buschige Perücke aus Pferdehaar, die weiß gepudert war."
2. Berkeley veröffentlichte seinen *Treatise Concerning the Principles of Human Knowledge* 1710. (Anm. d. Übers.)
3. So im Titel einer Ausgabe ihrer Briefwechsel (Climenson 1906). Die Mitglieder des Salons von Elizabeth Montagu wurden „Blaustrümpfe" genannt, weil einer der Teilnehmer statt schwarzer blaue Strümpfe trug. Später wurde „Blaustrumpf" zum Spottbegriff für emanzipierte Frauen. (Anm. d. Übers.)
4. Ebd., S. 18 (Oktober 1735).
5. Moivre, vgl. auch Schneider, *Antoine de Moivre*. (Anm. d. Übers.)

6. Dale 1999, S. 15.
7. Bayes, Versuch zur Lösung eines Problems der Wahrscheinlichkeitsrechnung, S. 19.
8. Ebd., S. 18.
9. Hartley, Bd. 1, S. 339, Prop. 87. (Anm. d. Übers.)
10. Priestley, S. 23. (Anm. d. Übers.)
11. Morgan, S. 25. (Anm. d. Übers.)
12. Bayes/Price 1763, S. 374. Die Einleitung von Price wurde nicht in die deutsche Übersetzung der Bayes'schen Schrift übernommen. (Anm. d. Übers.)

2. Pierre-Simon Laplace: Der Mann, der alles machte

1. Bei den Einzelheiten des Lebens von Laplace beziehe ich mich vor allem auf Hahn 2004. Man hatte zunächst angenommen, dass alle Dokumente über Laplaces Leben 1925 bei einem Brand im Haus eines seiner Nachkommen zerstört wurden. Hahn hat aber gewissenhaft viele Originaldokumente ausfindig gemacht, die neue Fakten aufzeigen und frühere Annahmen über Leben und Werk von Laplace korrigieren konnten.
2. Der „schwindelerregende Wissensdurst" ist ein Zitat aus Daniel Roches Klassiker *La France des Lumières* von 1993.
3. Voltaire, *Über den anglikanischen Glauben*, S. 24 f. Sie trieben es „öffentlich", dichteten „zarte Lieder", gaben „erlesene und lange Essen" und dergleichen mehr. (Anm. d. Übers.)
4. Koda/Bolton, S. 21 (Abbildung gegenüber S. 20).
5. Stigler 1978, S. 234 f.
6. Laplace, *Mémoire sur la probabilité des causes par les événements.* Um Irrtümer zu vermeiden sind im Folgenden die Werke Laplaces mit Kurztitel aufgeführt. Nähere Angaben finden sich in der Bibliografie. (Anm. d. Übers.)
7. Laplace, *Sur les naissances*, S. 37.
8. Laplace, *Recherches sur l'intégration*, S. 145.
9. Laplace, *Mémoires sur les approximations des formules*, S. 301.
10. Laplace, *Philosophischer Versuch*, S. 165.
11. Laplace, *Mémoire sur la probabilité des causes par les événements*, S. 54.
12. Zu Laplaces „sehr großen Zahlen" vgl. beispielsweise sein *Mémoire sur les approximations des formules.*
13. Laplace, *Mémoire sur la probabilité*, S. 429, und Laplace, *Mémoires sur les approximations des formules*, S. 301 und 319.
14. Laplace, *Mémoire sur les probabilités*, S. 429.
15. Laplace in diversen seiner *Mémoires*. Der verwirrte Student war Jean-Baptiste Biot.
16. Stigler 1986, S. 135.
17. Gillispie 1997, S. 81.
18. Laplace, *Mémoires sur les approximations des formules*, S. 296.
19. Hald 1998, S. 236, und für eine detaillierte Diskussion von Laplaces Untersuchungen der Geburten S. 230–245.

20. Laplace, *Philosophischer Versuch*, S. 103.
21. Laplace nannte an anderer Stelle „ungefähr neun Jahrhunderte" (Laplace, *Philosophischer Versuch*, S. 66). Nach neueren Untersuchungen dauert der Zyklus 918 Jahre. (Anm. d. Übers.)
22. Hahn 2004, S. 104.
23. Nach Bell, *Die großen Mathematiker*, S. 185. Wilhelm Herschel schrieb den Dialog aus erster Hand in sein Tagebuch (vgl. Dreyer, Bd. 1, S. lxii, und Hahn 1981). Napoleon spielte auf Laplaces *Exposition du système du monde* an.
24. Biot, Sur l'esprit de système, II, S. 112. Der Text erschien zuerst 1809. (Anm. d. Übers.)
25. Gespräch mit Glenn Shafer.
26. Laplace, *Philosophischer Versuch*, S. 170.

3. Viele Zweifler, wenige Verteidiger

1. Clerke.
2. Bell, Die großen Mathematiker, S. 177–186.
3. Ebd., S. 179, 184 f.
4. David, S. 30.
5. Gillispie 1997, S. 67, 276 f.
6. Karl Pearson 1929, S. 208.
7. Porter 1986, S. 36.
8. Mill, *System der deduktiven und induktiven Logik*, 3. Buch, Kap. 18, § 3, S. 72 (vgl. auch Gigerenzer et al., *Reich des Zufalls*, S. 56). Opprobrium = Schande. (Anm. d. Übers.)
9. Laplace, *Philosophischer Versuch*, S. 14.
10. Keynes, *Über Wahrscheinlichkeit*, S. 320 f.
11. Chrystal, in Hald 1998, S. 275.
12. Dreyfus 1899, S. 329–331.
13. Dreyfus verzichtete auf eine Berufung gegen das zweite Urteil und wurde auf Druck der Öffentlichkeit daraufhin vom Präsidenten begnadigt. Später betrieb Dreyfus doch noch ein Revisionsverfahren. Erst 1906, sieben Jahre nach der zweiten Verurteilung, wurde er vollständig rehabilitiert, zum Major befördert und wieder in die Armee aufgenommen. (Anm. d. Übers.)
14. Für die Hilfe bei diesem Fallbeispiel gilt mein Dank Ray Hill, Professor für Mathematik an der Salford University in Manchester. Grundlage ist ein Artikel von Helen Joyce im *Plus Magazine* (http://plus.maths.org/content/beyond-reasonable-doubt) von 2002 sowie Hill 2004 und Hill 2005.
15. *The House of Morgan* ist der Titel von Büchern von Lewis Corey, Edwin Hoyt und Ron Chernow und steht für die beherrschenden Banken der USA. Chernow hat auch ein entsprechendes Buch über deutsche Bankiers geschrieben: *Die Warburgs. Odyssee einer Familie*, München: Btb 1996. (Anm. d. Übers.)
16. Molina, nach Bailey 1950, S. 95 f.

17. Rubinow 1917, S. 35.
18. Rubinow 1914, S. 13.
19. Ebd., S. 14.
20. Rubinow 1917, S. 42.
21. Rubinow 1914, S. 14.
22. Pruitt, S. 151.
23. Whitney, S. 287.
24. Pruitt, S. 169.
25. Ebd., S. 170.
26. Ebd.
27. Karl Pearson, in MacKenzie 1981, S. 204.
28. Keynes, *Über Wahrscheinlichkeit*, S. 277.
29. Coolidge 1927, S. 100.
30. Kruskal, S. 1026.
31. Savage 1976, S. 445 f.
32. Leonard Darwin, in MacKenzie 1981, S. 19.
33. Fisher, in Box et al. 2006, S. 127.
34. Das Werk erschien 1956 unter dem Titel *Statistische Methoden für die Wissenschaft* in deutscher Übersetzung. (Anm. d. Übers.)
35. Kruskal, S. 1026.
36. Ebd., S. 1029.
37. Fisher, in Kotz/Johnson, I, S. 13.
38. Fisher, in Gill, S. 122.
39. Fisher, *Statistische Methoden*, S. 9.
40. Hald 1998, S. 733.
41. Savage 1976, S. 446.
42. Fisher, *Statistische Methoden*, S. 1.
43. Egon Pearson, in Reid, S. 55 f.
44. Perks, S. 286.
45. Fisher, in Neyman 1934, S. 154–157.
46. Tukey, nach einer E-Mail von David R. Brillinger.
47. Vgl. dazu aip.org/history/curie/scandal1.htm
48. So im Titel von de Finetti 1972. De Finetti spielte dabei auf Jakob Bernoullis *Ars Conjectandi* von 1713 an. (Anm. d. Übers.)
49. Lindley in einem Brief an die Autorin.
50. Essen-Möller, in Kaye et al. 2004.
51. Huzurbazar, S. 19.
52. Lindley 1983, S. 14.
53. Howie, S. 126.
54. Ebd., S. 210.
55. Jeffreys 1939, S. 99.
56. Lindley 1991, S. 11.
57. Lindley 1991, S. 391.
58. Jeffreys 1939, S. 718.

59. Jeffreys 1939, S. v.
60. Goodman 2005, S. 284; Blog *Less Wrong*, Beitrag *How to Fix Science* im März 2012. http://lesswrong.com/lw/ajj/how_to_fix_science/
61. Howie, S. 165.
62. Gespräch mit George E.P. Box.
63. Lindley 1986a, S. 43.
64. Jeffreys 1961, S. 432.
65. Lindley 1983, S. 8.
66. Lindley 1991, S. 10.

4. Bayes zieht in den Krieg

1. Churchill, S. 598.
2. Twinn, in Copeland et al. 2006, S. 567.
3. Barnard/Plackett, S. 36.
4. Kendall, in ebd., S. 48.
5. Wolfgangs Vater war der Dichter Alfred Döblin. Er emigrierte 1933 über Frankreich in die USA. (Anm. d. Übers.)
6. Denniston, in Copeland et al. 2006, S. 57 und 2004, S. 219.
7. Mahon, in Copeland 2004, S. 271.
8. Birch, in ebd., S. 279.
9. Newman, in Gandy/Yates, S. 7.
10. Copeland et al. 2006, S. 379.
11. Copeland 2004, S. 258.
12. Copeland et al. 2006, S. 379.
13. Copeland 2004, S. 281.
14. Good 1979, S. 394.
15. Anonym, an die Autorin.
16. Britton, S. 214.
17. Hinsley/Stripp, S. 155.
18. Gespräch mit Jack Good.
19. Michies Entwurf zur „Turingery“ und Gespräch mit Jack Good.
20. Copeland 2004, S. 279.
21. Ebd., S. 287 f.
22. Ebd., S. 292.
23. Ebd., S. 289.
24. Ebd., S. 260.
25. Zu dem Brief an Churchill s. ebd., S. 336 f.
26. Shiryaev 1991, S. 313.
27. Ebd.
28. Kolmogorov 1942.
29. Arnol'd, S. 35 f.
30. Arnol'd, S. 35.

31. Copeland et al. 2006, S. 383.
32. Ebd., S. 380–382.
33. Turing 1942.
34. Shannon, in Kahn 1967, S. 744.
35. Waddington, S. 27.
36. Koopman 1980, S. 17.
37. Koopman 1946, S. 771.
38. Ebd., S. 18.
39. Ebd., S. 60 f.
40. Andresen, S. 82 f.
41. Copeland et al. 2006, S. 80 f.
42. Michie, ebd., S. 380.
43. Ebd., S. 244.
44. Edward H. Simpson an die Autorin.
45. Ebd.
46. Good, in Britton, S. 221.
47. Hodges 2000, S. 290.
48. Dennis Lindley, Brief an die Autorin.
49. Blunt führte ein Doppelleben. Als überzeugter Kommunist lieferte er Geheimdokumente nach Moskau, während er offiziell im britischen militärischen Geheimdienst MI5 arbeitete. (Anm. d. Übers.)
50. Hilton, S. 7.
51. Nachdem Blunts Spionagetätigkeit für die Sowjets bekannt geworden war, wurden ihm die Ritterwürde und sein Titel als Professor wieder aberkannt. (Anm. d. Übers.)
52. Das Schicksal Turings wird in dem Theaterstück *Breaking the Code* von Hugh Whitemore dargestellt (Erstaufführung 1986). Der Film mit dem gleichen Titel (1996, Regie Herbert Wise) kam als *Der codierte Mann* in die deutschen Kinos. (Anm. d. Übers.)

5. Noch einmal tot und begraben

1. Gespräch mit Jack Good.
2. Sampson et al., S. 135.
3. Gespräch mit John W. Pratt.
4. Perks, S. 286.
5. „Land-grant institutions“ sind landwirtschaftliche Hochschulen in den USA, die selbst Landwirtschaft betreiben und ihren Etat mit deren Erträgen aufbessern. Eine der „land-grant universities“ ist die Virginia Polytechnic Institute and State University (Virgina Tech) in Blacksburg. (Anm. d. Übers.)
6. De Groot 1986a, S. 50–53.
7. Kotz und Johnson I, S. xxxviii.
8. Anonym, in Reid, S. 273.

6. Arthur Bailey: Bayes und die Versicherungen

1. Die biografischen Einzelheiten entstammen Gesprächen und der Korrespondenz mit Baileys Sohn Robert und seiner Schwiegertochter Shirley.
2. Bailey 1943, S. 31 f.
3. Hewitt 1969, S. 80.
4. Bailey 1950, S. 7.
5. Bailey 1963, S. 61.
6. Bailey 1950, S. 7–9.
7. Pruitt, S. 165.
8. Markus 9, 23.
9. Deming, *Facsimiles of two Papers by Bayes*. (Anm. d. Übers.)
10. Bailey 1950, S. 8.
11. Ebd., S. 94–115.
12. Zu Longley-Cook siehe Carr, S. 241–243.
13. Gespräch mit Charles C. Hewitt jr.
14. Hans Bühlmann, Brief an die Autorin.

7. Vom statistischen Werkzeug zur Glaubensfrage

1. Stephan et al., S. 953.
2. Gespräch mit Jack Good.
3. Reid, S. 216.
4. Campbell 2008.
5. Das „Licht" (des Paradieses oder des „himmlischen Jerusalem") gesehen zu haben, gehört zum Bekenntnis der Bekehrten. So singt beispielsweise Johnny Cash (auch als Klingelton erhältlich): „I saw the light, I saw the light./ No more darkness, no more night./ Now I'm so happy, no sorrow in sight,/ Praise the Lord, I saw the light." (Anm. d. Übers.)
6. Titterington.
7. Fisher, in Howie 2002, S. 179.
8. Reid, S. 256.
9. Ebd., S. 226.
10. Ebd., S. 274.
11. Reuben Lucius Goldberg malte Cartoons mit einem überkomplizierten Ablauf, bei dem eine kleine Ursache über viele Zwischenstationen eine große Wirkung erzielt. (Anm. d. Übers.)
12. Good, in Kotz/Johnson, I, S. 380.
13. Fienberg 2006, S. 19.
14. Lindley, in Smith 1995, S. 312.
15. Michie, in Copeland et al. 2006, S. 240.
16. Gespräch mit Stephen Fienberg.
17. Gespräch mit George E.P. Box.

18. Lindley, in Smith 1995, S. 308.
19. Sampson et al. 1999, S. 126 f.
20. Ebd., S. 128.
21. Ich danke Albert Madansky, der dieses Fallbeispiel beigetragen hat. Er wurde dazu von Jon Allen Paulos Besprechung meines Buches in der *New York Times* angeregt. Mein Dank für Kommentare gilt auch Thomas Herzog.
22. DuMouchel, in Kotz/Johnson, I, S. 520.
23. Lindley 1991, S. 14.
24. Savage 1956.
25. Lindley, in Erickson, S. 49.
26. Savage, in Fienberg 2006, S. 16–19.
27. Schrödinger, S. 704.
28. Savage, in Erickson, S. 297.
29. Gespräch mit David Spiegelhalter.
30. Gespräch mit Robert E. Kass.
31. Anonym.
32. Kendall 1968, S. 185.
33. Kruskal, in Brooks.
34. Savage, nach einem Brief von Lindley an die Autorin.
35. Dubins/Savage.
36. Rivett.
37. Lindley, Brief an die Autorin.
38. Lindley, in Smith 1995, S. 312.
39. Lindley, Brief an die Autorin.

8. Jerome Cornfield: Lungenkrebs und Herzinfarkt

1. Gespräch mit Marvin Hoffenberg.
2. Ebd.
3. Cornfield 1975, S. 14.
4. *Memorial Symposium* 1981, S. 55.
5. Gail, S. 9.
6. Ebd.
7. Gail, S. 10.
8. Laplace, *Sur les naissances*, S. 37.
9. *Memorial Symposium* 1981, S. 52 und 56.
10. Cornfield 1962, S. 58.
11. Gail, S. 5.
12. Cornfield 1967, S. 41.
13. Cornfield 1975, S. 9–11.
14. *Memorial Symposium* 1981, S. 52.
15. Gespräch mit Ellen Cornfield.

9. Bayes und das Unmögliche: Unfälle mit Atombomben

1. Jardini, S. 119.
2. Herken.
3. Gespräch mit Albert Madansky.
4. Iklé 1958, S. 3.
5. Ebd., S. 73.
6. Ebd., S. 8, 114.
7. Ebd., S. 74.
8. Gespräch mit Albert Madansky.
9. Lindley 1958, S. 104.
10. Cromwell, *Briefe und Reden*, S. 248.
11. Gespräch mit Albert Madansky.
12. Ebd.
13. Ebd.
14. Iklé 1958, S. 54.
15. Ebd., S. 54 f.
16. Gespräch mit Albert Madansky.
17. Iklé/Aronson/Madansky.
18. Iklé 1958, S. 153.
19. Iklé 2006, S. 46 f.
20. Ebd.
21. Ebd.

10. 46.656 Varianten des Bayes-Theorems

1. Good 1971, S. 62 f.
2. Gespräch mit Glen Shafer.
3. Lindley, Brief an die Autorin.
4. Gespräch mit George E.P. Box.
5. Ebd.
6. Efron 1977 und Gespräch mit Bradley Efron.
7. Gespräch mit George E.P. Box.
8. Box 2006, S. 55 f. „There's no Theorem like Bayes theorem/ Like no theorem we know/ Everything about it is appealing/ Everything about it is a wow/ Let out all that apriori feeling …". Der Originalsong ist u. a. in dem Film *Rhythmus im Blut* zu hören, in dem auch Marilyn Monroe mitspielte. (Anm. d. Übers.)
9. Fisher, *Statistische Methoden*, S. 10.
10. Bross, in Fienberg 2006, S. 19.
11. Savage 1962, S. 307.
12. Erickson, S. 299.
13. Gespräch mit George E.P. Box.
14. Fisher 1956.

15. Lindley, in Smith 1995, S. 310.
16. Bennett.
17. „What I … me … it was … angry … heads.“ Lindley, in Smith 1995, S. 310 f.
18. Bennett, S. 36.
19. Lindley, in Smith 1995, S. 311.
20. Gespräch mit George E.P. Box.
21. Ebd.
22. Ledley/Lusted 1959. (Anm. d. Übers.)
23. Gespräch mit Homer Warner.
24. Vgl. dazu Warner 1961 und Gorry/Barnett 1968. (Anm. d. Übers.)
25. Leahy 1960, S. 50.
26. Tribe 1971a, S. 1376.

11. Business-Entscheidungen

1. Fienberg et al. 1990, S. 206.
2. Gespräch mit Arthur Schleifer jr.
3. Gespräch mit John W. Pratt.
4. Pratt/Raiffa/Schlaifer, S. 1.
5. Savage (1956), Brief an die Autorin.
6. Schlaifer (22. August 1956), Brief an die Autorin. „Epsilon“ bedeutet bei Mathematikern ein ganz besonders kleiner Wert. (Anm. d. Übers.)
7. Memorial Service 1994.
8. Gespräch mit Arthur Schleifer jr.
9. Zur „Ivy League“ gehören u. a. die Universitäten von Harvard und Yale. „Phi-Beta-Kappa“ ist ein Elite-Club, der nur Personen mit besonders hohem IQ aufnimmt. (Anm. d. Übers.)
10. Raiffa, in Fienberg 2008, S. 137.
11. Ebd., S. 138.
12. Ebd., S. 139. Zur *Game Theory* vgl. Neumann/Morgenstern 1944 und die deutsche Ausgabe von 1961. (Anm. d. Übers.)
13. Ebd., S. 141.
14. Fienberg 2006, S. 10.
15. Raiffa 1968, S. 283.
16. Gespräch mit Howard Raiffa.
17. „Verboten“: im Original deutsch.
18. Gespräch mit Howard Raiffa.
19. Raiffa 2006, S. 32.
20. Fienberg 2008, S. 10.
21. Gespräch mit Howard Raiffa.
22. *Memorial Service* 1994.
23. Fienberg 2008, S. 142.

24. Pratt, Memorial Service 1994.
25. *Memorial Service* 1994.
26. Gespräch mit Arthur Schleifer jr.
27. Ebd.
28. Ebd.
29. Fienberg 2006, S. 18.
30. Raiffa 2006, S. 48, 51.
31. Gespräch mit Howard Raiffa.
32. Gespräch mit Arthur Schleifer jr.
33. Raiffa, Memorial Service 1994.
34. Auf Deutsch liegt von Raiffa das Buch *Einführung in die Entscheidungstheorie vor* (München: Oldenbourg 1973). (Anm. d. Übers.)
35. Raiffa 1968.
36. Lindley, in Smith 1995, S. 312.
37. McGinnis.
38. Raiffa/Pratt/Schlaifer 1995.

12. Wer schrieb die Federalist-Artikel?

1. Die *Federalist*-Artikel erschienen in den Jahren 1787 und 1788 in New Yorker Zeitungen und propagierten die Verfassung des neuen Bundesstaats (vgl. Hamilton et al.). Eine deutsche Ausgabe der Texte erschien u. a. unter dem Titel *Die Federalist-Artikel* 1993 bei UTB. (Anm. d. Übers.)
2. Die meisten Zitate in diesem Kapitel stammen aus Kapitel 1 des Buches von Mosteller und Wallace, das 1964 und 1984 unter verschiedenen Titeln veröffentlicht wurde. Ausnahmen davon habe ich angemerkt.
3. Gespräch mit David L. Wallace.
4. Fienberg et al. 1990, S. 147.
5. Ebd., S. 192.
6. Petrosino. Mosteller meinte die allzu vielen „*which*" = „welche" – und sah sich dabei umgeben von „*witches*" = „Hexen". (Anm. d. Übers.)
7. Kolata 1979, S. 397.
8. DeGroot 1986b, S. 322.
9. Albers et al. 1990, S. 256 f.
10. Kolata 1979, S. 398.
11. Gespräch mit Robert E. Kass.

13. Kalte Krieger

1. Gespräch mit Stephen Fielberg und E-Mails von ihm.
2. Brillinger 2002a, S. 1549.
3. Anscombe, S. 296.
4. Wheeler, in Brillinger 2002b, S. 193.

5. Die Beschreibungen Tukeys sind aus Ascombe, S. 289, dem Gespräch mit Bradford Murphy und aus McCullagh, S. 541. Zu Tukey vgl. *Statistical Science* 2003 (18:3), S. 283–356.
6. Elizabeth und John W. Tukey, in Brillinger 2002a, S. 1561 f.
7. John Chambers, Bell Labs.
8. Ebd.
9. Tukey 1962, S. 5, 7.
10. Tukey, in Kotz/Johnson II, S. 449.
11. Anscombe, S. 294.
12. *Bell Labs News* 1985 (25), S. 18, und Brillinger 2002a, S. 1556.
13. Tukey, in Brillinger 2002a, S. 1561.
14. Gespräch mit David Wallace.
15. Fienberg 2006, S. 24.
16. Wainer, S. 285, Anscombe, S. 290, und Gespräch mit David Wallace.
17. Gesprächs mit George E.P. Box, Edgar N. Gilbert und John W. Pratt, sowie McCullagh, S. 544.
18. Tukey 1986, IV, S. 589.
19. Tukey 1986, III, S. 108; III, S. 188, und III, S. 394.
20. Brillinger 2002a, S. 1561; Tukey 1986, IV, S. 771 f.; Hoaglin 2003, S. 312.
21. Mallows 2003, S. 332; McCullagh, S. 547.
22. Tukey 1986, III, S. 277; Hoaglin 2003, S. 312.
23. Gespräch mit David Wallace.
24. Gnanadesikan/Hoaglin.
25. Tukey 1986, IV, S. 589.
26. Gespräch mit David R. Brillinger.
27. Ascombe, S. 300.
28. Gespräch mit David Wallace.
29. E-Mail von David R. Brillinger.
30. Gespräch mit David Wallace.

14. Three Mile Island

1. Tukey 1986, IV, S. 686, und Box/Tiao 1973, S. 1.
2. Bather, S. 346 f. und Gespräch mit Susan Holmes.
3. Sowohl Persi Diaconis als auch Dennis Lindley erinnerten in Gesprächen an dieses Ereignis.
4. Efron 1978, S. 232.
5. Lindley, in Smith 1995, S. 313.
6. Gespräch mit George Apostolakis.
7. In die deutschen Kinos kam der Film 1980 mit dem Titel *Das China-Syndrom.* (Anm. d. Übers.)

8. Im Februar 2012 wurden zum ersten Mal seit der Katastrophe von Three Mile Island neue Kernkraftwerke bewilligt. Die zwei Meiler sollen 2016 und 2017 ans Netz gehen. (Anm. d. Übers.)

15. Eine Wasserstoffbombe fällt ins Mittelmeer

1. Die Zitate von John Craven sind, wenn nicht anders angegeben, aus Gesprächen der Autorin mit ihm.
2. Craven schrieb auf Geheiß der Marine *The Silent War. The Cold War Battle Beneath the Sea* in nur zwei Wochen ohne Notizen, auch um gegen das populäre Buch *Blind Man's Bluff. Untold Story of American Submarine Espionage* von 1998 von Sherry Sontag und Christopher Drew zu argumentieren. Craven sagt in seinem Buch, er habe Raiffas Vorlesungen gehört, mir erzählte er später, er habe vermutlich von anderen beim MIT von Raiffas Arbeiten erfahren.
3. Wagner.
4. Ebd. S. 9.
5. Henri R. Richardson in Gesprächen mit der Autorin.
6. E-Mail von Andrews.
7. Gespräch mit Henri R. Richardson.
8. Der Bericht folgt weitgehend dem Buch *H-Bombe vermisst* von Flora Lewis. Das Buch bekam den Pulitzer-Preis und gilt allgemein als die beste Quelle.
9. Lewis, *H-Bombe vermisst*, S. 187.
10. Craven, S. 173.
11. Lewis, *H-Bombe vermisst*, S. 242.
12. Spanien wurde 1982 NATO-Mitglied und 1986 Mitglied der EWG. (Anm. d. Übers.)
13. Wagner, S. 10.
14. Das Buch wurde auch verfilmt, der Film (mit Sean Connery) kam unter dem Titel *Jagd auf „Roter Oktober"* 1990 in die deutschen Kinos. (Anm. d. Übers.)
15. Craven, S. 205–207.
16. Eine Version dieses Problems findet sich in Gelman et al. 1995 und in Sorensen/Gianola 2002. Ich danke Daniela Gianola und John Carlin für die Informationen zu diesem Problem.
17. Stone 1975, S. 54
18. Craven, S. 202 f. 345
19. Stone et al. 1999, S. ix.
20. Gespräch mit Joseph H. Discenza.
21. Stone et al. 1999, S. ix; Stone 1983, S. 209.
22. Stone et al. 1999, S. ix.
23. Gespräch mit Vizeadmiral John „Nick" Nicholson.
24. Das International Institute for Applied Systems Analysis (IIASA) wurde 1972 gegründet und war in Schloss Laxenburg bei Wien eingerichtet. (Anm. d. Übers.)
25. Gespräch mit Ray Holborn.

16. Heureka!

1. Gespräch mit A. Philip Dawid.
2. Owen 1976, S. 421.
3. Cooke, S. 20.
4. Gespräch mit Jeffrey E. Harris.
5. Vgl. Smith 1995.
6. Gespräch mit Adrian Raftery.
7. Raftery 1986, S. 145 f.
8. Gespräch mit Stuart Geman.
9. Shafer 1990, S. 440; Diaconis, in DeGroot 1986b, S. 334.
10. Lindley, in Diaconis/Holmes, S. 145, und in einem Brief an die Autorin.
11. Smith 1984, S. 245, 255.
12. Gespräch mit Alan Gelfand.
13. Robert/Casella.
14. Mayer, in Monte Carlo Method, S. 19.
15. Gespräch mit W. Keith Hastings.
16. Gespräch mit Stuart Gelfand.
17. Robert/Casella.
18. Gelfand et al. 1990.
19. Gill, S. 332.
20. Kass/Raftery 1995.
21. Kuhn, *Struktur wissenschaftlicher Revolutionen.*
22. Gespräch mit David Spiegelhalter.
23. Spiegelhalter/Abrams/Myles.
24. Taylor/Gerrodette.
25. Gespräch mit Adrian Raftery.
26. Gespräch mit Paul R. Wade.
27. Blackwell, in DeGroot 1986a.
28. Diaconis/Holmes, S. 145.
29. Sir John Russell und William Gladstone im 19. und Harold Wilson im 20. Jahrhundert.

17. Bayes und die babylonische Sprachverwirrung

1. Fast alle Zitate in diesem Kapitel sind aus Gesprächen mit der Autorin. Ausnahmen sind angemerkt. 346
2. Online-Shops bieten inzwischen jede Menge bayesianischen Schnickschnack an, beispielsweise T-Shirts in vielen Farben. Im Netz kann man *What a Bayesian World* hören (http://www.youtube.com/watch?v=RRhIxf6EIDg) oder im Rahmen eines bayesianischen Kabaretts auf die Melodie von *I'm a Believer* (der Song

der guten alten Monkeys) *Bayesian Believer* hören (http://www.youtube.com/watch?v=t6jFFlz9o-E) oder ein *Bayesian Girl* werden (http://www.youtube.com/watch?v=JsyDTsfdbM4). (Anm. d. Übers.)

3. Schneider 2005.
4. Unwin, S. 190.
5. Der Ausspruch „Wir sind jetzt alle Bayesianer", wurde manchmal John Maynard Keynes zugesprochen, er ist aber vielleicht zum ersten Mal in Henretta/Campbell erwähnt worden. Um es noch komplizierter zu machen: Campbell spielte auf einen früheren populären Ausspruch an, nämlich „Wir sind jetzt alle Keynesianer", der wiederum Milton Friedman zugeschrieben wird (1966) und von Richard Nixon 1971 „popularisiert" wurde. Ich danke Stephen Senn, Michael Campbell und Wikipedia für die Hilfe bei der Suche nach dem „Keynesianer"-Zitat.
6. Ludlum, *Ambler Warnung*, S. 405. Der Satz endet offen.
7. Dawid, in Swinburne, S. 84.
8. Das Buch ist von Sylvia Nasar, der Film kam mit dem Zusatztitel *Genie und Wahnsinn* 2002 in die deutschen Kinos. Der dritte Preisträger war 1994 Reinhard Selten. (Anm. d. Übers.)
9. Greenspan.
10. Ebd.
11. *New York Times*, 4. Januar 2009.
12. In der Bundesrepublik wurden ab Ende der 1970er Jahre Terroristen per „Rasterfahndung" gesucht. Das einzige aufgrund der Rasterfahndung eingeleitete Ermittlungsverfahren wurde eingestellt. Die Rasterfahndung erwies sich als kompletter Fehlschlag. (Anm. d. Übers.)
13. Weaver 1955, S. 15.
14. 1799 fanden Franzosen aus dem Tross Napoleons bei Rosette im Niltal einen Stein, in den ein Dekret in drei Sprachen eingemeißelt war. Mit dem „Stein von Rosette" war es erstmals möglich, ägyptische Hieroglyphen zu übersetzen. (Anm. d. Übers.)
15. Brown et al. 1990.

Glossar

Algorithmus eine Formel, die eine Reihe von Schritten definiert, die zur Lösung eines Problems führen

Analysis Zweig der höheren Mathematik

Aposteriori a posteriori, Aposteriori-Vermutung, -Glaube etc.: Vermutung etc. *nach* einem Schritt mit dem Bayes-Theorem; s. a. Posterior

Apriori a priori, Apriori-Vermutung, -Glaube etc.: Vermutung etc. *vor* einem Schritt mit dem Bayes-Theorem, auch anfängliche Vermutung; s. a. Prior

Axiom eine Annahme, auf der eine mathematische Theorie basiert

Ban heute nicht mehr übliches logarithmisches Maß der Wahrscheinlichkeit auf der Basis von Zehner-Logarithmen, sodass Multiplikationen durch Additionen ersetzt werden können. 1 Ban entspricht ca. zehn Bit.

Baumdiagramm s. Bayes-Netzwerk

Bayes-Netzwerk ein grafisches Modell, das in kompakter Weise die Wahrscheinlichkeiten und ihre Beziehungen darstellt. Jede zufällige Variable ist als Knoten dargestellt, die Linien zwischen den Knoten zeigen deren wechselseitige Abhängigkeit an. Auch als Baumdiagramm und Entscheidungsbaum bezeichnet

Bayes-Theorem auch: Bayes'sches Theorem, nur „Bayes" oder Bayes'sche Methode, Theorie etc. – mathematisches Theorem aus der Kombination von Apriori-Informationen und den Aufbesserungen mit neuen Daten

Bootstrapping (von „Bootstrap" = Stiefelschlaufe) Starten eines komplizierten Programms durch ein einfaches Programm

borrowing strenght wörtl. Borgen von Stärke, Verstärken des Gewichts von Daten durch Informationen von außerhalb

Dimensionen, Fluch der vielen Dimensionen das explosive Anwachsen von Datenmengen, wenn neue Variable einbezogen werden

Durchschnitt s. Mittelwert

Entscheidungsbaum s. Bayes-Netzwerk

erzeugende Funktion Potenzreihe, die eine mathematische Folge erzeugt; ein abgekürzter mathematischer Weg, um Näherungen zu bestimmen

explorative Datenanalyse auch EDA, Analyse von Daten, über die wenig bekannt ist

Fiduzialwahrscheinlichkeit (von „fiduzial" = treuhänderisch) auch fiduzielle Wahrscheinlichkeit, umstrittener Ansatz von R. A. Fisher, um die Wahrscheinlichkeitsrechnung auf unbekannte Parameter anzuwenden, ohne das Bayes-Theorem oder Priore zu verwenden

Filter Filter machen Daten gegen das statistische Rauschen eines Systems immun und heben damit die Information aus den Daten heraus

Frequentismus Zweig der Wahrscheinlichkeitstheorie, der die relative Häufigkeit oder Frequenz eines Ereignisses misst, das immer wieder und unter den fast gleichen Bedingungen wiederholt werden kann

Frequenz im Zusammenhang mit Frequentismus und den Frequentisten die relative Häufigkeit eines Phänomens pro Zeit; das Phänomen muss dabei *nicht* regelmäßig wie eine Schwingung mit immer gleichem Zeitabstand auftreten

Häufigkeit s. Frequenz

hierarchisches Bayes Bayes'sches Verfahren, bei dem komplexe Prozesse in Stufen (Hierarchien) zerlegt werden

Hypothese eine Annahme, die aufgrund neuer Erkenntnisse getestet oder modifiziert werden muss

Induktion Schlussfolgerung von Phänomenen auf die zugrunde liegenden Gesetze (vom Besonderen auf das Allgemeine), die Deduktion ist dagegen die Schlussfolgerung aus Prämissen (vom Allgemeinen auf das Besondere)

Inferenz Schlussfolgerung

inverse Wahrscheinlichkeit das Ziehen von Schlüssen aus Vorgängern oder Ursachen beobachteter Ereignisse. Das Bayes-Theorem arbeitet mit der inversen Wahrscheinlichkeit.

Iteration schrittweise Annäherung an die Lösung eines Problems

Kredibilität Maß für die Glaubwürdigkeit, Zuverlässlichkeit oder Plausibiltät, das besonders Versicherungsmathematiker interessiert

Kryptografie Verschlüsselung, oder Chiffrierung von Zeichen, die Dritte nicht entschlüsseln, decodieren oder dechiffrieren können

lateinisches Quadrat ein Gitter mit x Spalten und x Zeilen.

Likelihood-Prinzip (auch Maximum-Likelihood-Methode) mathematisches Schätzverfahren bei gegebener Verteilung

Markov-Kette ein Prozess, bei dem die Wahrscheinlichkeit eines Ereignisses nur von den unmittelbar vorausgegangenen Ereignissen bestimmt wird

MCMC ein Prozess mit der Kombination von Markov-Ketten und der Monte-Carlo-Methode

Microarray ein Untersuchungssystem, das auch mit Bio- oder Genchip bezeichnet wird

Mittelwert Median (oder Zentralwert), arithmetisches Mittel oder Modus (oder Modalwert = der häufigste Wert); auch Durchschnitt

Modell ein mathematisches System, das dazu dient, mathematische, physikalische, biologische oder soziale Zusammenhänge verständlich zu machen

Monte-Carlo-Methode eine Computer-Methode, um Wahrscheinlichkeitsverteilungen zu simulieren, indem man Zufallsproben heranzieht

naives Bayes besonders schnelle Variante eines Bayes'schen Netzwerks

Nullhypothese eine plausible Hypothese, die einen bestimmten Datensatz erklären und mit alternativen Hypothesen verglichen werden kann

Objektivismus erkenntnistheoretischer Ansatz, der Sachverhalte ohne Berücksichtigung des Subjekts der Erkenntnis untersucht

Operations Research wissenschaftlicher Ansatz, um Entscheidungen zu treffen

Parameter in der Statistik Maßzahlen, auch Zufallsvariable

Posterior im Bayes-Theorem die Wahrscheinlichkeit einer Schlussfolgerung, nachdem die Beweise berücksichtigt wurden

Prior Wahrscheinlichkeit einer Hypothese, bevor neue Beobachtungen einbezogen wurden

Probenahme s. Sampling

p-Wert Signifikanzwert, Kennzahl bei statistischen Testverfahren

Random Mapping statistisches Verfahren zur Reduktion der Dimensionen

Sampling die Auswahl einer begrenzten Zahl von Beobachtungen, aus denen Aussagen über eine weit größere statistische Population gewonnen werden sollen

sequenzielle Analyse die fortlaufende Analyse von Daten sofort bei ihrem Eintreffen, wobei man die Auswirkungen früherer Daten berücksichtigt

Statistik Zweig der angewandten Mathematik, der sich mit der Quantifizierung der Ungewissheit befasst

subjektive Wahrscheinlichkeit Bayes'sche Wahrscheinlichkeit, ein Maß des persönlichen Glaubens an eine bestimmte Hypothese

Subjektivismus erkenntnistheoretischer Ansatz, der das Subjekt der Erkenntnis in den Mittelpunkt stellt

Transformation mathematisches Werkzeug, das eine Funktion in eine andere Funktion überführt, die leichter zu handhaben ist

tree-flipping Umordnung eines Baumdiagramms

Varianzanalyse (auch ANOVA = *analysis of variance*) Verfahren zum Berechnen von Varianzen und anderen Kenngrößen einer Verteilung

Wahrscheinlichkeit mathematischer Ausdruck bzw. Zahlenwert für die Ungewissheit

Bibliografie

Abazov VM et al (2007) Search for production of single top quarks via t c g and tug flavor-changing- neutral-current couplings. Phys Rev Lett 99:191802

Aisner J (1994) Renowned Harvard Business School professor Robert O. Schlaifer dead at 79. Harvard University

Albers DJ (1983) Mathematical people. Birkhäuser

Albers DJ, Alexanderson GL, Reid C (Hrsg) (1990) More mathematical people. Harcourt Brace Jovanovich, Boston

Albrecht P (1998) What do you think of smallpox inoculations? A crucial question in the eighteenth century, not only for physicians. In: van der Zande J, Popkin RH (Hrsg) The skeptical tradition around 1800. Kluwer Academic Publishers, S 283–296

Alder BJ (1990) Transkript eines Interviews mit Berni J. Alder vom 18. Juni 1990. American Institute of Physics, Center for the History of Physics

Alexander AR (2006) Tragic mathematics: romantic narratives and the refounding of mathematics in the early nineteenth century. Isis 97:714–726

Anderson PW (1992) The reverend Thomas Bayes, needles in haystacks, and the fifth force. Phys Today 45(1):9

Andresen SL (2001) Donald Michie: secrets of colossus revealed. IEEE Intell Syst 16(6):82–83

Andrews FA (Hrsg) (1966) Aircraft salvops med. Sea search and recovery of an unarmed nuclear weapon by task force 65, interim report. Chief of Naval Operations, U.S. Navy

Andrews HC, Hunt BR (1977) Digital image restauration. Prentice Hall, Englewood Cliffs

Anonymous (1959) Interpretation and reinterpretation: the Chicago meeting, 1959. Am Hist Rev 65:733–786

Anonymous (24. März 1962) Math + Intuition = Decision. Business week: 54, 56, 60. Harvard business school

Anonymous (1964) Edward C. Molina. Am Stat 18(3):36

Anonymous (1965) Bayes-Turing. NSA Tech J

Die Bibliografie wurde um weitere im Text genannte Werke sowie um die in deutscher Übersetzung erschienenen Werke ergänzt. Zitate, die deutschen Übersetzungen entnommen wurden, werden in den Anmerkungen mit Kurztitel zitiert, um Missverständnisse zu vermeiden. Alle Internet-Adressen wurden im Januar 2013 überprüft.

Anonymous (1971) Multiple hypothesis testing. NSA Tech J 63–72
Anonymous (1972) The strength of the Bayes score. NSA Tech J 87–111
Anonymous (1982) Using experience to calculate nuclear risks. Science 217:338
Anonymous (1991) U.S. nuclear weapons accidents; danger in our midst. Defense monitor. Center for Defense Information, World Security Institute. http://www.nukestrat.com/us/CDI_BrokenArrowMonitor1981.pdf
Anonymous (1992) Schlaifer awarded Ramsey medal. Decision Anal Soc Newsl 11(2)
Anscombe FR (2003) Quiet contributor: the civic career and times of John W. Tukey. Stat Sci 18(3):287–310
Aoki M (1967) The optimization of stochastic systems. Academic, New York
Apostolakis GE (1988) The interpretation of probability in probabilistic safety assessments. Reliab Eng Syst Safe 23:247–252
Apostolakis GE (1990) The concept of probability in safety assessments of technological systems. Science 250:1359(6)
Apostolakis GE (2004) How useful is quantitative risk assessment? Risk Anal 24:515–520
Arago F (1875) Laplace: eulogy before the French academy. Trans. Baden Powell. Smithsonian institution. Annual report 1874 in congressional papers for 43rd congress. Washington, D.C., S 129–168
Arbuthnot J (1711) An argument for divine providence, taken from the constant regularity observed in the births of both sexes. Philos Trans Roy Soc London 27:186–190
Arkin W, Handler J (1989) Naval accidents 1945–1988, Neptune paper No. 3. Greenpeace
Armitage P (1994) Dennis Lindley: the first 70 years. Freeman PR, Smith AFM (Hrsg) Aspects of uncertainty. A tribute to D.V. Lindley. Wiley
Armitage P (1995) Before and after Bradford Hill: some trends in medical statistics. J R Stat Soc A 158:143–153
Arnol'd VI (2004) A.N. Kolmogorov and natural science. Russ Math Surv 59(1):27–46
Associated Press (31. August 1976) Soviet sub and U.S. frigate damaged in crash. New York Times, 5; U.S. frigate and Soviet submarine collide. The Times of London, 5
Atkinson AC, Fienberg SE (Hrsg) (1985) A celebration of statistics. Springer
Bailey AL (1929) A summary of advanced statistical methods. United Fruit Co. Research Department
Bailey AL (1942, 1943) Sampling theory in casualty insurance, I-VII. Proc Actuar Soc 29:50–93 und 30:31–65
Bailey AL (1945) A generalized theory of credibility. Proc Actuar Soc 32:13–20
Bailey AL (1948) Workmen's compensation D-ratio revisions. Proc Actuar Soc 35:26–39
Bailey AL (1950) Credibility procedures: Laplace's generalization of Bayes' rule and the combination of collateral knowledge with observed data. Proc Actuar Soc 37:7–23. (Diskussion dieser Arbeit und Antwort des Autors ebd., 94–115)
Bailey AL (1950a) Discussion of introduction to credibility theory by L. H. Longley-Cook. (Reprint der Diskussion 1963 in Proc Actuar Soc (50) 59–61)
Bailey RA (1961) Experience rating reassessed. Proc Actuar Soc 48:60–82
Bailey RA (1963) Discussion on L.H. Longley-Cook, An Introduction to credabilty théorie. Proc Actuar Soc 50:59–61

Bailey RA, Simon LJ (1959) An actuarial note on the credibility of experience of a single private passenger car. Proc Actuar Soc 46:159–164

Bailey RA, Simon LJ (1960) Two studies in automobile insurance ratemaking. Proc Actuar Soc 47:1–19

Baker KM (1975) Condorcet: from natural philosophy to social mathematics. University of Chicago Press

Bamford J (1983) The Puzzle Palace: a report on America's most secret agency. Goldmann, dt.: (2001) NSA – Die Anatomie des mächtigsten Geheimdienstes der Welt. München

Banks DL (1996) A Conversation with I. J. Good. Statistical Science 11:1–19

Barnard GA (1986) Rescuing our manufacturing industry – some of the statistical problems. Statistician 35:3–16

Barnard GA, Plackett RL (1985) Statistics in the United Kingdom, 1939–1945. In: Atkinson AC, Fienberg SE (Hrsg) A celebration of statistics. Springer Verlag, S 31–55

Barnett V (1973, 1982, 1999) Comparative statistical inference. Wiley

Bather J (1996) A conversation with Herman Chernoff. Stat Sci 11:335–350

Bauer FL (2000) Decrypted secrets. Springer Verlag

Bayarri MJ, Berger JO (2004) The interplay of Bayesian and frequentist analysis. Stat Sci 19:58–80

Bayes J. Sermons and Funeral Orations. English Short Title database of 18th-century microfilms. Reels 7358 no. 08; 7324 no. 06; 7426 no. 03; 7355 no. 08

Bayes T (1731) Divine benevolence: or, an attempt to prove that the principal end of the divine providence and government is the happiness of his creatures. London: J. Noon. http://ia700303.us.archive.org/22/items/DivineBenevolenceOrAnAttemptToProveThatThe/Bayes-DivineBenevolence-1731-BWOrig_text.pdf

Bayes T (1736) An introduction to the Doctrine of fluxions, and defence of the mathematicians against the objections of the author of the analyst, so far as they are designed to affect their general methods of reasoning London: J. Noon. http://georgemaciunas.com/?page_id=2749

Bayes T, Richard P (1763) An essay towards solving a problem in the doctrine of chances. By the late Rev. Mr. Bayes, F.R.S. Communicated by Mr. Price, in a letter to John Canton, A.M.F.R.S. Philosophical Transactions 53:370–418. dt.: Bayes, Thomas (1908) Versuch zur Lösung eines Problems der Wahrscheinlichkeitsrechnung. Leipzig: W. Engelmann. http://rstl.royalsocietypublishing.org/content/53/370.full.pdf

Bean LH (1950) The pre-election polls of 1948 (Rezension). J Amer Statist Assoc 45:461–464

Bebb ED (1935) Nonconformity and social and economic life 1660–1800. Epworth Press

Belkin B (1974) Appendix A: an alternative measure of search effectiveness for a clearance operation. Wagner, Associates (Unveröffentlicht)

Bell Telephone Labs (1964) Memories of John W. Tukey. http://cm.bell-labs.com/cm/ms/departments/sia/tukey/

Bell Telephone Labs (1975–1985) The history of engineering and science in the Bell system. Bde. S 1–7

Bell ET (1937) Men of mathematics. (1986) Touchstone; dt.: (1967) Die großen Mathematiker. Econ, Düsseldorf

Bellamy PB (1997) A history of workmen's Compensation 1898–1915: from courtroom to boardroom. Garland Publishing

Bellhouse DR (2002) On some recently discovered manuscripts of Thomas Bayes. Historia Mathematica 29:383–394

Bellhouse DR (2004) The reverend Thomas Bayes, FRS: a biography to celebrate the tercentenary of his birth. Stat Sci 19(1):3–43. (Zusammen mit Dale (2003) die wichtigste Quelle zu Bayes' Leben)

Bellhouse DR (2007) Lord Stanhope's papers on the Doctrine of chances. Historia Mathematica 34:173–186

Bennett JH (Hrsg) (1990) Statistical inference and analysis: selected correspondence of R.A. Fisher. Clarendon Press

Berger JO (2000) Bayesian analysis: a look at today and thoughts of tomorrow. J Am Stat Assoc 95:1269

Berger JO (2003) Could Fisher, Jeffreys and Neyman have agreed on testing? Statistical Science 18(1):1–12

Berger JO (2006) The case for objective Bayesian analysis. Bayesian Anal 1(3):385–402

Berkeley G (1710) Treatise Concerning the principles of human knowledge. Dublin; dt. u.a. (2004) Eine Abhandlung über die Prinzipien der menschlichen Erkenntnis. Meiner, Hamburg

Bernoulli J (1713) Ars Conjectandi. Basel; dt.: (1899) Wahrscheinlichkeitsrechnung. Engelmann, Leipzig

Besag J (1974) Spatial interaction in the statistical analysis of lattice systems. J R Stat Soc B 36:192–236

Bier VM (1999) Challenges to the acceptance of probabilistic risk analysis. Soc Risk Anal 19:703–710

Bilstein RE (1977) Development of aircraft engines and fuels. Technol Cult 18:117–118

Biot JB (1850) Une anecdote relative à M. Laplace. J Savants 65–71

Biot JB (1858) Sur l'esprit de système. In: ders (Hrsg) Mélanges scientifique et littéraires. Lévy. II, Paris, S 109–116

Birnberg JG (1964) Bayesian statistics: a review. J Acc Res (2)108–116

Bolt BA (1991) Sir Harold Jeffreys and geophysical inverse problems. Chance 4(2):15–17

Booß-Bavnbek B, Høyrup J (2003) Mathematics and War. Birkhäuser, Basel

Borch K (1963) Recent developments in economic theory and their application to insurance. ASTIN Bull 2:322–341

Box GEP, Hunter JS, Hunter WG (1978) Statistics for experimenters: an introduction to design, data analysis, and model building. Wiley, New York

Box GEP, Tiao GC (1973) Bayesian inference in statistical analysis. Addison-Wesley

Box GEP et al (2006) Improving almost anything. Wiley

Brillinger DR (2002a) John W. Tukey: his life and professional contributions. Annal Stat 30:1535–1575

Brillinger DR (2002b) John Wilder Tukey (1915–2000). Not Am Math Soc 49(2): 193–201

Brillinger DR (2002c) John W. Tukey's work on time series and spectrum analysis. Annal Stat 30:1595–1618

Britton JL (Hrsg) (1992) Collected works of a.m. turing: pure mathematics. North-Holland, Amsterdam

Brockwell AE, Rojas AL, Kass RE (2004) Recursive Bayesian decoding of motor cortical signals by particle filtering. J Neurophysiol 91:1899–1907

Broemeling LD (2002) The Bayesian contributions of Edmond Lhoste. Int Soc Bayersian Anal Bull 3–4

Broemeling LD (2007) Bayesian biostatistics and diagnostic medicine. Chapman and Hall

Brooks EB (2001) Tales of statisticians: Frederick Mosteller. http://www.UMass.edu/wsp/statistics/tales/mosteller.html

Brown EN et al (1998) A statistical paradigm for neural spike train decoding applied to position prediction from ensemble firing patterns of rat hippocampal place cells. J Neurosci 18:7411–7425

Brown PF et al (1990) A statistical approach to machine translation. Comput Linguist 16(2):79–85

Bru J-B (1987) Vorwort in: Thomas Bayes. Essai en vue de résoudre un problème de la doctrine des chances, übersetzt und editiert von J.-P. Cléro, Paris

Bru J-B (1988) Estimations laplaciennes. Un exemple: La recherche de la population d'un grand empire, 1785–1812. J Soc Stat Paris 129:6–45

Bru J-B (1993) Doeblin's life and work from his correspondence. Contempor Math 149:1–64

Bru J-B (1996) Problème de l'efficacité du tir à l'école d'artillerie de Metz. Aspects théoriques et expérimentaux. Mathématiques et sciences humaines 136:29–42

Bru J-B (1999) Borel, Levy, Neyman, Pearson et les autres. Matapli 60:51–60

Bru J-B (2006) Les leçons de calcul des probabilités de Joseph Bertrand: Les Lois du hasard. J Hist Probab Stat 2(2). http://www.jehps.net/Decembre2006/Bru.pdf

Bru J-B, Crépel P (1994) Condorcet, Arithmétique politique Textes rares ou inédits (1767–1789). Presses Universitaires de France, Paris

Budiansky S (2000) Battle of wits: the complete story of codebreaking in world war II. Free Press, New York

Buffon G-L de (1774) Lettre de Buffon à Laplace (21. April 1774). Comptes Rendus 88:1019. http://gallica.bnf.fr/ark:/12148/bpt6k30457/f1013.image (Ich danke Roger Hahn für den Nachweis dieses Briefs.)

Bugge T, Crosland M (1969) Science in France in the revolutionary era. Society for the History of Technology and MIT Press

Bühlmann H (1967) Experience rating and credibility. ASTIN Bull 4:199–207

Bühlmann H, Straub E (1970) Credibility for loss ratios. Bull Swiss assoc actuar 70:111–133

Burroughs J, Lieberman D, Reeds J (2009) The secret life of Andy Gleason. Not Am Math Soc 56(10):1239–1243

Caldwell D (1987) Permissive action links. Survival 29:224–238

Campbell G (2009) Bayesian statistics at the FDA: the trailblazing experience with medical devices. Emerging Issues in Clinical Trials, Rutgers Biostatistics Day. http://www.stat.rutgers.edu/iob/bioconf09/slides/Campbell.pdf. Zugegriffen: 3. April 2009

Campbell MJ (2008) The doctor sees the light. Significance 5(4):172

Cantor G (1984) Berkeley's The analyst revisited. Isis 75(Dec.):668–683

Cappé O, Robert CP (2000) Markov chain Monte Carlo: 10 years and still running! J Acousti Soc Am 95:128212–86

Carr WHA (1967) Perils: named and unnamed. The story of the insurance company of north America. McGraw-Hill, New York

Carter FL (1998) Codebreaking with the colossus computer. Bletchley Park Trust

Carter FL (2008) Breaking naval enigma. Bletchley Park Trust

Casella G et al (2003) Tribute to John W. Tukey. Stat Sci 18:283–284

Centers for Disease Control (1999) Achievements in public health, 1900–1999: Decline in deaths from heart disease and stroke, United States, 1900–1999. MMWR Weekly 48(30):649–56

Centers for Disease Control and Prevention (20. April 2005) Plutonium. Department of Health and Human Services Agency, CDC Radiation Emergencies Radioisotope Brief. http://www.bt.cdc.gov/radiation/isotopes/plutonium.asp

Champagne ML, Carl RG, Hill R (2003) Multi-agent techniques: Hunting U-boats in the Bay of Biscay. Proceedings of SimTecT 26.–29. Mai, Adelaide, Australien

Chentsov NN (1990) The unfathomable influence of Kolmogorov. Annal Stat 18(03: 987–998

Chesterfield PDS (1901) Letters to his son: on the fine art of becoming a man of the world and a gentleman. M. Walter Dunne

Church BW et al (2000) Comparative Plutonium-239 dose assessment for three desert sites: Maralinga, Australia; Palomares, Spain; and the nevada test site, USA before and after remedial action. Lawrence Livermore National Laboratory

Churchill W (1949) Their finest hour. Houghton Mifflin

Clancy T (1984) The hunt for red october. Naval Institute Press; dt.: (1995) Jagd auf „Roter Oktober". Goldmann, München

Clark W, Golinski J, Schaffer S (1999) The sciences in enlightened Europe. University of Chicago Press

Clerke AM (1911) Laplace. Encyclopaedia Britannica 16:200–203

Climenson E (Hrsg) (1906) Elizabeth Montagu, the queen of the blue stockings. London

Cochran WG (1976) Early development of techniques in comparative experimentation. In: Owen DB et al (Hrsg) On the history of statistics and probability. Marcel Dekker, S 1–26

Cochran WG, Mosteller F, Tukey JW (1954) Statistical problems of the kinsey report on sexual behavior in the human male. American Statistical Association

Collins GP (14. Oktober 2002) Claude E. Shannon: founder of information theory. Sci Am 14 ff

Committee on Fish Stock Assessment Methods, National Research Council (1998) Improving fish stock assessments. Nat Acad Sci

Computer History Museum. Selling the Computer Revolution. http://www.computerhistory.org/brochures/
Cone CB (1952) Torchbearer of freedom: the influence of richard price on eighteenth-century thought. University of Kentucky Press
Converse JM (1987) Survey research in the United States: roots and emergence 1890–1960. University of California Press
Cook A (1990) Sir Harold Jeffreys, 2 April 1891–18 March 1989. Biographical Memoirs of Fellows of the Royal Society 36:302–333
Cooke RM (1991) Experts in uncertainty: opinion and subjective probability in science. Oxford University Press
Coolidge JL (1925) An introduction to mathematical probability. Oxford: Clarendon; dt.: (1927) Einführung in die Wahrscheinlichkeitsrechnung. Leipzig
Copeland BJ (Hrsg) (2004) The essential turing. Clarendon
Copeland BJ et al (2006) Colossus: the secrets of bletchley park's codebreaking computers. Oxford University Press
Cornfield J (1951) A method of estimating comparative rates from clinical data: applications to cancer of the lung, breast, and cervix. In: Kotz S, Johnson NL (Hrsg) Breakthroughs in Statistics 3 (1997). Springer, Berlin
Cornfield J (1962) Joint dependence of risk of coronary heart disease on serum cholesterol and systolic blood pressure: a discriminant function analysis. In: Federation Proceeding (21:4) Teil 2. Juli–August. Anhang Nr. 11
Cornfield J (1967) Bayes Theorem. Rev Int Stat Inst 35:34–49
Cornfield J (1969) The Bayesian outlook and its application. Biometrics 25(4):617–657
Cornfield J (1975) A statistician's apology. JASA 70:7–14
Cornfield J (März 1982) Jerome Cornfield Memorial Issue. Biometrics Supplement, Current Topics in Biostatistics and Epidemiology 38
Couzin J (2004) The new math of clinical trials. Science 303:784–786
Cox G (1957) Statistical frontiers. J Am Stat Assoc 52:1–12
Cramér H (1976) Half of a century of probability theory: some personal recollections. Annal Probab 4:509–546
Craven JP (2002) The silent war: the cold war battle beneath the sea. Simon and Schuster
Crépel P (1993) Henri et la droite de Henry. Matapli 36:19–22
Cromwell O (1911) Briefe und Reden. Basel
Crosland MP (1967) The society of Arcueil: A view of French science at the time of Napoleon I. Harvard University Press, Cambridge
D'Agostini G (2005) The Fermi's Bayes theorem. Bull Int Soc Bayesian Anal 1:1–4
Dale AI (1988) On Bayes' theorem and the inverse Bernoulli theorem. Hist Math 15:348–360
Dale AI (1991) Thomas Bayes's work on infinite series. Hist Math 18:312–327
Dale AI (1995) Pierre-Simon Laplace: Philosophical essay on probabilities. Springer
Dale AI (1999) A history of inverse probability from Thomas Bayes to Karl Pearson. Springer. (Eines der grundlegendsten Werke in der Geschichte der Wahrscheinlichkeit)

Dale AI (2003) Most honourable remembrance: The life and work of Thomas Bayes. Springer . (Zusammen mit Bellhouse (2004) die wichtigste Quelle für Bayes' Leben)
Daston L (1979) D'Alembert's critique of probability theory. Hist Math 6:259–279
Daston L (1987) The domestication of risk: Mathematical probability and insurance 1650–1830. In: Krüger L, Daston L, Heidelberger M (eds) The Probabilistic Revolution I. MIT Press, S 237–260
Daston L (1988) Classical probability in the enlightenment. Princeton University Press, Princeton
Daston L (1994) How probabilities came to be objective and subjective. Hist Math 21:330–344
Daston LJ, Galison P (2007) Objectivity. Zone Books; dt.: (2007) Objektivität. Suhrkamp
David FN (1962) Games, Gods and gambling. Charles Griffin
Dawid AP (2005) Bayes's theorem and weighing evidence by juries. In: Swinburne R (Hrsg) Bayes's Theorem. Oxford University Press, Oxford, S 71–90
Dawson CS et al (2000) Operations research at Bell laboratories through the 1970s: Part 1. Oper Res 48:205–215
DeGroot MH (1986a) A conversation with David Blackwell. Stat Sci 1:40–53
DeGroot MH (1986b) A conversation with Persi Diaconis. Stat Sci 1:319–334
DeGroot MH (1986c) A conversation with Charles Stein. Stat Sci 1:454–462
Deming WE (Hrsg) (1940) Facsimiles of two papers by Bayes, with commentaries by W. E. Deming and E. C. Molina. Graduate School. Department of Agriculture. Washington, D.C
Dempster AP (2002) John W. Tukey as „philosopher". Ann Stat 30:1619–1628
Dhombres J (1989) Books: reshaping science. In: Darnton R, Roche D (Hrsg) Revolution in print: The press in France 1775–1800. University of California Press, S 177–202
Diaconis P (1985) Bayesian statistics as honest work. Proceedings of the Berkeley Conference in Honor of Jerzy Neyman and Jack Kiefer (1). Wadsworth
Diaconis P (1998) A place for philosophy? The rise of modeling in statistical science. Q Appl Math 56(4):797–805
Diaconis P, Efron B (1983) Computer-intensive methods in statistics. Sci Am (248):116–130
Diaconis P, Holmes S (1996) Are there still things to do in Bayesian statistics? Erkenntnis 45:145–158
Doel RE (1990) Theories and origins in planetary physics. Isis 90:563–568
Doll R (1994) Austin Bradford Hill. Biogr Mems Fell R Soc 40:129–140
Doll R (1995) Sir Austin Bradford Hill: a personal view of his contribution to epidemiology. J R Stat Soc A (Statistics in Society) 158:155–163
Doll R (2000) Smoking and lung cancer. Am J Respir Crit Care Med 162(1):4–6
Doya K et al (Hrsg) (2007) Bayesian brain: Probabilistic approaches to neural coding. MIT Press
Dreyer JLF (Hrsg) (1912) The scientific papers of Sir William Herschel, Bd 1. Royal Society and Royal Astronomical Society, London

Dreyfus (1899) Le procès Dreyfus devant le conseil de guerre de Rennes (7 août-9 septembre 1899): compte-rendu sténographique in extenso. http://gallica.bnf.fr/ark:/12148/bpt6k24250f
Dubins LE, Savage LJ (1976) Inequalities for Stochastic processes (How to gamble if you must). Dover
DuMouchel WH, Harris JE (1983) Bayes methods for combining the results of cancer studies in humans and other species. JASA 78:293–308
Duncan JW, Shelton WC (1978) Revolution in United States government statistics 1926–1976. U.S. Department of Commerce
Dunnington GW (1955) Carl Friedrich Gauss: titan of science. Exposition Press
Duveen DI, Hahn R (1957) Laplace's succession to Bézout's post of examinateur des élèves de l'artillerie. Isis 48:416–427
Duveen DI, Hahn R (1958) Deux Lettres de Laplace à Lavoisier. Revue d'histoire des Sciences et de leurs Applications 11(4):337–342
Earman J (1990) Bayes' Bayesianism. Stud Hist Phil Sci 21:351–370
Earman J (2005) Bayes, hume, price, and miracles.In: Swinburne R (Hrsg) Bayes's Theorem. Oxford University Press, S 91–109
Edwards AWF (1994) R.A. Fisher on Karl Pearson. Notes Rec R Soc Lond 48:97–106
Edwards AWF (1997) What did Fisher mean by „Inverse Probability" in 1912–1922? Stat Sci 12:177–184
Edwards AWW, Lindman H, Savage LJ (1963) Bayesian statistical inference for psychological research. Psychol Res 70(3):193–242
Efron B (1977) Stein's paradox in statistics. Sci Am 236:119–127
Efron B (1978) Controversies in the foundations of statistics. Am Math Mon 85:231–246
Efron B (1986) Why isn't everyone a Bayesian? Am Stat 40(1):1–5
Efron B (1998) R.A. Fisher in the 21st century. Stat Sci 13:95–122
Efron B (2005) Modern science and the Bayesian-frequentist controversy. http://www-stat.stanford.edu/~ckirby/brad/papers/2005NEWModernScience.pdf
Efron B (2005a) Bayesians, frequentists, and scientists. J Am Stat Assoc 469:1–11
Efron B (2006) Microarrays, Empirical Bayes, and the two-groups model. http://www-stat.stanford.edu/~ckirby/brad/papers/2006TwoGroupsModel.pdf
Eisenhart C (1977) The birth of sequential analysis (obituary note on retired RAdm. Garret Lansing Schuyler). Amstat News 33:3
Elmore JG et al (16. April 1998) Ten-year risk of false positive screening mammograms and clinical breast examinations. N Engl J Med 338(16):1089–1096
Epstein R, Roberts G, Beber G (Hrsg) (2008) Parsing the turing test: philosophical and methodical issues in the quest for the thinking computer. Springer
Erickson WA (Hrsg) (1981) The Writings of Leonard Jimmie Savage: A Memorial Selection. American Statistical Association and Institute of Mathematical Statistics
Erskine R (2006) The Poles reveal their secrets: Alastair Denniston's account of the July 1939 meeting at Pyry. Cryptologia 30:204–305
Estienne JE (10. März 1890) Étude sur les erreurs d'observation. In: Archives de L'Institut de France. Académie des Sciences

Estienne JE (1892) La probabilité de plusieurs causes étant connue, à quelle cause est-il plausible d'attribuer l'arrivée de l'évènement? Comptes Rendus (114) 1223. http://gallica.bnf.fr/ark:/12148/bpt6k3070h/f1223.image
Estienne JE (1905/1906) Loisirs d'Artilleurs. Berger-Levrault
Fagen MD (Hrsg) (1975) The history of engineering and science in the Bell system: the history of the early years 1875–1925, Bd 1. Bell Telephone Laboratories Inc
Feferman AB, Feferman S (2004) Alfred Tarski: Life and Logic. Cambridge University Press
Ferguson TS (1976) Development of the decision model. In: Owen DB (Hrsg) On the history of statistics and probability. Marcel Dekker, S 333–346
Ferrante O, Kutzleb M, Purcell M (2011) AF44–7 Underwater search and recovery operations: A shared government-industry process. ISASI 2011 Conference
Feynman RP (1985) Surely you're joking, Mr. Feynman! W.W. Norton
Feynman RP (1986) Appendix F: personal observations on the reliability of the Shuttle. http://science.ksc.nasa.gov/shuttle/missions/51-l/docs/rogers-commission/Appendix-F.txt
Feynman RP (1987) Mr. Feynman goes to Washington. Engineering and science. California Inst Tech 50:6–22
Fienberg SE (1985) Statistical developments in World War II: an international perspective. In: Atkinson AC, Fienberg SE (Hrsg) A celebration of statistics. Springer, S 25–30
Fienberg SE (1992) Brief history of statistics in three and one-half chapters: a review essay. Stat Sci 7:208–225
Fienberg SE (2006) When did Bayesian inference become „Bayesian"? Bayesian Anal 1:1–40
Fienberg SE (2008) The early statistical years: 1947–1967. A conversation with Howard Raiffa. Stat Sci 23(1):136–149
Fienberg SE, Hoaglin DC (Hrsg) (2006) Selected Papers of Frederick Mosteller. Springer
Fienberg SE, Zellner A (1975) Studies in Bayesian econometrics and statistics: in honor of Leonard J. Savage. North-Holland
Fienberg SE et al (Hrsg) (1990) A statistical model: Frederick Mosteller's contributions to statistics, science and public policy. Springer
Filon LNG (1936) Karl Pearson 1857–1936. Obituary notices of the Royal Society 2:73–110
Finetti B de (1931) Probabilismo. Neapel: Perrella; dt.: (1981) Wahrscheinlichkeitstheorie. R. Oldenburg Verlag, München
Finetti B de (1972) Probability, induction, and statistics. The art of guessing. Wiley, New York
Fisher Box J (1978) R. A. Fisher: The life of a scientist. Wiley, New York
Fisher RA (1916) Note on an application of Bayes' rule in the classification of hazards in experience rating. PCAS 3:43–48
Fisher RA (1925) Statistical methods for research workers. Oliver and Boyd, dt.: (1956) Statistische Methoden für die Wissenschaft. Oliver & Boyd, Edinburgh

Fisher RA (1935) The design of experiments. Oliver and Boyd, Edinburgh
Fisher RA (1956) Statistical methods and scientific inference. Oliver and Boyd, London
Fisher RA (1959) Smoking, the cancer controversy: Some attempts to assess the evidence. Oliver and Boyd, Edinburgh
Fox R (1974) The rise and fall of Laplacian Physics. Historical studies in the physical sciences, Bd 4. S 89–136
Fox R (1987) La professionalisation: un concept pour l'historien de la science française au XIXe siècle. History Technology, Bd 4. S 413–422
Frith C (2007) Making up the mind: how the brain creates our mental world. Blackwell; dt.: (2010) Wie unser Gehirn die Welt erschafft. Spektrum Akademischer Verlag
Gail MH (1996) Statistics in action. JASA 91(322):1–13
Gandy RO, Yates CEM (Hrsg) (2001) Collected works of AM Turing. Mathematical Logic. North-Holland
Gastwirth JL, Johnson WO, Reneau DM (1993) Bayesian analysis of screening data: application to AIDS in blood donors. Canad J Statist 19:135–150
Geisler WS, Kersten D (2002) Illusions, perception and Bayes. Nat Neurosci 5(6):508–510
Gelfand AE (2006) Looking back on 15 years of MCMC: Its impact on the statistical (and broader) research community. (Transkript von Gelfands Rede bei der Verleihung des Parzen Prize for Statistical Innovation)
Gelfand AE, Smith AFM (1990) Sampling-based approaches to calculating marginal densities. J Am Statist Ass 85(410):398–409
Gelfand AE et al (1990) Illustration of Bayesian inference in normal data models using Gibbs Sampling. J Am Statist Ass 85(412):972–985
Gelman JB et al (1995) Bayesian data analysis. Chapman & Hall, London
Geman S, Geman D (1984) Stochastic relaxation, Gibbs distributions and the Bayesian restoration of images. IEEE Trans Pattern Anal Mach Intell 6:721–740
Gigerenzer G, Swijtink Z, Porter T, Daston L, Beatty J, Krüger L (1989) The empire of chance: How probability changed science and everyday life. Cambridge University Press; dt.: (1999) Das Reich des Zufalls. Springer, Heidelberg
Gill J (2002) Bayesian methods: A social and behavioral sciences approach. Chapman and Hall
Gillies DA (1987) Was Bayes a Bayesian? Historia Mathematica, Bd 14. S 325–346
Gillispie CC (1972) Probability and politics: Laplace, Condorcet, and Turgot. Proceedings of the American Philosphical Society, Bd 116. S 1–20
Gillispie CC (1978) Laplace, Pierre-Simon, Marquis De. Dictionary of scientific biography, supplement I, Bd XV. Charles Scribner's Sons
Gillispie CC (1979) Mémoires inédits ou anonymes de Laplace. Revue d'Histoire des Sciences et de Leurs Applications, Bd 32. S 223–280
Gillispie CC (1997) Pierre-Simon Laplace 1749–1827: a life in exact science. Princeton University Press
Gillispie CC (2004a) Science and polity in France: the end of the old regime. Princeton University Press

Gillispie CC (2004b) Science and polity in France: the revolutionary and napoleonic years. Princeton University Press
Gnanadesikan R, Hoaglin DC (1993) A discussion with Elizabeth and John Tukey. DVD. American Statistical Association
Gonzalez II, Ruiz SS (1983) Doses from potential inhalation by people living near plutonium contaminated areas. Oak Ridge National Laboratory
Good IJ (1950) Probability and the weighing of evidence. Charles Griffin, London
Good IJ (1958) Significance tests in parallel and in series. J Amer Stat Assn 53:799–813
Good IJ (1958a) The interaction algorithm and practical Fourier analysis. J R Stat Soc B (20)
Good IJ (1965) The estimation of probabilities: An essay on modern Bayesian methods. Research Monograph 30, MIT Press
Good IJ (1971) 46656 Varieties of Bayesians. Letter to the editor. Am Stat 25:62–63
Good IJ (1979) Studies in the history of probability and statistics. XXXVII A.M. Turing's statistical work in World War II. Biometrika 66(2):393–396
Good IJ (1983) Good thinking: The foundations of probability and its applications. University of Minnesota Press
Good IJ (1984) A Bayesian approach in the philosophy of inference. Brit J Philos Sci 35:161–166
Good IJ (2000) Turing's anticipation of empirical bayes in connection with the cryptanalysis of the Naval Enigma. J Stats Comp Simul 66:101–111
Goodman J, Heckerman D (2004) Fighting spam with statistics. Significance 1:69–72
Goodman SN (1999) Toward evidence-based medical statistics. Ann Intern Med 130(12):995–1013
Goodman SN (2005) Introduction to Bayesian methods. I: measuring the strength of evidence. Clin Trials 2(4):282–290
Gorry A, Barnett B (1968) Sequential diagnosis by computer. J Am MA 205(12):849–854
Gott R (1963) The evolution of the independent British deterrent. International Affairs, Bd 39. S 238–252
Gottlieb MJ (1960) Probability and statistics for business decisions. J Marketing 25:116–17
Green SB (1997) A conversation with Fred Ederer. Stat Sci 12(2):125–131
Greenberg J (1986) Mathematical physics in eighteenth-century France. Isis 77:59–78
Greenhouse SW (1982) Jerome Cornfield's contributions to epidemiology. Biom Suppl 38:33–45
Greenhouse SW, Greenhouse JB (1998) Cornfield, Jerome. In: Armitage P, Colton T (Hrsg) Encyclopedia of Biostatistics, Bd 1. Wiley, S 955–959
Greenhouse SW, Halperin M (1980) Jerome Cornfield, 1912–1979. Am Stat 34:106–107
Greenspan A (2004) Risk and uncertainty in monetary policy. With panel discussion by Martin Feldstein, Mervyn King, Janet L. Yellen. Am Econ Rev 94(2):33–48
Grimaux É (1888) Lavoisier 1743–1794. Alcan, Paris
Grimsley R (1963) Jean d'Alembert 1717–1783. Clarendon Press

Guerlac H (1976) Chemistry as a branch of physics: Laplace's collaboration with Lavoisier. Historical studies in the physical sciences, Bd 7. S 193–276
Haakonssen K (1996) Enlightenment and religion: Rational dissent in eighteenth-century Britain. Cambridge University Press
Hachemeister CA (1974) Credibility for regression models with application to trend. In: Kahn PM (Hrsg) Credibility: theory and applications. Academic, S 129–164
Hacking I (1989) Was there a probabilistic revolution 1800–1930? In: Krüger L, Daston LJ, Heidelberger M (Hrsg) The probabilistic revolution, Bd 1. MIT Press
Hacking I (1990) The raming of chance. Cambridge University Press
Hacking I (1991) In: Bayes T (Hrsg) Biographical Dictionary of Mathematicians, Bd 1. Charles Scribner's Sons
Hahn R (1955) Laplace's religious views. Archives internationals d'Histoire des sciences 8:38–40
Hahn R (1967a) Laplace as a Newtonian scientist. William A. Clark Memorial Library
Hahn R (1967b) Laplace's first formulation of scientific determinism in 1773. Nadbitka. Actes du XIe Congrès International d'Histoire des Sciences, Bd 2. S 167–171
Hahn R (1969) Élite scientifique et démocratie politique dans la France révolutionnaire. Dix-Huitième Siècle, Bd 1. S 252–273
Hahn R (1976) Scientific careers in eighteenth-century France. In: Crossland M (Hrsg) The emergence of science in Western Europe. Science History Publications, New York
Hahn R (1981) Laplace and the vanishing role of God in the physical universe. In: Woolf H (Hrsg) The analytic spirit. University Press, S 85–95
Hahn R (1987a) Changing patterns for the support of scientists from Louis XIV to Napoleon. History and technology, Bd 4. S 401–411
Hahn R (1987b) Laplace and Boscovich. In: Bossi M, Tucci P (Hrsg) Proceedings of the Bicentennial Commemoration of R.G. Boscovich
Hahn R (1989) The triumph of scientific activity: From Louis XVI to Napoleon. Proceedings of the annual meeting of the Western society for French history 16:204–211
Hahn R (1990) The Laplacean view of calculation. In: Frängsmyr T, Heilbron HL, Rider RE (Hrsg) The quantifying spirit in the 18th century. University of California Press, S 363–380
Hahn R (1994) Le role de Laplace à l'École Polytechnique. In: Belhoste B, Dahan A, Picon A (Hrsg) La Formation polytechnicienne, 1794–1994. Seyssel
Hahn R (1995) Lavoisier et ses collaborateurs: Une Équipe au Travail. In: Demeulenaere-Douyère, C (Hrsg) Il y a 200 Ans Lavoisier. Technique et Documentation Lavoisier, S 55–63
Hahn R (2004) Le Système du Monde: Pierre Simon Laplace, Un Itinéraire dans la Science. Editions Gallimard. (Das Buch von Hahn, das 2005 auch in englischer Übersetzung erschien, zählt zu meinen ersten Quellen für Laplaces Leben und Werk)
Hald A (1990) A history of probability and statistics and their applications before 1750. Wiley, New York
Hald A (1998) A history of mathematical statistics from 1750 to 1930. Wiley, New York

Hamilton A, Madison J, Jay J (1989) The federalist papers. Bantam: New York dt: (1993) Die Federalist Papers. Wissenschaftliche Buchgesellschaft, Darmstadt
Hankins TL (1970) Jean d'Alembert: science and the enlightenment. Oxford University Press, New York
Hankins TL (1985) Science and the enlightenment. Cambridge University Press, Cambridge
Hanson KM (1993) Introduction to Bayesian image analysis.In: Loew MH (Hrsg) Medical imaging: image processing, proceedings SPIE (1898) S 716–731
Harris B (2004) Mathematical methods in combating terrorism. Risk Anal 24(4):985–988
Hartley D (1749) Observations on men, his frame, his duty, and his expectations. London
Hastings WK (1970) Monte Carlo sampling methods using Markov chains and their applications. Biometrika 57(1):97–109
Hedley-Whyte J (2007) Frederick Mosteller (1916–2006): mentoring, a memoir. Int J Technol Assess Health Care 23:152–154
Heilbron HL (1990) Introductory essay. The measure of enlightenment.In: Frängsmyr T, Heilbron HL, Rider R (Hrsg) The quantifying spirit in the 18th century. University of California Press, California, S 1–24, S 207–261
Leslie H (28. Oktober 1996) Improbable inspiration. Los Angeles Times, B1
Hembry PM (1990) The English spa 1560–1815: a short history. Athlone Press, Fairleigh Dickinson University Press, London
Henretta JC, Campbell RT (1976) Status attainment and status maintenance: a study of stratification on old age. Am Sociol Rev 41:981–992
Herivel J (1975) Joseph Fourier: the man and the physicist. Clarendon Press, London
Herken G (1985) Counsels of war. Knopf
Heuer RJ Jr (Hrsg) (1978) Quantitative approaches to political intelligence: the CIA experience. Westview
Hewitt CC Jr (1964, 1965, 1969) Discussion. Proc Casualty Actuar Soc 51:44–45; 52:121–127; 56:78–82
Hewitt CC Jr (1970) Credibility for severity. Proc Casualty Actuar Soc 57:148–171
Hewitt CC Jr (1975) Credibility for the layman. In: Credibility (theory and applications). Academic Press; auch in: proceedings of the Berkeley actuariel research conference on credibility, 19–21 Sept
Hickman JC, Heacox L (1999) Credibility theory: the cornerstone of actuarial science. N Am Actuar J 3(2):1–8
Hill R (2004) Multiple sudden infant deaths – coincidence or beyond coincidence? Paediatr Perinat Epidemiol 18:320–326
Hill R (2005) Reflections on the cot death cases. Significance 2(1):13–16
Hillborn R, Mangel M (1997) The ecological detective: confronting models with data. Princeton University Press
Hilton P (2000) Reminiscences and reflections of a codebreaker. In: Joyner WD (Hrsg) Coding theory and cryptography: from enigma and geheimschreiber to quantum theory. Springer, Berlin, S 1–8

Hinsley FH, Stripp A (Hrsg) (1993) Codebreakers: the inside story of Bletchley park. Oxford University Press
Hively W (1996) The mathematics of making up your mind. Discover 17(5):90–98
Hoaglin DC (2003) John W. Tukey and data analysis. Stat Sci 18(3):311–318
Hodges A (1983, 2000) Alan Turing: the enigma. Walker, New York
Hodges A (2000) Turing, a natural philosopher. In: Mon R, Raphael F (Hrsg) The great philosophers. Weidenfeld and Nicolson
Hodges A (2002) Alan Turing – a Cambridge scientific mind. In: Harmon P, Mitton S (Hrsg) Cambridge scientific minds. Cambridge University Press
Hodges A. The Alan turing webpage. http://www.turing.org.uk/turing/
Holder RD (1998) Hume on miracles: Bayesian interpretation, multiple testimony, and the existence of God. Br J Philos Sci 49:49–65
Holland JD (1968) An eighteenth-century pioneer Richard Price, D.D., F.R.S. (1723–1791). Notes Rec Roy Soc Lond 23:43–64
Holmes FL (1961) Antoine Lavoisier – the next crucial year; or, the sources of his quantitative method in chemistry. Cornell University Press
Hounshell D (1997) The cold war, RAND, and the generation of knowledge, 1946–1962. Hist Stud Phys Biol Sci 27:237–267
Howie D (2002) Interpreting probability: controversies and developments in the early twentieth century. Cambridge University Press
Hubert PJ (1985) Data analysis: in search of an identity.In: Le Cam LM, Olshen RA (Hrsg) Proceedings of the Berkeley conference in honor of Jerzy Neyman and Jack Kiefer. Wadsworth
Hume D (1748) An enquiry concerning human understanding. Online u. a. http://en.wikisource.org/wiki/An_Enquiry_Concerning_Human_Understanding; dt.u. a.: (2004) Eine Abhandlung über die Prinzipien der menschlichen Erkenntnis. Meiner, Hamburgoder 1869 UntersuchungBetreff des menschlichen Verstandes http://wwwtextlogde/443html
Hunt BR (1977) Bayesian methods in nonlinear digital image restoration. IEEE trans computers C-26(3):219–229
Huzurbazar VS (1991) Sir Harold Jeffreys: recollections of a student. Chance 4(2):18–21
Iklé FC (1958) The social impact of bomb destruction. University of Oklahoma Press
Iklé FC (2006) Annihilation from within: the ultimate threat to nations. Columbia University Press, New York
Iklé FC, Aronson GJ, Madansky A (1958) On the risk of an accidental or unauthorized nuclear detonation. RM-2251 U.S. Air Force Project Rand. RAND Corp
Ingelfinger J et al (1987) Biostatistics in clinical medicine. Macmillan, New York
Jacob MC (1976) The Newtonians and the english revolution 1689–1720. Cornell University Press
Jahn RG, Dunne BJ, Nelson RD (1987) Engineering anomalies research. J Sci Explor 1(1):21–50
James W, Stein CM (1961) Estimation with quadratic loss function. Proc of the 4th Berkeley Symp Math Statist Prob 1:361–380

Jardini DR (1996) Out of the blue yonder: The RAND corporation's diversification into social welfare research, 1946–1968. Dissertation, Carnegie Mellon University
Jefferys WH (1990) Bayesian analysis of random event generator data. J Sci Explor 4(2):153–169
Jeffreys H (1924) The earth. Its origin, history, and physical constitution. Cambridge University Press
Jeffreys H (1939, 1948, 1961) Theory of probability. Clarendon Press
Jeffreys H, Swirles B (1946) Methods of mathematical physics. University Press, Cambridge
Jesseph DM (1993) Berkeley's philosophy of mathematics. University of Chicago Press
Jewell WS (2004) Bayesian statistics. encyclopedia of actuarial science. Wiley, S 153–166
Jones JH (1997) Alfred C. Kinsey: a public/private life. W.W. Norton
Kahn D (1967) The codebreakers: the story of secret writing. Macmillan. (Ein Klassiker)
Kahn PM (1975) Credibility: theory and applications. Academic Press
Kaplan F (1983) The wizards of Armageddon. Simon and Schuster
Kass RE (2006) Kinds of Bayesians (Comment on articles by Berger and by Goldstein). Bayesian Anal 1:437–440
Kass RE, Greenhouse JB (1989) Comment: a Bayesian perspective. Stat Sci 4(4):310–317
Kass RE, Raftery AE (1995) Bayes factors. J Am Stat Assoc 90(430):773–795
Kay J (29. Juni 2003) What is the chance of your being guilty? London, Financial Times, S 21
Kaye DH (2007) Revisiting Dreyfus: a more complete account of a trial by mathematics. Minnesota Law Rev 91(3):825–835
Kaye DH (2010) The double helix and the law of evidence. Harvard University Press
Kaye DH, Bernstein D, Mnookin J (2004) The new Wigmore, a treatise on evidence: expert evidence. Aspen Publishers
Kemp F (2001) Applied statistical decision theory: Understanding robust and exploratory data analysis. The Statistician 50:352–353
Kendall DG (1991a) Kolmogorov as I remember him. Stat Sci 6(3):303–312
Kendall DG (1991b) Andrei Nikolaevich Kolmogorov. 25 April 1903–20 October 1987. Biographical memoirs of fellows of the royal society 37:300–319
Kendall MG (1968) On the future of statistics – a second look. J R Stat Soc A 131:182–204
Kerlikowske K et al (1993) Positive predictive value of screening mammography by age and family history of breast cancer. JAMA 270(20):2444–2450
Kersten D, Mamassian P, Yuille A (2004) Object perception as Bayesian inference. Annu Rev Psychol 55:271–305
Keynes JM (1921) A Treatise on probability. Barth, dt. (1926) Über Wahrscheinlichkeit. Leipzig
Kiani R, Shadlen MN (2009) Representation of confidence associated with a decision by neurons in the parietal cortex. Sci 324:759–764
Kinsey AC, Pomeroy WB, Martin CE (1948) Sexual behavior in the human male. W.B. Fischer, dt.: (1955) Das sexuelle Verhalten des Mannes. Berlin

Klein LE (1994) Shaftesbury and the culture of politeness: moral discourse and cultural politics in early Eighteenth-Century England. Cambridge University Press

Klugman SA, Panjer HH, Willmot GE (1998) Loss models: from data to decisions. Wiley

Knill DC, Pouget A (2004) The Bayesian brain: the role of uncertainty in neural coding and computation. Trends Neurosci 27:712–719

Knopoff L (1991) Sir Harold Jeffreys: The Earth: Its origin, history, and physical constitution. Chance 4(2):24–26

Koda H, Bolton A (2006) Dangerous liaisons: fashion and furniture in the Eighteenth Century. Metropolitan Museum of Art and Yale University Press

Kolata G (1979) Frederick Mosteller and applied statistics. Science 204:397–398

Kolata G (23. November 2009) Behind cancer guidelines, quest for data. New York Times

Kolmogorov AN (1942) Determination of the center of scattering and the measure of accuracy by a limited number of observations. lzvestiia Akademii nauk SSSR. Series Mathematics 6:3–32. (in Russisch)

Kolmogorov AN, Hewitt E (1948) Collection of articles on the theory of firing. Rand Publications

Kolmogorov AN, Yushkevich AP (1992) Mathematics of the 19th Century, Bd 1. Birkhäuser

Koopman BO (1946) OEG Report No. 56, Search and Screening. Operations Evaluation Group, Office of the Chief of Naval Operations, Navy Department, Washington, D.C

Koopman BO (1980) Searching und screening: general principles with historical applications. Pergamon Press

Körding KP, Wolpert DM (2004) Bayesian integration in sensorimotor learning. Nature 427:244–247

Kotz S, Johnson NL (Hrsg) (1997) Breakthroughs in statistics, Bd 1–3. Springer. (Wichtige Nachdrucke von hauptsächlich nach 1940 erschienenen Artikeln)

Kozaczuk W (1984) Enigma. University Publications of America

Krüger L, Daston L, Heidelberger M (Hrsg) (1987) The probabilistic revolution, Bd 1: ideas in history. MIT Press

Krüger L, Gigerenzer G, Morgan M (Hrsg) (1987) The probabilistic revolution, Bd 2: ideas in the sciences. MIT Press

Kruskal W (1980) The significance of Fisher: a review of R.A. Fisher: the life of a scientist. J Amer Stat Assoc 75:1019–1030

Kruskal W, Mosteller F (1980) Representative sampling, IV: The history of the concept in statistics, 1895–1939. Int Stat Rev 48:169–195

Kuhn TS (1962) The structure of scientific revolutions. Suhrkamp, dt.: (1967) Die Struktur wissenschaftlicher Revolutionen. Frankfurt a. M.

Kuratowski K (1980) A half century of Polish mathematics, remembrances and reflections. Pergamon Press

Laplace P-S (1904 ff.) Oeuvres Complètes de Laplace. 14 Bde. Bibliothèque National de la France. (Kürzel: OC. Alle Texte sind online verfügbar, Übersicht: http://portail.mathdoc.fr/cgi-bin/oetoc?id=OE_LAPLACE__1)

Laplace P-S (1773) Recherches sur l'intégration des équations différentielles aux différences finies et sur leur usage dans la théorie des hasards. OC 8:69–197

Laplace P-S (1774) Mémoire sur la probabilité des causes par les événements. OC 8, 27–65. (Laplaces Entdeckung der inversen Wahrscheinlichkeit, seine erste Version dessen, was wir als Bayes-Theorem kennen)

Laplace P-S (1778) Mémoire sur la probabilité OC 9, 383–485

Laplace P-S (1782) Mémoires sur les approximations des formules, qui sont fonctions de très grands nombres. OC 10:209–291

Laplace P-S (1783) Mémoire sur les approximations des formules (suite). OC 10: 295–338

Laplace P-S (1783) Sur les naissances, les mariages, et les morts. A Paris, depuis 1771 jusqu'en 1784, et dans toute l'étendue de la France, pendant les années 1781 et 1782. OC 11:35–46

Laplace P-S (1795, 1814) Théorie Analytique des Probabilités. Introduction. OC 7, ii–cliii; dt.: (1996) Philosophischer Versuch über die Wahrscheinlichkeit. Harri Deutsch, Thun

Laplace P-S (1796) Exposition du système du monde. OC 6; dt.: (1797) Darstellung des Weltsystems. Varrentrapp und Wenner, Frankfurt a. M.

Leahy FT (1960) Bayes marches on. NSA Tech J U:49–61

Leahy FT (1964) Bayes factors. NSA Tech J 1–5

Leahy FT (1965) Bayes factors. NSA Tech J 7–10

Leamer EE (1983) Let's take the con out of econometrics. Am Econ Rev 73:31–43

Lebiere C (1999) The dynamics of cognition: an ACT-model of cognitive arithmetic. Kognitionswissenschaft 8:5–19

Ledley RS, Lusted LB (1959) Reasoning foundations of medical diagnosis. Science 130:9–21

Lee JAN (1994) Interviews with I. Jack Good and Donald Michie, 1992. http://ei.cs.vt.edu/~history/Good.html

Leonhardt D (28. April 2001) Adding art to the rigor of statistical science. New York Times, B 9

Lewis F (1967) One of our H-Bombs is missing. McGraw-Hill, New York

Lightman B (2007) Victorian popularizers of science. University of Chicago Press, Chicago

Lind V (1998) Skepticism and the discourse about suicide in the eighteenth century. In: Zande J van der, Popkin RH (Hrsg) The Skeptical Tradition around 1700. Kluwer Academic Publishers, Dordrecht, S 296–313

Lindberg DC, Numbers RL (Hrsg) (1986) God and nature: historical essays on the encounter between christianity and science. University of California Press, Berkeley

Lindberg DC, Numbers RL (Hrsg) (2003) When science and christianity meet. University of Chicago Press, Chicago

Linden G, Smith B, York J (2003) Amazon.com recommendations: item-to-item collaborative. IEEE Internet Computing 7(1):76–80

Lindley DV (1953) Statistical inference (with discussion). J R Stat Soc B 15:30–76

Lindley DV (1957) A statistical paradox. Biometrika 44(1–2):187–192

Lindley DV (1957a) Comments on cox. In: Kotz S, Johnson NL (Hrsg) Breakthroughs in statistics. I, xxxviii

Lindley DV (1958) Fiducial distributions and Bayes' theorem. J R Stat Soc B 20(1): 102–107

Lindley DV (1965) Introduction to probability and statistics from a Bayesian viewpoint. Cambridge University Press, New York

Lindley DV (1968) Decision making. The Statistician 18:313–326

Lindley DV (1980) L.J. Savage – his work in probability and statistics. Ann Stat 8:1–24

Lindley DV (1983) Theory and practice of Bayesian statistics. Statistician 32:1–11

Lindley DV (1983a) Transcription of a conversation between Sir Harold Jeffreys and Professor D.V. Lindley from a videotape made on behalf of the Royal Statistical Society. In: St. John's College, Cambridge, UK, Papers of Sir Harold Jeffreys A25

Lindley DV (1986) Savage revisited: Comment. Stat Sci 1:486–488

Lindley DV (1986a) On re-reading Jeffreys. In: Fancis IS, Manly BFJ, Lam FC (Hrsg) Pacific statistical congress. Elsevier, New York, S 35–46

Lindley DV (1986b) Bruno de Finetti, 1906–1985. J R Stat Soc A (General) 149:252

Lindley DV (1989) Obituary: Harold Jeffreys, 1891–1989. J R Stat Soc A 152(3): 417–418

Lindley DV (1990) Good's work in probability, statistics and the philosophy of science. J Stat Plan Inference 25:211–223

Lindley DV (1991) Sir Harold Jeffreys. Chance 4(2):10–14, 21

Lindley DV (2000) The philosophy of statistics. Statistician 49:293–337

Lindley DV (2004) Bayesian thoughts. Significance 1:73–75

Link RF (1989) Election night on television. In: Tanur JM et al (Hrsg) Statistics: a guide to the unknown. Wadsworth and Brooks/Cole, S 104–112

Longley-Cook LH (1958) The casualty actuarial society and actuarial studies in development of non-life insurance in North America. ASTIN Bull 1:28–31

Longley-Cook LH (1962a) Actuarial aspects of industry problems. Proc Casualty Actuar Soc 49:104–108

Longley-Cook LH (1962b) An introduction to credibility theory. Proc Casualty Actuar Soc 49:184–221

Longley-Cook LH (1964) Early actuarial studies in the field of property and liability insurance. Proc Casualty Actuar Soc 51:140–147

Loveland J (2001) Buffon, the certainty of sunrise, and the probabilistic reductio ad absurdum. Arch Hist Exact Sci 55:465–477

Luce RD (2003) Whatever happened to information theory in psychology? Rev Gen Psychol 7(2):183–188

Ludlum R (2005) The ambler warning. St. Martin's; dt.: (2008) Die Ambler Warnung. Heyne, München

Luna FA de. (1991) The Dean Street style of revolution: J.-P. Brissot, jeune philosophe. Fr Hist Stud 17(1):159–190
Lundberg O (1966) Une note sur des systèmes de tarification basées sur des modèles du type Poisson composé. ASTIN Bull 4:49–58
MacKenzie DA (1981) Statistics in Britain 1865–1930: The Social Construction of Scientific Knowledge. Edinburgh University Press
MacKenzie DA (1989) Probability and statistics in historical perspective. Isis 80:116–124
Madansky A (1964) Externally Bayesian Groups. RAND Corp
Madansky A (1990) Bayesian analysis with incompletely specified prior distributions. In: Geisser S (Hrsg) Bayesian and Likelihood Methods in Statistics and Econometrics: essays in honor of George A. Barnard. North Holland. S 423–436
Magnello ME (1996) Karl Pearson's Gresham Lectures: W.F.R. Weldon, speciation and the origins of Pearsonian statistics. Br J Hist Sci 29(1):43–63
Malakoff D (1999) „Bayes offers a ‚new' way to make sense of numbers", „A brief guide to Bayes theorem", „The Reverend Bayes goes to court", „An improbable statistician". Science 286(5444):1460
Mallows C (2003) John Tukey at bell labs. Stat Sci 18(3):332–335
Mangravite A (2006) Cracking Bert's shell and loving the bomb. Chemical Heritage 24(1):22
Mantel N (1980) Obituary: Jerome Cornfield 1912–1979. Biometrics 36:357–358
Maximilien M (1883–1888) Histoire des sciences mathématiques et physiques, Bd 10. Gauthier-Villars, Paris, S 69–98
Markoff J (17. Juli 2000) Microsoft sees software ‚agent' as way to avoid distractions. New York Times, Cl
Marmottan P (1897) Lettres de Madame de Laplace à Élisa Napoléon, princesse de Lucques et de Piombino. Paris
Martz HF, Zimmer WJ (1992) The risk of catastrophic failure of the solid rocket boosters on the space shuttle. Am Stat 46:42–47
Massie JL (1951) Development of aircraft engines; development of aviation fuels. J Bus Uni Chicago 24:141–142
Mathews J, Walker RL (1965) Mathematical methods of physics. W.A. Benjamin
Mayerson AL (1964) A Bayesian view of credibility. Proc Casualty Actuar Soc 51:85–104
Mazzotti M (1998) The geometers of God: mathematics and reaction in the Kingdom of Naples. Isis 89:674–701
McCullagh P (2003) John Wilder Tukey. Biograph Memoirs Fellows Royal Soc London 49:537–555
McGinnis JA (22. November 1963) Only God can make a tree. Harbus News. HBSA Faculty Biography Series GC 772.20, Robert O. Schlaifer
Mellor DH (1995) Better than the stars: a radio portrait of Frank Ramsey. Philosophy 70:243–62
Memorial Service (2. Dezember 1994) Robert O. Schlaifer. HBSA GC 772.20, Faculty Biography
Memorial Symposium in honor of Jerome Cornfield (1981) Jerome Cornfield: curriculum, vitae, publications and personal reminiscences. From Fred Ederer-Jerome

Cornfield Collection, Acc 1999–022, History of Medicine Division, National Library of Medicine
Metropolis N (1987) The beginning of the Monte Carlo method. Los Alamos Science 15:125–130
Metropolis N, Rosenbluth AW, Rosenbluth MN, Teller AH, Teller E (1953) Equation of state calculations by fast computing machines. J Chem Phys 21(6):1087–1092
Metropolis N, Ulam S (1949) The Monte Carlo method. J Acoust Soc Am 44(247): 335–341
Michie D. Turingery and Turing's sequential Bayes Rule. (Unveröffentlicht. Ich danke Jack Copeland und der Familie Michie für die Möglichkeit, diesen Entwurf zu lessen.)
Mill JS (1843) A system of logic. London; dt. (1868) System der deduktiven und induktiven Logik. Braunschweig: Vieweg und Sohn. http://www.zeno.org/Philosophie/M/Mill,+John+Stuart/System+der+deduktiven+und+induktiven+Logik
Miller PN (1994) Defining the common good: empire, religion and philosophy in eighteenth century England. Cambridge University Press
Miller RB (1989) Actuarial applications of Bayesian statistics. In: Zellner A (Hrsg) Bayesian analysis in econometrics and statistics: essays in honor of Harold Jeffreys. Elsevier
Miller RB, Hickman JC (1974) Insurance credibility theory and Bayesian estimation. In: Kahn PM (Hrsg) Credibility: theory and applications. Academic, S 249–270
Millman S (Hrsg) (1984) The history of communications sciences (1925–1980), Bd 5. AT & T Bell Labs
Miranti PJ Jr (2002) Corporate learning and traffic management at the Bell System, 1900–1929: probability theory and the evolution of organizational capabilities. Bus Hist Rev 76(4):733–765
Moivre A de (1718) Doctrine of chances or a method of calculating the probabilities of events in play. London: W. Pearfon; dt.: (1906) A. de Moivre's Abhandlung über Leibrenten. Gerold, Wien
Molina EC (1913) Computation formula for the probability of an event happening at least C times in N trials. Am Math Monthly 20:190–193
Molina EC (1922) The theory of probabilities applied to telephone trunking problems. Bell Syst Tech J 1:69–81
Molina EC (1931) Bayes' theorem. Ann Math Stat 2:23–27
Molina EC (1941) Commentary. In: Deming E (Hrsg) Facsimiles of two papers by Bayes. Graduate School, Department of Agriculture
Molina EC (1946) Some fundamental curves for the solution of sampling problems. Ann Math Stat 17:325–35
Monte Carlo Method (1951) Proceedings of a Symposium Held June 29, 30, and July 1, 1949. National Bureau of standards applied mathematics series 12. v
Moody DH (2006) 40th anniversary of Palomares. Faceplate 10(2):15–19
Moore CC (2007) Mathematics at Berkeley: a history. AK Peters
Morehead EJ (1989) Our yesterdays: the history of the actuarial profession in North America 1809–1979. Society of Actuaries

Morgan A de (1839) Laplace. Penny cylcopaedia of the society for the diffusion of useful knowledge 13:325–328

Morgan W (1815) Memoirs of the life of the Rev. Richard Price. London

Morison SE (2001) The battle of the Atlantic: September 1939–May 1943. University of Illinois Press (zuerst 1947)

Morris C, Slyke L Van (1978) Empirical Bayes methods for pricing insurance classes. Proceedings of the Business and Economics Statistics Section. Statweb.byu.edu/faculty/gwf/revnaaj.pdf

Morse PM (1982) In Memoriam: Bernard Osgood Koopman, 1900–1981. Oper Res 30(viii):417–427

Morse PM, Kimball GE (1951) Methods of operations research. Technology Press und Wiley

Mosteller F, Rourke REK, Thomas GB Jr (1961, 1970) Probability with statistical applications. Addison-Wesley

Mosteller F, Tukey J (1954) Data analysis, including statistics. In: Tukey J (Hrsg)The collected works of John W. Tukey, Bd 4. Wadsworth and Brooks

Mosteller F, Wallace DL (1964) Inference and disputed authorship, the federalist. Addison-Wesley; (1984) Applied Bayesian and classical inference: the case of the federalist papers. Springer. (Diese beiden Bücher sind identisch, aber an verschiedene Zielgruppen gerichtet.)

Mosteller F, Wallace DL (1989) Deciding authorship. In: Tanur, Judith M et al (Hrsg) Statistics: a guide to the unknown. Wadsworth and Brooks/Cole, S 115–125

Mosteller F et al (1949) The pre-election polls of 1948. Social Science Research Council

Mowbray AH (1914) How extensive a payroll exposure is necessary to give a dependable pure premium? Proc Casualty Actuar Soc 1:24–30

Mowbray AH (1915) The determination of pure premiums for minor classifications on which the experience data is insufficient for direct estimate. Proc Casualty Actuar Soc 2:124–133

Nasar S (1998) A beautiful mind. Piper, dt.: (1999) Auf den fremden Meeren des Denkens. München

National Cancer Institute (1994) Tobacco and the clinician 5:1–22

Neiman FD (2000) Coincidence or causal connection? The relationship between Thomas Jefferson's visits to Monticello and Sally Heming's conceptions. William and Mary Quarterly, 3. Folge 57(1):198–210

Neumann J von, Morgenstern O (1944) Theory of games and economic behavior. Princeton: University Press. dt.: (1961) Spieltheorie und wirtschaftliches Verhalten. Würzburg: Physika-Verlag

Newman MHA (1953) Alan Mathison Turing, 1912–1954. Biogr memoirs fellows R Soc 1:253–263

Neyman J (1934) Statistical problems in agricultural experiment. With discussion. Suppl J R Stat Soc 2(2):107–180 (Diskussion 154–180)

Neyman J (1976) The emergence of mathematical statistics: a historical sketch with particular reference to the United States. In: Owen DB et al (Hrsg) On the history of statistics and probability. Marcel Dekker, S 147–194

Nicholson JH (1999) Vorwort in: Under Ice: Waldo Lyon and the Development of the Arctic Submarine by William Leary. Texas A & M University Press
Nocera J (1994) A piece of the action: how the middle class joined the money class. Simon and Schuster
Numbers RL (1977) Creation by natural law: Laplace's Nebular Hypothesis in American thought. University of Washington Press
O'Donnell T (1936) History of Life Insurance in its Formative Years. London
O'Hagan A, Luce BR (2003) A primer on Bayesian statistics in health economics and outcomes research. MEDTAP International
Old BS (1961) The evolution of the Office of Naval Research. Physics Today 14:30–35
Olkin I (1992) A conversation with Churchill Eisenhart. Stat Sci 7:512–530
Orieux J (1974) Talleyrand: the art of survival. Alfred A. Knopf
Otis SL (1914–1915) A letter of historical interest. Proc Casualty Actuar Soc 1:8–9
Otto M (1998) Course ‚Filling Station'. Foreign Technology Division, Wright-Patterson AFB
Outram D (1983) The ordeal of vocation: the Paris Academy of Sciences and the Terror, 1793–1795. Hist Sci 21:251–273
Owen D (1987) Hume versus Price on miracles and prior probabilities: Testimony and the Bayesian calculation. Philos Q 37:187–202
Owen DB (Hrsg) (1976) On the history of statistics and probability. Marcel Dekker
Parcaut M et al (1979) History of France. Encyclopaedia Britannica 7:611–681
Pearl J (1988) Probabilistic reasoning in intelligence systems: networks of plausible inference. Morgan Kaufman Publishers
Pearson ES (1925) Bayes' theorem examined in the light of experimental sampling. Biometrika 17:388–442
Pearson ES (1936, 1937) Karl Pearson: an appreciation of some aspects of his life and work. Biometrika 28:193–257, 29:161–248
Pearson ES (1962) Some thoughts on statistical inference. Ann Math Stat 33(2):394–403
Pearson ES (1968) Studies in the history of probability and statistics. XX: some early correspondence between W. S. Gosset, R.A. Fisher, and Karl Pearson, with notes and comments. Biometrika 55(3):445–457
Pearson K (1892) The grammar of science. W. Scott
Pearson K (1901) The ethic of free thought and other addresses and essays. Charles Black
Pearson K (1912) Social problems: their treatment, past, present, and future. Dulau
Pearson K (1929) Laplace, being extracts from lectures delivered by Karl Pearson. Biometrika 21:202–216
Pelseneer J (1946) La religion de Laplace. Isis 36:158–60
Perks W (1947) Some observations on inverse probability including a new indifference rule. J Inst Actuaries 73:285–334
Perryman FS (1937) Experience rating plan credibilities. Proc Casualty Actuar Soc 24:60–125
Petrosino A (2004) Charles Frederick (Fred) Mosteller. www.JamesLindLibrary.org
Place WM, Cobb FC, Defferding CG (1975) Palomares summary report. Defense nuclear agency, Kirtland Air Force Base

Poirier J-P (1998) Lavoisier: chemist, biologist, economist. University of Pennsylvania Press
Porter R (2003) Introduction. In: ders. (Hrsg) The Cambridge history of science, Eighteenth-Century Science, Bd 4. Cambridge University Press
Porter TM (1986) The rise of statistical thinking, 1820–1900. Princeton University Press
Porter TM (1995) Trust in numbers: The pursuit of objectivity in science and public life. Princeton University Press
Porter TM (2003) Statistics and physical theories. In: Nye, Mary Jo (Hrsg) The Cambridge History of science. The modern physical and mathematical sciences, Bd 5. Cambridge University Press
Porter TM (2004) Karl Pearson: the scientific life in a statistical age. Princeton University Press
Pouget A et al (2009) Neural computations as Laplacian (or is it Bayesian?) probabilistic inference. (In Vorbereitung)
Pratt JW (1985) (Savage Revisited) Comment. Stat Sci 1:498–499
Pratt JW, Raiffa H, Schlaifer R (1964) The foundations of decision under uncertainty: an elementary exposition. J Acoust Soc Am 59:353–375
Pratt JW, Raiffa H, Schlaifer R (1965) Introduction to statistical decision theory. McGraw-Hill (1995, MIT-Press)
Press SJ (1986) Why isn't everyone a Bayesian?) Comment. Am Stat 40:9–10
Price R (1772) Four dissertations. London: T. Cadell. http://archive.org/details/fourdissertatio02pricgoog
Price R (1994) The correspondence of Richard price, Bd 1–3. In: Thomas DO, Peach WB (Hrsg). Duke University Press
Priestley J (1791) A discourse on occasion of the death of Dr. Price. London
Pruitt DM (1964) The first fifty years. Proc Casualty Actuar Soc 51:148–181
Quatse JT, Najmi A (2007) Empirical Bayesian targeting. Proceedings, 2007 world congress in computer science, computer engineering, and applied computing, 25.–28. Juni 2007
Raftery AE (1986) Choosing models for cross-classifications. Am Soc Rev 51(1):145–146
Raftery AE, Zeh JE (1998) Estimating bowhead whale population size and rate of increase from the 1993 census. J Acoust Soc Am 93(442):451–463
Raiffa H (1968) Decision analysis: introductory lectures on choices under uncertainty. Addison-Wesley
Raiffa H (1973) Einführung in die Entscheidungstheorie. Oldenbourg, München
Raiffa H (2002) Tribute to Robert Wilson on his 65th birthday. Berkeley Electronic Press. http://www.bepress.com/wilson/art2
Raiffa H (2006) A memoir: analytical roots of a decision scientist. (Unveröffentlicht. Ich danke Dr. Raiffa für die Erlaubnis, sein Manuskript lesen und aus ihm zitieren zu dürfen.)
Raiffa H, Schlaifer R (1961) Applied statistical decision theory. MIT Press
Randell B (1980) The colossus. In: Metropolis N, Howlett J, Rota G-C (Hrsg) A history of computing in the twentieth century: a collection of essays. Academic Press

Rappaport R (1981) The liberties of the Paris Academy of Sciences 1716–1785. In: Woolf H (Hrsg) The analytic spirit. Cornell University Press, S 225–253
Reed LJ (1936) Statistical treatment of biological problems in irradiation. In: Duggar BM (Hrsg) Biological effects of Radiation, Bd 1. McGraw-Hill, S 227–251
Reid C (1982) Neyman – from Life. Springer
Rejewski M (1981) How Polish mathematicians deciphered the Enigma. Ann Hist Comp 3:223
Reuters (11. Oktober 2006) Radioactive snails lead to Spain–U.S. atomic probe
Richards JL (2006) Historical mathematics in the French eighteenth century. Isis 97:700–713
Richardson HR (1986) Search theory. Center for Naval Analyses. Alexandria
Richardson HR, Discenza JH (1980) The United States coast guard Computer-Assisted Search Planning System (CASP). Nav Res Log Quart 27(4):659–680
Richardson HR, Stone LD (1971) Operations analysis during the underwater search for Scorpion. Nav Res Log Quart 18:141–157
Richardson HR, Stone LD (1984) Advances in search theory with application to petroleum exploration, Report to National Science Foundation. Daniel H. Wagner, Associates
Richardson HR, Stone LD, Monarch WR, Discenza JH (2003) Proceedings of the SPIE conference on optics and photonics, San Diego
Richardson HR, Weisinger JR (1984) The search for lost satellites. Proceedings of the 7th MIT-ONR Workshop on C3 Systems
Rigby FD (1976) Pioneering in federal support of statistics research. Owen DB et al (Hrsg) On the history of statistics and probability. Marcel Dekker, S 401–418
Rivett P (1995) Aspects of uncertainty. A tribute to D.V. Lindley. J Oper Res Soc 46:663–670
Robbins H (1956) An empirical Bayes approach to statistics. In: Proc. of the 3rd Berkeley Symp. Math. Statist. and Prob. 1954–1955. University of California Press, S 157–163
Robert C, Casella G (2008) A history of Markov chain Monte Carlo–subjective recollections from incomplete data. (Preprint. Ich danke C. Robert für die Möglichkeit, den Entwurf dieses Preprints einsehen zu dürfen.)
Robinson DJ (1999) The measure of democracy: polling, market research, and public life, 1930–1945. University of Toronto Press
Roche D (1993) La France des Lumières. Fayard, Paris
Royal Statistical Society (23. Oktober 2001) News release: Royal Statistical Society concerned by issues raised in Sally Clark case. http://www.rss.org.uk/site/cms/contentCategoryView.asp?category=99
Rubinow IM (1913) Social insurance. Henry Holt
Rubinow IM (1914) Scientific methods of computing compensation rates. Proc Casualty Actuar Soc 1:10–23
Rubinow IM (1915) Liability loss reserves. Proc Casualty Actuar Soc 1(3):279–295
Rubinow IM (1917) The theory and practice of law differentials. Proc Casualty Actuar Soc 4:8–44

Rubinow IM (1934) A letter. Proc Casualty Actuar Soc (21)
Rukhin AL (1990) Kolmogorov's contributions to mathematical statistics. Ann Stat 18(3):1011–1016
Russell C (1974) Study gives good odds on nuclear reactor safety. BioScience 24:605–606
Sadowsky DA, Gilliam AG, Cornfield J (1953) The statistical association between smoking and carcinoma of the lung. J Natl Cancer Inst 13(5):1237–1258
Salsburg D (2001) The lady tasting tea: how statistics revolutionized science in the twentieth century. W. H. Freeman
Sampson AR, Spencer B, Savage IR (1999) A conversation with I. Richard Savage. Stat Sci 14:126–148
Sarton G (1941) Laplace's religion. Isis 33:309–312
Savage LJ (1954) The foundations of statistics. Wiley
Savage LJ (1. Oktober 1956) Letter to Committee on Statistics Faculty, Chicago. Manuscripts and Archives, Yale University Library
Savage LJ (1962) The foundations of statistical inference: a discussion. Methuen, London
Savage LJ (1976) On rereading R.A. Fisher. Ann Stat 4:441–500
Saxon W (28. Juli 1994) Robert O. Schlaifer, 79, managerial economist. New York Times
Schafer JB, Konstan J, Riedl J (1999) Recommender systems in E-commerce. In: ACM Conf on Electron Commer EC-99:158–166
Schafer JB, Konstan J, Riedl J (2001) Recommender systems in E-commerce. Data Min Knowl Disc 5:115–153
Schindler GE Jr (Hrsg) (1982) A history of switching technology (1925–1975), Bd 3. Bell Telephone Laboratories
Schlaifer RO (1936) Greek theories of slavery from Homer to Aristotle. Harvard Stud Class Philol 47:165–204
Schlaifer RO (1959) Probability and statistics for business decisions: an introduction to managerial economics under uncertainty. McGraw-Hill
Schlaifer RO, Heron SD (1950) Development of aircraft engines. Development of aviation fuels. Graduate School of Business Administration, Harvard University
Schneider I (1968) Der Mathematiker Antoine de Moivre. Arch Hist Exact Sci 5: 258–300
Schneider SH (2005) The patient from hell. Perseus Books
Schrödinger E (1944) The statistical law of nature. Nature 153:704–705
Searle GR (Hrsg) (1976) Eugenics and politics in Britain 1900–1914. Noordhoff International Publishing
Seddik-Ameur N (2003) Les tests de normalité de Lhoste. Math Soc Sci/Mathématiques et Sciences Humaines 162:19–43
Selvidge J (1973) A three-step procedure for assigning probabilities to rare events. In: Wendt D, Vlek C (Hrsg) Utility, probability, and human decision making. D. Reidel Publishing
Shafer G (1986) Savage revisited. Stat Sci 1:463–485
Shafer G (1990) The unity and diversity of probability. Stat Sci 5(4):435–462

Shannon CE (1948) A mathematical theory of communication. Bell Syst Tech J 27:379–423, 623–656
Shannon CE (1949) Communication theory of secrecy systems. netlab.cs.ucla.edu/wiki/files/Shannon1949.pdf
Shannon CE (1993) Claude Elwood Shannon: collected papers. In: Sloane NJA, Wyner AD (Hrsg). IEEE Press
Shepherd W (1814) Paris in Eighteen Hundred and Two and Eighteen Hundred and Fifteen. M. Carey
Shiryaev AN (1989) Kolmogorov: Life and creative activities. Ann Probab 17(3):866–944
Shiryaev AN (1991) Everything about Kolmogorov was unusual. Stat Sci 6(3):313–318
Shiryaev AN (2003) On the defense work of A. N. Kolmogorov during World War II. In: Booß-Bavnbek B, Høyrup J (Hrsg) Mathematics and war. Birkhäuser
Simon LG (1931) The influence of French mathematicians at the end of the eighteenth century upon the teaching of mathematics in American colleges. Isis 15:104–123
Sivia DS (1996) Data analysis: a Bayesian tutorial. Clarendon Press
Smith AFM (1983) Comment. J Acoust Soc Am 78(382):310–211
Smith AFM (1984) Present position and potential developments–some personal views; Bayesian statistics. J R Stat Soc A(147):245–259
Smith AFM (1995) A conversation with Dennis Lindley. Stat Sci 10:305–319
Smith BLR (1966) The RAND corporation: case study of a nonprofit advisory corporation. Harvard University Press
Smyth H (1945) Atomic energy for military purposes. Bonnier
Sobel JH (1987) On the evidence of testimony for miracles: a Bayesian interpretation of David Hume's analysis. Philos Quart 37(147):166–186
Sontag S, Drew C (1998) Blind man's bluff: the untold story of American submarine espionage. Public Affairs
Sorensen D, Gianola D (2002) Likelihood, Bayesian and MCMC methods in quantitative genetics. Springer
Spiegelhalter DJ, Abrams KR, Myles JP (2004) Bayesian approaches to clinical trials and health-care evaluation. Wiley
Spiegelhalter DJ (2004) Incorporating Bayesian ideas into health-care evaluation. Stat Sci 19:156–174
Spiegelhalter DJ et al (1999) An introduction to Bayesian methods in health technology assessment. Br Med J 319:508–512
Spolsky J (2005) Joel on Software. News. http://www.joelonsoftware.com/items/2005/10/17.html
Squire P (1988) Why the 1936 literary digest poll failed. Public Opin Q 52:125–133
Stanhope G, Gooch GP (1914) The life of Charles Third Earl Stanhope. Longmans, Green
Statistical Science (2004) Issue devoted to Thomas Bayes 19:1
Stein C (1956) Inadmissibility of the usual estimator for the mean of a multivariate normal distribution. In: Neyman J (Hrsg) Proc. of the 3rd Berkeley Symp. Math. Statist. and Prob., 1954–1955, Bd I. University of California Press, S 197–206
Stephan FF et al (1965) Samuel S. Wilks. J Acoust Soc Am 60(312):939–966

Stigler SM (1975) Napoleonic statistics: The work of Laplace. Biometrika 62(2):503–517

Stigler SM (1978) Laplace's early work: chronology and citations. Isis 69:234–254

Stigler SM (1982) Thomas Bayes's Bayesian Inference. J R Stat Soc A. (145) Teil 2, 250–58. (Bayes' Artikel in moderner mathematischer Notation und mit Kommentaren von Stigler)

Stigler SM (1983) Who discovered Bayes's Theorem? Am Stat 37:290–296

Stigler SM (1986) The history of statistics: the measurement of uncertainty before 1900. Belknap Press of Harvard University Press. (Ein Klassiker und eine gute Anfangslektüre für Thomas Bayes.)

Stigler SM (1986a) Laplace's 1774 memoir on inverse probability. Stat Sci 1:359–63. (Stiglers Übersetzung des Texts von Laplace mit moderner mathematischer Notation; die beste Möglichkeit, diese Arbeit Laplaces zu lessen)

Stigler SM (1999) Statistics on the table: the history of statistical concepts and methods. Harvard University Press

Stigler SM (2003) Casanova's lottery. University of Chicago Record 37(4):2–5

Stone LD (1975) Theory of optimal search. Academic

Stone LD (1983) The process of search planning: current approaches and continuing problems. Oper Res 31:207–233

Stone LD (1989) What's happened in search theory since the 1975 Lanchester Prize? Oper Res (37) 501–506

Stone LD (1990) Bayesian estimation of undiscovered pool sizes using the discover record. Math Geol (22) 309–32

Stone, L.D. (August (2011) In search of Air France Flight 447. INFORMS-Today 38:4. http://www.informs.org/ORMS-Today/Public-Articles/August-Volume-38-Number-4/In-Search-of-Air-France-Flight-447

Stone LD, Barlow CA, Corwin TL (1999) Bayesian multiple target tracking. Artech House

Stone LD, Keller C, Kratzke TL, Strumpfer J (2011) Search analysis for the location of the AF447 Underwater Wreckage. Metron. http://www.bea.aero/fr/enquetes/vol.af.447/metron.search.analysis.pdf

Swinburne R (Hrsg) (2002) Bayes's Theorem. Oxford University Press

Swirles B (1991) Harold Jeffreys: some reminiscences. Chance 4(2):22–26

Syrett D (2002) The Battle of the Atlantic and Signals Intelligence: U-Boat Tracking Papers, 1941–1947. Navy Records Society

Taff LG (1984) Optimal searches for asteroids. Icarus 57:259–266

Tanner MA, Wong WH (1987) The calculation of posterior distributions by data augmentation. In: J Acoust Soc Am 82(398):528–540

Taqqu MS (2001) Bachelier and his times: A conversation with Bernard Bru. Finance Stochast 5:3–32

Taylor GC (1977) Abstract credibility. Scandinavian Actuarial Journal 149–168

Taylor GC (1979) Credibility analysis of a general hierarchical model. Scandinavian Actuarial Journal 1–12

Taylor BL, Gerrodette T (1993) The uses of statistical power in conservation biology: the vaquita and Northern Spotted Owl. Conserv Biol 7:489–787

Taylor BL et al (2000) Incorporating uncertainty into management models for marine mammals. Conserv Biol 14:1243–1252

Thomas DO (1977) The honest mind: the thought and work of Richard Price. Clarendon Press

Titterington DM (1982) Irreverent (Bayes). BIAS 9(1):16–18

Todhunter I (1865) A history of the mathematical theory of probability: from the time of Pascal to that of Laplace. Cambridge University Press

Tribe LH (1971a) Trial by mathematics: Precision and ritual in the legal process. Harv Law Rev (84:6) 1329–1393

Tribe LH (1971b) A further critique of mathematical proof. Harv Law Rev 84(8): 1810–1820

Truett J, Cornfield J, Kannel W (1967) A multivariate analysis of the risk of coronary heart disease in Framingham. J Chron Dis 20(7):511–524

Tukey JW (1962) The future of data analysis. Annal Math Stat 33:1–67

Tukey JW (1984) The collected works of John W Tukey: time series: 1949–1964, 1965–1984, Bd 1, 2. Hrsg.: Brillinger, David R. Wadsworth Advanced Books and Software

Tukey JW (1984) The collected works of John W. Tukey: philosophy and principles of data analysis, 1949–1953; 1965–1986, Bd 3, 4. Hrsg.: Jones, L.V.Wadsworth Advanced Books and Software

Turing AM (1942) Alan Turing's report from Washington DC, November 1942. Report on cryptographic machinery Available at Navy Department, Washington. http://www.turing.org.uk/sources/washington.html

Turing AM (1986) A.M. Turing's Ace report of 1946 and other papers, Hrsg.: Carpenter, B.E., Doran, R.W. MIT Press

Atomic Energy Commission US. (1974) Reactor safety study: an assessment of accident risks in U.S. commercial nuclear power plants. WASH-1400. NUREG-75/014. National Technical Information Service

U.S. Department of Defense. (April 1981) Narrative summaries of accidents involving U.S. nuclear weapons 1950–1980. http://nsarchive.files.wordpress.com/2010/04/635.pdf (Mein Dank für diesen Hinweis gilt dem Center for Defense Information.)

U.S. Department of Energy. Palomares, Spain medical surveillance and environmental monitoring. http://www.hss.doe.gov/healthsafety/ihs/ihp/indalo/spain.html

Ulbricht O (1998) The debate about capital punishment and skepticism in late enlightenment Germany. Zander, J. van der, Popkin, R.H. (Hrsg) The Skeptical Tradition Around 1800. Kluwer Academic Publishers, S 315–328

Unwin SD (2003) The probability of God: a simple calculation that proves the ultimate proof. Random House

Venter GG (1987) Credibility. Casual Actuar Soc Forum 81–147

Voltaire (1985) Über den anglikanischen Glauben. In: ders. (1985), Philosophische Briefe. Ullstein, Frankfurt a. M.

Waddington CH (1973) O.R. in World War 2: operations research against the U-Boat. Scientific Books

Wade PR (1999) A comparison of statistical methods for fitting population models to data. In: Garner GW et al (Hrsg) Marine mammal survey and assessment methods. AA Balkema, Rotterdam

Wade PR (2000) Bayesian methods in conservation biology. Conserv Biol 14:1308–1316

Wade PR (2001) Conservation of exploited species in an uncertain world: Novel method and the failure of traditional techniques. Reynolds JD et al (Hrsg) Conservation of exploited species. Cambridge University Press, S 110–144

Wagner DH (1988) History of Daniel H. Wagner, Associates 1963–1986. Daniel H. Wagner, Associates

Wainer H (2003) John Wilder Tukey. Statistical inventor, discoverer and revolutionary. Stat Sci 18(3):285–286

Waite CH, Brinkley D. Museum of Broadcast Communications. www.museum.tv/archives/etv/B/htmlB/brinkleydav/brinkleydav.html

Wald A (1971) Statistical decision functions. Chelsea Pub. Co

Warner H (1961) A mathematical approach to medical diagnosis. Application to congenital heart disease. J Am Med Assoc 177:177–183

Watts MR (1978) The dissenters, Bd 1 und 2. Clarendon Press

Weaver DL et al (2006) Pathologic findings from the breast cancer surveillance consortium: population-based outcomes in women undergoing biopsy after screening mammography. Cancer 106:732

Weaver W (1955) Translation. In: Locke WN, Booth AD (Hrsg) Machine translation of languages: fourteen essays. MIT Technology Press und Wiley, S 15

Weaver W (1963) Lady luck: the theory of probability. Dover Publications

Webb RE (1976) The accident hazards of nuclear power plants. University of Massachusetts Press

Weierud F. The Enigma collection. http://cryptocellar.web.cern.ch/cryptocellar/Enigma/index.html

Weinberger SE (2008) Diagnostic evaluation and initial management of the solitary pulmonary nodule. In: Basow DS (Hrsg) UpToDate (Online). Waltham

Welchman G (1983) The hut six story: breaking the Enigma codes. McGraw-Hill

Westerfield HB (Hrsg) (1995) Inside CIA's private world: declassified articles from the agency's internal journal, 1955–1992. Yale University Press

Whitney AW (1918) The theory of experience rating. Proc Casualty Actuar Soc 4:274–292

Wiener N (1956) I am a mathematician. MIT Press

Wilhelmsen L (1958) Actuarial activity in general insurance in the northern countries of Europe. ASTIN Bull 1:22–27

Wilkinson RI (1955) An appreciation of E. C. Molina. First International Teletraffic Congress, Copenhagen, 20.–23. Juni 1955. International Teletraffic Congress 30–31

Williams LP (1956) Science, education and Napoleon I. Isis 47:369–382

Willoughby WF (1898) Workingmen's insurance. Thomas Y. Crowell

Wilson R (2002) Resource letter: RA-1: risk analysis. AmJ Phys 70:475–481

Wohlstetter A (1958) The delicate balance of terror. RAND Corp. Publication 1472

Wohlstetter SJ et al (April 1954) Selection and use of strategic air bases. RAND Corporation Publication R266

Wolpert DM (8. Dezember 2005) The puppet master: how the brain controls the body. Francis Crick Lecture, Royal Society

Wolpert DM, Ghahramani Z (2005) Bayes' rule in perception, action, and cognition. In: Gregory RL (Hrsg) The Oxford companion to the mind. Oxford Reference Online

Wyden P (3. Juni 1961) The chances of accidental war. Saturday Evening Post

Zabell SL (1995) Alan Turing and the Central Limit theorem. Am Math Mon 102(6):483–494

Zabell SL (1988) Buffon, Price, and Laplace: Scientific attribution in the 18th century. Arch Hist Exact Sci 39:173–182

Zabell SL (1989) R.A. Fisher on the history of inverse probability. Stat Sci 4:247–256

Zabell SL (1989a) The rule of succession. Erkenntnis 31:283–321

Zabell SL (1992) R.A. Fisher and fiducial argument. Stat Sci 7:369–387

Zeckhauser RJ, Keeney RL, Sebenius JK (1996) Wise choices: decisions, garnes, and negotiations. Harvard Business School Press

Zelen M (1982) The contributions of Jerome Cornfield to the theory of statistics. In: A memorial symposium in honor of Jerome Cornfield, March 1982. Biometrics 38:11–15

Zellner A (2006) Bayesian econometrics: past, present and future. HGB Alexander Research Foundation, University of Chicago. Paper 0607

Zellner A (2006a) S. James Press and Bayesian analysis. Macroecon Dynam 10:667–684

Ziliak ST, McCloskey DN (2009) The cult of statistical significance: how the standard error costs us jobs, justice, and lives. University of Michigan Press

Sachverzeichnis

Namensverzeichnis

Printing: Ten Brink, Meppel, The Netherlands
Binding: Stürtz, Würzburg, Germany